冶金工业出版社

普通高等教育"十四五"规划教材

三束材料加工及其应用

刘其斌 徐 鹏 郭亚雄 编著

U0315476

北 京
冶金工业出版社
2023

内 容 提 要

本书系统介绍了三束材料加工技术及其应用,全书分上、中、下三篇共 8 章,上篇(第 1~5 章)为激光材料加工及其应用,内容包括激光产生的基本原理及其发展历程、激光材料加工的技术基础、激光与材料交互作用的理论基础、激光相变硬化(激光淬火)、激光熔覆与合金化;中篇(第 6、7 章)为离子束材料加工及其应用,内容包括离子束加工的应用背景、原理,离子束材料加工应用现状;下篇(第 8 章)为电子束材料加工及其应用。

本书可作为高等院校材料科学与工程等专业的教学用书,也可供从事材料及其加工技术的科研人员及工程技术人员参考。

图书在版编目(CIP)数据

三束材料加工及其应用/刘其斌,徐鹏,郭亚雄编著 .—北京:冶金工业出版社,2023.11

普通高等教育"十四五"规划教材

ISBN 978-7-5024-9680-7

Ⅰ.①三… Ⅱ.①刘… ②徐… ③郭… Ⅲ.①工程材料—加工—高等学校—教材 Ⅳ.①TB3

中国国家版本馆 CIP 数据核字(2023)第 225963 号

三束材料加工及其应用

出版发行	冶金工业出版社	电　　话	(010)64027926
地　　址	北京市东城区嵩祝院北巷 39 号	邮　　编	100009
网　　址	www.mip1953.com	电子信箱	service@ mip1953.com

责任编辑　郭冬艳　美术编辑　吕欣童　版式设计　郑小利
责任校对　王永欣　责任印制　窦　唯
三河市双峰印刷装订有限公司印刷
2023 年 11 月第 1 版,2023 年 11 月第 1 次印刷
787mm×1092mm 1/16;20.75 印张;505 千字;322 页
定价 48.00 元

投稿电话　(010)64027932　投稿信箱　tougao@cnmip.com.cn
营销中心电话　(010)64044283
冶金工业出版社天猫旗舰店　yjgycbs.tmall.com
(本书如有印装质量问题,本社营销中心负责退换)

做到条理清楚，概念准确，通俗易懂。

　　本书在编写过程中得到了贵州大学党政领导的关心和支持，作为教材本书得到了贵州大学学科建设经费资助，在此致以深深的谢意。

　　由于三束材料加工技术是一门快速发展的新型交叉学科，诸多理论和工艺尚处在不断发展中。同时由于作者水平所限，书中不妥之处，欢迎广大读者批评指正。

编著者

2023 年 6 月

前　言

　　三束（激光束、离子束、电子束）材料加工是一种先进材料加工技术，它的应用全方位提升了高端装备制造的加工手段，大幅提高了生产效率，改善了人们的生活质量。

　　激光是 20 世纪最伟大的发明之一，它一经出现就深刻地改变了世界，引领人类创造了一个又一个奇迹。从激光制导炸弹到激光核聚变，从激光切割、激光焊接、激光打孔、激光打标、激光清洗、激光表面改性到激光增材制造（激光 3D 打印），从激光测量到激光美容，从激光催陈到激光育种等，激光技术已经渗透到军事、工业、农业、医疗、食品安全等各个领域，可以预见，激光将在 21 世纪助推我国从世界"制造大国"向世界"智造强国"迈进。

　　激光材料加工是一种高度柔性和智能化的先进制造技术，被誉为"21 世纪的万能加工工具""未来制造技术的共同加工手段"。激光材料加工技术正以前所未有的速度向航空航天、机械、石化、船舶、冶金、电子、信息等领域扩展，并深刻地影响着各国科技水平的发展。

　　离子束和电子束材料加工主要用于一些精细零部件的加工，一般是在真空状态下进行加工，加工零件尺寸会受到限制。而激光材料加工可以在空气中进行加工，加工零件尺寸不受限制，生产效率高。

　　三束材料加工技术是一门综合性的高技术，它交叉了光学、材料科学与工程、机械制造学、数控技术及电子等学科，属于当前国内外科技界和产业界共同关注的热点。由于三束材料加工技术拥有其独特的优势，它已被广泛的应用于工业、农业、国防、医学、科学实验和娱乐等诸多方面，并发挥了十分重要的作用。

　　作者长期从事三束材料加工技术的教学、科研以及产业化推广应用工作，因此本书中许多内容是作者科研成果的真实反映。特别是在产业化过程中，对三束材料加工的应用领域有自己的独到见解，可使从事相关产业的工程技术人员从中获得启迪。

　　本书旨在向广大读者介绍三束材料加工技术的基础知识和应用领域，力争

目　录

上篇　激光材料加工及其应用

中篇 离子束材料加工及其应用

下篇　电子束材料加工及其应用

上 篇

激光材料加工及其应用

1 绪　论

　　激光是 20 世纪最伟大的发明之一，它一经出现就深刻地改变了人们对世界的认识，引领着人们利用激光创造了一个又一个奇迹。从激光制导导弹到激光核聚变，从激光切割、激光焊接、激光打孔、激光打标、激光清洗、激光表面改性到激光增材制造再到激光 3D 打印，从激光测量到激光美容，从激光催陈到激光育种等，激光技术已经逐步渗透到军事、工业、农业、医疗、食品安全以及我们生活的方方面面，可以预见，激光将在 21 世纪助推我国从世界"制造大国"向世界"智造强国"迈进。

　　本章重点介绍激光产生的基本原理，激光的四大特性，激光发展的历程，激光材料加工技术的特点和发展趋势等。

1.1　激光产生的基本原理及其发展历程

1.1.1　激光产生的基本原理

　　激光是受激辐射而产生的增强光。受激辐射与自发辐射有本质的区别。光的受激辐射是指高能级 E_2 的粒子，受到从外部入射的频率为 ν 的光子的诱发，辐射出一个与入射光子一模一样的光子，而跃迁回低能级的过程，如图 1-1 所示。

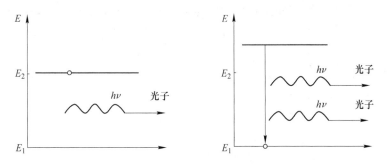

图 1-1　光的受激辐射

　　受激辐射光有三个特征：（1）受激辐射光与入射光频率相同，即光子能量相同；（2）受激辐射光与入射光相位、偏振和传播方向相同，所以两者是完全相干的；（3）受激辐射光获得了增强。

　　激光形成的物理过程是产生激光的工作物质受激发造成粒子反转状态，并不断增强至占优势的过程。将受激的工作物质放在两端有反射镜的光学谐振腔中，并提供外界光辐射，如氙灯、氪灯或辉光放电等，则受激辐射将会不断产生激光光子。在此产生的光子中，其运动方向与光腔轴线方向不一致的光子，都从侧面逸出腔外并转换为热能，没有激光输出。只有运动方向与光腔轴线方向一致的光子，被两面反射镜不断地往返反射，来回振荡，从而得到放大。当这种光放大超过腔内损耗（包括散射、衍射损耗等），即光放大超出腔内的阈值时，则会在激光腔的输出端产生激光辐射——激光束。

由上述激光原理可知，任何类型的激光器都要包括三个基本要素：（1）可以受激发的激光工作物质；（2）工作物质要实现粒子数反转；（3）光学谐振腔。

1.1.2　激光的发展历史

1960 年，世界上第一台激光器由美国科学家梅曼（T. H. Maiman）成功研发。

1960 年 7 月 7 日，*New York Times* 发表了梅曼研制成功第一台激光器的消息，随后又在英国 *Nature* 和 *British Commum* 发表，第二年其详细论文在 *Physical Review* 上刊出（其实，Einstein 在 1916 年便提出了一种现在称之为光学感应吸收和光学感应发射的观点（又叫受激吸收和发射），有谁能想到，这一观点后来竟成为激光器的主要物理基础）。1952 年，马里兰大学的韦伯（Weiber）开始运用上述概念去放大电磁波，但其工作没有进展，也没有引起广泛的注意，只有激光的发明人汤斯（C. Towes）向韦伯索要了论文，继续这一工作，才打开了一个新的领域。汤斯的设想是：由 4 个反射镜围成一只玻璃盒，盒内充以铯，盒外放一盏铯灯，使用这一装置便可以产生激光。汤斯的合作者肖洛（A. Schawlow）擅长光谱学，对于原子光谱及两平行反射镜的光学特性十分熟悉，便对汤斯的设想提出了两条修改意见：（1）铯原子不可能产生光放大，建议改用钾（其实钾也不易产生激光）；（2）建议用两面反射镜便可以形成光的振荡器，不必沿用微波放大器的封闭盒子作为谐振器。直到现在，尽管激光器种类很多，但汤斯和肖洛的这一设想仍为各类激光器的基本结构。

1958 年 12 月 Physical Review 发表了汤斯和肖洛的文章后，引起了物理界的关注，许多学者参加了这一理论和实验研究，都力争自己能造出第一台激光器。汤斯和肖洛都没有取得成功，原因是汤斯遇到了无法解决的铯和钾蒸气对反射镜的污染问题，而肖洛在实验研究后却误认为红宝石不能产生激光。可是，一年多后在世界上出现的第一台激光器正是梅曼用红宝石研制成功的。尽管世界上第一台红宝石激光器不是由汤斯和肖洛研制出来的，但是他们所提出的基本概念和构想却被公认是对激光领域划时代的贡献。

1962 年，出现了半导体激光器。

1964 年，C. Patel（帕特尔）发明了第一台 CO_2 激光器。

1965 年，发明了第一台 YAG 激光器。

1968 年，发展了高功率的 CO_2 激光器。

1971 年，出现了第一台商用 1kW CO_2 激光器。

上述一切，特别是高功率激光器的研制成功，为激光加工技术应用的兴起和迅速发展创造了必不可少的前提条件。

我国激光研究起步之快，发展之迅速令我们骄傲和自豪。

1961 年 9 月，王之江领导了第一个固体红宝石激光装置在长春光机所成功运行。

1963 年 7 月，邓锡铭领导建立的第一台气体激光器（氦管）在光机所成功运行。

其后，在该所相继由王乃弘建立了钾砷半导体激光器。刘颂豪、沃新能用长春光机所生产的晶体建立了氟化钙激光器，干福熹等建立了钕玻璃激光器，刘顺福建立了含钕钨酸钙晶体激光器，吕大元、余文炎建立了转镜 Q 开关激光器。

1.2　激光的特性

1.2.1　激光的高亮度

激光的辐射亮度（$W/(cm^2 \cdot sr)$）按下式计算：
$$B = P/(S \cdot \Omega)$$
激光辐射亮度单位中的 sr 为立体发散角球面度。

太阳光的亮度值约为 $2 \times 10^3 W/(cm^2 \cdot sr)$。气体激光器的亮度值为 $10^8 W/(cm^2 \cdot sr)$，固体激光器的亮度更高达 $10^{11} W/(cm^2 \cdot sr)$。这是由于激光器的发光截面（$S$）和立体发散角（$\Omega$）都很小，而输出功率（$P$）都很大。

1.2.2　激光的高方向性

激光的高方向性主要是指其光束的发散角小。光束的立体发散角为：
$$\Omega = \theta_2 \approx (2.44\lambda/D)^2$$
式中　λ——波长；

D——光束截面直径。

一般工业用高功率激光器输出光束的发散角为毫拉德（mrad，$1rad = 10mGy$）量级。对于基模或高斯模，光束直径和发散角最小，其方向性也最好，这在激光切割和激光焊接中是至关重要的。

1.2.3　激光的高单色性

单色性用 $\Delta\nu/\nu = \Delta\lambda/\lambda$ 来表征，其中 ν 和 λ 分别为辐射波的中心频率和波长，$\Delta\nu$、$\Delta\lambda$ 是谱线的线宽。原有单色性最好的光源是 Kr^{86} 灯，其 $\Delta\nu/\Delta\lambda$ 值为 10^{-6} 量级，而稳频激光器的输出单色性 $\Delta\nu/\Delta\lambda$ 可达 $10^{-10} \sim 10^{-13}$ 量级，要比原有的 Kr^{86} 灯高几万倍至几千万倍。

1.2.4　激光的高相干性

相干性主要是描述光波各个部分的相位关系。其中：空间相干性 S 描述垂直光束传播方向的平面上各点之间的相位关系；时间相干性 Δt 则描述沿光束传播方向上各点的相位关系。相干性完全是由光波场本身的空洞分布（发散角）特性和频率谱分布特性（单色性）所决定的。由于激光的 θ 和 $\Delta\nu$、$\Delta\lambda$ 都很小，故其

$$S_{相干} = \left(\frac{\lambda}{\theta}\right) \text{和相干长度} \ L_{相干} = C \cdot \Delta t_{相干} = \frac{C}{\Delta\nu} \ \text{都很大}$$

式中　C——光速。

正是由于激光具有如上所述 4 大特点，才使其得到了广泛的应用。激光在材料加工中的应用就是其应用的一个重要领域。

1.3　激光加工技术的特点

由于激光具有 4 大特点，因此，就给激光加工带来了如下传统加工所不具备的可贵

特点：

（1）由于它是无接触加工，并且高能量激光的能量及其移动速度均可调，因此可以实现多种加工的目的。

（2）它可以对多种金属、非金属进行加工，特别是可以加工高硬度、高脆性及高熔点的材料。

（3）激光加工过程中无"刀具"磨损，无"切削力"作用于工件。

（4）激光加工的工件热影响区小，工件热变形小，后续加工量小。

（5）激光可通过透明介质对密闭容器内的工件进行各种加工。

（6）激光束易于导向。聚焦实现各方向变换，极易与数控系统配合，对于复杂工件的加工，它是一种极为灵活的加工方法。

（7）生产效率高，加工质量稳定可靠，经济效益和社会效益显著。

1.4　激光材料加工的发展现状及应用

1.4.1　国外激光材料加工的应用

迄今为止，全球已形成了以美国、欧盟、日本等国家或地区为领头羊的激光加工市场，激光加工技术正以前所未有的速度成为 21 世纪先进加工及制造技术，并已经在全球形成了一个新兴的高技术产业。

1.4.1.1　激光器市场的发展

目前，激光加工所用设备主要为 CO_2 激光器和 Nd^{3+} : YAG 激光器（掺钕钇铝石榴石激光器），针对不同的材料加工，现已开发出多种激光器应用于工业加工，如半导体激光器、准分子激光器等。

1.4.1.2　激光加工工艺的发展

激光加工工艺从最早的激光淬火到激光合金化、激光熔覆再到当前的激光加工组合工艺，已形成一套完整的工艺制度。

1.4.1.3　激光加工应用市场

目前，激光加工已广泛应用于航空航天、机械、冶金、造船等行业。随着激光加工技术的不断推广应用，它必定会进一步向其他领域迈进。在激光加工服务方面，美国约有 800 家激光加工站（Job Shop），欧洲约有 900 家，日本约有 1000 家，其规模大小不等，有的只承担单一工种的加工，有的则可以承担各种要求的加工。所有这些激光加工站都具有良好的经济效益以及很强的生命力。

1.4.2　我国激光材料加工的应用

1961 年我国第一台激光器研制成功，1963 年研制成功激光打孔机，1965 年正式在拉丝和手表宝石轴承上采用激光打孔。以后相继采用 CO_2 激光器、钕玻璃激光器、YAG 激光器，对于不同材料、不同零件进行打孔。

我国自改革开放以来，通过"六五""七五""八五"三个五年计划的攻关，高功率激光器的研制水平日臻成熟。在激光热处理、激光焊接、激光打孔、激光切割等方面已取得了巨大的经济效益和社会效益。从 1997~2005 年，激光加工年产值以 42% 的速度递增，全国大约已建立了 600 家 Job Shop。

1.4.2.1 激光器的研制

我国现在已能自己生产从低功率到高功率的 CO_2 激光器，YAG 激光器。但半导体激光器、光纤激光器、准分子激光器尚处于研制中，主要从国外进口这些设备进行产业化。

1.4.2.2 激光工艺研究和开发

激光淬火工艺已经成熟应用。

在激光熔覆工艺方面，有的已经成熟并应用于生产，有的则处于研究之中，其中关键技术是熔覆材料的研发，激光切割和焊接的复合工艺已在积极的研究之中。

1.4.2.3 激光加工应用市场

在汽车行业，主要是采用激光淬火汽车的发动机曲轴、凸轮轴、缸体和缸套等。

在冶金行业，主要是大型轧辊的激光熔覆。

在机械行业，主要是报废贵重模具的熔覆修复。

在电子行业，主要是手机电池和集成电路的激光焊接。

1.5 激光加工技术的发展趋势

目前，激光加工技术的发展趋势主要体现在以下几个方面：

（1）激光器方面：激光器研发正朝高智能化、高功率、高光束质量、高可靠性、低成本和全固态等方向发展。高亮度半导体激光器、光纤与碟片激光器、超快超短脉冲皮秒和飞秒激光器等将成为工业用激光器的发展主流并主导市场，新的光源技术的发展将会引领一批新的应用领域。

（2）材料方面：针对激光熔覆修复工件的材料种类，分别研制出不同材料的激光熔覆修复材料。例如目前已研制出中碳、低碳钢激光熔覆修复用材料，用于铸铁类零件激光修复的材料正在研制之中。

（3）工艺控制方面：对于激光熔覆工艺而言，其发展趋势是开发一套基于激光熔覆的在线监控系统，对激光熔覆过程进行实时监控。研制与激光熔覆相配套的复合工艺在熔覆过程中避免工件的开裂趋势。

（4）加工过程的智能化与机器人化方面：为了提高激光加工技术的工作效率，智能化机器人已逐步得到应用。

2 激光材料加工的技术基础

激光材料加工成套设备包括激光发生器、冷水机组、外光路、数控系统、加工机床，这构成了激光材料加工柔性制造系统。要想娴熟地掌握这套柔性加工系统，必须认真学习该系统中的每一项内容，即必须掌握激光材料加工的技术基础。

2.1 激光加工用激光器

尽管激光器的种类繁多，但适用于激光材料加工用的激光器还只有高功率 CO_2 激光器和掺钕钇铝石榴石（YAG）激光器两种。据统计，在国际商用激光加工系统的产值中，CO_2 激光加工系统约占三分之二，YAG 激光加工系统约占三分之一。但是，近年来随着激光器的快速运用，光纤激光器创造的产值大有超越 CO_2 激光器之势。

2.1.1 高功率 CO_2 激光器

CO_2 激光器的重要特点是：（1）高功率，其最大连续输出功率已达 25kW；（2）高效率，其总效率为 10% 左右，比其他加工用激光器的效率高得多；（3）高光速质量，其模式较好且较稳定。所有这些优点都是激光加工所需要的。

2.1.1.1 横向流动型 CO_2 激光器

该激光器工作气体沿着与光轴垂直的方向快速流过放电区以维持腔内有较低的气体温度，从而保证有高功率输出。单位有效谐振腔长度的输出激光功率达 10kW/m，商用器件的最大功率可达 25kW。但其缺点是光束质量较差，在好的情况下可以得到低价模输出，否则为多模输出。这种类型的激光器广泛应用于材料的表面改性加工领域，如激光表面淬火、激光合金化、激光熔覆、激光表面非晶化等。

2.1.1.2 快速轴流 CO_2 激光器

它是由工作气体沿放电管轴向流动来实现冷却，且气流方向同电场方向和激光方向一致，其气流速度一般大于 100m/s，有的甚至可以达到亚音速。其结构主要由细放电管、谐振腔、高压直流放电系统、高速风机（罗茨泵）、热交换器及气流管道等部分组成。该激光器的主要特点有：

（1）光速质量好（基模或 TEM_{01} 模）。
（2）功率密度高。
（3）电光效率高，可达 26%。
（4）结构紧凑。
（5）可以连续和脉冲双制运行。
因此，这类激光器使用范围很广。

2.1.2 固体激光器

YAG 激光器的特点：

（1）它输出的波长为 $1.06\mu m$，恰好比 CO_2 激光波长 $10.6\mu m$ 小一个数量级，因而使其与金属的耦合效率高，加工性能良好（一台 800W 的 YAG 激光器的有效功率相当于 3kW 的 CO_2 激光器的功率）。

（2）YAG 激光器能与光纤耦合，借助时间分割和功率分割多路系统能方便地将一束激光传输给多个工位或远距离工位，便于激光加工实现柔性化。

（3）YAG 激光器能以脉冲和连续两种方式工作，其脉冲输出可通过调 Q 和锁模技术获得短脉冲及超短脉冲，从而使其加工范围比 CO_2 激光更广。

（4）它结构紧凑、质量轻、使用简单可靠、维修要求较低，故看好其应用前景。

固体激光器的基本结构如图 2-1 所示，包括激光工作物质、谐振腔、光泵浦灯和聚光腔。

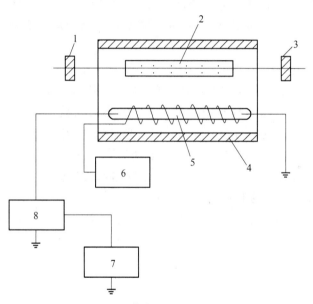

图 2-1　固体激光器的基本结构

1—介质膜片 $[R_1]$；2—工作物质；3—介质膜片 $[R_2]$（谐振腔）；4—聚光腔；5—氙灯；6—触发器；

7—充电电源；8—电容电阻

2.1.2.1　工作物质（激光棒）

工作物质有晶体和玻璃两大类：（1）晶体：掺钕钇铝石榴石和红宝石晶体等。（2）玻璃：钕玻璃。

工作物质应具有较高的荧光量子效率，较长的亚稳态寿命，较宽的吸收带和较大的吸收系数，较高的掺杂浓度及内损耗较小的基质，也就是说具有增益系数（$G(\nu)$）高、阈值（$\Delta N_{阈}$）低的特性。

激光工作物质还应具有光学均匀性和物理特性好的特点，即无杂质颗粒、气泡、裂纹、残余应力等缺陷。

Nd^{3+}:YAG 激光器具有荧光量子效率高、阈值低、热导率高等优点，是这三种固体激光器中唯一能够连续运转的激光器。

2.1.2.2 谐振腔

激光谐振腔是由两块平面或球面反射镜按一定方案组合而成的。其中一个端面是全反射膜片，另一个端面是具有一定透过率的部分反射膜片。

谐振腔是决定激光输出功率、振荡模式、发散角等激光输出参数的重要光学器件。谐振腔膜片一般是通过在玻璃基片上镀多层介质膜得到的。每层介质膜的厚度为特定激光波长的 1/4。介质膜的层数越多，发射率就越高。全反射膜片的介质膜一般有 17~21 层。

2.1.2.3 泵浦灯

在固体激光器中，激光工作物质内的粒子数反转是通过光泵的抽运实现的。目前常用的光泵源为脉冲氙灯和连续氪灯。

2.1.2.4 聚光腔

为了提高泵浦效率，使泵浦灯发出的光能有效地汇聚，并均匀地照射在棒上，可在激光棒和泵浦灯外增加一个聚光腔。早期的聚光腔常见的形式有单、双椭圆腔、圆形腔、紧裹形腔。

2.1.2.5 *Q* 开关技术

为了压缩脉宽，提高峰值功率，在脉冲激光器中使用 *Q* 开关技术。

所谓 *Q* 开关技术，是指一种基于激光谐振腔的品质因数，*Q* 值越高，激光振荡越容易，*Q* 值越低，激光振荡越难的原理技术。即在光泵浦开始时，使谐振腔内的损耗增大，降低腔内 *Q* 值，以让尽量多的低能态粒子抽运到高能态去，达到粒子数反转。由于 *Q* 值低，故不会产生激光振荡。当激光的上能级粒子数达到最大值（饱和值）时，设法突然使腔的损耗变小，*Q* 值突增，这时激光振荡迅速建立。

目前在激光加工中采用的有电光调 *Q*、声光调 *Q*、染料调 *Q*、机械调 *Q* 等。但最多的是电光调 *Q* 和声光调 *Q*。

2.1.3 准分子激光器

所谓准分子，是指在激发态结合为分子、基态离解为原子的不稳定缔合物。工作物质有 XeCl、KrF、ArF 和 XeF 等气态物质。

激光波长属紫外波段，波长范围为 193~351nm，如 XeCl 为 308nm，KrF 为 248nm。准分子激光器的基本结构与 CO_2 激光器相同。

目前准分子激光器主要为脉冲工作方式，商品化的平均功率为 100~200W，最高功率已达 750W。

2.1.4 光纤激光器

光纤激光器（Fiber Laser）是指用掺杂稀土元素的玻璃光纤作为增益介质的激光器，光纤激光器是在光纤放大器的基础上开发出来的：在泵浦光的作用下光纤内极易形成高功率密度，造成激光工作物质的激光能级"粒子数反转"，当适当加入正反馈回路（构成谐振腔）便可形成激光振荡输出。20 世纪 60 年代初，美国光学公司的（斯尼泽）Snitzer 首次提出光纤激光器的概念。进入 21 世纪后，高功率双包层光纤激光器的发展突飞猛进，最高输出功率记录在短时间内接连被打破，目前单纤输出功率（连续）已达到 6000W 以上。

光纤激光器的工作原理是：光纤是以 SiO_2 为基质材料拉成的玻璃实体纤维，其导光原理是利用光的全反射原理，即当光以大于临界角的角度由折射率大的光密介质入射到折射率小的光疏介质时，将发生全反射，入射光全部反射到折射率大的光密介质，折射率小的光疏介质内将没有光透过。普通裸光纤一般由中心高折射率玻璃芯、中间低折射率硅玻璃包层和最外部的加强树脂涂层组成。光纤按传播光波模式可分为单模光纤和多模光纤。单模光纤的芯径较小，只能传播一种模式的光，其模间色散较小。多模光纤的芯径较粗，可传播多种模式的光，但其模间色散较大。按折射率分布的情况，可分为阶跃折射率（SI）光纤和渐变折射率（GI）光纤。

以稀土掺杂光纤激光器为例，掺有稀土离子的光纤芯作为增益介质，掺杂光纤固定在两个反射镜间构成谐振腔，泵浦光从 M_1 入射到光纤中，从 M_2 输出激光（见图 2-2）。

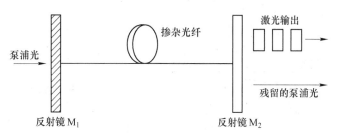

图 2-2　光纤激光器结构

当泵浦光通过光纤时，光纤中的稀土离子吸收泵浦光，其电子被激励到较高的激发能级上，实现了离子数反转。反转后的粒子以辐射形成从高能级转移到基态，输出激光。图 2-2 的反射镜谐振腔主要用以说明光纤激光器的原理。实际的光纤激光器可采用多种全光纤谐振腔。

图 2-3 为采用 2×2 光纤耦合器构成的光纤环路反射器及由此种反射器构成的全光纤激光器，图 2-3a 表示将光纤耦合器两输出端口联结成环，图 2-3b 表示与此光纤环等效的用分立光学元件构成的光学系统，图 2-3c 表示两只光纤环反射器串接一段掺稀土离子光纤，构成全光纤型激光器。以掺 Nd^{3+} 石英光纤激光器为例，应用 806nm 波长的 AlGaAs（铝镓砷）半导体激光器为泵浦源，光纤激光器的激光发射波长为 1064nm，泵浦阈值约 $470\mu W$。

利用 2×2 光纤耦合器可以构成光纤环形激光器。如图 2-4a 所示，将光纤耦合器输入端 2 连接一段稀土掺杂光纤，再将掺杂光纤连接耦合器输出端 4 而成环。泵浦光由耦合器端 1 注入，经耦合器进入光纤环而泵浦其中的稀土离子，激光在光纤环中形成并由耦合器端口 3 输出。这是一种行波型激光器，光纤耦合器的耦合比越小，表示储存在光纤环内的能量越大，激光器的阈值也越低。典型的掺 Nd^{3+} 光纤环形激光器，耦合比不大于 10%，利用染料激光器 595nm 波长的输出进行泵浦，产生 1028nm 的激光，阈值为几毫瓦。上述光纤环形激光腔的等效分立光学元件的光路安排如图 2-4b 所示。

利用光纤中稀土离子荧光谱带宽的特点，在上述各种激光腔内加入波长选择性光学元

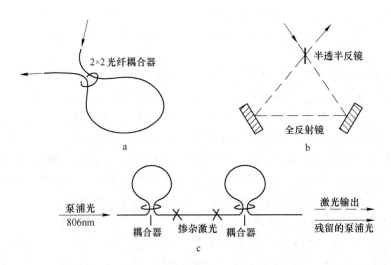

图 2-3   全光纤激光腔的构成示意图

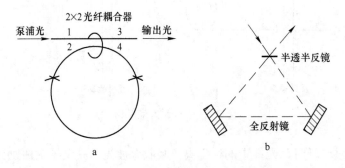

图 2-4   光纤环形激光器示意图

件，如光栅等，可构成可调谐光纤激光器，典型的掺 Er^{3+} 光纤激光器在 1536nm 和 1550nm 处可调谐 14nm 和 11nm。

如果采用特别的光纤激光腔设计，可实现单纵模运转，激光线宽可小至数十兆赫，甚至达 10kHz 的量级。光纤激光器在腔内加入声光调制器，可实现调 Q 或锁模运转。调 Q 掺 Er^{3+} 石英光纤激光器，脉冲宽度 32ns，重复频率 800Hz，峰值功率可达 120W。锁模实验，得到光脉冲宽度 2.8ps 和重复频率 810MHz 的结果，可望用作孤子激光源。

稀土掺杂石英光纤激光器以成熟的石英光纤工艺为基础，因而损耗低和精确的参数控制均得到保证。适当加以选择可使光纤在泵浦波长和激射波长均工作于单模状态，可达到高的泵浦效率，光纤的表面积与体积之比很大，散热效果很好，因此，光纤激光器一般仅需低功率的泵浦即可实现连续波运转。光纤激光器易于与各种光纤系统的普通光纤实现高效率的接续，且柔软、细小，因此不但在光纤通信和传感方面，而且在医疗、计测以及仪器制造等方面都有极大的应用价值。

光纤激光器种类有很多，可按如下方式进行分类。

按照光纤材料的种类，光纤激光器可分为：

（1）晶体光纤激光器。工作物质是激光晶体光纤，主要有红宝石单晶光纤激光器和 Nd^{3+}:YAG 单晶光纤激光器等。

（2）非线性光学型光纤激光器。主要有受激喇曼散射光纤激光器和受激布里渊散射光纤激光器。

（3）稀土类掺杂光纤激光器。光纤的基质材料是玻璃，向光纤中掺杂稀土类元素离子使之激活，从而制成光纤激光器。

（4）塑料光纤激光器。向塑料光纤芯部或包层内掺入激光染料而制成光纤激光器。

按增益介质可分为：

（1）晶体光纤激光器。工作物质是激光晶体光纤，主要有红宝石单晶光纤激光器和 Nd^{3+}:YAG 单晶光纤激光器等。

（2）非线性光学型光纤激光器。主要有受激喇曼散射光纤激光器和受激布里渊散射光纤激光器。

（3）稀土类掺杂光纤激光器。向光纤中掺杂稀土类元素离子使之激活（Nd^{3+}、Er^{3+}、Yb^{3+}、Tm^{3+}等，基质可以是石英玻璃、氟化锆玻璃、单晶），而制成光纤激光器。

（4）塑料光纤激光器。向塑料光纤芯部或包层内掺入激光染料而制成光纤激光器。

按谐振腔结构可分为：F-P 腔、环形腔、环路反射器光纤谐振腔以及"8"字形腔、DBR 光纤激光器、DFB 光纤激光器等。

按光纤结构可分为：单包层光纤激光器、双包层光纤激光器、光子晶体光纤激光器、特种光纤激光器。

按输出激光特性可分为：连续光纤激光器和脉冲光纤激光器，其中脉冲光纤激光器根据其脉冲形成原理又可分为调 Q 光纤激光器（脉冲宽度为 ns 量级）和锁模光纤激光器（脉冲宽度为 ps 或 fs 量级）。

根据激光输出波长数目可分为：单波长光纤激光器和多波长光纤激光器。

根据激光输出波长的可调谐特性可分为：可调谐单波长激光器，可调谐多波长激光器。

按激光输出波长的波段可分为：S-波段（1460～1530nm）、C-波段（1530～1565nm）、L-波段（1565～1610nm）。

按照是否锁模，可分为：连续光激光器和锁模激光器。通常的多波长激光器属于连续光激光器。

按照锁模器件而言，可分为：被动锁模激光器和主动锁模激光器。其中被动锁模激光器又有：等效/假饱和吸收体：非线性旋转锁模激光器（"8"字形，NOLM 和 NPR）真饱和吸收体：SESAM 或者纳米材料（碳纳米管，石墨烯，拓扑绝缘体等）。

光纤激光器近几年受到广泛关注，这是因为它具有其他激光器所无法比拟的优点，主要表现在：

（1）光纤激光器中，光纤既是激光介质又是光的导波介质，因此泵浦光的耦合效率相当的高，加之光纤激光器能方便地延长增益长度，以便使泵浦光充分吸收，从而使总的光-光转换效率超过 60%。

（2）光纤的几何形状具有很大的表面积/体积比，散热快，它的工作物质的热负荷相当小，能产生高亮度和高峰值功率，已达 140mW/cm。

（3）光纤激光器的体积小，结构简单，工作物质为柔性介质，可设计得相当小巧灵活，使用方便。

（4）作为激光介质的掺杂光纤，掺杂稀土离子和承受掺杂的基质具有相当多的可调参数和选择性，光纤激光器可在很宽光谱范围内（455～3500nm）设计运行，加之玻璃光纤的荧光谱相当宽，插入适当的波长选择器即可得到可调谐光纤激光器，调谐范围已达80nm。

（5）光纤激光器还容易实现单模，单频运转和超短脉冲。

（6）光纤激光器增益高，噪声小，光纤到光纤的耦合技术非常成熟，连接损耗小且增益与偏振无关。

（7）光纤激光器的光束质量好，具有较好的单色性、方向性和温度稳定性。

（8）光纤激光器所基于的硅光纤的工艺现在已经非常成熟，因此，可以制作出高精度，低损耗的光纤，大大降低激光器的成本。

由于光纤激光器具有上述优点，它在通信、军事、工业加工、医疗、光信息处理、全色显示、激光印刷等领域具有广阔的应用前景。

光纤激光器应用范围非常广泛，包括激光光纤通信、激光空间远距通信、工业造船、汽车制造、激光雕刻、激光打标、激光切割、印刷制辊、金属非金属钻孔/切割/焊接（铜焊、淬水、包层以及深度焊接）、军事国防安全、医疗器械仪器设备、大型基础建设，作为其他激光器的泵浦源等。

（1）标刻应用。脉冲光纤激光器以其优良的光束质量，可靠性，最长的免维护时间，最高的整体电光转换效率，脉冲重复频率，最小的体积，无须水冷的最简单、最灵活的使用方式，最低的运行费用使其成为在高速、高精度激光标刻方面的唯一选择。

一套光纤激光打标系统可以由一个或两个功率为25W的光纤激光器，一个或两个用来导光到工件上的扫描头以及一台控制扫描头的工业电脑组成。这种设计比用一个50W激光器分束到两个扫描头上的方式高出4倍以上的效率。该系统最大打标范围是175mm×295mm，光斑大小是35μm，在全标刻范围内绝对定位精度是+/−100μm。100μm工作距离时的聚焦光斑可小到15μm。

（2）材料处理的应用。光纤激光器的材料处理是基于材料吸收激光能量的部位被加热的热处理过程。1μm左右波长的激光光能很容易被金属、塑料及陶瓷材料吸收。

（3）材料弯曲的应用。光纤激光成型或折曲是一种用于改变金属板或硬陶瓷曲率的技术。集中加热和快速自冷切导致在激光加热区域的可塑性变形，永久性改变目标工件的曲率。研究发现用激光处理的微弯曲远比其他方式具有更高的精密度，同时，这在微电子制造是一个很理想的方法。

（4）激光切割的应用。随着光纤激光器的功率不断攀升，光纤激光器在工业切割方面得以被规模化应用。比如：用快速斩波的连续光纤激光器微切割不锈钢动脉管。由于它的高光束质量，光纤激光器可以获得非常小的聚焦直径和由此带来的小切缝宽度正在刷新医疗器件工业的标准。

2.1.5　半导体激光器

半导体激光器又称激光二极管，是用半导体材料作为工作物质的激光器。由于物质结构上的差异，不同种类产生激光的具体过程比较特殊。常用的工作物质有砷化镓（GaAs）、硫化镉（CdS）、磷化铟（InP）、硫化锌（ZnS）等。激励方式有电注入、电子束激励和光泵浦三种形式。半导体激光器件，可分为同质结、单异质结、双异质结等几种。同质结激光器和单异质结激光器在室温时多为脉冲器件，而双异质结激光器室温时可实现连续工作。

半导体二极管激光器是最实用最重要的一类激光器。它体积小、寿命长，并可采用简单的注入电流的方式来泵浦其工作电压和电流与集成电路兼容，因而可与单片集成。并且还可以用高达 GHz 的频率直接进行电流调制以获得高速调制的激光输出。由于这些优点，半导体二极管激光器在激光通信、光存储、光陀螺、激光打印、测距以及雷达等方面获得了广泛的应用。

半导体激光器的工作原理是：根据固体的能带理论，半导体材料中电子的能级形成能带。高能量的为导带，低能量的为价带，两带被禁带分开。引入半导体的非平衡电子-空穴对复合时，把释放的能量以发光形式辐射出去，这就是载流子的复合发光。

一般所用的半导体材料有两大类：直接带隙材料和间接带隙材料，其中直接带隙半导体材料如 GaAs（砷化镓）比间接带隙半导体材料如 Si 有高得多的辐射跃迁几率，发光效率也高得多。

半导体复合发光达到受激发射（即产生激光）的必要条件是：

（1）粒子数反转分布分别从 P 型侧和 N 型侧注入到有源区的载流子密度十分高时，占据导带电子态的电子数超过占据价带电子态的电子数，就形成了粒子数反转分布。

（2）光的谐振腔在半导体激光器中，谐振腔由其两端的镜面组成，称为法布里-珀罗腔。

（3）高增益用以补偿光损耗。谐振腔的光损耗主要是从反射面向外发射的损耗和介质的光吸收。

半导体激光器是依靠注入载流子工作的，发射激光必须具备三个基本条件：

（1）要能产生足够的粒子数反转分布，即高能态粒子数足够的大于处于低能态的粒子数。

（2）有一个合适的谐振腔能够起到反馈作用，使受激辐射光子增生，从而产生激光震荡。

（3）要满足一定的阈值条件，以使光子增益不小于光子的损耗。

半导体激光器工作原理是激励方式，利用半导体物质（即利用电子）在能带间跃迁发光，用半导体晶体的解理面形成两个平行反射镜面作为反射镜，组成谐振腔，使光振荡、反馈，产生光的辐射放大，输出激光。

半导体激光器优点：体积小、质量轻、运转可靠、耗电少、效率高等。

半导体激光器的基本知识及应用：

（1）决定因素。半导体光电器件的工作波长是和制作器件所用的半导体材料的种类相关的。半导体材料中存在着导带和价带，导带上面可以让电子自由运动，而价带下面可以让空穴自由运动，导带和价带之间隔着一条禁带，当电子吸收了光的能量从价带跳跃到导带中去时，就把光的能量变成了电，而带有电能的电子从导带跳回价带，又可以把电的能量变成光，这时材料禁带的宽度就决定了光电器件的工作波长。材料科学的发展使我们能采用能带工程对半导体材料的能带进行各种精巧的裁剪，使之能满足我们的各种需要并为我们做更多的事情，也能使半导体光电器件的工作波长突破材料禁带宽度的限制扩展到更宽的范围。

（2）损耗关系。激光器的腔体可以有谐振腔和外腔之分。在谐振腔里，激光器的损耗有很多种类，比如偏折损耗，法布里珀罗谐振腔就有较大偏折损耗，而共焦腔的偏折损耗较小，适合于小功率连续输出激光，还比如反转粒子的无辐射跃迁损耗（这类损耗可以归为白噪声）等之类的，都是腔长损耗大。激光器阈值电流不过就是能让激光器起振的电流，谐振腔长短的不同可以使得阈值电流有所不同，半导体激光器中，像边发射激光器腔长较长，阈值电流相对较大，而垂直腔面发射激光器腔长极短，阈值电流就非常低了。这些都不是一两句话可以说清楚的，它们各自的速率方程也都不同，不是一两个式子能解释的。另外谐振腔长度不同也可以达到选模的作用，即输出激光的频率不同。

（3）常用参数。半导体激光器的常用参数可分为：波长、阈值电流 I_{th}、工作电流 I_{op}、垂直发散角 $\theta_\perp$、水平发散角 $\theta_{//}$、监控电流 I_m。

1）波长：即激光管工作波长，可作光电开关用的激光管波长有 635nm、650nm、670nm，激光二极管波长有 690nm、780nm、810nm、860nm、980nm 等。

2）阈值电流 I_{th}：即激光管开始产生激光振荡的电流，对一般小功率激光管而言，其值约在数十毫安，具有应变多量子阱结构的激光管阈值电流可低至 10mA 以下。

3）工作电流 I_{op}：即激光管达到额定输出功率时的驱动电流，此值对于设计调试激光驱动电路较重要。

4）垂直发散角 $\theta_\perp$：激光二极管的发光带在垂直 PN 结方向张开的角度，一般在 15°~40°左右。

5）水平发散角 $\theta_{//}$：激光二极管的发光带在与 PN 结平行方向所张开的角度，一般在 6°~10°左右。

6）监控电流 I_m：即激光管在额定输出功率时，在 PIN 管上流过的电流。

（4）特性。半导体激光器是以半导体材料为工作物质的一类激光器件。除了具有激光器的共同特点外，还具有以下优点：

1）体积小，重量轻；

2）驱动功率和电流较低；

3）效率高、工作寿命长；

4）可直接电调制；

5）易于与各种光电子器件实现光电子集成；

6）与半导体制造技术兼容；可大批量生产。

由于这些特点，半导体激光器自问世以来得到了世界各国的广泛关注与研究。成为世界上发展最快、应用最广泛、最早走出实验室实现商用化且产值最大的一类激光器。经过40多年的发展，半导体激光器已经从最初的低温 77K、脉冲运转发展到室温连续工作、工作波长从最开始的红外、红光扩展到蓝紫光；阈值电流由 $10^5 A/cm^2$ 量级降至 $10^2 A/cm^2$ 量级；工作电流最小到亚毫安量级；输出功率从几毫瓦到阵列器件输出功率达数千瓦；结构从同质结发展到单异质结、双异质结、量子阱、量子阱阵列、分布反馈型、DFB、分布布拉格反射型、DBR 等 270 多种形式。制作方法从扩散法发展到液相外延、LPE、气相外延、VPE、金属有机化合物淀积、MOCVD、分子束外延、MBE、化学束外延、CBE 等多种制备工艺。

（5）应用。半导体激光器是成熟较早、进展较快的一类激光器，由于它的波长范围宽，制作简单、成本低、易于大量生产，并且由于体积小、质量轻、寿命长，因此，品种发展快，应用范围广，已超过 300 种，半导体激光器的最主要应用领域是局域网，850nm 波长的半导体激光器适用于局域网，1300～1550nm 波长的半导体激光器适用于 10Gb 局域网系统，半导体激光器的应用范围覆盖了整个光电子学领域，已成为当今光电子科学的核心技术，半导体激光器在激光测距、激光雷达、激光通信、激光模拟武器、激光警戒、激光制导跟踪、引燃引爆、自动控制、检测仪器等方面获得了广泛的应用，形成了广阔的市场。

下面我们具体来看看几种常用的半导体激光器的应用：

在印刷业和医学领域，高功率半导体激光器也有应用。另外，如长波长激光器用于光通信，短波长激光器用于光盘读出，自从 NaKamuxa 实现了 GaInN/GaN 蓝激光器，可见光半导体激光器在光盘系统中得到了广泛应用，如 CD 播放器，DVD 系统和高密度光存储器可见光面发射激光器在光盘、打印机、显示器中都有着很重要的应用，特别是红光、绿光和蓝光面发射激光器的应用更广泛。蓝绿光半导体激光器用于水下通信、激光打印、高密度信息读写、深水探测及应用于大屏幕彩色显示和高清晰度彩色电视机中。总之，可见光半导体激光在用作彩色显示器光源、光存储的读出和写入，激光打印、激光印刷、高密度光盘存储系统、条码读出器以及固体激光器的泵浦源等方面有着广泛的用途，量子级联激光的新型激光器应用于环境检测和医检领域。另外，由于半导体激光器可以通过改变磁场或调节电流实现波长调谐，且已经可以获得线宽很窄的激光输出，因此利用半导体激光器可以进行高分辨光谱研究。可调谐激光器是深入研究物质结构而迅速发展的激光光谱学的重要工具大功率中红外（3.5lm）LD 在红外对抗、红外照明、激光雷达、大气窗口、自由空间通信、大气监视和化学光谱学等方面有广泛的应用。

绿光到紫外光的垂直腔面发射器在光电子学中得到了广泛的应用，如超高密度、光存储，近场光学方案被认为是实现高密度光存储的重要手段。垂直腔面发射激光器还可用在全色平板显示、大面积发射、照明、光信号、光装饰、紫外光刻、激光加工和医疗等方面。如前所述，半导体激光器自 20 世纪 80 年代初以来，由于取得了 DFB 动态单纵模激光器的研制成功和实用化，量子阱和应变层量子阱激光器的出现，大功率激光器及其列阵的进展，可见光激光器的研制成功，面发射激光器的实现、单极性注入半导体激光器的研制等一系列的重大突破，半导体激光器的应用越来越广泛，半导体激光器已成为激光产业的主要组成部分，已成为各国发展信息、通信、家电产业及军事装备不可缺少的重要基础器件。

半导体激光器因其使用寿命长、激光利用效率高、热能量比 YAG 激光器小、体积小、性价比高、省电等一系列优势而成为 2010 年热卖产品，e 网激光生产的国产半导体激光器的出现，加速了以半导体激光器为主要耗材的半导体激光机取代 YAG 激光打标机市场份额的步伐。

2.1.6　激光材料加工用其他激光器

在激光加工中，除了上述常用的 CO_2 激光器、Nd^{3+}:YAG 激光器及准分子激光器外，另外还有 CO 激光器和铜蒸气激光器等。

CO 激光器的波长是 CO_2 激光器波长的一半，因此，光束的聚焦特性和材料的吸收特性优于 CO_2 激光器。例如 3kW CO 激光器的切割能力与 5kW CO_2 激光器相同。CO_2 激光器的最大功率可达 20kW，但商品化程度还很低。

另外，铜蒸气激光器是用于微细加工的一种激光器，它可用来作倍频 YAG 激光器的替代器件。其输出波为 511~578nm 的可见光，脉宽为 20~60nm，重复频率在 2~32kHz 之间，目前实用器件的激光功率为 10~120W，大于 750W 的器件还在研究阶段。

2.1.7　正确选用材料加工用激光器

在实际加工中如何正确选用合宜的激光器？这是一个很重要的问题。

第一，要对目前工业激光器有较全面的了解。目前工业上激光加工用激光器的性能列于表 2-1。

表 2-1　加工用激光器的主要性能

性能	CO_2 激光器	CO 激光器	YAG 激光器	（KrF）准分子激光器
波长/μm	10.6	5.3	1.06	0.249
光子能量/eV	0.12	0.23	1.16	4.9
最高（平均）功率/kW	25000	10000	1800	250
调制方式	气体放电	气体放电	光电调 Q_e 声光调 Q_1	气体放电
脉冲功率/kW	<10		$<10^3$	$<2\times10^3$
脉冲频率/kHz	<5	<1（闪光灯）<50（声光调 Q_1）	<1	
模式	基模或多模		多模	多模
发散角/mrad	1~3		5~20	1~3
总效率/%	12	8	3	2

第二，根据加工要求，合理决定被选用激光器的种类；重点是考虑其输出激光波长、功率和模式。

第三，要考虑在生产现场的环境条件下运行的可靠性、调整和维修的方便性。

第四，投资和运行费用的比较。

第五，设备销售商的经济和技术实力，可信程度。

第六，设备易损件补充来源是否有保障，供应渠道是否畅通等。

2.2　激光材料加工成套设备系统

2.2.1　激光加工机床

若要完成激光加工操作，必须要有激光束与被加工工件之间的相对运动。在这一过程中，不但要求光斑相对工件按要求做轨迹运动，而且要求自始至终激光光轴要垂直于工件表面。

加工机床按用途可分为通用加工机和专用加工机。

2.2.2　激光加工成套设备系统及国内外主要厂家

激光加工成套设备系统包括激光发生器、冷水机组、数控系统、加工机床。这构成了激光加工柔性制造系统。

国内外主要厂家：

（1）德国：

1）TRUMPF（通快）公司：以 CO_2 和 YAG 激光成套设备为主；

2）Rofin-sina 公司：以 CO_2、YAG、光纤、半导体激光器为主。

（2）美国：

1）PRC 激光公司：以 CO_2 激光和固体激光器为主；

2）光谱物理公司：以固体激光器为主；

3）相干公司：以小功率设备为主。

（3）中国：

1）武汉光谷激光技术股份有限公司：CO_2 激光加工成套设备，包括快轴流和横流 CO_2 激光器及加工系统；

2）武汉楚天激光集团公司：生产激光切割成套设备；

3）武汉华中科大激光工程公司：生产高功率气体激光加工系统和固体激光器；

4）武汉锐科激光技术有限公司：生产不同功率的光纤激光器；

5）西安钜光激光技术有限公司：生产不同功率的半导体激光器。

2.3　激光材料加工用光学系统

2.3.1　激光器窗口

激光器窗口主要分为固体窗口和气动窗口两大类。根据常见的 CO_2 激光器谐振腔结构及工作原理，其中固体窗口又分为激光耦合输出窗口和激光输出窗口。窗口又分为单折或单通道激光器谐振腔与窗口和多折或双通道激光器谐振腔与窗口（见图2-5）。

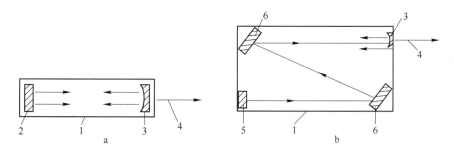

图 2-5　谐振腔与窗口结构示意图

a—谐振腔；b—窗口结构

1—谐振腔；2—全反射镜；3—耦合输出窗口；4—激光束；5—反射镜；6—转折镜

以上由反射镜或转折镜与耦合输出窗口组成的谐振腔均属稳定腔结构，其中后腔全反射镜及转折镜大多由金属材料制成。前腔耦合输出窗口利用红外光学材料为基底，通过镀膜做到一面部分反射参加耦合振荡，另一面达到全部输出激光。

2.3.2　导光聚焦系统及光学元部件（激光加工外围设备）

导光聚焦系统简称导光系统，它是将激光束传输到工件被加工部位的设备。

（1）激光传输与变化。目前，适用于生产的激光传输手段有光纤和反射镜两种。光纤多用于 YAG 激光器，传输距离可达 20m（≤400W），是由光学玻璃或石英拉制成型。

反射镜多用于 CO_2 激光器，其基本材料为铜、铝、钼、硅等，经光学镜面加工，在反射镜上镀高反射率膜，使激光损耗降至最低。

（2）光路及机械结构的合理设计。在光路设计中应尽可能减少反射镜的数量。

（3）各种类型的导光聚焦系统。激光束通过传输到工件表面前，必须使光束聚焦，并调整光斑尺寸使其达到所需的功率密度，才能满足不同类型工件加工的要求。

2.4　激光束参量测量

激光束参量、自动化加工机床的技术保证、工艺数据库合理可靠，这三大要素是构成激光加工优势的首要问题，决定着激光加工的结果。

激光束参量测量的目的，就是用来判定光源光束质量的好坏。它包括光束波长、功率、能量、模式、束散角、偏振态、束位稳定度、脉宽及峰值功率、重复频率及平均输出功率等 9 个主要方面。

2.4.1　激光束功率、能量参数测量

功率、能量是激光束的主参量，它直接决定加工工艺的结果。激光束功率、能量测量是通过激光功率、能量计接收激光束，并显示其量值实现测量的。常用的激光功率、能量计主要分为热电型、光电型两种。

2.4.2　激光束模式测量

2.4.2.1　模式的识别和划分

激光束的空间形状是由激光器的谐振腔决定的，且在给定的边界条件下，通过解波动方程来决定谐振腔内的电磁场分布，在圆形对称腔中具有简单的横向电磁场的空间形状。

正如前述，腔内的横向电磁场分布称为腔内横模，用 TEM_{mn} 表示，其中，m、n 为垂直光束平面上 x、y 两个方向上的模序数。

m 或 n 的序数判断，习惯上以 x、y 方向上能量（功率）分布曲线中谷（节点）的个数来定。那么，m 序数就是 x 方向趋近零的节点个数；n 即为 y 方向上趋近零的节点个数（见图 2-6）。

模式又可以分为平面对称和旋转对称。当图形以 x 或 y 轴为对称平面，就是轴对称。如图 2-6 以及图 2-7 中的 a～d 均为轴对称；旋转对称是以图形中心为轴，旋转后图形可以得到重合，如图 2-7 中的 e～h。

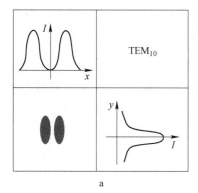

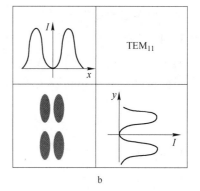

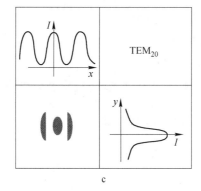

图 2-6 轴对称模

a—TEM$_{10}$；b—TEM$_{11}$；c—TEM$_{20}$

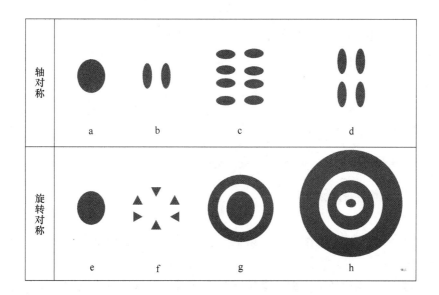

图 2-7 轴对称和旋转对称模式

a, e—TEM$_{00}$；b, g—TEM$_{10}$；c—TEM$_{13}$；d—TEM$_{11}$；f—TEM$_{03}$；h—TEM$_{20}$

2.4.2.2 激光加工中常用的模式

激光加工中常用的模式有：

（1）TEM_{00}基模。

（2）TEM_{01}^*单环模，也叫准基模。由虚共焦腔产生，或由$TEM_{01}+TEM_{10}$模简并而成。为表明聚焦性能常给出环径占束径的比值。为区别TEM_{01}对称模，单环模要用星号注明。

（3）TEM_{01}模。

（4）TEM_{10}模。

（5）TEM_{20}模。

（6）多模。多模分圆光斑和板条光斑两种。

2.4.2.3 大功率激光束模式测量

大功率激光束的模式测量有：

（1）大功率激光束标准模式测量仪。

（2）几种适用的模式观测法：1）烧斑法；2）红外摄像法；3）紫外荧光暗影法。

2.4.3 激光束束宽、束散角及传播因子测量

2.4.3.1 相关参量的符号和定义

相关参量的符号和定义为：

（1）束宽$d_{\sigma x}$、d_{oy}或束径d_σ：$d_{\sigma x}(z)=4\sigma_x(z)$，$d_{oy}(z)=4\sigma_y(z)$，$d_\sigma(z)=2\sqrt{2}\sigma(z)$。

（2）束腰位置z_o或z_{ox}、z_{oy}（非轴向对称）：光束光轴上束宽最小值的位置。

（3）腰径：$d_{\sigma o}$或腰宽：$d_{\sigma ox}$和$d_{\sigma oy}$（非轴向对称光束）。

（4）束散角：（远场发散角）θ_σ或$\theta_{\sigma x}$和$\theta_{\sigma y}$（非轴向对称光束）。

（5）光束传播因子：K或K_x和K_y（非轴向对称光束）。

K与腰径$d_{\sigma o}$和束散角θ_σ的关系式为：

$$K=\frac{4\lambda_0}{\pi}\cdot nd_{\sigma o}\cdot\theta_\sigma$$

式中，λ_0为波长；n为折射比。

（6）束散角公式：$\theta_\sigma=\dfrac{4\lambda_0}{\pi d_{\sigma f}}$（$d_{\sigma f}$为聚焦光斑直径）。

2.4.3.2 束径、束散角测量

（1）重要性：

1）束径测量是实现准确测定光束束散角、传播因子的必要手段。束径实测的技术难点是测腰径$d_{\sigma o}$。

2）束散角是激光束加工的重要参量。在设计激光谐振腔时，束散角成为必须考虑的几何参量。可以说束散角小模式趋于低价；多阶模则束散角必定大。所以，束散角小的转换含义就是加工时的聚焦光斑小，也容易实现聚焦。功率密度也高。这进一步说明束散角

大小是关系着加工效率和加工工艺好坏的重要参量。

（2）束径、腰位、束散角二阶矩测算法。若不考虑窗口镜片的热变形因素，平常所称正束散角的腰径大多是在谐振腔内，所称负束散角的腰径位置大多在腔外。

（3）束径、束腰、束散角直接测量法。本方法是通过可以分辨 0.01mm 束径的"标准束径测量仪"配合用长焦距聚焦器对光束进行人造束腰实现束散角的直接测量的。

3 激光与材料交互作用的理论基础

顾名思义，激光材料加工就是研究激光与材料之间的相互作用，这就需要我们搞清楚激光与材料之间的相互作用机理，换句话说，必须搞清楚不同材料对激光的吸收率、激光与材料交互作用的物理过程，只有掌握了激光与材料的交互作用的理论基础之后，才能更好地理解激光表面改性（激光淬火、激光熔覆与合金化）、激光切割、激光打孔、激光焊接、激光打标及激光清洗等技术的内涵和本质。

3.1　材料对激光吸收的一般规律

3.1.1　吸收系数与穿透深度

激光照射在材料表面，一部分能量被材料表面反射，其余部分进入材料内部后一部分被材料吸收，另一部分将透过材料。

入射的总激光能量：
$$E_0 = E_r + E_a + E_t \tag{3-1}$$

式中　E_r——被材料表面反射的激光能量；

　　　E_a——被材料吸收的激光能量；

　　　E_t——透过材料后的激光能量。

按朗伯定律，进入材料内部的激光，随穿透距离的增加，光强按指数规律衰减，深入表层以下 Z 处的光强

$$I_{(Z)} = (1 - R)I_0 e^{-\alpha Z} \tag{3-2}$$

式中　R——材料表面对激光的反射率；

　　　I_0——入射激光的强度；

　$(1-R)I_0$——表面（$Z=0$）处的透穿光强；

　　　α——材料的吸收系数，cm^{-1}。

α 对应的材料特征值是吸收指数 K，两者之间的关系为：

$$\alpha = 4\pi K/\lambda \tag{3-3}$$

吸收指数 K 是材料的复折射率 n_c 的虚部，即

$$n_c = n + iK \tag{3-4}$$

可见 α 除与材料的种类有关外，同时还与激光的波长有关。例如 GaAs 对于可见光是不透明的，但对于 CO_2 激光器和 Nd：YAG 激光器输出的红外光则是透明的，将 α 与 λ 有关的这种吸收称为选择吸收。

如果把光强降至 I_0/e 时，激光所透过的距离定义为穿透深度，则有

$$l_\alpha = \lambda/4\pi K \tag{3-5}$$

由式（3-5）可知：（1）在弱吸收材料中，激光束穿过材料的深度通常小于材料的厚

度，材料中能量的吸收将取决于材料的厚度。（2）在强吸收材料中，如金属，$K>1$，穿透深度小于激光波长。除了极薄的箔之外，穿透深度远远小于材料的厚度。穿透到材料中的激光能量完全被吸收，吸收与材料的厚度无关。

3.1.2 激光垂直入射时的反射率和吸收率

从光学薄膜材料，如空气或材料加工时的保护气氛（其折射率接近于1）到具有折射率为 $n_c = n + iK$ 的材料的垂直入射光，在界面处的反射率

$$R = \left| \frac{n_c - 1}{n_c + 1} \right|^2 = \frac{(n - 1)^2 + K^2}{(n + 1)^2 + K^2} \tag{3-6}$$

反射率描述了入射光功率（能量）被反射的部分。在没有透射的情况下（$E_t = 0$），被材料吸收的激光功率部分可以通过 R 求得，即

$$A = 1 - R = \frac{4n}{(n + 1)^2 + K^2} \tag{3-7}$$

但是，如果材料的厚度小于穿透深度或处于穿透深度的数量级，则不能通过式（3-7）来计算吸收率，因为吸收率与光束的路径有关。在这种情况下，使用材料的吸收率和反射率系数更合适。

3.1.3 吸收率与激光束的偏振和入射角的依赖关系

激光束垂直入射时，吸收率与激光束的偏振无关。但是当激光束倾斜入射时，偏振对吸收的影响变得非常重要。

按平面的法线测量，在某一入射角为 θ 时，假设 $\theta \leqslant 90°$，且

$$n^2 + K^2 \gg 1 \tag{3-8}$$

则偏振方向平行于入射角的线偏振光和垂直于入射面的线偏振光在材料表面的反射率分别为：

$$R_p(\theta) = \frac{(n^2 + K^2)\cos^2\theta - 2n\cos\theta + 1}{(n^2 + K^2)\cos^2\theta + 2n\cos\theta + 1} \tag{3-9}$$

$$R_v(\theta) = \frac{(n^2 + K^2) - 2n\cos\theta + \cos^2\theta}{(n^2 + K^2) + 2n\cos\theta + \cos^2\theta} \tag{3-10}$$

对于非透明的材料而言，吸收率与偏振和角度的依赖关系为：

$$A_p(\theta) = 1 - R_p(\theta) = \frac{4n\cos\theta}{(n^2 + K^2)\cos^2\theta + 2n\cos\theta + 1} \tag{3-11}$$

$$A_v(\theta) = 1 - R_v(\theta) = \frac{4n\cos\theta}{(n^2 + K^2) + 2n\cos\theta + \cos^2\theta} \tag{3-12}$$

图 3-1 为非透明材料吸收率与偏振和入射角的依赖关系，即式（3-12）的图解表示。对于平行偏振光，吸收率与入射角的依赖关系表现为在布儒斯特角时吸收率具有最大值，而在 0° 和 90° 时有最小值，垂直偏振光则相反，随着入射角的增大，吸收率持续下降。

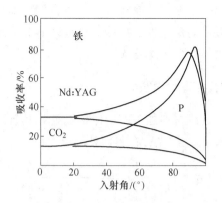

图 3-1　吸收率与偏振及入射角的依赖关系

3.2　激光束与金属材料的交互作用

激光束与金属材料交互作用所引发的能量传递与转换，以及材料化学成分和物理特征的变化是认识激光热处理的基础。

3.2.1　交互作用的物理过程

研究目的是为了说明激光束热处理时，高能束将光能或电能传递给材料及其转化为热能的规律的机理。激光束照射金属材料时，其能量转化仍要遵循能量守恒法则，即：

$$E_0 = E_r + E_t + E_a$$

金属材料对激光束而言，是束流不能穿透的材料，其 $E_t = 0$，将式（3-1）分别除以 E_0，则金属材料的能量转化式为：

$$1 = (E_r/E_0) + (E_t/E_0) = R + \alpha \tag{3-13}$$

由式（3-13）可见，高能束粒子照射金属材料时，其入射能量 E_0 最终分解为两部分：一部分被金属反射掉，另一部分则被金属表面所吸收。

当金属材料表面吸收了外来能量后，将形成造成点阵结点原子的激活，进而使激光束转化为热能，并向表层内部进行热传导和热扩散，以完成表面加热过程。

当激光照射到金属材料时，其能量分解为两部分：一部分被金属反射，另一部分被金属吸收。对于各向异性的均匀物质来说，光强 I 的入射激光通过厚度为 dx 的薄层后，其激光强度的相对减小量为 dI/I，dI/I 与吸收层厚度 dx 成正比：

$$dI/I \propto dx$$

即

$$dI/I = \alpha dx \tag{3-14}$$

式中，α 为光的吸收系数。

设入射到表面的激光强度 I_0，将式（3-14）从 0 到 x 积分，即可得到激光入射到距表面为 x 的激光强度 I：

$$I = I_0 e^{-\alpha x} \tag{3-15}$$

上式说明了以下两点：

第一，随着激光入射到材料内部深度的增加，激光强度将以几何级数减弱。

第二，激光通过厚度为 $1/\alpha$ 的物质后，其强度减少到 I_0/e，这说明材料吸收激光的能力取决于吸收系数 α 的数值。

α 除取决于不同的材料的特性外，还与激光的波长、材料的温度和表面状况等有关。

表 3-1 是材料吸收率与不同激光器（波长）的关系。

表 3-1　材料吸收率与激光器波长的关系

材料	Ar^+ $\lambda = 448nm$	红宝石 $\lambda = 694nm$	YAG $\lambda = 1.06\mu m$	CO_2 $\lambda = 10.6\mu m$
Al	0.09	0.11	0.08	0.019
Cu	0.56	0.17	0.10	0.015
Au	0.58	0.07	0.053	0.017
Fe	0.68	0.64	0.35	0.035
Ni	0.58	0.32	0.26	0.03
Pt	0.21	0.15	0.11	0.036
Ag	0.05	0.04	0.04	0.014
Sn	0.20	0.18	0.19	0.034
Ti	0.48	0.45	0.42	0.08
W	0.55	0.50	0.41	0.026
Zn	—	—	0.16	0.027

由表 3-1 可知，波长越短，吸收率越高。故进行钢铁零件的激光淬火时，采用波长为 $10.6\mu m$ CO_2 的激光，因其吸收率低，需要对表面进行预处理，以提高吸收率。而采用 $1.06\mu m$ 的 YAG 激光，则因吸收率高而不进行表面预处理。材料对激光的吸收率随温度而变化，变化趋势是随温度升高，吸收率增大。在室温时，吸收率很小；接近熔点时，其吸收率将升高至 $40\% \sim 50\%$；如果温度接近沸点，其吸收率高达 90%。并且激光输出功率越大，金属的吸收率越高。

金属的吸收率 α 与激光波长 λ、金属的直流电阻率 ρ 存在如下关系式：

$$\alpha = 0.365\sqrt{\rho/\lambda} \tag{3-16}$$

又因 ρ 值随温度升高而升高，故 α 与温度 T 之间存在如下线性关系式：

$$\alpha(\lambda) = \alpha(20℃) \times [1 + \beta(T - 20)℃] \tag{3-17}$$

式中，β 为常数。

以上有关温度的影响是在真空条件下建立的，实际上，在空气中进行激光处理，由于金属随着温度的升高，表面氧化加重，也会增大激光的吸收率。

材料表面状态对激光吸收率的影响是表面粗糙度愈大，其吸收率愈大。

3.2.2　固态交互作用

激光束与金属材料固态交互作用主要为热作用。激光光子的能量向固体金属的传输或迁移过程就是固体金属对激光光子的吸收和被加热的过程。由于激光光子的吸收而产生的热效应即为激光的热作用。

对固体金属而言，其晶体点阵是由金属键结合而成的，当激光光子入射到金属晶体上，且入射激光的强度不超过一定阈值时，即不完全破坏金属晶体结构时，入射到金属晶体中的激光光子将与公有化电子发生非弹性碰撞，使光子被电子吸收。金属材料中质量为 M_2 的原子，在与载能光子碰撞之前其能量为 E_2 可近似等于零。在外来光子的碰撞下，它可以获得最大能量为：

$$E_2(\max) = E_1 \frac{4M_1M_2}{(M_1 + M_2)^2} \tag{3-18}$$

式中，E_1 为光子的能量；M_1 为光子的质量。由此可确定原子中的电子吸收光子后，其能量的变化情况。由于激光光束同一状态光子数高达 10^{17}，即在一个量子状态里有 10^{17} 个光子，故一个原子受到众多光子的作用，式（3-18）应当考虑其积分效应。

对于大多数金属而言，金属直接吸收光子的深度都小于 $0.1\mu m$，吸收了光子处于高能态的电子强化了晶格的热振荡，使金属表层温度迅速增加，并以此热量向材料表面下方传热。这就完成了光的吸收并转换为热，向内部传输的过程。对于光子的吸收及其转化为热过程在 $10^{-11} \sim 10^{-10}s$ 的时间间隔内完成。而热向基体内部的传输或传导时间取决于激光与金属的交互作用时间的长短，在 $10^{-3} \sim 10^{0}s$ 之间。

在激光束与固体金属的交互作用过程中，只要激光或电子束的有效功率密度 q 不大于某一阈值，则可利用这种热作用，对具有马氏体型相变过程的金属材料实施相变硬化处理。

3.2.3　液态交互作用

当激光照射金属，只要能量密度足够高且激光作用时间足够长，激光作用区表面吸收的光能转换成热能必将超过材料的熔化潜热，使表面处于液体状态。同时高温度液体通过液-固界面将热量传递给相邻的固体，使固体温度升高并形成相应的温度梯度，一旦激光停止照射，取决于熔池的寿命，其液-固界面将相应地向固体方向推移一定的距离，直至熔化区凝固。显然，只要激光的入射能量超过液体的反应能量，并且其作用时间不断地延长，则液-固界面向固体的深度和宽度方向扩展，而使液体区域不断扩大。

激光与液体金属相互作用时，仍然有激光的反射与吸收。与固体金属相比，液体金属的吸收率明显提高，几乎是全吸收。

3.2.4　气态交互作用

激光与气态材料的交互作用主要是指物理气相反应和光化学气相反应。

激光本质也是一种电磁波，多年来对电磁场与气体相互作用已有广泛的研究。当激光照射气体介质时，仍将有普通光与气体相互作用的一般特性。如激光的反射、折射、吸收、衍射、干涉等。在多种激光热处理工艺中，激光合金化、熔覆，特别是激光化学气相沉积等工艺均涉及激光与气态交互作用的问题，它主要在两方面：第一，激光加热金属时，一旦在激光作用区域形成等离子体，由于它对激光吸收有屏蔽作用，将降低激光功率的有效利用率和影响工艺质量。第二，是要弄清气体对激光的吸收率。只有能够吸收激光的气体才能够发生光化学反应。否则，不能实现激光化学气相沉积的工艺目的。

3.2.5　激光诱导等离子体现象

在强激光的作用下，首先是固体表面温度升高。当表面向内部传递的热量远低于表层的含热量时，表层温度将继续升高至开始蒸发（升华）。从开始蒸发这一瞬间开始，表面层的温度将由蒸发机制来控制，向内层热扩散不再起显著作用。此后是不断地形成蒸汽。不同物质形成蒸汽的最小激光能量 $E_{最小}$ 是不同的。对于金属类物质来说，其 $E_{最小} = 10^6\,\mathrm{W/cm^2}$。当激光能量密度 $E_{最小}$，而且光子能量不足以使蒸汽击穿电离化，则蒸汽对激光束来说可视为一种透明物质。随着激光作用的不断继续进行，整个蒸发过程可以看成是蒸汽波阵面的变化而类似燃烧过程，所以，形成等离子体的条件是激光光子的能量足以击穿蒸汽使之电离，即形成蒸汽并被击穿形成等离子体是一个连续的过程。一旦形成了等离子体，要使它维持离子态，只需要入射激光强度不低于引发该物质形成等离子体的激光强度。等离子体形成以后，继续激光作用，等离子体将吸收激光而升温，升温到一定程度，等离子体中将出现电子热传导性。这时，等离子体的温度、密度和等离子体速度将出现再分布。

3.3　激光束作用下的传热与传质

3.3.1　传热过程

3.3.1.1　固态传热过程

在激光束热处理时，可以把金属表面的吸收层视为一个表面热源。在表面不熔化的条件下，表面热源通过固体传热机制向基体内部传递热能，使基体材料被加热。本节所讨论的传热过程实际上就是讨论固体传热过程。

在建立固体传热过程之前，首先假定：

（1）材料为一维半无限大固体；

（2）作用功率为常数；

（3）冷却仅依靠导热进行；

（4）忽略相变潜热对温度场的影响；

（5）热物理参数均不随温度变化。

利用 H. S. Carslaw 等人提出的传热模型，即满足经典的 Fourier 热传导方程的固态传热方程，可给出激光束加热的微分方程如下：

$$c_p \cdot \rho \cdot \frac{\partial T(x,t)}{\partial t} = \lambda \frac{\partial^2 T(x,t)}{\partial x^2} + g(x,t) \tag{3-19}$$

式中，ρ 为材料的密度；λ 为热导率；c_p 为质量定压热容；α 为热扩散系数（$\alpha = \dfrac{\lambda}{\rho c_p}$）；$g(x,t)$ 为输入热流的表达式，可进一步表示为：

$$g(x,t) = q_0 \cdot \delta(x) \cdot H(\tau - t)$$

式中，q_0 为有效的载能束的功率密度；τ 为能束与金属表面作用的总时间；$\delta(x)$ 为 delta 函数；$H(\tau - t)$ 为 Heavicide 函数。

$\delta(x)$ 函数的引入表明能束作用时，仅在材料表面存在一个表面热源。而 $H(\tau - t)$ 函数的引入表明当能束的加热时间小于预定的总时间 τ 时，材料表面存在一个加热源。

利用积分变换，可以解出式（3-19）。则一维瞬态温度场的数字描述为：

加热过程：

$$T_{\mathrm{h}}(x,t) = \frac{q_0}{\lambda}\left[\sqrt{\frac{4\alpha t}{\pi}}\exp\left(-\frac{x^2}{4\alpha t}\right) - x\mathrm{erfc}\left(\frac{x}{4\sqrt{\alpha t}}\right)\right] + T_0 \tag{3-20}$$

冷却过程：

$$T_{\mathrm{c}}(x,t) = T_{\mathrm{h}}(x,t) - \frac{q_0}{\lambda}\left[\sqrt{\frac{4\alpha\gamma}{\pi}}\exp\left(-\frac{x^2}{4\alpha\gamma}\right) - x\mathrm{erfc}\left(\frac{x}{2\sqrt{\alpha\gamma}}\right)\right] + T_0 \tag{3-21}$$

其中，$\mathrm{erf}(x)$ 为误差函数，$\mathrm{erf}(x) = \frac{2}{\sqrt{\pi}}\int_0^x \mathrm{e}^{-\mu^2}\mathrm{d}\mu$；$\mathrm{erfc}(x)$ 为余项误差函数，$\mathrm{erfc}(x) = 1 - \mathrm{erf}(x)$；$T_0$ 为基材温度；$\gamma = T - \tau$ 为冷却时间。

由式（3-20），令 $x = 0$，可以得到表面温度 T_{sarf} 的表达式：

$$T_{\mathrm{sarf}} = \frac{q_0}{\lambda}\left(\frac{4\alpha t}{\pi}\right)^{1/2} + T_0 \tag{3-22}$$

由式（3-22）可推出在高能束作用下金属表面不熔化的最大允许功率密度为：

$$q_0' = \frac{0.886 \cdot \lambda \cdot T_{\mathrm{m}}}{\sqrt{\alpha t}} \tag{3-23}$$

相应地，金属表面能够淬火强化的最低功率密度为：

$$q_0'' = \frac{0.886 \cdot \lambda \cdot A_{\mathrm{c}}}{\sqrt{\alpha t}} \tag{3-24}$$

式（3-23）和式（3-24）可以用来确定特定材料的临界高能束功率密度。在高能束淬火时，总是希望高能束的有效功率密度 q 在 $q'' < q < q'$ 之间。

同理，可以得到金属表面不熔化的最长加热时间：

$$\tau_{\mathrm{c}}' = \frac{0.785 \cdot T_{\mathrm{m}}^2 \cdot \lambda^2}{q_0^2 \cdot \alpha} \tag{3-25}$$

相应地，可以得到金属表面能够淬火的最低加热时间：

$$\tau_{\mathrm{c}}'' = \frac{0.785 \cdot A_{\mathrm{c}}^2 \cdot \lambda^2}{q_0^2 \cdot \alpha}$$

对于高能束固态强化而言，q_0 和 τ 是两个极重要的工艺指标。q_0'、q_0''、τ_{c}'、τ_{c}'' 给出了工艺参数的设计依据，由此可以设计能束功率 P，扫描速度，束斑 D 的取值范围。工艺参数间的关系为 $q_0 = \frac{4P}{\pi D^2}$，$\tau = \frac{D}{V}$。

对式（3-20）做进一步分析，首先引入余误差函数的一次积分表达式：

$$i\mathrm{erfc}(x) = \frac{1}{\sqrt{\pi}}\exp(-x^2) - x[\mathrm{erfc}(x)]$$

则式（3-20）可改写成：

$$T(x,t) = \frac{q_0\sqrt{4\alpha t}}{\lambda} \cdot i\mathrm{erfc}\left(\frac{x}{\sqrt{4\alpha t}}\right) + T_0 \tag{3-26}$$

因为

$$i\mathrm{erfc}(0) = \frac{1}{\sqrt{\pi}}$$

所以
$$T(0,t) = \frac{q_0}{\lambda}\sqrt{\frac{4\alpha t}{\pi}}$$

则
$$\frac{T(x,t)}{T(0,t)} = \sqrt{\pi}\, ierfc\left(\frac{x}{4\alpha t}\right) \tag{3-27}$$

令高能束的固态相变硬化深度为 Z，且有 $T(0,t)=T_m$，$T(z,t)=A_c$，故

$$\frac{A_m}{T_m} = \sqrt{\pi}\, ierfc\left(\frac{Z}{\sqrt{4\alpha t}}\right) \tag{3-28}$$

由于余误差函数可以通过查有关的专门函数表求得，则：

$$Z = M_1 \cdot t^{1/2} \tag{3-29}$$

式中，M_1 为一个由材料的加热温度和其扩散率综合决定的参数。

式（3-29）揭示了这样一个对高能束固态加热具有实际意义的规律，即当被处理工件用激光或电子辐射时，离表面 Z 深处的温度达到了相变下限温度时，高能束的淬硬深度 Z 和其作用时间的平方根成比例关系。

如果将 $q_0 = \dfrac{4P}{\pi D^2}$ 代入式（3-25）和式（3-26），则

$$T(0,t) - T(x,t) = \frac{8\sqrt{\alpha t}\,P}{\pi D^2 \lambda}\left[\frac{1}{\sqrt{\pi}} - iefc\left(\frac{x}{\sqrt{4\alpha t}}\right)\right]$$

将式（3-27）代入上式，有下式成立：

$$T(0,t) - T(x,t) = \frac{8\sqrt{\alpha t}\,P}{\pi D^2 \lambda}\left[\frac{1}{\sqrt{\pi}} - \frac{1}{\sqrt{\pi}}\frac{T(0,t)}{T(x,t)}\right]$$

即
$$\frac{Pt^{1/2}}{D^2} = \frac{\left[T(0,t) - T(x,t)\right]\cdot\pi^{3/2}\cdot\lambda}{8\sqrt{\alpha}\left[1 - T(x,t)/T(0,t)\right]}$$

令 $T(0,t)=T_m$，$T(x,t)=A_c$，则

$$\frac{Pt^{1/2}}{D^2} = \frac{(T_m - A_c)\cdot\pi^{3/2}\cdot\lambda}{8\sqrt{\alpha}(1 - A_c/T_m)} \tag{3-30}$$

从式（3-30）可以看出，P、D、τ 或者 V 之间是相互制约的。其综合作用决定了能束加热的温度和深度。将式（3-30）稍加变换，可得到能束功率密度和作用时间的关系。

$$q_0 \cdot t^{1/2} = \sqrt{\frac{\pi}{4\alpha}}\cdot\frac{\lambda(T_m - A_c)}{1 - A_c/T_m} \tag{3-31}$$

上式又揭示了一个在高能束热处理中具有实际意义的规律，即高能束热处理的 q_0 与其作用时间 τ 的平方根成反比。这说明高能束作用的功率密度越大，其淬硬深度越浅。

注意：以上全部分析与讨论是基于一维半无限大的固体发生固态相变。对于尺寸较小或高能束处理工件的边缘和棱角时，如刀具、冲裁模、丝杆、凸轮轴等，一维半无限大模型失效。

对于高能束作用下的温度场的求解，已有了众多的研究成果。下面简要讨论一下高能束作用下的温度场特征。

（1）沿层深的温度分布及其变换。由表→里，$T\downarrow$，当 $T_{sarf}\downarrow$，其次表层的温度还继续升高。这反映出高能束处理过程中热量由表→里的滞后传递。材料的传热系数越小，这

种滞后效应越明显。

（2）沿扫描方向上的温度分布及其变化。当激光束以恒定速度扫描运动时，表面的最高峰值温度不是在光束的中心位置，而是偏离了中心一定距离，其偏离程度随着光束的扫描速度的增加而增加。前侧的温度梯度相对较低，而后侧的温度梯度则变陡，即冷却速度大，显然，激光的扫描速度越快，其基体的冷却速度越大。

当束斑直径较小时，例如 1mm，则视为点热源；当直径较大时，例如 4mm，则处理为面热源，且面热源的作用区截面内的等温线曲率较小，Z 方向的传热大于 Y 方向的，故可处理沿垂直方向的一维传热。

3.3.1.2 液态传热过程

在金属熔池内存在熔体的对流运动，即存在 Marangoni 效应。在金属熔化过程中，这种效应为一种瞬态效应，其流体的运动是非常稳定的。从某种意思上讲，研究高能束作用下的熔体传热过程实际上是研究熔体的流动过程。

总的来说，金属熔体的自由表面（interface of solid phase and vapouring phase）的表面张力是其熔体成分和温度的函数，即

$$\theta = \theta_0 - ST \tag{3-32}$$

恒压条件下：

$$T ds = c_p dT \tag{3-33}$$

得：

$$\frac{\partial \sigma}{\partial T} = -S - T \frac{ds}{dT} \tag{3-34}$$

$$\frac{\partial \sigma}{\partial T} = -S - c_p \tag{3-35}$$

又因为

$$\int_{s_0}^{s} ds = \int_{T_0}^{T} c_p \cdot \frac{dT}{T} \tag{3-36}$$

所以：

$$S = c_p \cdot \ln T/T_0 + S_0 \tag{3-37}$$

又因为

$$\frac{\partial \sigma}{\partial x} = \frac{\partial \sigma}{2T} \cdot \frac{2T}{\partial x} \tag{3-38}$$

如果忽略 S_0，则有：

$$\frac{\partial \sigma}{\partial x} = -c_p \left(1 + \ln \frac{T}{T_0} \right) \frac{\partial T}{\partial x} \tag{3-39}$$

式中，σ 为表面张力值；S 为表面熵；S_0 为固体刚熔化时（$T_0 = T_m$）的表面熵值；c_p 为比热容；T 为熔池表面的加热温度。

对金属熔体，其表面张力场的分布规律为熔池中心表面附近的表面张力值最低，而熔池边缘附近的表面张力值较高。

在激光束作用下的金属熔池的表面存在表面张力梯度，正是这个表面张力梯度构成了金属熔体流动的主要驱动力。

在激光束与金属材料相互作用的有效功率密度小于 $10^6 \mathrm{W/cm^2}$ 时，金属熔池内的传热和传质主要是由表面张力梯度和浮力能所导致的对流运动决定的。实质上，它们是由连续方程、能量方程和运动方程，再加上其特定的边界条件所共同决定。

利用笛卡尔坐标系统，根据流体力学原理，激光作用下的熔体传热模型为：

$$\frac{\partial T}{\partial t} + \left(u\frac{\partial T}{\partial X} + v\frac{\partial T}{\partial Y} + w\frac{\partial T}{\partial Z} \right) = K\,\nabla^2 T \tag{3-40}$$

式（3-40）为熔体运动的能量方程，相应地，其连续方程和运动方程分别为：

连续方程：
$$\frac{\partial U}{\partial X} + \frac{\partial V}{\partial Y} + \frac{\partial W}{\partial Z} = 0 \tag{3-41}$$

$$\boldsymbol{u} = u\boldsymbol{i} + v\boldsymbol{j} + w\boldsymbol{k}$$

运动方程：
$$\frac{\partial U}{\partial t} + \left(u\frac{\partial U}{\partial X} + v\frac{\partial U}{\partial Y} + w\frac{\partial U}{\partial Z} \right) = -\frac{1}{P}\cdot\frac{\partial P}{\partial X} + \gamma\,\nabla^2 u$$

$$\frac{\partial V}{\partial t} + \left(u\frac{\partial V}{\partial X} + v\frac{\partial V}{\partial Y} + w\frac{\partial V}{\partial Z} \right) = -\frac{1}{P}\cdot\frac{\partial P}{\partial Y} + \gamma\,\nabla^2 v$$

$$\frac{\partial W}{\partial t} + \left(u\frac{\partial W}{\partial X} + v\frac{\partial W}{\partial Y} + w\frac{\partial W}{\partial Z} \right) = -\frac{1}{P}\cdot\frac{\partial P}{\partial Z} + \gamma\,\nabla^2 w$$

为了求解上述方程组，组建相应的边界条件。对于平面而言，其边界条件为：

$$Y = 0$$

$$V = 0$$

$$U\frac{\partial U}{\partial Y} = -\frac{\partial T}{\partial X}\cdot\frac{\partial V}{\partial T}$$

$$U\frac{\partial W}{\partial Y} = -\frac{\partial T}{\partial Z}\cdot\frac{\partial V}{\partial T} \tag{3-42}$$

由上式可知，熔体的温度梯度 $\frac{\partial T}{\partial X}$、$\frac{\partial T}{\partial Z}$ 或表面张力的温度系数 $\frac{\partial\theta}{\partial T}$，材料的黏度 R、μ 及 ρ 都将影响熔体的能量传递特征。

上述方程组中各字母的物理意义如表 3-2 所列。

表 3-2　传热模型中各字母的物理含义

字母	单位	含　义
$\boldsymbol{\mu}$	mm/s	速度矢量
u	mm/s	μ 的 X 分量
v	mm/s	μ 的 Y 分量
w	mm/s	μ 的 Z 分量
$\boldsymbol{i}$、$\boldsymbol{j}$、$\boldsymbol{k}$		在坐标系中，X、Y、Z 的单位矢量
∇^2		laplacion 算子
ρ	kg/m^3	密度
p	N/m^2	压力
R	m^2/s	运动黏度
μ	Pa·s	黏度
K	m^2/s	热扩散率
$\frac{\partial\sigma}{\partial T}$	N/(m·K)	表面张力的温度系数
t	s	时间
T	K	热力学温度

A　二维模型

C. Chan 和 J. Mazumder 最早建立了激光作用下，金属熔池的瞬态二维流动模型。其解题技巧是利用流体力学中无因次量纲参数。如 Pecler 数、Prandtl 数和表面张力数等简化传热方程组。同时利用 SDLA 程序进行计算。由二维传热模型可以得出若干具有指导意义的结论：

（1）熔池内的冷却速度的分布是不均匀的，其值是变化的，且在其他工艺参数恒定的情况下激光的辐射时间愈短，其冷却速度的变化幅度愈大。

（2）熔池的集合形态随 Prandtl 数，即不同材料的成分变化而变化。

（3）在熔池表面上的熔体流动速度比激光的扫描速度高 1~2 个数量级。

上述解没有考虑熔化潜热的影响。

一般而言，二维瞬态传热模型可以较好地描述脉冲激光和脉冲电子束作用下的传热过程。

B　三维模型

建立熔池的三维模型有助于人们全面深刻地理解连续激光作用下熔体的传热过程。基于熔池表面的表面张力和熔池内的浮力的综合作用。S. Kou 建立了激光熔池的三维模型。目前在其解的过程中，为了简化其计算，人们往往还是引入了若干假设，从而使三维模型二维化。

三维模型了解发现，在熔池的表面，其温度梯度具有不同的三个领域：

（1）在熔池中心区域，其温度梯度近似为零。

（2）沿熔池中心向外，其温度梯度逐渐增大，然后下降。

（3）在熔池边缘附近，其温度梯度再次增大。表面张力梯度驱动的熔体流动传热在上述第二个区域内占主导，它倾向使熔池的表面温度趋于一致。

另一方面，三维模型的解同样得出冷速度或温度梯度在熔池内是变化的结论。规律为：在熔池的中心冷却速度最大，在熔池的边缘冷却速度甚小，在熔池的表面的冷却速度极大而在熔池的底部冷却速度极小。

3.3.1.3　熔池边界的传热过程

从图 3-2 可知，当 $t=0$ 时，则 S-L 界面的位置在 Z_0 处，其温度梯度极限（曲线Ⅰ）。在 t_1 时刻，其温度曲线变成Ⅱ。根据能量守恒定理，其 S-L 界面必然向 $+Z$ 方向移动，则 $Z>Z_0$。在 t_2 时刻，其温度曲线为Ⅲ，S-L 界面继续向 $+Z$ 方向移动，$Z=Z_{max}$。随着冷却时间增加，合金体内的温度越来越低，相应地，其温度梯度越来越平坦，在 t_2 之后，若再有一个时间增量 δt（$t_3=t_2+\delta t$），由于 t_3 时合金熔体的温度曲线变为Ⅳ，则使合金熔体局部获得了过冷度。在满足结晶的热力学条件下，真实凝固从此开始，S-L 界面向 Z 方向移动。

3.3.1.4　固态传热与液态传热的比较

H. S. Carslaw 等人在 20 世纪 50 年代提出了传热模型，即满足经典的 Fouricer 热导理论的一个显而易见的基本前提——固态条件下的传热；另一方面，还忽略了高能束作用下的熔池内部存在强烈的对流运动。

为了便于比较，我们将固态下的传热方程和液态下的传热方程并列于此：

固态：
$$\frac{\partial T}{\partial t} = k \cdot \nabla^2 T \tag{3-43}$$

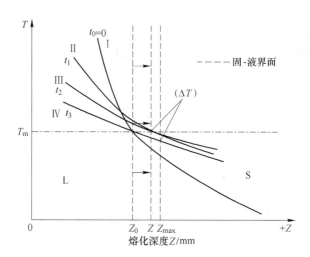

图 3-2 产生 $Z_{max} > Z_0$ 现象的热分析图

t_0—能束加热停止，冷却开始；t—冷却时间，$t_0 < t_1 < t_2 < t_3$

液态：
$$\frac{\partial T}{\partial t} + (\boldsymbol{\mu} \cdot \nabla) T = k \cdot \nabla^2 T \qquad (3\text{-}44)$$

显然，固态传热由工艺参数、材料的热物理参数特性决定，液态传热与工艺参数、材料的热物理参数以及熔池内的液态熔体的流动速度 $\boldsymbol{\mu} = (u, v, w)$ 有关。

3.3.2 传质过程

3.3.2.1 固态传质过程

传质是指物质从物体或空间某一部位迁移到另一部位的现象。固态传质实际上是研究原子或分子的微观运动。由于质量、动量和热量三种传输之间有基本相似的过程，固而在研究传热过程中已经建立了基本原理仍可应用于传质过程。

固态下传质过程由两种情况造成：（1）本身的短程扩散行为；（2）高的温度梯度将对原子扩散起一定的作用。如果对原子的扩散进行分析，可以推导出固态原子的传热方程。即：

$$\frac{\partial C}{\partial t} = D \frac{\partial^2 c}{\partial x^2} + DS_T \left(\frac{\partial C}{\partial x} \cdot \frac{\partial T}{\partial x} \right) \qquad (3\text{-}45)$$

式中　c——溶质浓度；

　　　D——溶质的扩散系数。

激光作用产生的快速加热导致系统远远偏离的平衡条件，使相转变温度升高。从激光与物质相互作用的物理模型和铁在激光作用下形成了超出常规加热时所能产生的点缺陷和位错密度的实验结果，可以说明晶体在激光作用产生的热效应影响下，晶格中质点的振动频率相应地比常规加热高得多。

根据 D 的阿累尼乌斯公式：

$$D = D_0 \exp \left(-\frac{E_0}{RT} \right) \qquad (3\text{-}46)$$

式中 D_0——频率因子；

E_0——扩散激活能。

因晶体缺陷密度的增大导致 E_0 减小，加之 D_0 增大，故总扩散系数增大。另一方面，式中的 $DS_T\left(\dfrac{\partial C}{\partial x}\cdot\dfrac{\partial T}{\partial x}\right)$ 的存在，这就是激光加热时间小于 0.1s 时，$P \to A$ 的过程中，碳原子依然能扩散，并达到淬硬所需碳浓度的重要原因。当然这种扩散能力是有限的，由于激光束的作用时间太短，其碳原子的扩散是不充分的。

3.3.2.2 液态传质过程

传质有两种基本形式：扩散传质和对流传质。对流传质是液态传质的主要形式之一，是流体的宏观运动，在液态传质中同样存在扩散传质现象。

激光束作用下的金属熔池内的传质实际上包括三种模式：L-G 界面的传质模式；S-L 界面的传质模式；熔池内的传质模式。

（1）L-G 界面的传质模式。实际上是金属熔池表面与环境气氛之间的质量迁移。其动力之一是热力学上元素的蒸汽压差。

（2）S-L 界面的传质模式。实际上是 S-L 界面附近的溶质再分配。M. J. Azia 在激光快速熔凝过程中界面生长的微观机制时，提出了有效分配系数的概念。并给出了有效分配系数的表达式：

$$K_e = \frac{\beta + K_0}{1 + \beta} \tag{3-47}$$

其中

$$\beta = \frac{R\lambda}{D}$$

式中 R——S-L 界面的移动速度或凝固速度；

D——溶质在熔体中的扩散系数；

λ——原子层间距或晶面间距；

K_0——平衡分配系数。

由式中可看出：

1）当 $R \to 0$ 时，$K_e = K_0$，即平衡凝固。

2）当 R 极大时，$K_e = 1$，则在凝固过程中溶质原子被完全捕获，无扩散发生，不存在 S-L 界面的溶质原子再分配。

3）当 K_e 在 $K_0 \sim 1$ 之间时，溶质原子在凝固过程中被部分捕获，S-L 界面存在溶质原子的部分再分配。

（3）实际上熔池内的对流物质所产生熔体的宏观迁移现象，包含着对流运动的两个机制：1）表面张力梯度引起的表层强制对流；2）熔池水平温差梯度决定的浮力所引起的自然对流。

3.4 高能束加热的固态相变

3.4.1 固态相变硬化特征

从理论上讲，激光和电子束加热后的冷却速度可达到 $10^{14}℃/s$ 以上。这使许多在常规加热淬火条件下不容易获得马氏体组织的钢铁，在处理后可以获得马氏体组织，从而达到相变硬化的目的。例如，08 号钢的形成马氏体的临界转变速度为 $1.2 \times 10^3 ℃/s$；45 号钢的形成马氏体的临界转变速度为 $0.8 \times 10^3 ℃/s$；T10 号钢的临界转变速度为 $0.7 \times 10^3 ℃/s$，而激光或电子束固态相变的冷却速度一般大于 $10^4 ℃/s$，两个相差 $1 \sim 2$ 个数量级。由此不难理解为什么高能束加热固态相变改善了钢铁的淬透性。

3.4.1.1 相变特征

在高能束作用下的固态加热相变特征主要包括临界点、亚结构特征和组织不均匀性。

A 相变临界点

$\alpha \rightarrow \gamma$ 的实际相变临界点 A_c

$$A_c = t + 910 \tag{3-48}$$

$$A_c = k \cdot \left(\ln \frac{1}{1-\beta} \right)^{\frac{4}{3}} \cdot v^{\frac{1}{3}} + 910 \tag{3-49}$$

式中，k 为平衡系数。

如令 $\beta = 1\%$ 时所对应的温度为 $\alpha \rightarrow \gamma$ 的相变开始发生温度，且 $\beta = 95\%$ 时所对应的温度为 $\alpha \rightarrow \gamma$ 的相变终了温度，则其表达式分别为：

$$A_{cs} = 2.169 \times 10^{-3} k v^{\frac{1}{3}} + 910 \tag{3-50}$$

$$A_{cf} = 4.319 k v^{\frac{1}{3}} + 910 \tag{3-51}$$

$$A_{cf} - A_{cs} = 4.317 k v^{\frac{1}{3}} \tag{3-52}$$

式中 A_{cs}——相变开始温度，$℃$；

A_{cf}——相变终了温度，$℃$。

对于 k 值可用实验的方法进行测量。根据上面的讨论，可以推导几个重要的结果。

第一，在一定的高能束加热速度范围内，纯铁的加热相变点与能束的加热速度具有正比关系。高能束的加热速度越快，纯铁的加热相变温度越高。其关系为根号下三分之一次方。

第二，随高能束加热速度的增大，由式（3-52）可知，相变终了点与相变开始点的温度差很大，即相变发生的温度区间越宽。这也说明激光或电子束加热固态相变是在一个温度区间内完成的。在高能束加热过程中，珠光体的过热度为：

$$t = \left(\frac{3}{4} D^{-1} k^2 a_0^2 \right)^{\frac{1}{3}} \cdot v^{\frac{1}{3}} \tag{3-53}$$

式中 k——由 Fe-C 二元相图决定的参数，$k = 110 ℃$；

D——扩散系数；

a_0——珠光体的层间距，$a_0^2 = 10/\rho$；

ρ——加热钢中的位错密度。

由此可确定钢的相变临界点（$℃$）为：

$$T = 727 + t = \left(\frac{3}{4} D^{-1} k^2 a_0^2 \right)^{\frac{1}{3}} \cdot v^{\frac{1}{3}} + 727 \tag{3-54}$$

式（3-54）说明了一个重要现象，即钢的相变温度不仅与加热温度有关，而且还与钢在加热前的原始类型有关。原始组织类型的特征参数为层间距 a_0 或位错密度 ρ。

平衡加热条件，钢中发生奥氏体相变时，有下列关系成立：

母相→奥氏体

$$\Delta G_1 = -\Delta G_v + \Delta G_s + \Delta G_e \tag{3-55}$$

若在高能束加热作用下，远离了平衡状态，应考虑固体相变中的热应力。则式（3-55）修改为：

$$\Delta G_2 = -\Delta G_v + \Delta G_s + \Delta G_e + \Delta G'$$

式中，$\Delta G'$ 为与热应力有关的能量。

由于铁素体的相对致密度为 0.68，奥氏体的相对致密度为 0.74，故由 $\alpha \rightarrow \gamma$ 时，必然会发生体积变化。

如果是平衡加热，不存在 $\Delta G'$，$\Delta G' = 0$。

如果是快速加热，由于 $\sigma_{热}$ 没有后时间松弛，则 $\Delta G' > 0$，故随 $V_{加热} \uparrow$，$\Delta G' \uparrow$，为了使 $\alpha \rightarrow \gamma$ 相变发生，则只能提高实际的 A_{cs}，以增加 $|\Delta G_v|$，从而抵偿 $\Delta G'$ 项，最终使 $\Delta G_2 < 0$，热滞效应的根源也在于此。

B　亚结构特征

高能束固态相变使钢中的位错密度大大增加，其增幅达 $10^1 \sim 10^2$ 数量级。

随功率密度的增加，其位错密度有增多的趋势。

在 TEM 下观察发现激光相变硬化区的位错组态表现为胞状网络特征和高缠结状。

金属表面在高能束固态相变硬化作用之后，其内部存在较多的变形孪晶。这类孪晶具有细小的特征，属于显微孪晶（microtwins）。

现有研究发现上述亚结构的变化是因高能束快速加热过程心热应力所致。大的温度梯度 $\mathrm{d}T/\mathrm{d}x$ 必然导致大的应力梯度 $\mathrm{d}\sigma/\mathrm{d}x$。

C　组织不均匀性

组织的不均匀性有两层含义：

（1）沿能束加热层深度方向上的显微组织分布的不均匀性。

（2）在同一区域内亚显微组织分布的不均匀性。

对亚共析钢，在高能束固态加热相变区域内，存在两种组织状态。在加热区上部，可以得到相对均匀的组织，而其下部则为不均匀的组织。

对于过共析钢，也有类似的现象。但在渗碳体溶解区域，固溶体将被碳饱和，这就导致形成残留奥氏体量。故渗碳体溶解多的地方，其残留奥氏体亦多。反之，则残留奥氏体量少。

钢中的含碳量及其碳化物的分布特征将直接影响高能束快速加热后的组织不均匀性。另一方面，原始组织的晶粒尺寸也直接影响固态相变的均匀性。晶粒粗大的原始组织在激光或电子束加热下不可能得到均匀的淬硬组织。

由此，原始组织晶粒越细小，奥氏体化的时间相对越长，那么高能束固态加热相变组织的晶粒则细小均匀。

3.4.1.2　相变硬化机制

在激光固态相变硬化条件下，其马氏体相变硬化对高硬度的获得起到了决定性作用，其硬化效应占总硬化效应的 60% 以上。另外 40% 左右的硬化效果则来源附加强化效果的贡献（位错强化、细晶强化、固溶强化等）。

激光淬火的马氏体相变有别于常规加热淬火马氏体相变，它具有特殊性，其特殊性在于：

（1）它是片状马氏体+板条状马氏体的混合组织。

（2）马氏体晶体细化和亚结构细化。

（3）有比常规加热淬火更高的位错密度。

（4）马氏体高含碳量及固溶合金元素的静畸变强化。

应特别指出的是，激光相变硬化组织的残留奥氏体已通过位错强化和固溶强化机制在一定程度上被强化，这种残留奥氏体已不是一种简单类似常规淬火的残留奥氏体，正因为如此，激光相变硬化组织的硬度才能在整体上得到提高。

高能束固态相变硬化的强化效果可以用硬化带的宏观特征和微观特征来判断。宏观特征主要包括硬化层深度及其硬度等，而其微观特征主要包括相组成、相含量、相结构等。相变硬化效果与扫描速度有关。相变硬化效果与功率密度有关。相变硬化效果还与钢中的碳含量有一定的对应关系。另外，不同的原始组织也对激光相变硬化效果产生不同的影响。

3.4.1.3　高速钢的后续回火

高速钢固态相变硬化之后，应考虑后续回火，以进一步发挥高速钢二次硬化的强化潜力。

在高能束相变硬化条件下，既要使高速钢的表面不熔化，又要使高速钢的加热温度尽可能高，以增加固溶体的合金固溶度，再加上适当的后续回火就可以使高速钢的表面大大强化。

高速钢的回火硬度和红硬性主要取决于其固溶体的合金度。实验表明高能束表面强化可以大大提高钢的合金度，而且随着回火温度升高，高能束强化处理的固溶体的合金度总是高于常规强化处理固溶体的合金度。故高能束相变硬化使高速钢的回火硬度与红硬性的提高就很好理解了。

激光强化使固溶体的合金度提高，则使材料的 M_s 点下降，即奥氏体的稳定性提高，激光强化后的进一步回火处理，不仅有利于残留奥氏体的转变，而且可以通过高速钢的二次硬化效应以充分发挥激光相变硬化的潜力。

3.4.1.4　晶粒细化

（1）高能束快速加热时，钢的过热度很大，奥氏体晶核不仅在 α 与 γ 的相界上形核，而且也可以在 α 的亚晶界上直接形核。据资料介绍，α 的亚晶界处的碳浓度可达 0.2%~0.3%，这种碳浓度的显微区域在 800~840℃ 以上时可能直接形成奥氏体晶核。故奥氏体形核率很高。

（2）快速加热和快速冷却，奥氏体化时间极其有限，这样，奥氏体晶体来不及长大或长大的尺寸极其有限。故带来了奥氏体晶体超细化的特点。

（3）尽管高能束固态相变硬化以后，相变区的硬度很高，但该区硬而不脆。这与晶粒超细化有必然联系。故相变硬化不仅能够得到超硬化的效果，而且还能够使材料的韧性得到大大改善。

3. 4. 2　固态相变组织

3. 4. 2. 1　马氏体组织

在高能束加热相变条件下，钢的过热度极大，造成相变驱动力 $\Delta G^{\alpha\to\gamma}$ 很大，从而使奥氏体形核数剧增。超细晶粒的奥氏体在马氏体相变作用下，必然转变成超细化的马氏体组织。

高能束相变硬化马氏体组织特征：基本上由板条型和孪晶型两类马氏体组成。在孪晶型马氏体中，未发现中脊特征。位错型马氏体的板条排列方向性较差，有少量的变形孪晶；在许多形似片状马氏体的晶体内未发现相变孪晶。

以上特征的原因是：一方面，与奥氏体晶粒的明显细化有关；另一方面，这反映了在高温下的奥氏体区域内出现了极大的碳分布的不均匀性。这使得奥氏体中碳含量相似的微观区域的尺寸减小。相应地，在微观尺度上，各微区域的 M_s 的差异明显很大。这就造成了对高能束相变硬化马氏体切变量的限制，使马氏体晶体在相当高的约束条件下形成，则最终导致马氏体晶体难以生长。

高能束快速加热和急冷能产生的热应力亦对马氏体晶体的形态有一定的破坏作用。

由于在高能束超快速加热相变条件下，碳原子的扩散路径极其有限，故在高温时形成了碳浓度分布不均匀的，不规则的三维空间形态微区，再加上加热前的原始组织及具体处理工艺规范等因素的制约。因而，马氏体晶体在各个方向上的碳浓度差异较大的情况下，难以形成常规淬火时的形态。同时，其外部形态也会受到一定程度的破坏，这就形成了碎化了的马氏体特征（碎化对形态而言）。

基于上述原因，高能束相变硬化导致了这种特殊形态——细化与碎化的马氏体组织的形成。与此同时，存在大量的板条状马氏体，实际上，这是特殊加热条件下形成的细化和碎化了的混合马氏体或隐晶马氏体。

片状马氏体和板条马氏体混合共存的模型：因奥氏体中的碳含量分布具有高度不均匀性，在高能束快速加热过程中导致高碳微区与低碳微区混合共存。在高能束加热作用停止后，高碳微区的奥氏体可能转变成片状马氏体，而低碳微区的奥氏体可能变成板条马氏体。

发现了一定量的变形孪晶，这在一定程度上可以说明在高能束快速加热淬火条件下，奥氏体内曾发生塑性变形。其变形缺陷通过遗传效应部分遗传给马氏体。此外，碳浓度分布的微观不均匀性使奥氏体转变成马氏体时，在微观区域内，体积变化差较大，从而产生相应的内应力。为了使邻近体积之间相互协调，以适应其变化，马氏体内也会发生一定程度的变形，变形过程则可能产生形变缺陷。

如何理解超快速加热和超快速冷却？反映在三个特征中：（1）作用区具有晶粒超细化特征；（2）碳含量分布极不均匀；（3）超快速冷却。1）造成马氏体组织超细化；2）造成板条马氏体和片状马氏体混合共存；3）造成许多在常规淬火条件下不容易获得的马氏体组织，即淬透性较差的钢铁材料，经高能束快速作用后，获得淬火马氏体组织。

例如 10 号钢或者 20 号钢，其原因在于高能束固态相变硬化主要是通过快速加热条件下的工件基体的自冷作用所致。由于其淬火冷却速度极高，可以达到 $10^4℃/s$ 以上，且这个冷却速度比常规钢淬火形成马氏体或马氏体的临界转变速度高出 1~2 个数量级，故容易获得马氏体组织。

3.4.2.2 奥氏体组织

为什么说与整体淬火相比，高能束硬化组织中的残留奥氏体量要多得多？因为高能束固态相变硬化施加上是一种快速加热淬火，在奥氏体化高温区域，其奥氏体化的时间极短暂。在这种条件下其原始组织中的碳化物的溶解显然是不充分的。其碳的分布也不均匀。在此情况下，其高温奥氏体中的固溶碳的分布差异较大，则存在大量的碳的过饱和微区。故在相变硬化之后，在硬化组织中将存在大量的残余奥氏体。

在高能束硬化之后，其残余奥氏体的总量相对增大，这实际上正是高温奥氏体中碳分布的高度不均匀性所致。实验结果表明，参与奥氏体大多以不规则的尺寸的"月晕"状形式分布在马氏体晶体之间，似乎残余奥氏体相与马氏体相之间没有清晰的相界面，且残留奥氏体被马氏体晶体分割在大小不等的几何空间内。

相变硬化处理后，相对而言，残余奥氏体的分布较为均匀和分散。从物理冶金学角度看，残余奥氏体是一个相对软相，而高能束相变硬化可使钢铁材料的淬火硬度比常规淬火硬度高 20% 左右。这两点似乎是自相矛盾的。其实不然，在高能束相变硬化组织中的残余奥氏体是被强化了的残余奥氏体。因为：

（1）残余奥氏体中存在大量的位错缺陷。

（2）残余奥氏体内含有过饱和的碳微区，故高能束相变硬化组织中的残余奥氏体是通过位错强化和固溶强化机制在一定程度上被强化。

3.4.2.3 未溶碳化物

在高能束加热的过程中，碳化物的溶解量，原始组织中的碳化物分布特征、碳化物尺寸及其均匀化、能束的能量密度将明显影响这种碳浓度分布的高度微观不均匀性。而这种碳的微观不均匀性将直接影响高能束相变硬化组织中多种组织的相对比例及其协调，因而影响高能束相变硬化的硬化效应。碳化物的尖角溶解机制：尖角——均匀溶解机制。

3.4.2.4 其他组织

（1）灰口铸铁：原始组织是 P 基体+片状石墨时，在高能束相变硬化的处理条件下，即 $T_{加热}<T_{铸铁}$，那么在高能束的作用下停止后，铸铁的基体区域将发生马氏体相变。在高能束快速加热时，在其作用区内，尽管从客观上看，高能束的加热温度低于铸铁的熔点，但很可能其实际加热温度略高于铸铁的共晶温度。这就造成了石墨-奥氏体相同区域首先微溶，但在整体上并不能表现出微溶现象。当石墨片的边缘溶解时，其周围的奥氏体的含碳量将大大增高，其结果是在冷却过程中，在原石墨-铁素体相间附近的微区内，其组织转变成了共晶型组织。这便是灰铸铁的激光束或电子束加热相变特征之一。由于未充分溶解的片状渗碳物的隔离和阻碍作用，高温奥氏体及其随后的冷却转变产物只能在极狭窄的渗碳体片间形成，这就导致了极细马氏体组织的形成。这便是灰铸铁的另一个高能束加热相变特征。

（2）对球墨铸铁，当其原始组织为珠光体基体+球状石墨时，在高能束相变硬化处理下，其珠光体区域的转变特征类似于灰铸铁的情况，在此不做赘述。而在球状石墨与原珠光体交界区域的相变特征却不同于灰铸铁的情况。在高能束加热作用下，在球状石墨周围

形成了一圈 $10\sim30\mu m$ 的马氏体环带。研究表明，马氏体环带的宽度与高能束加热的工艺条件密切相关，它受控于高能束的能量密度，其一般规律是：高能束的能量密度越高，马氏体环带宽度越大，另一方面，马氏体的环带宽度还与石墨球的大小有关。石墨球越大，则马氏体环带宽度越小，反之亦然。一旦小石墨球发生全部溶解现象，则该区域将成为近似球状的马氏体团组织。

3.4.2.5　组织遗传性

对非平衡原始组织的钢在常规加热条件下组织遗传的大量研究表明：粗大的原始组织晶粒的恢复是由于非平衡组织在奥氏体化初期，即 $A_{c1}\sim A_{c3}$ 的低温区内，以有序方式形成针对针状奥氏体 γ_2，并合并长大，出现组织遗传，在另一方面，在非平衡组织加热转变中，由于加热条件不同也可形成球状奥氏体 γ_g。γ_g 一般形成于 $A_{c1}\sim A_{c3}$ 的变温区。它的形成长大可使奥氏体晶粒细化，从而削弱组织遗传性。在高能束快速固态加热过程中，是否出现组织遗传现象的关键取决于初始形成的奥氏体形态特征。

对激光快速加热条件下的 42CrMo 钢和 30CrMnSi 钢的组织遗传性的研究表明：在高能束快速加热过程中，奥氏体可以有序形核、机制形核和生长，对原始组织为淬火态和回火态而言，有序 γ 以无扩散逆转变方式呈针状 γ_α 形核。与已有的工作不同之处在于其形核温度比无序扩散的 γ_g 高。增加 α' 相分析（回火）程度，降低加热速度，有利于 γ_g 的形核与长大，即出现组织遗传。

3.5　高能束加热的熔体及凝固

3.5.1　熔体特征

3.5.1.1　熔体的流动特征

C. Chan 和 J. mazumder 均认为在激光作用下的金属熔体的流动特征主要受熔池表面的张力控制。其理论依据是激光作用下熔池内的温度梯度高达 $10^4\sim10^6\,K/cm$。

由于高能束加热作用下的液态相变是以金属熔体作为物质对象而进行的，熔体的流动特征将直接影响随后的液态相变特征。故而研究高能束作用下的熔体流动特征是一个更好地理解和掌握液态相变凝固组织的形成规律的基础，也是深刻了解表面合金化和表面涂覆行为及其结果的基础。作用在金属熔池内流体单元上的力有多种形式，这主要包括体积力和表面力两大类。体积力主要由熔池内的温度差 ΔT 和浓度差 ΔC 所引起的浮力所致。表面力则由熔池内的温度差 ΔT 和浓度差 ΔC 所引起的表面张力所致。

在高能束处理过程中，设 Y 轴为熔池深度方向，Z 轴为束斑运动方向，坐标系的原点位于束斑中心。

在给定的系统中，表面张力受熔池表面的温度变化及溶质浓度变化的影响，即：

$$\sigma = \sigma_0 + \frac{\partial\delta}{\partial T}\Delta T + \frac{\partial\sigma}{\partial C}\Delta C \qquad (3-56)$$

而

$$\Delta\sigma = \sigma - \sigma_0,\ r = \sqrt{x^2 + z^2}$$

式中，r 为半径。

所以：
$$\frac{\Delta\sigma}{\Delta r} = \frac{\partial\sigma}{\partial T}\cdot\frac{dT}{dr} + \frac{\partial\sigma}{\partial c}\cdot\frac{dc}{dr} \tag{3-57}$$

显然，当高能束作用下熔池表面存在$\frac{dT}{dr}$或$\frac{dc}{dr}$时，势必产生一个表面张力梯度$\Delta\sigma/\Delta r$，由此引起熔体的对流驱动力f_σ。

$$f_{\Delta\sigma/\Delta r} = \left(\frac{\partial\sigma}{\partial T}\Delta T + \frac{\partial\sigma}{\partial C}\partial C\right)\cdot\delta(y)\cdot H(d-r) \tag{3-58}$$

式中　$\delta(y)$——delta 函数；

$H(d-r)$——Heaviside 函数。

$\delta(y)$，$H(d-r)$ 表明，表面驱动力仅存在于熔池表面，它是一个表面力。这是一个十分重要的物理概念。d 是给定系统的熔池的直径，它由工艺参数和材质决定。而 r 是一个变量。

在重力场作用下，当高能束辐射的金属熔池内存在温度差和浓度差时，将由浮力作用引起熔体流动从而形成驱使熔体流动的驱动力f_b。

$$f_b = -(\rho\cdot\beta_T\cdot\Delta T + \rho\cdot\beta_c\cdot\Delta C)\cdot g \tag{3-59}$$

负号表示浮力与重力 g 反向，f_b 是一个体积力，它存在于熔池的内部。

一般，在 Y 方向上存在上高下低的温度分布特征。在重力作用下，其密度分布则是上小下大，即正楔形分布状态，这明显是一种稳定的热力学状态，不可能形成自然对流。但在 X 方向上仍然存在很陡的$\frac{dT}{dx}$，这在微观上可以抽象传热学中垂直冷热板之间的自然对流模型。熔池的水平温差所导致的重力分布是一斜楔形分布，如图 3-3 所示。

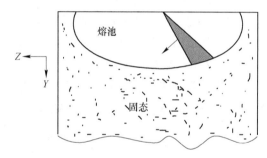

图 3-3　由于温度变化所导致的斜楔形密度分布特征

即所引起的浮力使传热端熔体向上运动（与 g 反向），而冷端熔体相下运动（与 g 同向）。这就构成了一个自然对流。通过自然对流，使熔池下部区域的熔体向其上部区域及表面流动。

综上所述，金属熔池流动特性来自两种不同的机制，一是由表面张力梯度引起的表面强制对流机制；二是由熔池的水平温差梯度决定的浮力所引起的自然对流机制。

为了衡量表面张力与浮力作用，即表面力与体积力对熔体流动的相对贡献的大小，基于流体力学，定义无因次量纲参数 Bond 数为：

$$\beta = \frac{\frac{\partial\sigma}{\partial T}\cdot\Delta T + \frac{\partial\sigma}{\partial C}\cdot\Delta C}{(\beta_T\cdot\Delta T + \beta_C\cdot\Delta C)\cdot\rho\cdot g^2\cdot R^2} = 表面功 / 体积 \tag{3-60}$$

另外，熔池半径对 Bond 数的影响很大。

（1）当 $\beta \gg 1$ 时，表面力>体积力作用；

（2）当 $\beta > 1$ 时，两者的作用几乎是相当的。

利用熔体的传热方程、运动方程及其连续方程可以得出熔池的熔体流速。影响金属熔体对流的因素可以分为两个大类：一类是工艺性的，例如 p、v、d，束斑能量分布的均匀性能，另一类是材质性的，例如合金组分、浓度、黏度、密度、热物性参数等。由于它们的变化，也影响了熔池中的传热和传质机制、过程及其行为，进而影响到熔池中的熔体对流。

3.5.1.2 熔池表面特征

由于熔体回流，使束斑后沿的熔池区域不断的凝固。其凝固特征不再为火山口状。其熔池表面的凝固特征主要取决于熔池内的回流状态，即取决于材料的热物性、表面张力、润湿特性和高能束加热工艺参数的综合作用。

大量的实验结果表明：对于纯金属单元系统，在高能束辐射作用下，其熔池表面的凝固特征多为火山口状。在合金化或熔覆过程中，由于表面涂层或表面合金的表面张力变化或润湿特性的差异，其熔池表面的凝固特性可能成为凸出状或平面状。

实验表明：在适当的高能束加热条件下，如采用自熔性合金粉末，其合金表面多半是平滑的。当扫描速度过快或能束束斑的能量分布明显不均匀时，其表面特征多为泪珠状。

3.5.2 凝固特征

高能束作用下的凝固与金属焊接的凝固有类似之处，它们均表现为动态凝固过程。但是，它们是有区别的：

（1）能量密度，加热冷却速度的差异。

（2）熔池内的熔体对流方向及流动强度是不同的。故此能对应的凝固特征是有差别的。

3.5.2.1 动态凝固

由于高能束的扫描对于凝固组织有重要影响，在此讨论一下动态凝固过程中的几个重要工艺参数：P、v、工件的导热系数 K、工件厚度 t。

$$\frac{\partial^2 T}{\partial x^2} + \frac{\partial^2 T}{\partial y^2} + \frac{\partial^2 T}{\partial z^2} = 2K \frac{\partial T}{\partial (Z - vt)} \tag{3-61}$$

$$\lambda \propto \frac{P}{kvt}$$

式中，λ 为熔池表面的恒温线间的距离。

3.5.2.2 凝固规律

A 熔池中晶核的形成

因为在熔池边缘区域有现成的固相界面的存在，是非均匀形核的极好位置，且又因为非均匀形核所需要的形核功均匀形核的低，故均匀形核不大可能存在和发生。

非均匀形核对高能束作用下的金属熔池的凝固起重要的作用。

在宏观上，熔池边缘 S-L 界面的交界处为平滑曲线。实际上，这条熔化线是凹凸不平的曲线。高能束作用下的动态凝固过程对应着陡斜的温度梯度。因此，其半熔化区尺寸极小。

关于半熔化区的概念，它在动态凝固过程中是新晶粒生长的现存核心，这是半熔化区的重要特征之一。实际上，金属的实际熔点温度的微观起伏变化对应着熔化线的凹凸不平的不均匀的起伏。

研究表明：这种晶体生长的主干方向为<100>，它沿平行于熔体的最大导热方向，即固-液界面的法线方向生长。

B 熔池中晶核的长大

晶核长大的实质是金属原子从液相中向晶核表面的堆积过程。晶核长大趋势决定于基材晶粒的优先成长方向和熔池的散热方向之间的关系。基材晶粒的优先成长方向是由基体金属的晶格类型所决定的，是基材本身的固有属性。对于立方点阵晶系的金属来说，优先成长方向是<100>晶向族，这是因为在这组晶向原子排列最少，且原子间隙大，因而晶核易于长大。

垂直于熔池边界方向上的 $\dfrac{\partial T}{\partial x}$ 最大，故而散热最快。晶粒的散热条件越好，则生长条件越有利。当晶粒优先成长方向与最大散热方向一致时，则最有利于晶粒的生长。如许多胞状晶就在这种条件下长大。熔池的最大散热方向必然垂直于结晶等温面，因此晶粒的生长方向也应垂直于结晶等温面。但是，由于金属熔池随高能束的移动扫描而前进。因此其最大的散热方向是在已生长晶粒之前处不断改变方向。由于散热方向的改变，则影响了凝固组织上的特征。

$$v_c = v_b \cdot \cos\theta$$

式中　v_c——晶粒生长的平均线速度，mm/s；

v_b——高能束的扫描速度，mm/s；

θ——晶粒生长方向与扫描方向间的夹角，(°)。

可见，从理论上讲，在熔池底部的晶粒生长速度最小，几乎为零；而在熔池表面中心线附近，晶粒生长速度相对最大。当然具体的晶粒生长速度 v_c 受控于熔池的形状及其尺寸，换句话讲，受控于具体的高能束作用工艺特征。

C 熔池结晶的形态

在不同的高能束作用条件下，熔池结晶的形态是各不相同的，如平面晶、胞状晶、胞状树枝晶或者树枝晶等。

不同的结晶形态是由于熔池内液相成分的微观不均匀性造成的，结晶形态取决于结晶前沿的形态。而熔池结晶前沿又受其内液相成分和结晶参数的影响。熔池凝固时控制晶粒生长形态的因素见图3-4，G/R 参数随熔池深度的变化规律见图3-5。

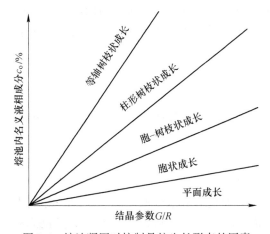

图3-4　熔池凝固时控制晶粒生长形态的因素

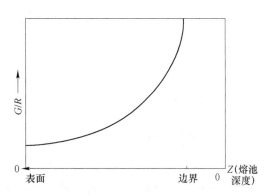

图3-5　G/R 参数随熔池深度的变化规律

总之，金属熔池的结晶形态主要取决于三个因素：（1）熔池的液态金属成分；（2）结晶参数；（3）熔池的几何特征（形状与尺寸）。

3.5.3　凝固组织

熔池的几何形状由能束功率、扫描速度、束斑尺寸、材料的热物性参数等因素控制。扫描速度对熔池具有显著的影响。

（1）熔池的边缘区域束斑尺寸。在不同的功率、扫描速度、束斑尺寸和化学成分的条件下，其凝固组织特征可以是平面晶、胞状枝晶、枝晶或共晶型枝晶。

（2）熔池的中央区域。它是在其边缘区域凝固的基础上进行的，其组织类型具有复合型的特点，往往不是某种单一的凝固形态，并且在这一区域不存在平面晶形态。

在表面合金化区，其胞状树枝晶和树枝晶具有鲜明的晶体学特征。其特征是在一次晶的主干上，有若干短小的，尺寸几乎相当的二次枝晶。统计测量表明，这是一种超细化的精细枝晶。

进一步的研究发现在激光合金化区域，其结晶凝固组织的晶体主干方向并不完全平行其熔体的最大散热方向。在某种条件下，其晶体的取向较紊乱，这似乎表明在表面合金化的中央区域，其晶体的生长取向受到熔体流动的干扰。

大量的实验结果表明：在合金熔池的中央区域内，在同一微观区域，其结晶过程并不完全都是在同一时刻内完成的。例如在某一视场内有粗大的枝晶，细的共晶和更细小的共晶。显然从时间的顺序来看，首先是形成了大的枝晶，然后细的共晶，使这些凝固组织长大以后，仍有未凝固的液态金属残留。它们在已凝固的枝晶间，形成了尺寸更细小的共晶组织。这一现象意味着表面合金化的合金熔池的凝固过程及其凝固行为较复杂。一方面受控于合金熔池中的对流运动所导致的合金熔池的成分均匀性，另一方面受控于熔池的几何特征和动态特征所决定的具体冷却条件。

诸晶体在生长过程中相互竞争但又相互协调，其竞争的动力来自晶体生长动力学的各向异性。

尽管激光合金化时，合金熔池内大于 10^4 K/s 过热，但由于熔池的冷却速度，仅需 $10^{-3} \sim 10^{-2}$ s 就可将熔池边界区域的熔体冷至相面温度以下，使其固-液界面前沿的局部熔体实际上处于过冷状态。且在同一基质晶粒上将有众多形核的有利位置，可使凝固组织超细化。研究表明：合金化凝固组织尺寸与基体原始组织的尺寸无关。

3.5.4　重熔凝固组织

一般熔化条件的凝固组织，从里到表，其结果组织的变化顺序为胞状晶组织→胞状枝晶组织或胞状晶组织+胞状枝晶组织→树枝晶组织。

3.5.5　自由表面组织

熔池表面的凝固组织有两种方式可以形成。第一种是由熔池横截面结晶组织一直向上生长。直到自由表面为止。第二种是熔池自由表面的液体自己形核且核长大。生长的晶核沿着自由表面，并以垂直熔池深度的方向生长。

　　由于熔池的表面是熔体的最后凝固区域，在这个区域内，上述两种方式的凝固是共存的，因而两种晶体生长相互竞争，以占据最后的液相空间。

　　目前对自由表面的凝固过程研究不多。但自由表面将影响最终的高能束热处理的表观质量。

4 激光相变硬化（激光淬火）

激光相变硬化是快速表面局部淬火工艺的一种高新技术。这种方法主要应用于强化零件的表面，可以提高金属材料及零件的表面硬度、耐磨性、耐蚀性以及强度和高温性能；同时可使零件心部仍保持较好的韧性，使零件的力学性能具有耐磨性好、冲击韧性高、疲劳强度高的特点。例如细长的钢管内壁表面硬化、成型精密刀具刃部高硬化、模具合缝线强化、缸体和缸套内壁表面硬化等，而且激光加工是五坐标运动，可以实现对一些盲孔、曲面等部位的加工。这些例子都说明激光热处理可以解决某些其他热处理方法难以实现的技术目标。

4.1　激光相变硬化（激光淬火）原理

激光相变硬化是以高能量（$10^4 \sim 10^5 \, \text{W/cm}^2$）的激光束快速扫描工件，使被照射的金属或合金表面温度以极快的速度升到高于相变点而低于熔化温度（升温速度可达 $10^5 \sim 10^6 \, ℃/\text{s}$）。当激光束离开被照射部位时，由于热传导的作用，处于冷态的基体使其迅速冷却而进行自冷淬火（冷却速度可达 $10^5 \, ℃/\text{s}$），进而实现工件的表面相变硬化。这一过程是在快速加热和快速冷却下完成的。所以得到的硬化层组织较细，硬度亦高于常规淬火的硬度。

激光相变硬化有以下优点：

（1）极快的加热速度（$10^4 \sim 10^6 \, ℃/\text{s}$）和冷却速度（$10^6 \sim 10^8 \, ℃/\text{s}$），这比感应加热的工艺周期短，通常只需 0.1s 即可完成淬火，因而生产效率高。

（2）仅对工件局部表面进行激光淬火，且硬化层可精确控制，因而它是精密的节能热处理技术。

（3）激光淬火后，工件变形小，几乎无氧化脱碳现象，表面光洁度高，故可成为工件加工的最后工序。

（4）激光淬火的硬度比常规淬火提高 15%~20%。铸铁激光淬火后，其耐磨性可提高 3~4 倍。

（5）可实现自冷淬火，不需水或油等淬火介质，避免了环境污染。

（6）对工件的许多特殊部位，例如槽壁、槽底、小孔、盲孔、深孔以及腔筒内壁等，只要能将激光照射到位，均可实现激光淬火。

（7）工艺过程易实现电脑控制的生产自动化。

4.2　激光相变硬化工艺

在激光相变硬化过程中，影响激光硬化效果的因素很多，大体可分为三大类：（1）激光器件的影响；（2）基本材料状态的影响；（3）硬化过程工艺参数的影响。本节主要介绍激光器输出功率、光斑尺寸和扫描速度的影响，以及相应的扫描花样和硬化面积比例的影响。

4.2.1　激光相变硬化工艺参数及相互关系

激光相变硬化工艺参数主要指输出功率 P、扫描速度 v 和作用在材料表面上光斑尺寸的大小。从激光硬化层深度与三个主要参数的关系可以看出各参数的作用：

$$激光硬化层深度(H) \propto \frac{激光功率 P}{光斑尺寸 D, 扫描速度 v} \tag{4-1}$$

由式（4-1）可以看出，激光硬化层深度正比于激光功率，反比于光斑尺寸和扫描速度。三者可以互相补偿，经适当的选择和调整可获得相近的硬化效果。

在制定激光硬化工艺参数时，必须首先确定三个参数，即激光功率、光斑尺寸和扫描速度。

（1）激光功率 P。在激光相变硬化过程中，在其他条件一定时，激光功率越大，所获得的硬化层就越深。或者在一定要求硬度的情况下可获得面积较大的硬化层。同时，对于在相同激光功率条件下，光束的模式和激光功率的稳定性都对激光硬化产生影响。光强呈高斯模分布时，光斑中心能量密度高于光斑边缘，不利于均匀硬化。故对激光硬化来说，一般选用多模输出的激光器，或对光斑模式进行处理，使能量分布均匀。

（2）光斑大小。它可以靠调整离焦量而获得，故也有在工作中以离焦量作为工艺参数的。在相同光斑尺寸的情况下，工件表面处于焦点内侧或焦点外侧对硬化质量也有些影响，也要有所考虑。但通常都采用焦点外侧。光斑尺寸的大小直接影响硬化层的带宽。同时，在相同激光功率和扫描速度下，光斑尺寸越大，功率密度越低，硬化层就越浅。反之，光斑尺寸越小，功率密度越高，硬化层就越深。

（3）扫描速度。它直接反映激光束在材料表面上的作用时间，在功率密度一定和其他条件相同时，扫描速度越低，激光在材料表面上作用时间就越长，温度就越高，材料表面就易熔化，硬化层深就越大。反之，扫描速度越快，硬化层就越薄。

除了上述三个基本参数外，硬化带的扫描花样（图形）和硬化面积比例，以及硬化面积比例，以及硬化带的宽窄均对零件激光硬化后的效果有一定影响。

激光硬化条纹的扫描花样通常有几种形式：直条形、螺旋形、正弦波形、交叉网格形、圆环形。

硬化面积比例和硬化带的宽窄也是由零件使用情况确定的，一般选择硬化面积为 20%～40%便可满足使用要求。当然不能一概而论，要视具体情况而定。

4.2.2　激光相变硬化工艺参数的选择和确定

激光硬化工艺参数确定时，首先要分析被加工工件的材料特性、使用条件、服役工况，以便明确技术条件、产品质量要求，从而决定硬化工艺种类和硬化层的硬度、深度、宽度，并由此考虑选用宽带或窄带以及激光扫描的图形和位置等。其次，根据工件的形状、特点，参考已做过的试验，预定工艺参数、范围，再以激光功率、扫描速度和离焦量三个参数以正交实验法设计出三个因子、三个水平的实验方案。根据试验结果进行对比，选择符合产品质量要求的最佳工艺，通过验证后再行确定。

在确定工艺参数时，不应忽略表面预处理和保护气体的影响，同时要考虑工艺的可操作性、生产效率及成本核算和经济效益的大小。

4.3　表面预处理对硬化效果的影响

如前所述，金属材料表面对激光辐射能量的吸收能力与激光的波长、材料的温度和性质以及材料表面状态密切相关。激光波长越短，材料的吸光能力越高。随着温度的升高，材料的吸光能力也增加。导电性好的金属材料对激光的吸收能力都差。

一般情况下，需硬化的材料表面都经过机械加工，表面粗糙度很小，其反射率可达80%～90%，使大部分激光能量被反射掉。为了提高材料表面对激光的吸收率，在相变硬化前要对表面进行预处理，即在表面涂上一层对激光有很高吸收能力的涂料。对这层涂料一般有下列要求：（1）有很高的吸光率；（2）涂层与基材的结合力很强；（3）涂覆工艺简便，涂层要薄；（4）涂层要有良好的热传导性能和耐热性能；（5）有良好的防锈作用，处理后容易清洗去除或不需要清洗就能装配使用；（6）涂层材料来源方便，价格便宜；（7）易于存放，无毒、无害。

4.3.1　工件表面预处理方法

预处理方法主要包括磷化法、提高表面粗糙度法、氧化法、喷（刷）涂料法、镀膜法等。

4.3.1.1　磷化法

磷化处理是很多机械零件加工的最后一道工序，可用作激光淬火前的表面预处理。磷化处理工艺过程如表4-1所示。

表 4-1　磷化处理工艺过程

工序号	工序名称	溶液组成		工艺条件		备注
		组　成	含量/g·L⁻¹	温度/℃	时间/s	
1	化学方法	Na_3PO_4	50～70	80～90	3～5	除油槽蛇形管蒸汽加热
		Na_2CO_3	25～30			
		NaOH	20～25			
		$NaSiO_3$	4～6			
		水	余量			
2	清洗	清水		室温	2	冷水槽
3	酸洗除锈	硫酸或盐酸加水稀释浓度为15%～20%		室温	2～3	酸洗槽
4	清洗	清水		室温或30～40	2～3	清水槽
5	中和处理	Na_2CO_3	10～20	50～60	2～3	中和槽
		肥皂	5～10			
		水	余量			

续表 4-1

工序号	工序名称	溶液组成		工艺条件		备注
		组成	含量/g·L⁻¹	温度/℃	时间/s	
6	清洗	清水		室温	2	清水槽
7	磷化处理	磷酸（浓度80%~85%） MnCO₃ Zn(NO₃)₂ 水	2.5~3.5mL/L 0.8~0.9 36~40 余量	60~70	5	磷化槽蛇形管蒸汽加热

磷化法预处理由于不环保，污染车间环境，近年来用得越来越少。取而代之的是环境友好的吸光涂料。

4.3.1.2　喷（刷）涂料法

涂料由骨料、黏合剂、稀释剂和附加剂组成，并通常以骨料的名称作为涂料的名称。常用的涂料骨料有石墨、炭黑、活性炭、磷酸锰、磷酸锌、刚玉粉、SiO_2 粉、磷酸锰铁、Al_2O_3 粉、Fe_2S_3 和一些金属氧化物等。

笔者研制了一种激光相变硬化专用涂料，该涂料具有吸光率高；与金属基体结合力很强；无毒、无刺激性气味；涂料颜色为灰色；性价比好；刷涂和去除均很方便等特点。该种涂料已获得了国家发明专利，专利名称为：激光热处理用吸光涂料及其制作方法；专利号：03135206.5。

这种高吸光率涂料已稳定地运用于生产中，现已在全国推广使用，并产生了较好的经济效益和社会效益。

4.3.2　对硬化效果的影响

激光淬火前的表面预处理对激光硬化效果有着显著的影响，一般要求表面涂层均匀、薄厚控制适当。对同一种材料的零件，不同的涂层材料其效果不同；对于同一种涂料，不同的金属材料激光硬化的效果也不同。涂层的吸光率直接影响激光硬化的工艺，如功率密度、扫描速度等。

4.4　原始组织对硬化后的组织性能的影响

原始组织的不同直接影响着激光硬化后材料所获得的硬度、硬化层深和组织的均匀性。

晶粒粗大的原始组织不能获得均匀的激光硬化层。由于晶粒粗大，在激光的急热、急冷条件下不可能实现奥氏体的均匀化。在未经预先热处理的组织中，原珠光体的区域容易变为奥氏体，但由于碳原子来不及扩散，致使该处奥氏体中的碳含量较高，冷却后转变为高碳马氏体。同时因激光加热时间短，原铁素体区域相转变时间也太短，只有靠近珠光体的一小部分铁素体转变为奥氏体，而其余大部分被残留下来未发生转变，冷却后形成低碳马氏体和残留奥氏体。微细粒状碳化物较易转变为均匀的奥氏体，片状珠光体则较难转变，但又比粗大粒状碳化物转变得快些，越是粗粒状碳化物，转变为奥氏体所需温度越高，所需时间也越长，因而会直接影响硬化层的硬度和深度，并且组织也不均匀。

总之，原始组织晶粒越细小、奥氏体的速度越快，在激光快速加热、快速冷却的条件下，激光硬化层的组织才能细小均匀，并且硬度分布也均匀。为了达到这一目的，通常是将金属材料进行一次预先热处理，预先热处理则是根据材料的种类、成分、用途和要求而进行退火、正火、调质或淬、回火态。

一般来说，在相同的激光硬化工艺参数下，以原始组织为淬火态，具有最大的硬化层深度，其硬度也较高；退火态层深最浅，其硬度也低，如图 4-1 和图 4-2 所示。

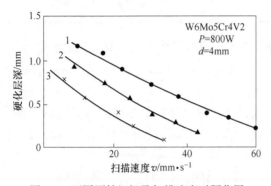

图 4-1　不同原始组织及扫描速度对硬化层
深度的影响
1—淬火态；2—淬、回火态；3—退火态

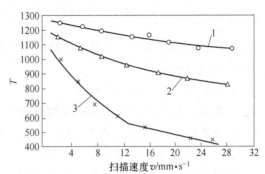

图 4-2　W18Cr4V 原始组织与后续处理对硬度的影响
1—常规淬、回火+激光淬火+回火；2—常规淬、回火+
激光淬火；3—退火+激光淬火

硬化层深度取决于激光硬化工艺参数和材料本身的特性，如激光输出功率、扫描速度、材料的临界相变温度、热扩散性和导热性等。在同种材料和相同的激光硬化工艺参数下，可以认为材料的硬化深度主要依赖于材料的临界硬化温度，故材料原始组织的形核能力就决定了临界硬化温度。也就决定了最终硬化层深。显然，原始组织越细小，弥散成分越均匀，缺陷密度越高，奥氏体的形核和长大都更快、更容易，从而使材料的临界硬化温度降低，也必然导致激光硬化层深度增加。

原始组织为淬火态的组织中，马氏体量、碳含量和合金元素含量都高，并且碳化物颗粒细小、弥散，同时具有较多的位错等。而退火态原始组织中组织较为粗大，碳化物颗粒也较粗大，因此，在同一激光硬化工艺条件下，两者溶入奥氏体中的碳含量和合金元素含量不同，致使硬化效果大不相同。尤其是在快速扫描条件下，这种情况更为明显（见图 4-2）。下面分别讨论淬火态和调质态组织激光淬火情况。

（1）淬火态组织激光快速加热时，加热温度达到临界点以上，残余奥氏体核在残余的板条马氏体条界形成，然后长成针状奥氏体。在继续转变过程中，这些相同位相的针状奥氏体长大到相接触时即合并，进而得到恢复的奥氏体晶粒。快速冷却后即得到硬度很高的完全硬化区，这个区域的组织仍为隐晶马氏体。随着温度梯度的变化，马氏体量减少，靠近基体组织处出现一回火软化区，硬度低于基体原始组织。由于激光加热速度极快，新的奥氏体晶粒形成时不仅有冷却后的相变硬化效应，同时还继续原始组织的缺陷，故原始组织为淬火马氏体时，激光硬化后可进一步提高硬度。这一超高的硬度的获得是马氏体相变硬化、碳化物弥散强化、细晶强化和继承原始大量缺陷的综合效果。

（2）调质态原始组织激光淬火时，由于高温回火消除了板条间的残余奥氏体，粗大奥氏体的遗传现象已被切断，则硬化区为等轴细晶组织。热影响区由于基体已进行高温回火，所以不会发生新的回火相变。

（3）原始组织不同，激光淬火后硬化层中的残余奥氏体量也有所差别。原始组织为淬火态时具有最高的残余奥氏体量，为 29.6%；原始组织为回火态时，残余奥氏体量为 23%；原始组织为退火态时，残余奥氏体量最低，为 13.2%，如图 4-3 所示。淬火态和调质态原始组织在激光加热时形成了含碳量更高、缺陷密度更高的奥氏体，从而导致激光淬火后残余奥氏体量的增加。

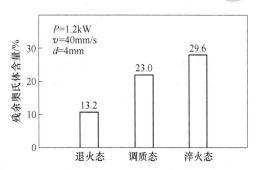

图 4-3　W6Mo5Cr4V2 原始组织对激光硬化层中残余奥氏体含量的影响

4.5　常用金属材料激光相变硬化后的组织和性能

（1）35 号钢及 35CrMnSi 钢激光硬化区组织。激光硬化工艺参数为：$P=1.8kW$，离焦量 55mm，扫描速度 20mm/s。两种材料的激光硬化区按奥氏体转变产物的不同，可分为三个区域。第一层为马氏体和少量残余奥氏体。第二层为过渡区的马氏体、贝氏体和铁素体的混合组织。第三层是基体组织，由铁素体和珠光体组成。

（2）45 号钢激光硬化区组织。45 号钢是最适宜选用激光硬化工艺的材料之一，随着激光硬化工艺参数的变化，该钢种可以获得不同的表面硬度及层深，其显微组织大致可以分为四种：

1）表面熔凝硬化层，组织为树枝晶，硬度为 663~714HV。

2）激光相变硬化层，组织为隐晶马氏体（亚结构位错型板条马氏体和孪晶马氏体的混合组织的混合结构，这一层显微硬度可达 800HV 以上。

3）过渡区，是由混合马氏体、屈氏体和部分未熔铁素体组成；受温度梯度影响，各种组成相的数量逐渐变化，显微硬度也随之由高到低，向基体硬度过渡，在显微组织中有组织遗传性，保持珠光体的形态。

4）基体，是由珠光体和铁素体组成。

（3）42CrMo 钢激光硬化区域组织。材料为低温回火原始态的 42CrMo 钢在工艺参数为 $P=1.2kW$，$d=3.5mm$，$v=55mm/s$ 条件下，激光相变硬化后的显微硬度分别为：

1）硬化区组织为微细隐晶马氏体，马氏体成分均匀，位错密度高，硬度高达 1100HV。

2）过渡区位于硬化区和基体之间，组织为少量马氏体、回火索氏体和珠光体，硬度为 350~650HV，随层深增加逐渐降低。

（4）T10 工具钢激光硬化区组织。材料是经球化退火的 T10 工具钢，激光硬化工艺参数为 $P=1.5kW$，$d=5mm$，$v=30mm/s$。硬化区分为三层：

1）熔凝硬化区；

2）相变硬化区；

3）热影响区（过渡区）。

熔凝硬化区是枝晶组织，在冷却过程中大部分奥氏体转变为针状马氏体，室温组织由针状马氏体和大量残余奥氏体组成，大部分针状马氏体都限制在晶界内。

相变硬化区是固态相变产物，由针状马氏体和残余奥氏体组成，马氏体为孪晶马氏体，被大量残余奥氏体包围，硬度为 800HV。如经液氮处理后，相变硬化区的硬度略有升高，可达 900HV。

（5）GCr15 钢激光硬化处理。GCr15 钢是一种具有良好力学性能的合金材料，广泛用于轴承、模具、量具等行业。GCr15 钢的激光硬化组织也分为熔凝硬化区、相变硬化区和过渡区。在 $P = 2.5$kW，$v = 20$mm/s，光斑尺寸 $d = 1.5$mm 时，原始组织为淬火加低温回火组织的激光熔化区组织是胞状组织。由于成分过冷极小，导致出现不规则的胞状组织。在熔凝组织中存在一定数量的马氏体，其中有较多的板条马氏体，还存在大量的残余奥氏体和分布在残余奥氏体基体的弥散析出的碳化物。大量超细化的多种形态的弥散碳化物是在急冷过程中从奥氏体内析出的，不同于相变硬化组织中的未熔碳化物。碳化物的尺寸也非常细小，要比原始组织中的碳化物尺寸小两个数量级左右。同时，熔凝组织中还存在大量位错和孪晶缺陷。

激光相变硬化区组织为隐晶马氏体、残余奥氏体和未熔碳化物，也存在位错和孪晶。硬化值可达 1000HV 以上。

过渡区组织为回火马氏体、回火屈氏体、回火索氏体和碳化物。对于原始组织为淬火态的过渡区内有一个回火区。受温度梯度的影响，过渡区的组织和硬度随层深的不同而变化。回火区内的硬度值低于原始组织硬度。

（6）W18Cr4V 高速钢激光硬化的组织。工业上常用的 W18Cr4V 高速钢激光硬化前经过 1260℃加热淬火，560℃三次回火的常规热处理。其激光熔凝硬化的工艺参数为激光功率 1.8×10^4W/cm²，扫描速度 12mm/s。

W18Cr4V 钢激光熔凝硬化层的显微组织为极细的树枝晶，部分枝晶主杆中心保留有块状 δ 铁素体。一次枝晶平行于表面择优生长；二次枝晶间距细小，约 $1.5 \sim 2.0$μm。枝晶内为孪晶马氏体和少量位错马氏体。枝晶间有碳化物析出。这种碳化物为 M_6C，碳化物附近为合金元素 W、V 和 Cr 富集的残余奥氏体。激光熔凝层的显微硬度约为 900HV。

钢的激光相变硬化工艺参数为：$P = 1.5$kW，$v = 6.5$mm/s，光斑直径 $d = 5$mm，其原始处理为 1280℃油淬 560℃三次回火。相变硬化区的显微组织为马氏体、残余奥氏体和碳化物。在激光相变快速加热条件下，原始组织中不规则的碳化物发生溶解现象，使碳化物颗粒得到了明显细化。细化程度随激光硬化工艺参数的不同而变化。在过渡区中，靠近表层一侧的加热温度低，冷却速度较慢，奥氏体成分或浓度不均匀微区的尺寸相对而言要大些，其马氏体也大些，故而这一区域的组织为隐晶马氏体，细针马氏体，碳化物颗粒和残余奥氏体。在靠近基体一侧，因其加热温度相当于 A_{c1} 以下较高的温度，对于淬回火的原始组织来说，这一区域的组织为回火索氏体+回火屈氏体+碳化物颗粒。

与常规淬回火比较，W18Cr4V 钢激光硬化后的高温硬度和抗回火稳定性显著提高，增加了二次硬化量。

（7）W6Mo5Cr4V2 高速钢激光硬化的组织。原始组织为回火组织时（1220℃油淬，560℃×1h 3 次），激光功率为 $600 \sim 1200$W，$d = 4 \sim 5$mm，$v = 20 \sim 60$mm/s。

激光熔凝硬化区域组织为：等轴细胞晶（靠近表面）、柱状晶。马氏体和残余奥氏体分布在柱状晶内，而碳化物则分布在晶界上。

激光相变硬化区组织为：马氏体、残余奥氏体及 MC、M_6C 型未熔碳化物。马氏体为孪晶马氏体和位错马氏体的混合组织，但组织中典型的板条马氏体或片状马氏体较少，在板条马氏体中存在少量孪晶，孪晶马氏体中存在高密度位错，从而显示马氏体内具有孪晶和位错的复杂亚结构。

（8）Cr12MoV 钢激光硬化的组织。Cr12MoV 钢是工业上大量使用的冷作模具钢，不仅可用于制造冷却模具，也可用于制作很多耐磨性零件，因而该钢种的激光硬化很有实际应用价值。

激光熔凝硬化工艺参数为：$P = 1.3\mathrm{kW}$，$d = 4\mathrm{mm}$，$v = 10\mathrm{mm/s}$，熔凝硬化层深度0.18mm，组织为树枝晶+树枝晶间层片相间的莱氏体。树枝晶内位错密度很低，有位错圈存在，这种位错是熔化合金在凝固过程中空位崩塌造成的。树枝晶内为奥氏体，枝晶间除奥氏体外还有共晶碳化物和少量二次碳化物。由于熔凝组织为单相奥氏体树枝晶和奥氏体、共晶碳化物以及少量的二次碳化物组成的枝晶间产物所组成，没有马氏体且存在大量的奥氏体，致使熔凝层的硬度降低，不如下一层的激光相变硬化层的马氏体组织的硬度高。

相变硬化区组织为过饱和的隐晶马氏体、细小弥散分布的碳化物和残余奥氏体。激光快速加热和冷却造成奥氏体晶粒细化、马氏体细小以及粗大角状碳化物的钝化和弥散析出细小碳化物，其综合作用导致相变区硬度显著提高。

随着温度梯度的变化，相变硬化区的组织和硬度向基体过渡变化，在靠近基体区有一高温回火区，显微组织由回火索氏体和碳化物组成，硬度比基体硬度略低。

（9）灰口铸铁激光硬化区的组织。材料是珠光体基灰口铸铁。铸态原始组织为珠光体基体+片状石墨+少量磷共晶。

激光硬化工艺参数为：激光功率为1700W，光斑直径为5mm，扫描速度为30mm/s。

激光硬化区分为熔凝硬化区、固态相变硬化区以及过渡区三个区域。

熔凝硬化区呈枝晶结构，为树枝状初晶和枝晶间层片莱氏体，由莱氏体包围的白色块状区是残余奥氏体，在枝晶内有位错及孪晶亚结构的马氏体。

激光相变硬化区为马氏体、残余奥氏体和未熔石墨带。石墨带已明显变细、变短。

在过渡区内可清楚看到仍存在粗片状石墨，由于温度梯度的影响，这一区域得到含有片状石墨和珠光体残痕的不完全硬化组织。

（10）球墨铸铁激光硬化的显微组织。球墨铸铁的原始组织分别为球光体基体、铁素体基体和奥氏体-贝氏体基体。激光硬化工艺如表4-2所示。

表4-2　球墨铸铁激光硬化工艺参数

球墨铸铁类型	激光功率/W	光斑尺寸/mm	扫描速度/mm·s⁻¹	熔化层深/mm	硬化层深/mm
珠光体球墨铸铁	1500	φ5	20.9	0.25~0.35	0.75~0.85
奥氏体-贝氏体球墨铸铁	1500	φ5	25.0	0.35~0.40	0.75~0.80
铁素体球墨铸铁	1000	φ5	16.6	0.2	0.35

在上述激光硬化工艺条件下，三种基体的球铁硬化区均可分为三个区域，即熔凝硬化

层、相变硬化层和过渡层。在熔凝硬化层，三种基体组织的熔凝组织没有明显差异，为均匀、细小的莱氏体和针状马氏体及残余奥氏体。在熔化过程中，石墨球完全溶解，凝固时奥氏体枝晶首先从熔层析出。在共晶温度时，奥氏体枝晶间熔体转变为莱氏体；进一步冷却时，部分奥氏体转变为马氏体。在熔化区与相变硬化区接壤部位，由于石墨球没有完全溶解，因而形成了残余石墨球以及石墨球周围的莱氏体壳和马氏体及残余奥氏体的混合组织。相变硬化区的组织为马氏体+残余奥氏体+石墨球。铁素体基体的相变硬化区在激光加热作用下，石墨向其周围的铁素体扩散而形成奥氏体，随后进行冷却，大部分转变为针状马氏体并保留了少量的残余奥氏体。过渡区组织为不完全马氏体，由部分马氏体+原始组织组成。

（11）铝硅合金激光熔凝后的显微组织。AlSi12合金激光硬化区组织分为两层：熔化区和热影响区。熔化区组织非常细小。即 α-Al枝晶十分细小，共晶Si也由粗大的片状变为细小的珊瑚状，表面初生 α-Al的一次枝晶平均间距为5.8μm，二次枝晶平均间距为1.47μm。

热影响区中 α-Al和共晶硅均无细化变化，但由于激光快速加热和熔化区快速凝固所产生的应力作用，使 α-Al基体产生变形。位错密度增加，出现密度很高的位错网络和胞状亚结构。

4.6　激光相变硬化后的残余应力及变形

4.6.1　残余应力

在激光硬化处理过程中，金属材料表面组织结构变化必将产生表面残余应力。残余应力的大小及其分布状态对材料的使用性能有着重大影响。众所周知，残余压应力可提高材料的可靠性和使用寿命，残余拉应力会导致裂纹的产生及扩展。

激光相变硬化过程中激光对材料的热作用和冷却过程中激光作用区应力分布状态如图4-4所示。

用激光硬化材料表面时，由于加热性质和局部性质，加热一开始，激光作用区的金属就发生强烈的体积膨胀，其膨胀量和强度取决于加热速度和加热温度。金属体积的增加受到加热区周围低温区的阻碍，于是热影响区就产生压应力，而且加热温度越高，压应力就越高。在材料出现塑性变形前和瞬间产生的宏观应力未消除前，压应力一直是增加的。在激光作用的瞬间，表面层的冷却最为强烈，而下部各层由于上部热量的传入，温度还在上升。这时压应力本应增大，但由于热影响区深处材料的塑性还很大，因此压应力并没有增加。随着时间的推移（时间 $t_2 \sim t_5$），材料热影响区的冷却速度在整体上趋于均匀，与金属冷体接壤的各层的冷却反而变得比较强烈。拉应力因冷却中体积的缩小及周围阻力的减小而开始增大。在此情况下，热应力在强化层的应力状态形成中起决定作用（图4-4b）。进一步冷却时，材料发生组织变化，伴随着组织的变化，材料的体积也发生变化。在上述 $t_2 \sim t_5$ 时间里，钢要发生马氏体相变，这导致材料体积的增加并因此引起应力的扩展（图4-4c），而且这种组织转变的方向和散热方向是相反的，即是指向已强化材料表面的。因材料组织转变而发生的体积增大会引起压应力的扩展，而压应力能在某种程度上减小原先产生的热

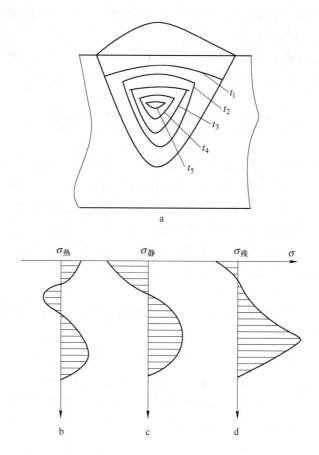

图 4-4 激光辐射对材料的热作用（a）和材料冷却过程中激光作用区的应力分布状态图（b~d）

拉应力。因此，材料的应力状态（图 4-4d）是由于热应力和组织应力决定的，不过这取决于哪种类型的应力在起主要作用。

一般说来，激光功率密度增加时，在材料表层更易形成压应力，而且这种压应力扩散相当深，直到与基体金属接壤的边界附近才变成拉应力。

通常认为功率密度，扫描速度对残余应力的分布产生重大影响，同时认为，含碳量高的材料在硬化层深处比含碳量低的材料的拉应力要大些。这是因为含碳量越高，淬火应力越大。

4.6.2 变形

变形小是激光硬化工艺的一个重要特征。激光硬化变形小的原因是：它是高能量热源的移动扫描，硬化部分的热影响区比常规淬火方法要小得多，所以产生的热应力小；同时，激光硬化的深度小，一般为 1mm 左右而且很均匀，以致马氏体相变产生的组织应力也很小。

由于激光硬化的区域只占整体零件的一小部分，其热应力和组织应力对整体的变形驱动很小，所以只会产生极小的变形量，并且通常是由于组织相变产生的表面突起和径向跳动，变形量一般也只有 0.1mm 左右，甚至更小。

对于厚度小于 5mm 的零件，变形问题也不可忽视，一般要采取辅助冷却或特殊工艺方法才能保证获得良好的效果。

激光硬化后的表面粗糙度微有增加，且几乎没有氧化皮，因此对某些粗糙度要求不很高的零件可用作成品的最后硬化处理。

4.7　激光硬化后的质量检测

（1）宏观检测。宏观检测是控制激光硬化工艺，保证激光硬化质量的有效方法。在激光硬化过程中，随时用肉眼或低倍的放大镜观察激光硬化区域，可以观察到激光硬化后材料表面的粗糙度，尺寸精度，变形情况和有无裂纹的产生，对于发现问题，更正激光硬化工艺参数，保证产品质量可以起到至关重要的作用，且方法简便易行。

（2）金相的检验。金相的检验的目的是根据有关知识和标准规定和确定产品的质量以及激光硬化工艺过程是否合理及完善。如果发现缺陷借以寻求原因，并为完善和改进激光硬化工艺提供依据。

1）取样。取样的主要设备是切割机。取样时要不断喷水冷却，尽量避免因受热和外力引起的金相组织变化。

2）制样。对于薄小和特殊形状的试样应采用夹持和镶嵌的方法。金相试样的制备是将观察面从粗糙的表面状态经粗磨，细磨，精磨磨光后，再经过机械抛光使其呈无划痕镜面状态。一般金相制样主要采用砂轮，砂纸的打磨，手工或机械抛光，此外还有自动研磨，振动抛光，电解抛光和电解腐蚀等方法。将抛好的镜面状态样品进行化学侵蚀以显示其金相组织。

3）显微组织观察。电子束与试样交互作用，结果在试样表面产生了二次电子，背散射电子，俄歇电子，吸收电子，X 射线，阴极荧光，电动势以及透射电子等各种信号。

（3）化学成分检验有：

1）原子发射光谱分析；

2）拉曼光谱分析；

3）X 射线能谱分析；

4）X 射线分光谱分析（电子探针）。

此外还有俄歇谱分析法，离子探针法和高频等离子发射光谱分析法。

（4）硬度检验。硬度是材料抵抗坚硬物体压入所表现的变形和破坏的抗力。抗力越大，硬度越高。硬度值取决于材料的本性，也与检测方法有着直接的关系。在激光硬化工艺的硬度检验中，常用显微硬度法来检验激光硬化后材料的硬度。

（5）残余应力的检验。残余应力对于零件的静强度，尺寸稳定性，疲劳强度和应力腐蚀等性能有较大的影响。当零件表面是残余应力时，可提高其性能。有：机械法、X 射线法、电阻应变法、光弹性法。

（6）耐磨性能检验。材料耐磨性是材料抵抗磨损的能力。一般用 MM-20 摩擦磨损试验机来检测。

4.8　激光相变硬化的应用实例

（1）汽车发动机曲轴。贵州光谷海泰激光技术有限公司针对 42CrMo 材质的汽车发动机曲轴，采用网格法对其进行激光淬火处理，硬度达到 50HRC 以上，淬硬层深度达到 1.2mm，使用效果较好，如图 4-5 所示。产品已出口到韩国、美国、土耳其以及中东等国家。

（2）贵州航空工业集团新安机械厂飞机起落架刹车壳体激光淬火。该厂飞机起落架刹车壳体内槽原来通过传统热处理进行整体处理，处理后发现变形较大，严重影响了起落架的装配后，采用作者发明的新型吸光涂料经激光淬火处理后，基本无变形，满足了装配尺寸。经激光处理后的刹车壳体已装配在飞机上，现正在巴基斯坦试飞。图 4-6 为某型歼击机起落架刹车壳体内槽的激光淬火。

图 4-5　曲轴的激光网格法淬火　　　　图 4-6　某型歼击机起落架刹车壳体内槽的激光淬火

（3）发动机缸体和缸套。美国通用汽车公司 1978 年建成了柴油机汽缸套激光热处理生产线，用 4 台二氧化碳激光器在铸铁汽缸套内壁处理出宽 2.5mm，深 0.5mm 的螺旋线硬化带，并规定缸套必须经激光处理才可出厂。

北京大恒公司对汽车缸体进行激光硬化处理，激光硬化带宽 3.5mm，深 0.25～0.3mm，硬度达 63HRC，将使用寿命提高三倍。

激光硬化缸体和缸套是十分成熟的技术，并且具有较大的经济效益和社会效益。

5 激光熔覆与合金化

激光熔覆与合金化技术未出现前，失效的贵重金属零部件的修复均采用热喷涂技术。但是，热喷涂技术的致命弱点是涂层和基材之间为机械或半机械结合，结合强度较低，在服役过程中，涂层容易从基材上脱落。近 15 年来，激光熔覆与合金化技术广泛应用于贵重金属零部件的表面修复，即所谓的激光再制造。这是因为经激光熔覆与合金化技术处理后，涂层与基材之间形成了化学冶金结合，结合强度很高。但是，在实际工作中，如何使用这两种技术达到事半功倍的效果呢？这就要求我们必须正确理解和把握两者之间的联系和区别，弄清熔体发生变化的基本冶金过程以及熔体凝固过程中的组织演化规律，为我们采用这些新技术制备新材料提供新思路。

5.1 激光熔覆与合金化的理论基础

5.1.1 激光熔覆与合金化联系与区别

激光熔覆与合金化都是利用高能密度的激光束所产生的快速熔凝过程，在基材表面形成与基材相互熔合的，且具有完全不同成分与性能的合金覆层。

激光熔覆与合金化二者工艺过程相似，但却有原则上的区别：激光熔覆中覆层材料完全熔化，而基材熔化层极薄，因而对覆层的成分影响极小，即稀释率小于 10%。而激光合金化则是在基材的表面熔融层内加入合金元素，从而形成以基材为基的新的合金层，稀释率几乎达到 100%。激光熔覆不是把基体上熔融金属作为溶剂，而是将另行配制的合金粉末熔化，使其成为熔覆层的主体合金，同时基体合金也有一薄层熔化，与之形成冶金结合，涂层厚度可以调控，而激光合金化的合金层厚度一般不会超过 1mm。

5.1.2 激光熔覆与合金化的成分均匀性及其控制

5.1.2.1 激光熔池成分均匀化的机理

在激光熔覆与合金化的过程中，熔池存在的时间是极为短暂的。在极短的时间内所完成的熔质元素在整个熔深范围内的迁移过程，用普通的熔液扩散理论是难以解释的。激光熔池特有的扩散系数反常大的现象，被认为是熔池内溶质对流所致。据计算，对流扩散系数要比静态扩散系数大十万倍，这足以解释熔池溶质极为迅速的混合过程。

有关的研究认为，在激光熔覆与合金化中，质量的传递主要是靠对流，而扩散的作用甚微，只能使溶质富集区周围很小的区域内成分均匀。由于对流传质的作用，成分分布在宏观上应是均匀的，仅有微区的成分起伏，其范围不超过 24μm。

5.1.2.2 激光工艺参数对成分均匀性的影响

激光熔池的成分均匀性，按其均匀化机制，主要取决于熔池的对流行为和对流作用存在的时间。与之相关的激光工艺参数主要是激光功率、扫描速度和光斑直径这三个参数。其中扫描速度和光斑直径的影响最为强烈，两者共同所起的作用几乎为激光功率的两倍。

扫描速度和光斑直径实际上决定了光束与熔池的交互作用，显然增加交互作用时间也就增加了熔池存在的时间，因而有利于成分的均匀化。

激光功率密度是影响对流强度的主要因素，提高功率密度可增加对流的强度，从而有利于成分的均匀性。在激光输出功率一定的条件下，功率密度主要是通过改变光斑直径进行调整的。

随扫描速度的增加，加热时间变短。但扫描速度每增加 5mm/s，加热时间变化都不相同。原始速度值越小，变化量越大。当扫描速度由 5mm/s 增加到 50mm/s 时，最初加热时间变化剧烈，然后逐渐变缓。

光斑直径增加 1 倍，功率密度下降 4 倍。功率密度值最初变化很大，随后逐渐变小，加热时间与直径是直线关系。扫描速度不同，直线的斜率不同，扫描速度越慢，斜率越大，它所产生的效果是直径增大，光束与材料的交互作用时间增大。

此外，光束的辐照方式对成分的均匀性也产生重大的影响，应用振荡光学系统熔化所获得的合金成分及组织更为均匀。合金层的均匀性除受激光工艺参数的影响外，还与材质自身的性质有关，正是这两者的综合作用，决定了对流方式及对流强度、冷却速度、合金元素的交互作用等影响成分均匀性的诸多因素。

5.1.2.3　熔池的形状系数与成分的均匀性

激光熔池的形状系数即熔池横截面的熔宽与熔深之比，对熔池内的对流特征具有重要的影响，因而也影响熔凝合金成分的均匀性。

熔池的形状系数可定量地描述激光熔凝合金区的成分均匀性。当形状系数 $n<1.5$ 时，对流主要在熔池的上部和中部激烈进行，因而熔池底部的合金元素含量偏低；当 $n>3.2$ 以上时，对流驱动力小，没有形成回流，成分亦不均匀；当 n 在 1.6~3.0 之间时，对流搅拌作用在熔池的上部和底部均存在，因而成分均匀。

5.1.3　激光熔覆与合金化的应力状态、裂纹与变形

5.1.3.1　激光熔凝层的应力状态

在激光熔覆与合金化中，高能密度的激光束与快速加热熔化使熔融层与基材间产生了很大的温度梯度。在随后的快速冷却中，这种温度梯度会造成熔凝层与基材的体积胀缩的不一致，使其相互牵制，形成了熔凝层的内应力。

激光熔凝层内的应力通常为拉应力，随着激光束的移动，熔池内的熔液因凝固而产生体积收缩，由于受到熔池周围处于低温状态的基材的限制而逐渐由压应力转变为拉应力状态。

熔凝层的应力状态与其自身的塑变能力和耐软化温度有关，一般来说，熔凝层的塑变能力越好，耐软化温度越低，其残余应力也就相对减小。

熔凝层的残余应力状态还与基材的特性有关。塑变能力较好的基材可通过塑性变形使熔凝层的应力得以松弛，而那些在冷却过程中热影响区可发生马氏体相变的基材则会促使熔凝层的残余拉应力增加。

激光熔凝层的残余应力可通过预热或后热予以减小或消除。如熔凝层的膨胀系数与基

材相同，则后热处理可有效地消除熔凝层的残余应力；如熔凝层的膨胀系数比基材大，则后热只能使残余应力减小，而不能完全将其消除。

5.1.3.2　激光熔凝层的裂纹

激光熔凝层内存在着拉应力，当局部应力超过材料的强度极限时，就会产生裂纹。由于熔凝层的枝晶界、气孔、夹杂物等处断裂强度较低或易于产生应力集中，因此裂纹往往在这些部位产生。

激光熔凝层内的裂纹按其产生的位置可分为三类：熔凝层裂纹、界面基材裂纹和扫描搭接区裂纹。这三种裂纹在激光熔覆与合金化中出现的几率与熔凝层和基材的自身韧性和缺陷等有关。一般来说，熔凝层的抗裂性能优于基材时则裂纹易于在界面基材内生成，反之则裂纹易于在熔凝层内形成。对于铸铁类基材，其界面基材熔化层往往存在较多的气孔，石墨与周围基材交界处因石墨导热系数低，还形成了较大的温度梯度，并相应的产生了较高的热应力，因此这类基材熔覆与合金化中界面基材裂纹是最主要的裂纹形式。以钢或铁为基材时，其表面熔层的韧性往往高于熔覆层或合金化层，自身的气孔等缺陷也极少，因此熔凝裂纹的主要形式是覆层或合金化层内裂纹。

5.1.3.3　激光熔凝引起的基材变形

在激光熔覆与合金化中，熔凝层内存在的拉应力是引起基材变形的根本原因。在这种表层拉应力的作用下，基材往往会向熔凝面弯曲，直至与基材的弯曲抗力相平衡为止。

从工艺参数考虑，激光熔覆或合金化层厚度与预热和后热工艺对基材的变形具有较大的影响。一般来说，熔覆层或合金化层越厚，熔化所需输入的激光能量也就越多，引起的基材变形也随之相应增大。预热和后热可有效地减少激光熔凝层的热应力，因而减小了基材的变形量。

影响基材熔凝变形的非工艺性因素主要是基材自身的应力状态。在基材存在内应力的条件下，激光熔凝引起的变形实际是由熔凝层的拉应力和基材自身的内应力综合作用的结果，这两种应力的叠加有时会大大加剧基材的变形程度。

综上所述，在激光熔覆和合金化中，可采取以下措施控制或减小基材的变形：

（1）采用热处理法消除基材的内应力。

（2）尽量选择较薄的熔覆层或合金化层。

（3）在不影响熔凝合金性能的条件下采用预热和后热工艺。

（4）采用预应力拉伸、预变形或夹具固定等方法减少或防止激光熔凝过程中基材的变形。

对于已经变形的自熔合金类激光熔覆件，可采用热校形的方法予以校正，其加热温度要不低于此类合金的耐软化温度，以防校形中覆层产生裂纹。

5.1.4　激光熔覆与合金化的气孔及其控制

激光熔覆或合金化层的气孔多为球形，主要分布在熔凝层的中、下部。

从应力角度看，这种球形气孔不利于应力集中而诱发微裂纹，在数量极少的情况下是允许的，但如气孔过多，则易于成为裂纹的萌生地和扩展通道。因此，控制熔凝层内的气孔率是保证熔覆层或合金化层质量的重要因素之一。

激光熔凝层内的气孔是由于激光熔化过程中所生成的气体，在熔层快速凝固的条件下来不及逸出而形成的，其中最主要的成因是熔液中的碳与氧反应或金属氧化物被碳还原所形成的反应性气孔。

一般来说，在激光熔覆和合金化中，熔凝层的气孔是难以完全避免的，但可以采取某些措施加以控制，常用的方法主要有：

（1）严格防止合金粉末在贮运过程中的氧化，在使用前要烘干去湿。

（2）合金粉末热喷涂时，要骤减基材和粉末的氧化程度。

（3）激光熔化中要采取防氧化的气体保护措施，尤其是非自熔性合金更应在保护气氛下熔化。

（4）覆层或合金化层应尽量薄，以便于熔池内的气体逸出。

（5）激光熔池存在的时间应尽量延长，以增加气体逸出时间。

5.2 激光熔覆制备金属基梯度复合材料涂层

一些矿山机械设备及工模具通常是在某种极端条件下服役的，例如优异的干摩擦磨损、黏着磨损，这就要求服役零件应具有很高的耐磨性能。这些零件一般都很贵，磨损失效后报废很可惜，行之有效的办法就是对它们进行修复使之恢复使用性能。修复的方法有等离子喷涂、电镀、刷镀等，但这些方法由于基体与涂层之间的结合为机械或半机械结合，结合强度低，使用中往往会发生脱落现象。近年来，激光表面熔覆技术成功地用于表面修复工程中。该技术有如下一些优点：界面为冶金结合、组织极细、熔覆成分及稀释度可控、熔覆层厚度较大、热畸变小、易实现选区熔覆、工艺过程易实现自动化。为了使涂层具有极高的耐磨性能，可用 WC_p 作为硬化相，与 Ni 基合金一起经过激光熔覆处理后在金属基材上构成一种复合材料涂层。这种复合材料涂层具有硬度高、热稳定性好、与基材为冶金结合的特点。我国每年有大量贵重的金属零件由于表面磨损而失效，如将本课题的研究结果用于一些矿山机械设备及工模具的强化及修复，则可大幅度地延长其使用寿命，降低生产成本，提高企业的综合经济效益。

5.2.1 梯度涂层成分设计

在激光熔覆过程中，由于铸造 WC_p 比 Ni 基合金的密度大得多，WC_p 往往会大量沉积在熔覆层与基材的结合界面上，同时，由于熔覆层中大的温度梯度以及涂层材料与基材热物性参数有较大差异，导致开裂敏感性大大增加。为避免熔池凝固时出现较大的应力进而引发裂纹，作者采用逐层增加铸造 WC_p 含量的激光熔覆新方法，以期获得无裂纹的梯度复合材料涂层。

基于梯度成分设计，配制三种不同体积分数的粉末混合体，如表 5-1 所示。

表 5-1 各试样熔覆层的成分

试样号	第一梯度层	第二梯度层	第三梯度层
16-2	Ni60B 90%+铸造 WC_p 10%		
16-3	Ni60B 90%+铸造 WC_p 10%	Ni60B 70%+铸造 WC_p 30%	
19-4	Ni60B 90%+铸造 WC_p 10%	Ni60B 70%+铸造 WC_p 30%	Ni60B 50%+铸造 WC_p 50%

64

由表5-1可以看出，通过梯度设计方法，将铸造WC_p含量逐层提高，从而有望减少应力及开裂倾向。

5.2.2　梯度涂层的激光熔覆制备过程

宽带激光熔覆实验采用两台串接的HJ-4型工业横流CO_2激光器、JKF-6型激光宽带扫描转镜和自动送粉装置。熔覆处理前将基材于400℃加热30min。配制三种不同体积分数的粉末混合体进行宽带激光熔覆试验，如表5-1所示。熔覆工艺是先在基材上预置一层纯Ni涂层，再一层一层地熔覆不同体积分数的粉末混合体从而形成梯度复合材料涂层，如图5-1所示。

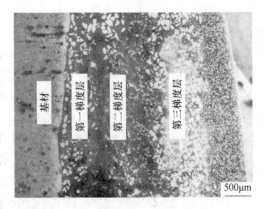

图 5-1　WC_p/Ni 基合金梯度复合涂层

5.2.3　梯度涂层的组织与性能

5.2.3.1　梯度复合涂层组织组成及相组成

图5-2为梯度复合涂层中部的X射线衍射结果，可以看出，梯度复合涂层相组成为γ-Ni、Ni_3B、M_7C_3、M_6C、WC以及W_2C。图5-3为梯度复合涂层内组织形貌，可以看出，梯度涂层内主要为原始铸造WC_p与基体组织，在铸造WC_p周围有一层凝固结晶析出的毛刺状碳化物，特别强调的是，铸造WC_p周围这些毛刺状的碳化物加强了与周围Ni基合金基体组织之间的结合强度，有助于提高复合涂层的综合力学性能。值得注意的是，在图5-2中发现在衍射角（2θ）为30°~55°范围内隐约出现了表征非晶态的漫散包，其上述迭加的较强峰，说明涂层内可能含有少量非晶组织，但绝大部分仍为晶态。

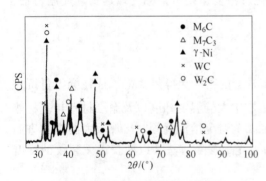

图 5-2　涂层中部 X 射线衍射结果

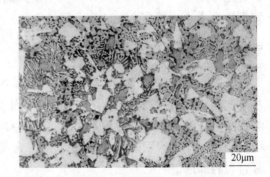

图 5-3　梯度复合涂层内组织形貌

通过TEM分析，在涂层中发现了少量大块的非晶区。图5-4为非晶区的TEM明场相，呈现无结构特征的非晶形貌，电子选区衍射的宽化漫散晕环证明了典型的非晶组织。

图5-5为铸造WC_p周围析出物的组织形貌，由图可知，有共晶组织、γ-Ni（Cr，W，Si，B）基体组织、白色的块状、三角状、长条状的碳化物，还有深灰色不规则的块状析出物。

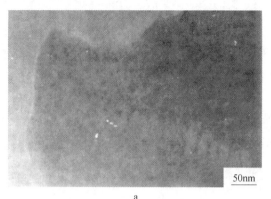

a　　　　　　　　　　　　　　　　b

图 5-4　非晶区的大块组织及其衍射花样

a—非晶区的 TEM 明场相；b—电子选区衍射

结合 X 射线衍射分析，能谱分析及显微硬度分析结果（略），可以确定基体组织为 γ-Ni，不规则白色块状析出物为 M_7C_3 及 M_6C，白色三角形析出物为 WC，深灰色析出物为 W_2C。

5.2.3.2　梯度复合涂层中的亚结构及纳米晶

高能激光超快速加热及超快速冷却，在复合涂层内形成了极高的温度梯度。在这种特殊的加热条件下极易在复合涂层内产生亚结构，图 5-6 为 TEM 下观察到的位错组态，它表现为胞状网络特征和高缠结状。我们还发现有平行状的高密度条纹衬度（图略），这是快速凝固引起的高应力导致高密度孪生的结果。

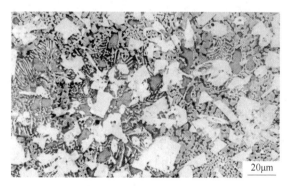

图 5-5　铸造 WC_p 周围的组织形貌　　　　　图 5-6　复合涂层中的位错缠结

在梯度复合涂层中发现了少量极细的晶粒，不同区域晶粒大小有所不同，但尺寸均属纳米晶范围（1~100nm）。图 5-7 为其暗场相及其衍射环，说明了梯度复合涂层内部存在纳米晶亚结构。纳米晶是在低于临界冷却速度的高冷速下，由很高的过冷度所造成的高形核率和由温度急剧下降所限制的低生长率作用的结果。鉴于纳米晶是一种稳定相，具有一系列独特的性能，诸如小尺寸效应、量子效应、宏观量子隧道效应、表面效应。因此，用激光熔覆直接在材料表面实现纳米晶这一新发现具有重要意义。

5.2.3.3　梯度复合涂层的硬度

图 5-8 为 19-4 号试样由涂层表面至基材的硬度分布曲线。由图可知，由于激光直接作用，涂层表面温度高、烧损大，故硬度低；梯度层内铸造 WC_p 分布均匀且有大量弥散析出

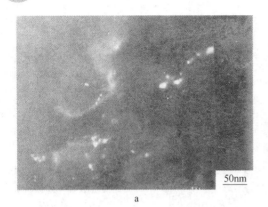

50nm

a   b

图 5-7　纳米晶的暗场相及其衍射环花样

a—纳米晶的暗场相；b—衍射环

相，故硬度较均匀；而梯度层之间以 γ-Ni 枝晶组织为主，硬化相较少，故硬度偏低。由熔覆到结合区再到热影响区的硬度变化平缓，这是因为在熔覆区与基材之间预置了一个过渡层，从而使熔覆材料与基材的结合层有较好的韧性，在实际应用中这样可减缓工件的开裂敏感性。

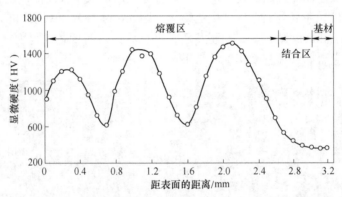

图 5-8　19-4 号试样由涂层表面至基材的硬度分布曲线

5.2.3.4　梯度复合涂层的耐磨性能

耐磨性能试验参数为：转速 200r/min，正压力 980N，磨损时间 1h。用精度为 0.01mm的体视放大镜测量块形试件的磨损宽度和长度，用公式计算体积磨损量，用每磨损 1mm³ 所对应的磨程 Wv^{-1}（即相对滑动距离，单位：m）表示耐磨性。用符号 Wv^{-1} 表示。由图 5-9 可知，随着铸造 WC_p 含量的增加，涂层的耐磨性提高。这是因为当铸造 WC_p 含量增加时，溶解进入黏结合金的 W、C 增多，强化了基体相 γ-Ni，提高了复合涂层的强度。另一方面，弥散析出的强化相较多。梯度复合涂层的耐磨性最高为基材的 3.4 倍。

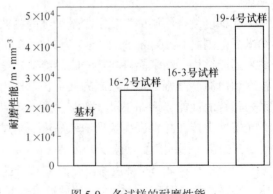

图 5-9　各试样的耐磨性能

5.3　激光熔覆制备高熵合金涂层

1995 年，中国台湾学者叶均蔚教授等突破了材料设计的传统观念，提出了新的合金设计理念，制备多主元高熵合金或称多主元高乱度合金。研究发现，高熵合金因具有较高的熵值和原子不易扩散的特性，容易获得热稳定性高的固溶相和纳米结构，不同的合金具有不同的特性，其表现优于传统合金。多主元高熵合金是一个可合成、可加工、可分析、可应用的新合金领域，具有很高的学术研究价值和很大的工业发展潜力。

5.3.1　高熵合金理论基础

高熵合金通常须具有五种以上主要元素，每种元素以等摩尔或者近似等摩尔进行配比，且每个主要元素原子分数介于 5%~35%。根据传统物理冶金的认知以及二元、三元相图，具有如此多种元素的合金，应该出现许多相及金属间化合物，造成微结构复杂，难以分析应用。实验发现却并非如此，高熵效应使得各元素混合成为固溶体，高熵合金一般形成单一的固溶相。

熵在物理上表示体系混乱程度，体系的微观状态数越多，体系的混乱度越大。熵直接影响热力学稳定性。根据熵和系统复杂性关系的玻尔兹曼（Boltzmann）假设，N 种元素以等摩尔比形成固溶体时，形成的摩尔熵变 ΔS_{conf} 可以通过以下公式表示：

$$\Delta S_{conf} = -k\ln w = -R\left(\frac{1}{n}\ln\frac{1}{n} + \frac{1}{n}\ln\frac{1}{n} + \cdots + \frac{1}{n}\ln\frac{1}{n}\right) = -R\ln\frac{1}{n} = R\ln n$$

式中，k 为玻尔兹曼常数；w 为混乱度；R 为摩尔气体常数，$R = 8.3144\text{J}/(\text{mol}\cdot\text{K})$。

通过以上公式可以计算：

当 $n = 2$ 时，$\Delta S_{conf} = 5.761\text{J}/(\text{mol}\cdot\text{K})$；

当 $n = 3$ 时，$\Delta S_{conf} = 9.120\text{J}/(\text{mol}\cdot\text{K})$；

当 $n = 4$ 时，$\Delta S_{conf} = 11.527\text{J}/(\text{mol}\cdot\text{K})$；

当 $n = 5$ 时，$\Delta S_{conf} = 13.377\text{J}/(\text{mol}\cdot\text{K})$；

当 $n = 6$ 时，$\Delta S_{conf} = 14.882\text{J}/(\text{mol}\cdot\text{K})$；

当 $n = 7$ 时，$\Delta S_{conf} = 16.171\text{J}/(\text{mol}\cdot\text{K})$；

当 $n = 8$ 时，$\Delta S_{conf} = 17.285\text{J}/(\text{mol}\cdot\text{K})$。

利用上述计算结果可绘制 n 元等摩尔合金混合熵与元素数目关系图（如图 5-10 所示），从图中可以看出随着合金组元数的增多，混合熵增大。但根据叶教授的研究，相对于一个元素为主的传统合金，元素数目超过五元时，混合熵的增加比较显著，高熵效应能更大发挥。不过元素太多对高熵效应的增强效益不大，只是增加了元素的复杂性而已，故一般高熵合金的上限以 13 种元素最适宜。同时根据混合熵的大小可以把合金分为三大类，低熵合金、中熵合金、高熵合金，其中混合熵 $\Delta S_{conf} \leqslant 5.762\text{J}/(\text{mol}\cdot\text{K})$ 为低熵合金，混合熵 $\Delta S_{conf} \geqslant 13.382\text{J}/(\text{mol}\cdot\text{K})$ 为高熵合金，当混合熵介于 $5.762\text{J}/(\text{mol}\cdot\text{K}) \leqslant \Delta S_{conf} \leqslant 13.382\text{J}/(\text{mol}\cdot\text{K})$ 为中熵合金（如图 5-11 所示）。

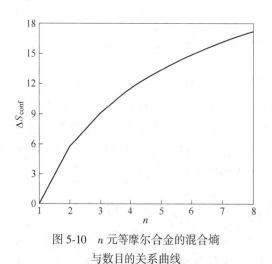

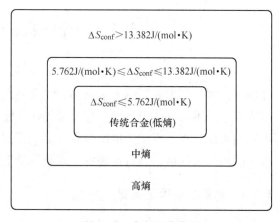

图 5-10　n 元等摩尔合金的混合熵
与数目的关系曲线

图 5-11　合金的分类图

从热力学角度分析，吉布斯自由能变 ΔG、焓变 ΔH、绝对温度 T、熵变 ΔS 直接的关系式为：$\Delta G = \Delta H - T\Delta S$，通常一个体系中的吉布斯自由能越低，则体系越稳定。因此在多主元高熵合金中，随着元素的增多，其混合熵也增大，则吉布斯自由能越低，系统更加稳定。这就说明，当高熵合金的组元足够多时，熵值很高，高熵效应会抑制金属间化合物的析出，促进简单固溶体的析出。

5.3.2　高熵合金特性

高熵合金的设计完全不同于传统合金，所以其独特的结构决定了其独特的性能。中国台湾国立清华大学叶均蔚教授通过大量研究最后总结出了高熵合金的四大效应。

5.3.2.1　高熵效应

前文中已经简要地阐述了高熵合金的高熵效应是高熵合金形成简单固溶体的主要原因。高熵合金与传统合金的区别不仅体现在设计理念上，同时热力学原理也有很大的区别。严格意义上来讲，一个系统的熵值不仅仅是指混合熵 ΔS，还包括由原子电子组态、振动组态、磁矩组态等排列混乱所带来的熵值。然而对于高熵合金而言，这些熵值相对于混合熵值 ΔS 来说都比较小，所以高熵合金熵值的计算中一般选用混合熵 ΔS。多元合金体系的混合自由能 ΔG_{mix}，可用下式表示：

$$\Delta G_{\mathrm{mix}} = \Delta H_{\mathrm{mix}} - T\Delta S_{\mathrm{mix}} = \frac{1}{2}\sum_{i=1}^{n}\sum_{i=1,j\neq i}^{n} C_{ij}X_iX_j + RT\sum_{i=1}^{n} X_i\ln X_j$$

式中，ΔH_{mix} 为混合焓；ΔS_{mix} 为混合熵；T 为温度；R 为气体常数；C_{ij} 为交互作用因子。

通过以上的公式可以分别计算出二元和八元等摩尔比合金在 1200℃ 下的自由能（见图 5-12）。图 5-12a 是高熵合金形成单一固溶相的情况下的自由能，可以看出八元高熵合金的自由能远远低于二元合金的自由能，高温下多元固溶体相形成了热力学的稳定相。但通常情况下，高熵合金不仅出现单一固溶体，会出现多元固溶相共存的情形，图 5-12b 为高熵合金中出现两固溶相的自由能比较，两者都具有高混合熵及低混合自由能，图中切点为共存相的成分，共存相的存在抑制了金属间化合物的形成。由此可知，可以得到，混合熵与混合焓相互抗衡，使得多元固溶相易成为稳定相。

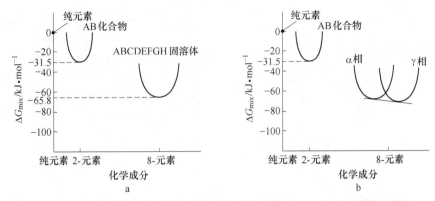

图 5-12　八元等摩尔合金固溶相与二元合金化合物在 1200℃ 自由能的比较图

a—单一固溶体相自由能比较图；b—两固溶相平衡存在自由能比较图

图 5-13 表示的是一系列二元到七元合金铸造状态的 XRD 衍射图，从图中看出高熵合金 CuNiAlCoCrFeSi 系列合金形成单一相的 BCC 或者 FCC 结构，而且合金中相的种类也没有随着合金元素数目的增加而增加，也没有出现复杂的金属间化合物。显然由于混合熵较高引起明显降低，这种特殊的现象在很大程度上应归因于高混合熵的作用，高的混合熵增进了组元间的相溶性，从而避免发生相分离而导致合金中复杂相或者金属间化合物的生成。

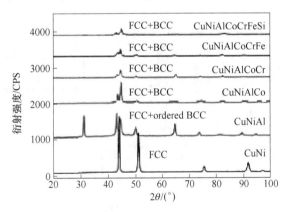

图 5-13　高熵合金系列二元到七元铸造状态 XRD 衍射图

5.3.2.2　晶格畸变效应

传统合金中有一个主要元素，其他元素固溶于其中，晶格比较规则。高熵合金中各元素原子大小不同，要共同形成单一晶格必然会造成晶格的应变。图 5-14 为元素晶格与六元高熵合金晶格示意图，可以看出较大的原子占据的空间较大，而较小的原子周围则没有多余的空间，这就造成了晶格的扭曲及晶格的畸变现象。晶格这种畸变提高了能量，使得材料的性能发生变化，使得高熵合金固溶强化效果作用增强。固溶强化效应抑制了位错的运动，因此能极大地提高这些合金的强度。也有研究表明有些高熵合金的硬度可以达到 1000HV，有些高熵合金在 1000℃ 经过 12h 退火后冷却，其极高硬度仍未出现回火软化现象，说明合金具有很好的红硬性。

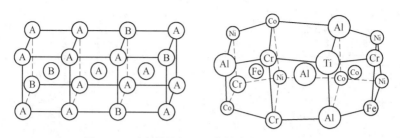

图 5-14　元素晶格与六元高熵合金晶格示意图

5. 3. 2. 3　迟滞扩散效应

合金中的相变取决于原子扩散,其中原子的扩散依靠"空位"原理,空位机制认为晶体中存在大量空位在不断移动位置,当扩散原子邻近有空位时,该原子则跳入空位,传统合金中主元素的原子跳入跳出空位的势垒相同,这样就使得原子的移动及空位的形成比较容易,从而原子的扩散较快。而高熵合金中由于合金元素的种类不同,原子大小各异,当合金中出现空位时,原子竞争进入,一旦原子进入,周围的环境也随即发生了变化,使得原子跳入跳出势垒发生了很大的变化,造成原子扩散缓慢。高熵合金的迟滞扩散效应使得合金中容易出现非晶或者纳米晶。图 5-15 为铸态 CuCoNiCrAlFe 高熵合金的微观结构,从图中看出在高熵合金的铸造过程中,冷却时的相分离在高温区间通常被抑制从而延迟到低温区间,这正是铸态高熵合金中往往出现纳米析出物,或者形成非晶的原因。

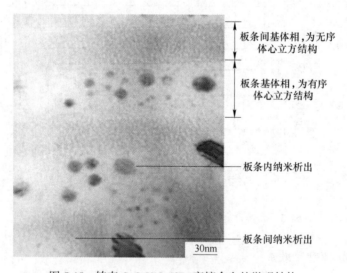

图 5-15　铸态 CuCoNiCrAlFe 高熵合金的微观结构

5. 3. 2. 4　鸡尾酒效应

传统合金的性质主要由其主元决定,其他的微量元素起辅助作用,高熵合金性质是多种合金元素相互作用的结果,是元素的集体效应。但有时也表现出个别元素的效应,比如,在高熵合金中添加轻质元素,会降低高熵合金整体密度。又如添加耐氧化的元素如Cr、Al、Si,也会提高合金的抗氧化性。除了元素个别性质外,某一元素的添加,会使高熵合金出现不同的性质,如 Al 是一低熔点且较软的金属,加入高熵合金中,其硬度却显著提高。如果在还有 Co、Cr、Fe、Ni、Cu 的高熵合金中添加结合能力很强的 Al 元素，能促成 BCC 相的生成，从而提高合金的强度和硬度，图 5-16 为高熵合金 Al$_x$CrFeCoNiCu 系硬度与晶格常数示意图。可以看出，随着 Al 含量的提高，高熵合金中由原来的 FCC 相转变为 BCC 相，该合金系的机械强度和硬度也极大地提高了。

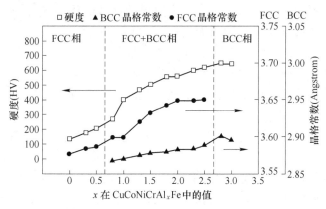

图 5-16　高熵合金 Al$_x$CrFeCoNiCu 系硬度与晶格常数示意图

5.3.3　高熵合金的制备方法

目前高熵合金的制备方法比较多，大致可以归纳为以下几种：

（1）真空电弧熔炼：台湾学者叶均蔚首次获得高熵合金也正是采用这种方法，随后很多学者采用这种方法制备了其他的合金系列，真空电弧熔炼是在真空下，利用电极和坩埚两极间电弧放电产生的高温作为热源，将金属熔化，在坩埚内冷凝成铸锭的过程。熔炼的温度高，可以熔炼熔点较高的合金，并且对于易挥发杂质和某些气体（如氢气）的去除有良好的效果。

（2）磁控溅射法：又称高速低温溅射法，是一种十分有效的薄膜沉积方法，常用于微电子，光学薄膜，材料等领域的薄膜沉积和表面处理等。溅射技术作为沉积镀膜的方法于 20 世纪 40 年代开始得到广泛应用和发展。磁控溅射原理见图 5-17，磁控溅射是在阴极靶表面上方形成一个正交电磁场，被离子轰击而从靶材产生的二次电子，在阴极位区被加速为高能电子后，在正交电磁场作用下作来回振荡的近似摆线的运动。在运动中高能电子通过与气体分子的碰撞而发生能量的转移，使本身变为低能电子，从而避免了高能电子对基板的轰击。故它具有溅射速率高，可控性和重复性好，膜层与基材结合强，镀膜层致密均匀等优点，已经有许多高熵合金系列薄膜通过这种方法制得。

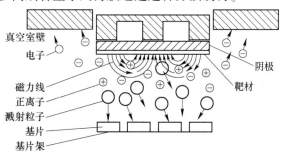

图 5-17　磁控溅射工作原理图

机械合金化：机械合金化（MA）是一种非平衡态粉末固态合金化方法，在材料制备过程中表现出非平衡性和强制性。利用这种技术不仅仅能制备稳态材料，而且能制备亚稳态材料，机械合金化是一种高能球磨法，用这种方法可制备具有可控细显微组织的复合金属粉末。在高速搅拌球磨的条件下，金属粉末混合物重复冷焊和断裂进而实现合金化。图5-18 为磨球和粉末碰撞的过程示意图。在高能机械球磨过程中，粉末颗粒受到球磨强烈的冲击作用，粉末颗粒不断地被挤压，碰撞，发生严重的塑性变形，不断地重复断裂和冷焊的过程。

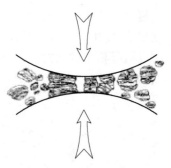

图 5-18　机械合金化过程示意图

机械合金化制备方法的优点是工艺简单，成本较低，制备效率较高，不足之处在于制备工程中易引入杂质、纯度不高。但对于细小的固体杂质颗粒在晶界上的分布能够有效钉扎晶界迁移，抑制晶粒长大。与其他制备方法相比，机械合金化制备的高熵合金粉末具有稳定的微观结构，良好的化学均质性和优异的室温加工性能。印度学者 S. Varalakshmi 在2007 年首次利用机械合金化方法制备了 AlFeTiCrZnCu 高熵合金。其他学者也利用机械合金化制备了高熵合金。

（3）电化学沉积法。电化学沉积是指在电场作用下，在一定的电解质溶液（镀液）中阴极和阳极构成回路，通过发生氧化还原反应，使溶液中的离子沉积到阴极或者阳极表面上而得到所需镀层的过程。电化学沉积可在各种结构复杂的基体均匀沉积，而且可以精确控制沉积层的厚度，沉积的速度也可以通过电流控制，同时电化学沉积是一种经济的沉积方法，设备投资少，工艺简单，操作容易，环境安全，生产方式灵活，适于工业化大生产。姚陈忠等人利用电化学沉积法制备了具有良好的软磁性能的非晶纳米 NdFeCoNiMn 高熵合金薄膜。

（4）除了以上制备方法外，还有文献报道利用电子束蒸发沉积和放电等离子烧结的方法制备了高熵合金，获得涂层或者薄膜具有优异的性能。同时真空熔体快淬法和激光熔覆的方法也用来制备高熵合金。通过大量的实验可以看出，对于高熵合金的制备可以选择传统的方法，也可以用比较新颖的制备手段。

5.3.4　高熵合金的性能及应用

高熵合金的特殊结构使得它具有特殊性能，通过研究获得了一系列高硬度，高强度，耐高温氧化，耐腐蚀，高电阻率等优异性能的高熵合金。

（1）高强度高硬度。高熵合金具有较高的硬度及强度，大多数铸态高熵合金的硬度在600~1000HV，有的甚至超过了 1000HV，其硬度远远超过了传统合金，改变合金元素的含量，还可进一步提高合金的硬度。近年来，很多学者探究了 Al 对高熵合金的影响，结果表明大多数的高熵合金随着 Al 元素含量的增加，合金的硬度和强度会显著增加。此外，与传统合金钢相比，高熵合金不仅强度和耐磨性能显著提高，同时塑性和韧性也没有下降，如 $FeCoNiCrCuAl_{0.5}$ 经 50%压下冷压后，不仅没有出现裂纹，反而在晶内出现了纳米结构。

（2）耐磨性能。通常情况下，硬度较大的合金也具有较好的耐磨性能，高熵合金

Al_xCoCrCuFeNi 的研究发现，随着 Al 含量的增加，BCC 相的体积分数增加，磨损系数降低，合金的硬度提高，同时磨损机制由剥层磨损转变为氧化磨损，氧化磨损产生的氧化膜有助于提高耐磨性。史一功等对高熵合金 AlCoCrFeNiCu 及 GCr15 摩擦副在不同介质中不同速度下的摩擦磨损研究表明，高熵合金和 GCr15 的摩擦系数和磨损量均随 H_2O_2 浓度的升高而减小，此外，在高浓度 H_2O_2（90%）中，由于生成的氧化膜较稳定，使得高熵合金的磨损表面仅有很浅的犁沟，磨损程度明显降低。

（3）耐腐蚀性能。高熵合金具有良好的耐腐蚀性能，李伟等人研究了高熵合金 AlFeCuCoNiCrTi$_x$ 的电化学性能，发现在 0.5mol/L 的 H_2SO_4 溶液中，该系列合金比 304 不锈钢的腐蚀速率低，在 1mol/L 的 NaCl 溶液中，该系列合金的腐蚀速率与 304 不锈钢相当，但抗孔蚀的能力却优于 304 不锈钢。徐右睿研究发现，在高熵合金 FeCoNiCrCu$_x$ 中，过量 Cu 元素的添加不利于钝化的发生，钝化电位区间会变小。Cu 对提高合金的抗还原酸能力贡献很大，还可提高腐蚀电位，降低腐蚀电流密度。文献指出高熵合金 CrFeCoNiCuAl$_x$ 在硫酸溶液中的耐腐蚀性要优于不锈钢，这主要是因为合金中的 Ni 和 Cr 使得合金的耐蚀性提高。

（4）良好的塑韧性。高熵合金不仅具有高的强度硬度，而且具有良好的塑韧性，特别是当合金具有单一的 FCC 相时，塑性非常好。比如合金 FeCoNiCrCuAl$_{0.2}$ 经过 50% 压缩率冷压，不但没有开裂，相反合金的硬度进一步提高。AlCoCrFeNiTi$_{1.5}$ 在 32% 以内的压缩率冷压，也表现出非常好的延展性。在高熵合金 Al_xCoCrCuFeNi 的研究中，合金晶粒尺寸越小，单位体积内晶界面积增加，使得晶界的滑动更方便，晶界的迁移有助于塑性变形，从而提高塑性。

（5）耐热性。研究发现，许多高熵合金具有很高的熔点，即使在高温下仍然具有极高的硬度和强度。这是因为高熵合金在高温下混乱度会变得更大，无论是结晶态还是非结晶态都会变得更加稳定，固溶强化效果没有减弱，可获得极高的高温强度。吴桂芬等研究发现，Al$_{0.5}$CoCrFeNiSi$_{0.2}$ 高熵合金在温度低于 800℃时，随着淬火温度升高，晶粒细化、FCC 相含量减少，硬度随淬火温度的升高而提高。有研究表明 AlFeCuNiCrTi$_1$ 高熵合金，当退火温度达到 800℃时，会有 Fe$_2$Ti 型的 Laves 相析出，这有助于提高材料的硬度，当退火温度达到 1200℃时，其硬度可以提高到 51.3HRC。

（6）磁学性能。通过研究发现，利用电化学沉积方法制备的非晶态高熵合金 Fe$_{13.8}$Co$_{28.7}$Ni$_{4.0}$Mn$_{22.1}$Bi$_{14.9}$Tm$_{16.5}$ 薄膜呈颗粒状结构，具有软磁性能，经过加热晶化处理后具有单一的立方晶型结构。姚陈忠等人通过电化学制备了非晶纳米高熵合金薄膜 NdFeCoNiMn，发现此高熵合金不论在常温还是低温，其矫顽力均非常小，而且很容易达到饱和磁化强度，随着温度降低，饱和磁化强度不断增大。磁性测量表明，不定型的 NdFeCoNiMn 高熵合金薄膜适合做软磁材料。关于高熵合金的磁学性能，目前的研究还比较少，研究的空间比较大。

高熵合金拥有很多特性，可以通过合适的合金配方设计，获得高硬度、高加工硬化、耐高温软化、耐腐蚀、高电阻率等的具有组合优异性能的合金，其超越传统合金的优异性能，可以用在很多领域：

（1）制造高硬度且耐磨耐高温的工具、模具、刀具。

（2）利用高熵合金高的抗压强度和优良的耐高温性能可以制造超高大楼的耐火骨架。

（3）利用高熵合金的耐腐蚀性能，替代不锈钢，制造船舶化工容器等易于被腐蚀的器件。

（4）利用高熵合金具有的软磁性及高电阻率，从而制作高频变压器，马达的磁芯、磁头、高频软磁薄膜及喇叭等。

（5）高熵合金用于储氢材料的研发。

（6）高熵合金用于微机电元件、电路板等封装材料的研制。

（7）高熵合金用于表面防护材料的制造。

5.3.5　激光制备高熵合金工艺优化

目前，激光熔覆技术主要用于制备镍基、钴基、铁基合金涂层以及具有陶瓷颗粒增强相的合金涂层。而借助激光熔覆技术制备高熵合金涂层的研究比较少，自从高熵合金被提出，几乎都是采用真空电弧炉熔炼和熔铸等方法制备，这种制备使得制备尺寸受到很大限制，同时生产大型零件的成本太高。激光熔覆具有快速加热快速冷却的效果，对基体的热影响小，熔覆层晶粒细小且在基体中分布均匀，涂层与基体为冶金结合，结合强度高，涂层厚度最高可达到几毫米。因此，激光熔覆制备高熵合金涂层在工业和理论上都具有可行性，已经成为高熵合金研究的一个新亮点。

迄今为止，相关的研究主要是在不同基体钢表面通过激光熔覆制备高熵合金涂层。张晖等人以 Q235 钢作为基材，用激光熔覆的方法制备了 $FeCoNiCrAl_2Si$ 高熵合金涂层，其涂层的平均硬度达到了 $900HV_{0.5}$，同时具有良好的相结构和硬度以及高温稳定性能。Huang Can 等人以 Ti-6Al-4V 合金为基体，利用激光熔覆技术制备了等摩尔比的高熵合金涂层 TiVCrAlSi，其涂层不仅具有高的硬度，而且具有很好的耐磨性。何力等人研究了 $Al_2CrFeNiCo_xCuTi$ 高熵合金涂层，通过 Co 摩尔比例的变化，研究其对高熵合金层性能的影响，通过研究发现，随着 Co 含量的增加，合金中的面心立方结构相逐渐增多，进而增加了合金的晶间腐蚀作用，降低了合金的耐腐蚀性能。黄祖凤等人采用 CO_2 横流激光器制备添加 WC 颗粒的 FeCoCrNiCu 高熵合金涂层，文章指出 WC 含量的提高使枝晶细化，硬度提高。随着高熵合金涂层研究的深入，研究者开始着手高熵合金涂层的应用研究。张爱荣等人利用激光熔覆技术制备了 $AlCrCoFeMoTi_{0.75}Si_{0.25}$ 高熵合金涂层刀具，这种刀具和普通刀具相比具有很多优越性，比如高温稳定性，表面硬度高，摩擦因数小，断屑效果好，被加工材料表面光洁度高。

综上所述，激光熔覆高熵合金涂层硬度较高且具有良好的耐热性、耐腐蚀性和耐磨损性。但是，由于激光熔覆的速冷速热势必造成熔覆层与基体材料之间温度梯度和热膨胀系数的差异可能导致熔覆层中出现多种缺陷。激光熔覆参数对高熵合金涂层的影响比较大，不同的激光功率，不仅影响涂层表面粗糙度，而且直接影响涂层的质量，功率过大，基体稀释率过高，使得高熵合金的性能大打折扣，功率过低，基体和涂层的结合不牢固，容易形成裂纹或者脱落。同时搭接率和激光光斑尺寸也是影响涂层性能的重要因素，完善制备方法，热加工工艺，尝试特定性能高熵合金的设计，以使高熵合金尽快实用化是目前亟须解决的问题。

国内外关于激光熔覆制备高熵合金的报道还比较少，此领域的研究还处于起步阶段，对于高熵合金设计的理论研究还很欠缺，涂层组织的形成机制，不同合金材料对涂层的影响因素及原理还不明确，从成分设计到组织性能的研究，都面临很大的困难，从科学研究到生产应用还有很长的路要走。然而，通过现有的研究成果不难看出，激光熔覆高熵合金涂层已经显示出许多优异的性能，相信随着研究的深入及制备技术的提升，理论知识的不断完善，这种制备技术必将为高熵合金涂层开辟广阔的空间。

激光熔覆涂层的质量一般包括宏观熔覆层质量和微观熔覆层质量两个方面，宏观熔覆层质量包括熔覆层厚度，表面粗糙程度及熔覆层表面是否有裂纹或者孔洞等缺陷；微观熔覆层质量包括稀释率，涂层与基体结合程度，组织结构等。影响熔覆层质量的因素很多，其中激光熔覆工艺参数是主要影响因素，工艺参数设定包括：激光熔覆功率，扫描速度，光斑直径，搭接率等，其中功率和扫描速度的影响最为显著。为了获得最佳工艺参数，重点研究了功率及扫描速度对熔覆层质量的影响。

5.3.6 激光熔覆功率对高熵合金涂层组织的影响

选择光斑直径 3 ~ 4mm，扫描速度为 240mm/s，分别研究了高熵合金在 1800W、2000W、2200W、2400W、2600W、2800W、3000W、3200W、3400W、3600W、3800W、4000W 功率下的熔覆涂层的质量（见表 5-2）。

表 5-2 不同功率下涂层表面质量

功率/W	程 度	涂 层 特 征	表面质量
1800	功率过低	涂层与基体结合程度较低，部分区域出现了严重的剥落，涂层表面性能较差，表面凹凸不平	极差
2000			
2200			
2400	功率偏低	涂层与基体没有呈冶金结合，涂层表面粗糙，局部区域出现裂纹	较差
2600			
2800			
3000			
3200			
3400	最佳功率	涂层表面质量较好，整体平整	较好
3600	功率偏高	功率过高导致熔池过深，同时造成部分粉末挥发，局部区域出现团聚现象，表面质量较差	较差
3800			
4000			

图 5-19 为不同激光功率下，高熵合金熔覆涂层的宏观形貌，由图可以看出，在激光光斑直径及扫描速度不变的条件下，激光功率过高或者过低都会影响涂层的熔覆效果，也影响了熔覆层的宏观质量。国内外研究表明，激光比能过低，导致稀释率太小，由图 5-19a、b 可以看出，熔覆层和基体结合不牢固，容易剥落，熔覆层表面出现局部起球、空洞等外观缺陷。然而当激光比能过高，导致稀释率很大，不仅严重降低熔覆层的耐磨、耐蚀性能，熔覆材料容易发生过烧、造成材料蒸发、表面呈现散裂状，涂层不平度增加（见图 5-19）。选择合适的激光功率，使得稀释率在比较合适的范围之内，形成良好的工艺参数，提高熔覆层质量，同时改善涂层与基体结合能力。

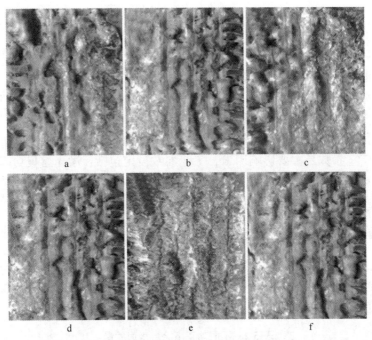

图 5-19　不同功率下高熵合金涂层宏观形貌

a—1800W；b—2000W；c—2200W；d—3600W；e—3800W；f—4000W

5.3.7　激光熔覆扫描速度对高熵合金涂层组织的影响

众多实验研究表明，增大能量的输入，减慢扫描速度，这样做能起到一些好的效果，但要适度控制，一般来说，大的功率密度，慢的扫描速度，都有利于粉末层的充分熔融，延长熔池寿命，使其中的杂质充分上浮到表面。熔覆层材料熔点过低，会使熔覆层和基体难以形成良好的冶金结合。其中单位面积的熔覆材料的比能决定了激光熔覆层和基体的结合强度以及涂层的表观质量。

比能
$$\eta = P/Dv \tag{5-1}$$

式中，P 为激光功率；D 为光斑直径；v 为扫描速度。

由公式（5-1）可以看出，在光斑直径不变的情况下，激光功率和比能成正比，而扫描速度和比能成反比。故可以推断扫描速度对涂层质量的影响可以归结于激光功率的影响。

图 5-20 为相同功率，不同扫描速度下的涂层表面宏观质量，可以看出扫描速度对其质量产生很大的影响，通常来讲，不同的涂层材料和基体，对应不同的极限速度（即激光只熔化合金粉末，而基体几乎不熔化时的扫描速度）。研究表明，在保持其他参数不变的条件下，激光扫描速度较低，涂层材料表面易烧损，导致材料表面的粗糙程度变大（如图5-20a、b 所示）。

另一方面，如果扫描速度较快，激光能量不够，短时间内涂层材料熔化不均匀，不透彻，很难形成结合性较好的涂层，而且表面质量很差，容易在表面产生气孔，熔渣等缺陷，甚至易剥落（如图 5-20e、f 所示）。从而选择恰当的扫描速度，对形成良好的涂层具有很大的影响，控制扫描速度是一个很关键的因素。

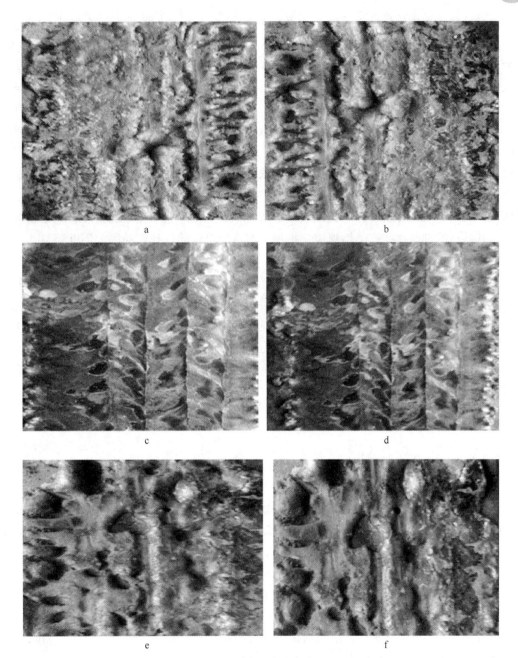

图 5-20　不同扫描速度下高熵合金涂层宏观形貌

a—$P = 3400W$、$v = 200mm/s$；b—$P = 3400W$、$v = 220mm/s$；

c—$P = 3400W$、$v = 240mm/s$；d—$P = 3400W$、$v = 260mm/s$；

e—$P = 3400W$、$v = 280mm/s$；f—$P = 3400W$、$v = 300mm/s$

　　此外，金属粉末的供给方式（预置粉末和同步送粉）、涂层厚度、光斑尺寸、搭接率及激光器的型号等都会对涂层造成影响。比如涂层厚度太大，激光能量不足，短时间内涂层无法熔透，影响涂层质量，太薄则对基材表面性能改善不大，选择合适的搭接率使相邻熔覆道之间获得相同高度的关键，也是获得具有平整表面成形件的关键。

激光熔覆过程中裂纹、气孔的产生及控制在激光熔覆中非常重要，在激光熔覆过程中，高能密度的激光束快速加热使熔覆层与基材间产生很大的温度梯度。随着快速冷却，这种温度梯度导致熔覆层与基体的结构发生变化，体积膨胀不一致，相互牵制形成了表面残余应力。一般情况，残余压应力可提高材料的可靠性和使用寿命，残余拉应力将会导致裂纹的产生。激光加热使得金属表面不熔化，其组织应力起主要作用，在其表面形成压应力。当激光加热使金属表面和添加合金粉层熔化时，随着激光束的移动，熔池内的溶液因凝固而产生体积收缩，由于受到熔池周围处于低温状态的基材限制而逐渐由压应力转变成为拉应力状态。当激光熔覆层表面呈压应力状态，不容易出现裂纹，若在该熔覆层基础上进行重叠处理，其表面由压应力状态变为拉应力，宏观裂纹就好产生。根据裂纹产生的不同部位，可以分为三种裂纹：熔覆层裂纹、界面裂纹及扫描搭接区裂纹。以 45 号钢为基础时，其基材的韧性往往高于熔覆层，再加上熔覆层自身的气孔等缺陷，因此裂纹主要产生在熔覆层中。

激光熔覆层裂纹的产生与基材的特性或合金化材料、熔覆层厚度、预热和后处理温度、激光功率、扫描速度、光斑尺寸以及涂层厚度或送粉率等因素有关。要控制或避免熔覆层裂纹，首先要保证基材的成分和组织均匀，其次，尽量降低合金元素 B、Si、C 的含量，且尽量采用大光斑，单道熔覆。对热应力和组织应力较敏感的工件，熔覆前进行预热处理。最重要的是针对激光熔覆速冷速热的特性，设计无裂纹、高强度激光熔覆专用合金粉末。

5.3.8　激光制备高熵合金涂层组织结构分析

5.3.8.1　XRD 物相分析

图 5-21 为高熵合金 $Ti_xFeCoCrWSi$ 涂层的 XRD 图，从图中可以看出，当高熵合金 FeCoCrWSi 没有添加 Ti（$x=0$）时，其高熵合金涂层由 BCC+FCC 两相构成，同时有大量的金属间化合物析出，且基本是含铁化合物，比如 $Cr_{0.78}Fe_{2.22}Si_2$、$Fe_{0.905}Si_{0.095}$ 及其他未知金属间化合物。当 $x=0.5$ 时，原来的 FCC 相消失，仅由 BCC 相构成，且相对于 Ti_0 其衍射峰的强度增强，出现大量含 Ti 的金属间化合物，如 $Fe_{0.975}Ti_{0.025}$、$TiCo_2Si$。当 $x=1$ 时，涂层中仍然为 BCC 相结构，与 $Ti_{0.5}$ 相比金属间化合物明显增多，不仅还有钛的化合物 $TiCo_2Si$，同时出现了新的金属间化合物 $Cr_{9.1}Si_{0.9}$ 及其他未知相。当 $x=1.5$ 时，BCC 衍射峰明显增强，其衍射峰向右发生了小角度偏移，且金属间化合物种类减少。当 $x=2$ 时，涂层中除了 BCC 相，只有金属间化合物 $Cr_{9.1}Si_{0.9}$ 出现，并且其衍射峰强度增强。

前人的研究已经表明，随着大原子半径 Al 元素的逐渐添加会更有利于合金中 BCC 相的析出，通过前面的现象也可以得到 Ti，元素的添加也起到了相同的作用，同时随着 Ti 含量的增加，金属间化合物相对减少，特别是含铁化合物的析出被抑制。

5.3.8.2　SEM 分析

图 5-22 为高熵合金 $Ti_xFeCoCrWSi$ 涂层的 SEM 图，从图中 a 和 b 比较可以看出，添加一定量的 Ti 元素，能够促进合金形成树枝晶，而且 Ti 元素的含量从 0.5～1.5（摩尔比）增加时，其形成枝状晶的程度更强烈。这主要是因为在凝固的过程中，Ti 的化学活性较

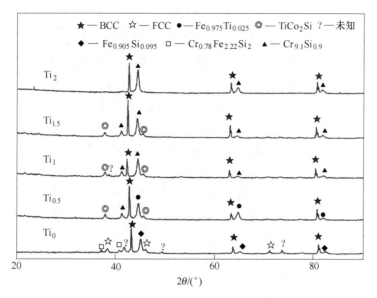

图 5-21 高熵合金 $Ti_xFeCoCrWSi$ 涂层的 XRD 图

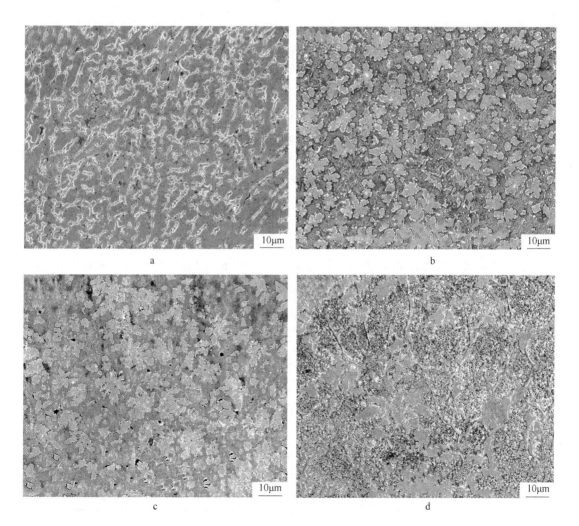

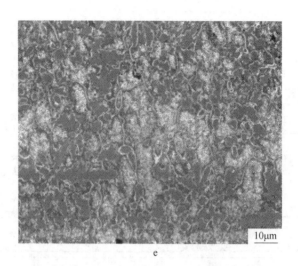

图 5-22　高熵合金涂层 $Ti_xFeCoCrWSi$ 的 SEM 图

a—Ti_0；　b—$Ti_{0.5}$；　c—Ti_1；　d—$Ti_{1.5}$；　e—Ti_2

高，容易与其他元素发生化学反应，形成稳定的形核质点，成为凝固过程中的形核场所，增加了形核几率。随着凝固的进行，在液固界面前沿新形成的质点，打破了液固界面的稳定状态，在界面上形成微小凸起而深入过冷液中不断长大，促使树枝晶的形成，进而形成发达的树枝晶状态。然而当 Ti 含量增加到 2 时，晶粒出现了粗化，随着 Ti 含量的增加，涂层中的 Ti 含量增多，Ti 元素具有高的熔点，使得涂层的单位比能降低，凝固过程中的过冷度减小，枝晶的生长速度减慢，形成了比较粗大的晶粒。

表 5-3 为高熵合金 $Ti_xFeCoCrWSi$ 涂层各元素成分分布表。表中分别列出了不同 Ti 含量的高熵合金涂层中各元素的理论值（thoeretical）、枝晶间（DR）实际含量及枝晶内（ID）实际含量。从表中可以看出，涂层中 Si 的含量较理论值低很多，其主要是因为 Si 的密度较小，其烧蚀严重。同时由于基体的稀释作用，使得基体中的 Fe 和 C 进入涂层，造成 Fe 元素含量的升高，枝晶中 Cr 和 W 的含量较高，易于在晶界偏聚。枝晶间 Fe、Co 及 Ti 元素的含量较高。随着 Ti 含量从 0~2（摩尔比）增加，基体的稀释率也相对升高，Fe 的含量高于理论值。

表 5-3　高熵合金 $Ti_xFeCoCrWSi$ 涂层各元素成分（质量分数）分布表　　　　（%）

合金		Ti	Fe	Co	Cr	W	Si	C
Ti_0	理论值	0	14.75	15.56	13.72	48.55	7.42	0
	ID	0	17.12	13.25	12.45	47.78	5.76	3.64
	DR	0	20.91	14.72	11.4	42.73	4.98	5.26
$Ti_{0.5}$	理论值	5.95	13.87	14.64	12.9	45.66	6.98	0
	ID	4.98	18.33	12.6	10.15	45.04	3.74	4.23
	DR	5.08	20.7	13.25	9.6	41.85	5.08	5.78

续表 5-3

合金		Ti	Fe	Co	Cr	W	Si	C
Ti₁	理论值	15.95	12.4	13.08	11.53	40.81	6.23	0
	ID	10.43	18.32	10.21	12.09	42.53	4.32	2.1
	DR	11.97	19.63	12.45	9.31	39.32	3.87	3.45
Ti₁.₅	理论值	20.19	11.77	12.42	10.95	38.75	5.92	0
	ID	17.8	18.37	10.32	9.85	37.29	4.67	1.7
	DR	18.84	20.21	12.32	7.86	34.32	3.65	2.8
Ti₂	理论值	15.95	12.4	13.08	11.53	40.81	6.23	0
	ID	12.87	19.64	8.98	11.43	39.89	4.65	2.54
	DR	13.58	23.51	12.3	9.44	36.41	3.46	1.3

图 5-23 为高熵合金 FeCoCrWSi 涂层的 SEM 及 EDS 图，其中 1 区（枝晶）中 W 及 Cr 的含量较高，2 区（枝晶间）中 Fe 和 C 的含量较高，说明基体的稀释作用，导致 Fe 和 C 元素在晶界处偏聚。

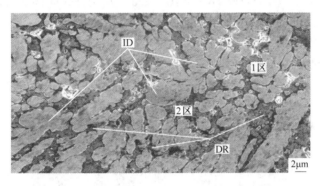

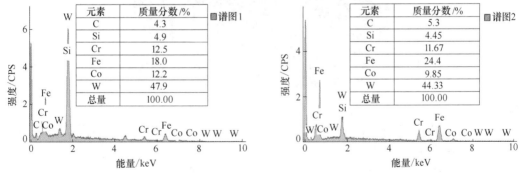

图 5-23　高熵合金 FeCoCrWSi 涂层的 SEM 及 EDS 图

从图 5-24 可以看出，高熵合金 $Ti_{0.5}FeCoCrWSi$ 涂层（电子图像 14）中，W、Si、Cr 元素主要分布在枝晶，元素 Fe 虽然在整个扫描面都出现，但在晶界分布较多，而 Ti 和 Co 主要分布在晶界间。高熵合金 $Ti_1FeCoCrWSi$（电子图像 12）涂层中，扫描的区域并未出现 Si 元素，主要可能是因为高功率的激光熔覆，导致局部 Si 的烧损，造成该区域的 Si 含量大大减少。同时元素 W、Cr 仍然在枝晶聚集。

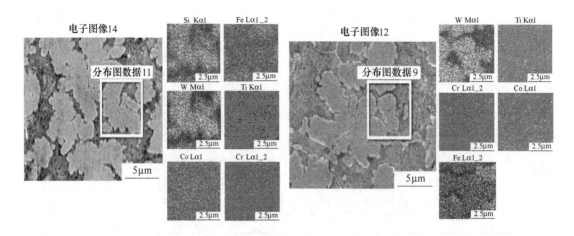

图 5-24　高熵合金 $Ti_{0.5}FeCoCrWSi$（电子图像 14）及
$Ti_1FeCoCrWSi$（电子图像 12）涂层的元素分布图

　　图 5-25 为高熵合金 $Ti_{1.5}FeCoCrWSi$（图 5-25a）及 $Ti_2FeCoCrWSi$（图 5-25b）涂层的成分分析图，图 5-25a 中 A 区中 Fe 的含量为 18.36%，而 B 区中 Fe 的含量为 20.56%，图 5-25b 中 A 区中 Fe 的含量为 28.75%，B 区中 Fe 的含量为 47.1%。可以发现 Fe 的含量远远高于理论值，并随着 Ti 含量的增加，Fe 的含量越高，这主要是基体稀释造成的，由于 Ti 具有较高的熔点，大量的 Ti 加入涂层后，提高了涂层单位面积吸收的比能，从而提高了

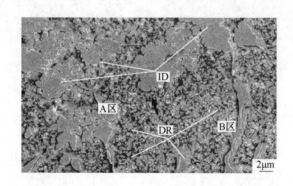

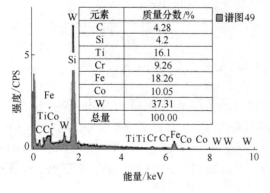

元素	质量分数/%
C	4.28
Si	4.2
Ti	16.1
Cr	9.26
Fe	18.26
Co	10.05
W	37.31
总量	100.00

■谱图 49

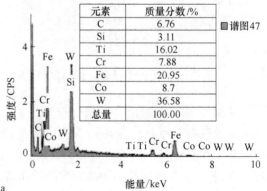

元素	质量分数/%
C	6.76
Si	3.11
Ti	16.02
Cr	7.88
Fe	20.95
Co	8.7
W	36.58
总量	100.00

■谱图 47

a

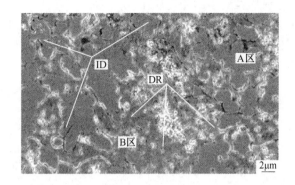

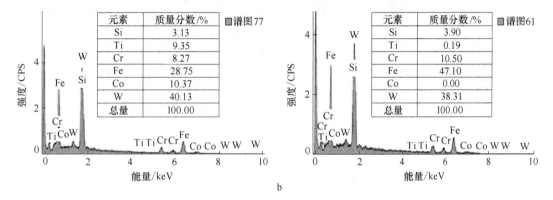

元素	质量分数/%	☐谱图77
Si	3.13	
Ti	9.35	
Cr	8.27	
Fe	28.75	
Co	10.37	
W	40.13	
总量	100.00	

元素	质量分数/%	☐谱图61
Si	3.90	
Ti	0.19	
Cr	10.50	
Fe	47.10	
Co	0.00	
W	38.31	
总量	100.00	

b

图 5-25 高熵合金 $Ti_{1.5}FeCoCrWSi$ 及 $Ti_2FeCoCrWSi$ 涂层的 SEM 及 EDS 图

基体与涂层的受热量，导致基体稀释率增大。

5.3.8.3 金相组织分析

图 5-26 为 $Ti_0FeCoCrWSi$ 高熵合金涂层金相组织图，由图可知，整个涂层组织分布均匀，晶体的生长方向趋于一致，主要以胞状晶及枝状胞状晶为主。涂层中无明显裂纹，沿

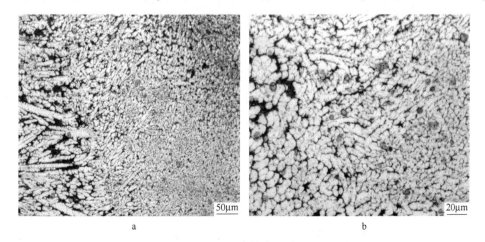

a   b

图 5-26 $Ti_0FeCoCrWSi$ 高熵合金涂层金相组织图

a—200 倍；b—500 倍

着冷却方向，胞状晶呈现从大到小的变化规律。

图 5-27 为 $Ti_{0.5}FeCoCrWSi$ 高熵合金涂层金相组织图，从图中看出，涂层主要由细小的胞状晶组成，且分布致密均匀。胞状晶生长没有明显的方向性。与图 5-26 相比，可以看出其晶粒明显细化。

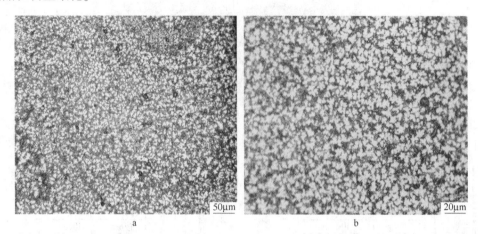

图 5-27 $Ti_{0.5}FeCoCrWSi$ 高熵合金涂层金相组织图

a—200 倍；b—500 倍

图 5-28 为 $Ti_1FeCoCrWSi$ 高熵合金涂层金相组织图，随着 Ti 含量的增加，不仅枝晶晶粒变得细小，而且析出很多共晶组织。涂层中组织为细小的枝状晶，主干枝状晶在室温下冷却的过程中，沿着四周生长，形成多枝型枝状晶粒。部分区域出现类似"雪花状"晶粒，其晶粒细小，散乱排列，形成致密的晶粒组。

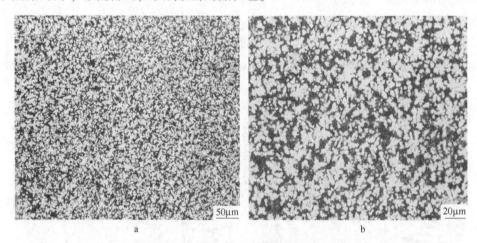

图 5-28 $Ti_1FeCoCrWSi$ 高熵合金涂层金相组织图

a—200 倍；b—500 倍

图 5-29 为 $Ti_{1.5}FeCoCrWSi$ 高熵合金涂层金相组织图，从图中可以看出，晶粒散乱分布，部分区域晶粒粗大，而部分区域则比较细小。与图 5-27 相比，晶粒分布致密程度降低，而且出现粗化。

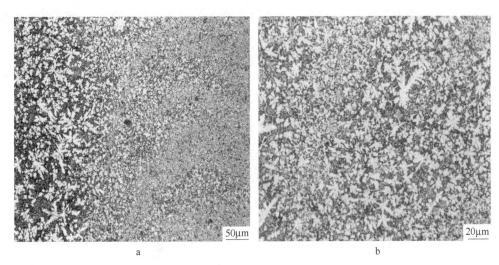

图 5-29 $Ti_{1.5}FeCoCrWSi$ 高熵合金涂层金相组织图

a—200 倍；b—500 倍

图 5-30 为 $Ti_2FeCoCrWSi$ 高熵合金涂层金相组织图，从图中可以看出其主要为比较粗大的枝状晶，半径较大的 Ti 元素的大量加入，使得涂层组织发生很大变化，改变了其生长方向及规律。

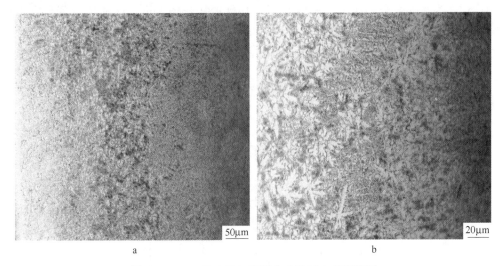

图 5-30 $Ti_2FeCoCrWSi$ 高熵合金涂层金相组织图

a—200 倍；b—500 倍

5.3.8.4 激光熔覆高熵合金 $Ti_xFeCoCrWSi$ 涂层的硬度

图 5-31 为高熵合金 $Ti_xFeCoCrWSi$ 涂层的显微硬度图，从图中可以看出，由表及里，涂层的整体硬度变化不大，结合图 5-31 可以看出，随着 Ti 元素的增加，涂层的硬度反而下降，高熵合金 FeCoCrWSi 涂层的平均硬度为 $779.5HV_{0.2}$，而高熵合金 $Ti_2FeCoCrWSi$ 平均硬度仅为 $529.8HV_{0.2}$，然而当 $x = 1$（即各元素形成等摩尔比）时，硬度升高。继续增

加 Ti 含量，硬度明显下降。未添加 Ti 元素的高熵合金 FeCoCrWSi 涂层，由于激光熔覆后形成各种金属间化合物，故整体硬度偏高。

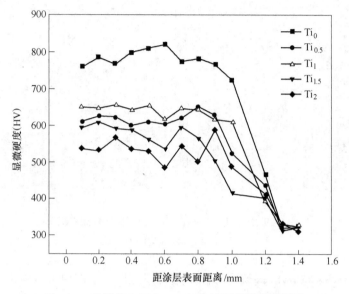

图 5-31　高熵合金 Ti_xFeCoCrWSi 涂层的显微硬度图

图 5-32 为高熵合金 Ti_xFeCoCrWSi 涂层平均硬度比较图，可以明显地看到，未添加 Ti 元素的涂层平均硬度远高于添加后的涂层，随着 Ti 含量的增加，涂层硬度总的变化趋势是逐渐减少，但当 $x = 1$ 时，硬度略微增加。这主要是因为等摩尔比情况下，其混合熵最高，晶格畸变效应明显，导致其硬度增加。

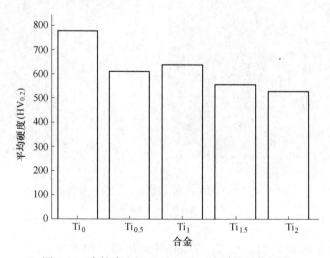

图 5-32　高熵合金 Ti_xFeCoCrWSi 涂层的平均硬度

5.3.8.5　激光熔覆高熵合金 Ti_xFeCoCrWSi 涂层磨损性能

图 5-33 为高熵合金涂层 Ti_xFeCoCrWSi 体系摩擦系数随时间的变化规律。经过计算，可以得到 Ti_0、$Ti_{0.5}$、Ti_1、$Ti_{1.5}$、Ti_2 的平均摩擦系数分别为 0.22、0.38、0.25、0.44、

0.60，当未添加 Ti（$x=0$）时，整个涂层的摩擦系数最小。Ti 添加量 x 从 0.5 到 2 增加的过程中，随着 Ti 含量的增大，整体涂层的摩擦系数随之增大，但在 $x=1$ 时，出现了极小值 0.25，同时结合图 5-33，可以看出 Ti$_1$ 合金摩擦系数随时间呈现先减小后增大的趋势，摩擦前 15min，摩擦系数较小，后 15min，摩擦系数明显增大。

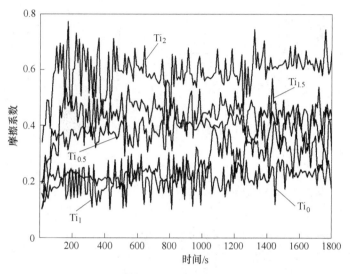

图 5-33　高熵合金 Ti$_x$FeCoCrWSi 摩擦系数

从表 5-4 中可以看出，高熵合金 Ti$_x$FeCoCrWSi 经过磨损后损失的质量分别为 0.0021g、0.011g、0.0067g、0.0324g、0.056g，根据磨损率公式：$\varepsilon = \dfrac{\Delta m}{\Delta t}$（其中 Δm 为磨损量，Δt 为磨损时间），分别计算出 Ti$_0$、Ti$_{0.5}$、Ti$_1$、Ti$_{1.5}$、Ti$_2$ 磨损率分别为 0.7×10^{-5}g/min、3.67×10^{-4}g/min、2.23×10^{-4}g/min、10.8×10^{-4}g/min、18.9×10^{-4}g/min，其磨损率对比如图 5-34 所示。

表 5-4　高熵合金 Ti$_x$FeCoCrWSi 的磨损失重表　　　　　　（g）

合　金	之前	之后	质量损失
FeCoCrWSi	9.8964	9.8985	0.0021
Ti$_{0.5}$FeCoCrWSi	9.9145	9.9255	0.011
Ti$_1$FeCoCrWSi	9.8894	9.8961	0.0067
Ti$_{1.5}$FeCoCrWSi	9.7654	9.7978	0.0324
Ti$_2$FeCoCrWSi	9.9863	10.043	0.0567

图 5-35 为高熵合金 Ti$_x$FeCoCrWSi 涂层磨损后的表面形貌，从图中可以看出，不同 Ti 含量对其涂层的磨损机理产生很大的影响，其中 $x=0$（图 5-35a）及 $x=1$（图 5-35c）时主要发生磨粒磨损，具有比较光滑的磨损形貌，犁沟痕迹很浅，无明显的黏着痕迹，表明

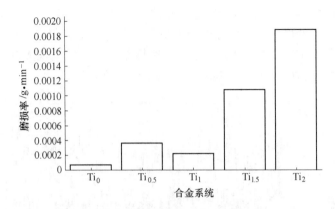

图 5-34   高熵合金 $Ti_xFeCoCrWSi$ 磨损率

涂层具有较好的抵抗磨损能力。而 $x = 0.5$（图 5-35b）、$x = 1.5$（图 5-35d）、$x = 2$（图 5-35e）时主要部位发生了黏着磨损和氧化磨损，部分部位发生了剥落，沟痕比较深，磨损表面粗糙。

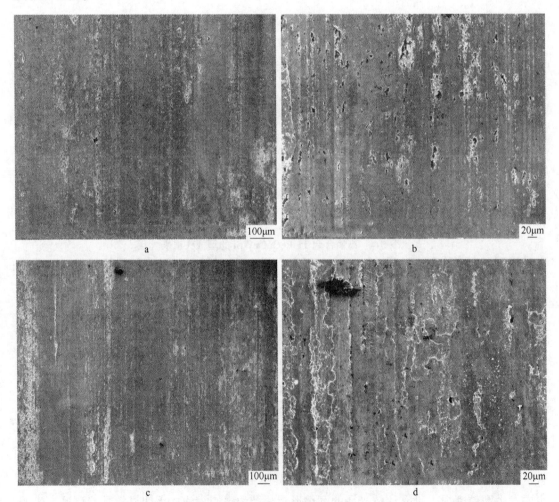

图 5-35　高熵合金涂层磨损表面形貌图

a—Ti_0；b—$Ti_{0.5}$；c—Ti_1；d—$Ti_{1.5}$；e—Ti_2

5.3.8.6　激光熔覆高熵合金 $Ti_xFeCoCrWSi$ 涂层电化学腐蚀性能

广义上讲，材料的腐蚀是指材料与环境之间发生作用而导致材料的破坏或者变质。为了研究材料的腐蚀性能，实验室通常利用电化学工作站，测定其线性扫描伏安，电化学阻抗及极化曲线等。本实验主要通过对极化曲线进行电化学参数解析，获得极化电阻、Tafel 斜率、腐蚀电流密度和腐蚀速率等电化学参数。

图 5-36 为高熵合金 $Ti_xFeCoCrWSi$ 涂层在 1mol/L NaCl 溶液中的电化学极化曲线。通过稳定极化曲线测定，由 Tafel 直线段外延相交可测定出对应的腐蚀电位 E_{corr} 和腐蚀电流 I_{corr}。从图中可以看出高熵合金涂层没有出现明显的钝化曲线，根据文献，Cl^- 经由空隙或者缺陷贯穿氧化膜比其他离子容易得多，而且当吸附 Cl^- 增加金属阳极溶解的交换电流数值大于氧气覆盖表面所达到的数值时，则测试材料表面金属连续地以高速率溶解。

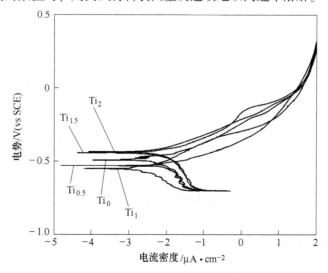

图 5-36　高熵合金 $Ti_xFeCoCrWSi$ 涂层的极化曲线

表 5-5 为不同 Ti 含量高熵合金在 1mol/L NaCl 溶液中的极化参数，从表中可以看出高熵合金 $Ti_2FeCoCrWSi$（$x=2$ 时）涂层腐蚀电位为 -414.77mV，腐蚀电流为 $2.067\mu A$，通过比较发现高熵合金中 Ti（$x=2$ 时）涂层的腐蚀电位 E_{corr} 最大（即最正），而腐蚀电流 I_{corr} 最小，说明高熵合金 $Ti_2FeCoCrWSi$ 的耐腐蚀性能最好。

表 5-5   不同 Ti 含量高熵合金在 1mol/L NaCl 溶液中的极化参数

合 金	腐蚀电位 E_{corr}/mV	腐蚀电流 $I_{corr}/\mu A \cdot cm^{-2}$
FeCoCrWSi	-526.914	16.352
$Ti_{0.5}FeCoCrWSi$	-577.043	8.167
$Ti_1FeCoCrWSi$	-581.554	6.734
$Ti_{1.5}FeCoCrWSi$	-496.235	10.575
$Ti_2FeCoCrWSi$	-414.772	2.067

通过以上分析，本章总结如下：

（1）如前所述，高熵合金 $Ti_xFeCoCrWSi$ 涂层主要由树枝晶组成，而且 Ti 含量（$x=0.5\sim1.5$）时，随着 Ti 含量的增加，晶粒细化。当继续增加 Ti 含量（$x=2$）时，枝晶增多，且出现粗化，而且分布不均匀。能谱 EDS 分析可知 Cr 和 W 主要在枝晶富集，Fe、Co 和 Ti 在晶界偏聚，随着 Ti 含量的增加，基体中 Fe 的稀释率升高。实验结果表明，Ti 的添加有利于 BCC 相的形成，当 Ti 含量（$x=0.5\sim1$）时，高熵合金涂层主要由 BCC 与大量含铁金属间化合物构成；当 Ti 含量（$x=1.5\sim2$）时，高熵合金涂层主要由 BCC 与大量含钛金属间化合物构成。当 Ti 含量为 2 时，金属间化合物最少。

（2）高熵合金 $Ti_xFeCoCrWSi$ 涂层，随着 Ti 元素的增加，涂层的平均硬度下降，未添加 Ti 时涂层的硬度为 $779.5HV_{0.2}$，而当 Ti 含量增加到 2 时，硬度降到 529.8HV。

（3）高熵合金涂层 Ti_0、$Ti_{0.5}$、Ti_1、$Ti_{1.5}$、Ti_2 磨损率分别为 0.7×10^{-5}g/min、3.67×10^{-4}g/min、2.23×10^{-4}g/min、10.8×10^{-4}g/min、18.9×10^{-4}g/min，随着 Ti 含量的增大磨损率增大，耐磨性能降低。

（4）高熵合金 $Ti_xFeCoCrWSi$ 涂层电化学实验表明：未添加 Ti 时，腐蚀电位为 -526.914mV，腐蚀电流为 $16.352\mu A$，腐蚀电流较大，腐蚀电位较小（较负），耐腐蚀性能较差；而高熵合金 $Ti_2FeCoCrWSi$（$x=2$ 时）涂层腐蚀电位为 -414.77mV，腐蚀电流为 $2.067\mu A$，涂层的腐蚀电位 E_{corr} 最大（即最正），而腐蚀电流 I_{corr} 最小，说明高熵合金 $Ti_2FeCoCrWSi$ 的耐腐蚀性能最好。

5.4   激光表面熔覆技术的应用

5.4.1   在化工行业的应用

化工行业如贵州化肥厂、毕节化肥厂的电机转子轴，经一定时间使用后表面磨损而报废，原来采用热喷涂工艺，由于热喷涂工艺制备的涂层具有结合强度低、涂层气孔等缺陷，因此使用效果不佳。采用激光熔覆技术修复（如图 5-37 所示）后，涂层致密，与基材的结合强度高。经现场使用后，效果很好。

图 5-37　电机转子轴的激光熔覆修复

5.4.2　在机械行业的应用

机械设备由于长期在恶劣环境下工作，容易导致零部件的腐蚀、磨损。典型的易失效零部件包括叶轮、大型转子的轴颈、轮盘、轴套、轴瓦等，其中许多零件价格昂贵，涉及的零部件品种很多，形状复杂，工况差异较大。图 5-38 为某厂的齿轮轴轴颈部位由于磨损导致无法使用而失效。考虑到更换新的成本太高增加企业负担，我们考虑采用激光熔覆技术对其进行修复。经激光熔覆修复后，其各项性能指标与新的轮轴无差异，从而降低了企业生产成本。图 5-39 为某设备连接轴轴颈部位磨损后的激光熔覆修复，经过现场使用后发现效果显著。

图 5-38　齿轮轴轴颈部位激光熔覆修复　　　　图 5-39　连接轴轴颈部位激光熔覆修复

5.4.3　在冶金行业的应用

图 5-40 为钢铁厂轧辊的激光表面修复。修复后的轧辊综合品质得到大幅提升。图 5-41 为拉丝卷筒的激光修复。

图 5-40　轧辊的激光表面修复　　　　　图 5-41　拉丝卷筒的激光修复

5.5　激光表面合金化

5.5.1　激光表面合金化类型

激光表面合金化是利用高能密度的激光束快速加热熔化特性，使基材表层和添加的合金元素熔化混合，从而形成以原基材为基的表面合金层。通常按合金元素的加入方式将其分成三大类，即预置式激光合金化、送粉式激光合金化和气体激光合金化。

预置式激光合金化就是把要添加的合金元素先置于基材合金化部位，然后再激光辐射熔化。预置合金元素的方法主要是：

（1）热喷涂法。包括火焰喷涂和等离子喷涂等。

（2）化学黏结法。包括粉末和薄合金片的黏结。

（3）电镀法。

（4）溅射法。

（5）离子注入法。

一般来说，前两种方法适合较厚层合金化，而最后两种适合薄层或超薄层合金化。

送粉式激光合金化就是采用送粉装置将添加的合金粉末直接送入基材表面的激光熔池中，使添加合金元素和激光熔化同步完成。送粉法除可用于激光表面合金化外，还特别适合在金属表面注入 TiC、WC 类硬质粒子，尤其是对 CO_2 激光反射率很高的铝和铝合金等材料进行表面硬质粒子注入，采用此方法更显示出其优点。

气体激光合金化是将基材置于适当气氛中，使激光辐照的部位从气氛中吸收碳、氮等并与之化合，实现表面合金化。

气体激光合金化通常是在基材表面熔融的条件下进行，但有时可在基材表面仅加热到一定温度而不使其熔化的条件下进行。

激光气体合金化的典型例子就是钛及钛合金的氮化，这种激光氮化法可在毫秒级的时间内完成。生成 $5\sim20\mu m$ 厚的薄膜，硬度超过 1000HV。

激光气体合金化中，反应气体可通过喷嘴直接吹入激光辐射表面，也可将基材置于反应室内，再通入反应性气体。

5.5.2　激光表面合金化的合金材料体系

激光合金化的成分主要是根据其性能要求，即力学性能、物理性能和化学性能选择的。由于激光合金化的熔凝过程极迅速，以及溶质元素主要是靠对流混合实现均匀化的特点。因此从理论上说，激光合金化的成分选择可远远超过通常意义上的合金化的范围，这就相应地提供了获得常规方法难以获得的、性能更为优秀的表面合金的可能性。

但是，另一方面，激光合金化层的组织与性能主要还是取决于所选择的合金。所以，在设计表面合金成分时，还必须考虑和参考已有的合金相图及有关的合金理论。

（1）按相图特点分组的合金系列，见表5-6。

（2）铁系列激光合金化，见表5-7。

（3）有色金属激光表面合金化，见表5-8。

（4）气体激光合金化，见表5-9。

表5-6　激光合金化所研究的二元合金系和三元合金系

（1）固相互溶系

Cr-Fe	Au-Pd	W-V
V-Fe	Zr-Ti	Au-Ag-Pd
Pd–Ni		

（2）液相互溶但固相有限互溶或不互溶系

Cu-Ag	Si-Al	Cr-Cu	Ni-Nb	Zr-Ni	Rh-Si	Co-W
Cr-Al	Sn-Al	C-Fe	Au-Ni	Co-Si	Au-Sn	Cd-Zr
Cu-Al	Zn-Al	Mo-Fe	Eu-Ni	Nb-Ti	Pd-Ti	
Mo-Al	Zr-Al	Nb-Fe	Hf-Ni	Ni-Si	Pt-Ti	
Ni-Al	Ni-Be	Ni-Fe	Sn-Ni	Pd-Si	Sn-Ti	
Sb-Al	W-Cr	W-Fe	Td-Ni	Pt-Si	Zr-V	
	Co-Cu	Zr-Fe	Td		Ni-Cr-Cu	
		Al-Nb				

（3）液相和固相不互溶

Cd-Al	Pb-Cu	Au-Ru
Pd-Al	Pb-Fe	Cu-W
	Cu-Mo	
	Ag-Ni	

表5-7　系列激光合金化研究结果

基体材料	添加的合金元素	硬度（HV$_{0.2}$）
Fe、45钢、40Cr	B	1950~2100
45钢、GCr15钢	MoS$_2$、Cr、Cu	耐磨性提高2~5倍
T10钢	Cr	900~1000
Fe、45钢、T8A钢	Cr$_2$O$_3$　TiO$_2$	≤1080
Fe、GCr15	Ni、Mo、Ti、Ta、Nb、V	≤1650
1Cr12Ni12WMoV钢	胺盐B	1225 950

基体材料	添加的合金元素	硬　度（$HV_{0.2}$）
Fe、45 钢、T8 钢	C、Cr、Ni、W、YG8 硬质合金	≤900
Fe	石墨	1400
Fe	TiN、Al_2O_3	≤2000
45 钢	WC+Co	1450
	WC+Ni+Cr	700
	WC+Co+Mo	1200
铬钢	WC	2100
	TiC	1700
	B	1600
铸铁	FeTi、FeCr、FeV、FeSi	300~700
AISI304（不锈钢）	TiC	58HRC
低碳钢	SiC	900~1160HV
45 钢	Cr、Mo	提高热疲劳寿命
20 钢	C、B	$1240HV_{200}$
20 钢	C、N	$1100HV_{200}$
45 钢	Ni-Cr-B-Si-Co	200~1150HV
高磷铸铁	—	900HV

表 5-8　几种有色金属基激光合金化研究结果

基　体	合金元素或硬质粒子	合金化层特性
5052 铝合金（2.2%~2.8%Mg）	TiC 粒子	TiC 达 50%（体积分数），耐磨性与标注抗磨材料相当
5052 铝合金	Si 粉	Si 含量可达 38%（体积分数）
Al-Si 合金	碳化物粒子	耐磨性提高 1 倍
ZL101	$Si+MoS_2$ 粉	硬度可达 210HV 为基体硬度 3.5 倍，含 MoS_2 还有减磨作用
Al-Si 合金	Ni 粉	合金层生成 Al_3Ni 硬化相，硬度 $300HV_{0.05}$
Ti	化合物粒子	显微硬度 1500~2200HV
Ti-6Al-4V	粒子	合金层中碳化物的体积分数可达约 50%
Ti-6Al-4V	石墨粉	合金层中生成 TiC 相提高耐磨性
Ti 合金	B、C 涂料	Ti_2B、TiB、TiB_2、TiC 等，耐磨性可提高两个数量级
Ti 合金	C、Si	4% H_2SO_4 溶液中的耐蚀性提高了 0.4~0.5 倍
镍铬钛耐热合金	碳化物粒子	耐磨性提高 10 倍

表 5-9　激光气体合金化常用的气体

用　途	气　体	基　材
表面氮化	N_2、N_2+Ar	Ti 及 Ti 合金等
表面氧化	O_2+Ar	Ti 及 Ti 合金等，Al 及 Al 合金等
生成碳化物	C_2H_2、CH_4+Ar	低碳钢、Ti 及 Ti 合金等
生成 C、N 化合物	N_2+CH_4+Ar	Ti 及 Ti 合金

5.5.3　激光表面合金化的应用

（1）中碳低合金钢+(Cr-Mo)激光合金化。

1）Cr-Mo 的加入方法：180~250 目 Cr 粉按 Cr：Mo＝4：1 混合均匀，等离子喷涂，层厚约 200μm。基材化学成分（质量分数,%）为：0.38C、0.38Mn、0.25Si、1.08Cr、2.96N、0.36Mo、0.02S、0.0089P。

2）激光工艺参数如下：CW-CO_2 激光器，输出功率 2kW，光斑直径 1.75mm，功率密度为 $6.25×10^4$W/cm^2，扫描速度 5~45mm/s，扫描方式为多道搭接。

3）合金化层的组织与性能：合金的 Cr 和 Mo 含量主要取决于光束的扫描速度。扫描速度增大，熔深变浅，合金元素含量增高。

（2）60 钢+(C-N-B)激光合金化。

1）C-N-B 的加入方法：按 C：B_4C：CO$(NH_2)_2$＝1：2：4，层厚约 0.2mm。

2）激光工艺参数如下：CW-CO_2 激光器，输出功率 1.4kW，光斑直径 3mm，功率密度为 $1.98×10^{14}$W/cm^2，扫描速度 2~10mm/s。

（3）20 钢+(C-N)激光合金化。

1）C-N 的加入方法：按 C：CO$(NH_2)_2$＝1：2，层厚约 0.2mm。

2）激光工艺参数如下：CW-CO_2 激光器，输出功率 1350W，光斑直径 3mm，扫描速度 7mm/s。

（4）20 钢+(C-B)激光合金化。

1）C-B 的加入方法：按 C：B_4C＝1：2，层厚约 0.2mm。

2）激光工艺参数如下：CW-CO_2 激光器，输出功率 1.4kW，光斑直径 3mm，扫描速度 2~10mm/s。

（5）Al-Li 合金+(Co-Fe-B)激光合金化。

1）Co-Fe-B 的加入方法：Co-Fe-B 以 Co 粉和 Fe-B 粉的形式加入。配比为 61.1Co、18.9Fe、20B，层厚约 0.1mm。

2）激光工艺参数如下：CW-CO_2 激光器，功率密度为 $5.4×10^4$W/cm^2，扫描速度 20~80mm/s。

5.6　激光选区熔化增材制造技术（激光 3D 打印技术）

5.6.1　概念

激光器对粉末材料（金属、复合材料、陶瓷等）进行选择区域熔化凝固成形，是一种由离散点一层层堆积成三维实体的工艺方法。激光选区熔化是一种主流的金属材料增材制造技术。它用高能激光束有选择地熔化预先铺置的金属粉末薄层并待其凝固成形，经过逐层堆积后，得到高致密度、高精度的三维金属零件。广泛应用于航空、航天、船舶、汽车、化工、医疗等制造业领域。激光增材再制造是一种先进的再制造修复手段，该技术热源能量集中，可在对基体性能影响较小的情况下，实现零件的几何形状及力学性能的高质量恢复，采用该技术对服役失效及误加工零部件进行再制造修复，具有很好的现实意义。目前激光增材再制造技术已经在航空发动机、燃气轮机、钢铁冶金、军队伴随保障等领域得到了广泛的应用。

激光选区熔化的制造过程是先用计算机软件设计零件的三维模型，将其转化为切片文件，得到各截面的轮廓数据，再根据轮廓数据生成扫描路径；然后用铺粉装置将一层粉末均匀铺设在基板表面；接着控制高能激光束按照规划的路径扫描，熔化金属粉末并待其凝固，加工出当前层；而后基板下移一层，开始新一轮的铺粉、扫描，如此层层加工，直至整个零件制造完毕。需要说明的是，整个制造过程要在通有稀有气体（惰性气体）的加工室中进行，以防止金属在高温下氧化。

激光选区熔化技术适用于加工不锈钢、钛合金及铝合金等材料的复杂构件。对于传统的机械加工方法难以完成的异形结构，也可以做到快速近净成形。激光选区熔化技术的特点主要有：（1）周期短。无需使用模具，可直接从设计模型转化为实体零件，大幅缩短研发制造周期。（2）精度高。所制备零件的尺寸精度可达 $20\sim50\mu m$，表面粗糙度达 $20\sim30\mu m$。（3）成本低。材料利用率可达 90%，而且精度高，无需后续的机械加工。

5.6.2　激光选区熔化成形技术原理

激光选区熔化成形技术是以原型制造技术为基本原理发展起来的一种先进的激光增材制造技术。通过专用软件对零件三维数模进行切片分层，获得各截面的轮廓数据后，利用高能量激光束根据轮廓数据逐层选择性地熔化金属粉末，通过逐层铺粉，逐层熔化凝固堆积的方式，制造三维实体零件。

5.6.3　激光增材制造技术的工艺原理

激光增材制造技术的核心是分层，有四个步骤：第一步生成三维实体模型，生成工具是 CAD 软件；第二步是分层，分层工具是专用的分层软件；第三步是借助第二步中断层面的数据，对激光光束有驱动和控制的作用，完成对薄片材料、粉末或液体的扫射；第四步是逐层积累，从而得到最终的实体模型。传统工业成形时大多采用铣削、车削、钻削等材料去除的方法；另外一些是采用模具进行成形，如铸造、冲压。激光增材制造打破了传统工业的局限性，采用分层加工和迭加成形的方法。利用激光增材制造技术有很多优点，比如加快产品开发，降低成本，生成的模型可代替新产品完成设计和功能验证等，明显增强了企业的竞争力。

5.6.4　激光增材制造技术的工艺种类

增材制造技术的原理是对三维数字模型进行切片，得到每层切片的截面数据，规划扫描路径传输给控制系统，同时刮刀预先铺粉，Z 轴向下移动一个层厚，系统控制热源按照待加工层扫描路径快速扫描，材料熔化与已成形层形成冶金状态的结合，循环逐层沉积，成形 CAD 模型的实体。热源主要分为激光束、电子束和电弧，原料按照物理状态主要分为粉末、丝状。现在主要分为四类：电弧增材制造（WAAM）工艺技术；电子束选区熔化（EBSM）工艺技术；激光近净成形（LENS）工艺技术；激光选区熔化成形（SLM）工艺技术。

（1）激光近净成形（LENS）。激光近净成形是热源和粉末材料同轴或者旁轴输送，热源熔化粉材，逐层固化黏结累加实现三维模型的新型加工技术。图 5-42 是 LENS 技术成形金属零件的简要示意图，金属粉末是旁轴输送，其加工原理是：三维模型进行分层切片，确定每层的运动路径信息，系统控制热源和送粉头按照每层截面的运动路径以一定的速率在 XY 平面运动，热源熔化材料形成熔池并快速冷却，堆积成形，层间结合具备冶金效果。

（2）激光选区熔化成形（SLM）。SLM 的原理与 LENS 相似，但不同于 LENS 的同轴或旁轴送粉，SLM 需要预铺粉，铺设粉末依靠图 5-43 所示的刮刀往复运动。铺粉装置在工作平台铺设一层高度为

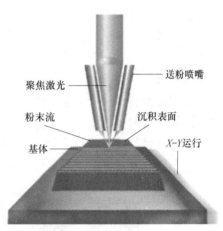

图 5-42　激光近净成形示意图

预设层厚的金属粉末，激光束按照当前层的运动路径对工作平面进行快速扫描熔化粉末，逐层累加加工零件。通过调节激光束功率、扫描宽度、扫描速度、扫描间隙等工艺参数可以加工同种材料的匀质件及异质材料的过渡功能或梯度功能零件。所使用的激光功率较小，一般在 200~1000W，激光束直径小，成形精度高，成形件表面质量较其他增材技术高，但成形效率较低，适合小尺寸复杂结构零件的加工制造、模具设计制造，可以有效地缩短设计周期，加速产品研发。对于结构复杂件，变截面以及异形构件的加工，激光选区熔化加工技术具有独特优势。同时，加工过程中，由于层厚小，金属粉末经历了完全的熔化和快速凝固过程，成形件致密度高，可达到 100%，同时兼具了高精度和优良性能的制造要求。因此，SLM 加工技术被认为是金属增材制造领域最具发展潜力，最有发展前景的加工技术之一。

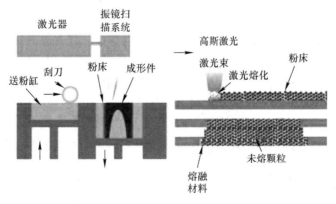

图 5-43　激光选区熔化成形示意图

5.6.5　两种典型激光增材制造（LAM）技术的成形原理及其特点

5.6.5.1　LAM 技术的成形原理

LAM 技术按其成形原理可分为两类：

（1）以同步送粉为技术特征的激光熔覆沉积（Laser Cladding Deposition，LCD）技术；

（2）以粉床铺粉为技术特征的选区激光熔化（Selective Laser Melting，SLM）技术。

下面着重概述这两种典型 LAM 技术的成形原理及其特点。

5.6.5.2　LCD 技术的成形原理及特点

LCD 技术是快速成形技术的"叠层累加"原理和激光熔覆技术的有机结合，以金属粉末为成形原材料，以高能束的激光作为热源，根据成形零件 CAD 模型分层切片信息的加工路径，将同步送给的金属粉末进行逐层熔化、快速凝固、逐层沉积，从而实现整个金属零件的直接制造。LCD 系统主要包括激光器、冷水机、CNC 数控工作台、同轴送粉喷嘴、送粉器及其他辅助装置，如图 5-44 所示。

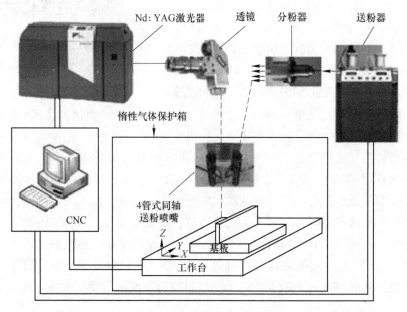

图 5-44　LMDF 系统原理图

LCD 技术集成了快速成形技术和激光熔覆技术的特点，具有以下优点：

（1）无需模具，可生产用传统方法难以生产甚至不能生产的复杂形状的零件。

（2）宏观结构与微观组织同步制造，力学性能达到锻件水平。

（3）成形尺寸不受限制，可实现大尺寸零件的制造。

（4）既可定制化制造生物假体，又可制造功能梯度零件。

（5）可对失效和受损零件实现快速修复，并可实现定向组织的修复与制造。

主要缺点：

（1）制造成本高。

（2）制造效率低。

（3）制造精度较差，悬臂结构需要添加相应的支撑结构。

5.6.5.3　SLM 技术的原理和特点

激光选区熔化技术是利用高能量的激光束，按照预定的扫描路径，扫描预先铺覆好的金属粉末将其完全熔化，再经冷却凝固后成形的一种技术。其技术原理如图 5-45 所示。SLM 技术具有以下几个特点：

（1）成形原料一般为一种金属粉末，主要包括不锈钢、镍基高温合金、钛合金、钴-铬合金、高强铝合金以及贵重金属等。

（2）采用细微聚焦光斑的激光束成形金属零件，成形的零件精度较高，表面稍经打磨、喷砂等简单后处理即可达到使用精度要求。

（3）成形零件的力学性能良好，一般拉伸性能可超铸件，达到锻件水平。

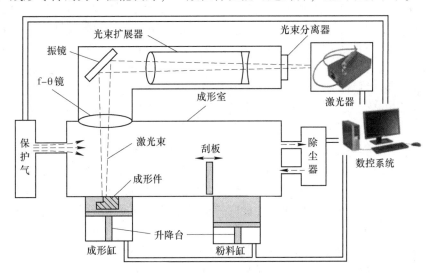

图 5-45　激光选区熔化技术原理图

SLM 技术成形中主要存在以下不足：

（1）激光选区熔化（SLM）设备，打印成形尺寸较小，主要被金属打印机尺寸大小所限制，虽然国内外相继出现大尺寸金属激光选区熔化装备，但是在稳定性、尺寸上仍处于发展中，每增大一定的成形范围，都是对装备开发的重大考验，其中包括光路系统、成形系统和运动控制系统等都将受到协同影响。

（2）效率较低，尤其是在成形一些大型结构件时，成形速度慢，相比于传统加工方式，激光增材制造设备在实现批量化生产时效率较低，数量受限，目前主要应用于实验室或者数量不是太多的工厂复杂零件、模具的生产中。

（3）激光增材制造作为智能制造的代表，使用的核心器件比如激光器、光学振镜系统等目前主要还来源于一些欧美发达国家，国产的一些核心器件在质量和稳定性上与国外有一定差距，再加上当前一些技术封锁，设备的开发费用和装备的功能、水准等都将受到影响。

针对存在的问题，国内外的金属激光增材装备开发商、研究机构相继给出了解决的大方向，主要是：

（1）研发更大尺寸、更大扫描范围的激光增材制造装备，以打印大尺寸的成形零件，拓展应用范围。

（2）从装备软件开发和装备智能程度入手，当控制系统以及控制软件功能升级、功能丰富，才能更稳定地控制多激光打印，成形效率才会提高。

（3）大力发展激光增材装备基础研究，现在国内越来越多的光电子科技企业投入基础性研究，这对于激光增材制造装备的整体提升与主动性意义重大。

5.6.6　激光增材制造关键问题

（1）残余应力是激光增材制造最为棘手的问题之一。再制造零件增材部分通过激光熔覆技术逐点扫描堆积成形，这一非线性强耦合过程中，材料的温度、物性不均匀性极强，不可避免的伴随应力、应变演化，导致再制造零件出现裂纹、变形，且高的残余应力状态也影响零件的静力学、耐蚀、疲劳等性能，最终影响再制造零件的服役性能及安全。

（2）热影响区性能劣化是激光增材制造的另一个重要问题。众所周知，热影响区通常是焊接接头比较脆弱的部分，激光增材制造过程虽然热源能量密度集中，热影响区域较小，但其热影响区材料性能演变仍然是一个需要重点关注的问题。激光增材制造热循环引起材料微观组织变化，最终影响材料的性能，热过程可能影响晶粒的尺寸及均匀性，影响析出相的种类、分布及尺寸，材料的固溶度、元素晶界偏析程度等，最终影响热影响区的硬度、强度、塑性、耐蚀性等性能。从基体到界面，典型的热影响区可以粗略分为不完全再结晶区、再结晶区、过热区等。不完全再结晶区晶粒度均匀性较差，性能均匀性也较差；再结晶区组织通常较细；过热区有许多异常长大的晶粒，其晶粒度及性能均匀性也较差。

（3）激光增材制造材料的界面匹配性问题也是激光增材再制造的一个重要问题。界面的问题主要有以下几类：

1）一种是界面脆性相，基体材料同熔覆材料混合，有可能生成一些脆性相。如，灰铸铁件激光增材再制造的时候，由于石墨中碳的释放，在极高的冷却速率下，极易在界面处出现淬硬组织"白口"，脆性相的生成往往导致再制造过程出现裂纹，严重劣化界面性能。

2）另一种界面问题是界面缝隙及裂纹，基体材料同熔覆材料如果相容性差，则界面湿润性能差，很容易在界面出现缝隙气孔等缺陷，影响界面结合强度。界面物性匹配度也是界面的重要问题，激光增材再制造过程中，界面两侧材料需要经历复杂的温度及应力应变循环，这种物性的差异容易导致界面应力异常，甚至出现裂纹，在后续服役过程中，零件常常需要承受温度载荷及力载荷，此时，热膨胀系数、屈服强度、硬度、密度等差异将严重影响界面性能，甚至出现剥落等现象，影响服役性能及服役安全。事实上，激光增材再制造材料是该技术的核心，有必要根据基体材料体系、热处理状态、服役条件等因素，建立激光增材再制造材料专用数据库，实现数据共享，推动激光增材再制造产业发展。

5.6.7　激光选区熔化增材制造技术的应用

5.6.7.1　航空航天领域应用

传统的航空航天组件加工从设计到制造完成需要耗费很长的时间，在铣削的过程中除了高达近95%的昂贵材料。采用SLM制造航空金属零件可以极大地节约成本并提高生产效率，对于一些传统加工需要后期组装的部件利用激光选区熔化可以快速直接成型。Ti-6Al-4V（Ti64）具有密度低、强度高、可加工性好、力学性能优异、耐腐蚀性好的特点，是航空零部件中最为广泛使用的材料之一。

西北工业大学和中国航天科工集团公司所属北京动力机械研究所于 2016 年联合突破了激光选区熔化技术在航天发动机涡轮泵上的应用，实现了盘轴叶片一体化主动冷却结构设计、转子类零件激光选区熔化等关键技术，该项目在国内首次实现了 3D 打印技术在转子类零件上的应用。图 5-46 为 M. Brandt 等人采用激光选区熔化直接制造经过几何结构优化后的一个航天转轴结构组件，图 5-47 为美国 GE/MOrris 公司采用激光选区熔化技术制造的一系列复杂航空部件，此外，美国 NASA 公司从 2012 年也开始采用激光选区熔化技术制造的航天发动机中的复杂部件。

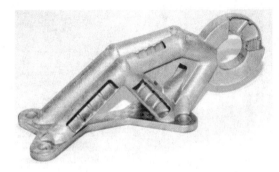

图 5-46　SLM 制造的航天转轴结构组件

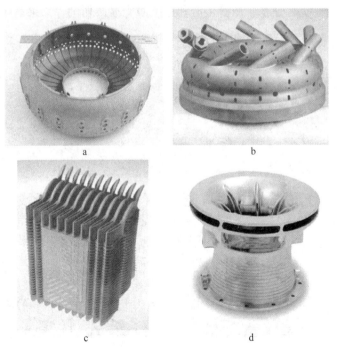

图 5-47　GE 公司用 SLM 制备的复杂航空部件

a—航空发动机燃烧室；b—航空发动机喷嘴；c—薄壁散热器；d—薄壁夹层喷嘴

5.6.7.2　生物医学领域应用

国内医疗行业对增材制造（3D 打印）技术的应用始于 20 世纪 80 年代后期，最初主要用于快速制造 3D 医疗模型。近几年，伴随着增材制造（3D 打印）技术的发展和精准化、个性化医疗需求的增长，SLM 增材制造（3D 打印）技术在医疗行业的应用也持续深入，逐渐用于直接制造骨科植入物、定制化的假体和假肢、个性化定制口腔正畸托槽和口腔修复体等。图 5-48 为 Wang Di 等人用激光选区熔化技术制造的 316L 不锈钢脊柱外科手术导板。图 5-49 为 Song Changhui 等人用激光选区熔化制造的个性化膝关节假体。

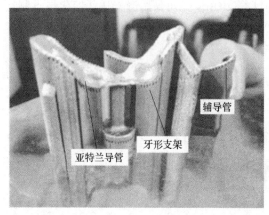

图 5-48　SLM 制造的 316L 不锈钢脊柱外科手术导板

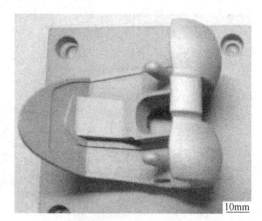

图 5-49　SLM 制造的个性化膝关节假体

国外 Demir A G 等人用激光选区熔化技术制作钴铬合金心血管支架（如图 5-50 所示），传统心血管支架制作工艺是基于微管生产和连续激光显微切削，结果表明激光选区熔化方

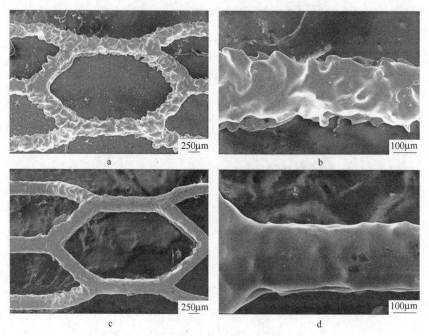

图 5-50　SLM 制作的心血管支架

a—传统制作工艺；b—a 的局部放大图；c—激光选区熔化法；d—c 的局部放大图

法制作心血管支架是可行的。图 5-51 为 Amir Mahyar Khorasani 等人采用激光选区熔化技术制作的 Ti-6Al-4V 人工髋臼外壳，其研究目的为通过分析激光选区熔化过程中的影响因子来改进假体髋臼壳的制造，然后对表面质量、机械性能和微观结构进行探讨并提出制造过程中可能的局限性。研究结果表明，激光选区熔化制造的假体髋臼壳主要问题有表面不稳定造成的裂纹、送粉不均匀造成内部缺陷问题和表面质量较差，但是通过优化工艺参数提高假体髋臼壳的机械性能、质量和使用寿命是可行的。

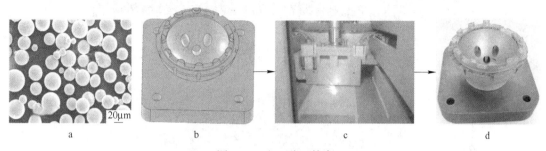

图 5-51　人工髋臼外壳
a—Ti-6Al-4V 粉；b—CAD；c—SLM 加工；d—产品

5.6.7.3　汽车领域应用

在汽车行业中，汽车制造大致可分为三个环节：研发、生产及使用。目前激光选区熔化技术在汽车制造中的应用主要包括两方面：汽车发动机及关键零部件直接成型制造和发动机复杂铸型制备。但由于各方面技术难题尚未解决，增材制造技术制造的汽车零部件只是用于汽车制造中研发环节的试验模型和功能性原型制造，在生产和使用环节相对较少。

不过随着增材制造技术不断发展、车企对增材制造技术的认知度提高以及汽车行业自身的发展需求，增材制造技术在零部件生产、汽车维修、汽车改装等方面的应用会逐渐成熟。

5.6.7.4　模具行业应用

激光选区熔化技术在模具行业中的应用主要包括冲压模、锻模、铸模、挤压模、拉丝模和粉末冶金模等。在所有模具分类中，压铸模具对型腔模温要求不高，对 3D 打印的要求不是很高，在五金模具中，也仅仅热冲压模具对温度有所要求。

Rasoul Mahshid 等人采用激光选区熔化技术制造了一个带有随形冷却通道的结构件，并研究添加细胞的晶格结构对工件强度的影响。实验设计了四种结构：实体、空心、晶格结构和旋转的晶格结构（如图 5-52 所示）分别进行压缩试验，结果显示：相对实体结构，带有晶格结构显著降低了样件的强度；相对于中空结构，强度也没有明显增加。A. Armillotta 等人用激光选区熔化技术制造了一个带有随形冷却通道的压铸模具（如图 5-53 所示），实验结果表明：随形冷却的存在减少了喷雾冷却次数，提供了一个更高和更均匀的冷却速率，提高了铸件的表面质量，并且缩短了周期时间和避免了缩孔现象发生。

5.6.7.5　其他领域应用

激光选区熔化技术除了应用在航空航天、汽车工业、生物医疗和模具制造领域内，在珠宝、家电、文化创意、创新教育等领域的应用也在逐渐深化。SLM 技术打印的珠宝首饰

图 5-52　SLM 制造的带有随形冷却通道的结构件

图 5-53　SLM 制造的带有随形冷却通道的压铸模具

致密度好、几何形状复杂，且具有多自由度设计的优势，更能突显珠宝首饰设计的个性化和定制化，能给消费者提供更多的选择。SLM 技术在文化创意、创新教育方面也将有广阔的发展空间。

中 篇

离子束材料加工及其应用

6 绪 论

6.1 离子束加工应用背景

1960 年美国航空航天局拟定了一项空间飞行计划，决定研制控制卫星姿态的电推进器系统（EBTS），由卡夫曼（Kaufman）教授主持设计宽束低束流密度的电子轰击电推进器，经过近十年完成了代号为 SERT-I、III 和 IV 型的飞行实验，取得了突破性的进展。从此，这种离子发动机称之为 Kaufman 离子源。哥达德（Goddard）提出，在宇宙空间可借助电力方法推进空间载体运行。自此，很多空间电推进力装置的设想相继而生。开拓这个领域的先驱们不约而同地发现，电场加速离子方法在实现空间飞行使命具有极大的潜力和可行性，因为离子的高冲量无疑是最理想的推进手段。不久，贝尔（Bell）实验室的专家们把这种大口径均匀离子发射技术转移到地面应用，开拓了离子束刻蚀（IBE）工艺技术，显示出超微细结构的加工能力。从原理上看，在空间与地面应用并无本质的区别，前者需要的是发射大面积重离子（Hg）均匀束，目的是给卫星系统提供足够大的比推；后者则采用惰性气体（Ar）作为工质，使均匀的离子束入射到材料表面，产生预期的刻蚀效果。由于空间和地面工作环境不相同，因此，离子发射装置的设计要求各有偏重。在地面上更关心的是满足刻蚀工艺的技术和商用化。经过近 30 年的发展，各技术发达国家已普遍使用这项技术于科学研究和军事目的。其中，美国起步早，水平高，研究深入，普及广泛。其次是日本、英国、中国等。然而，从技术应用的深度和广度来看，这项技术仍然是一项年轻的技术，未来发展的规模和对高科技的影响尚难估计。不过可以肯定，用这个带有能量的离子作为超微型技术炮弹，将会轰开许多科技奥秘的大门，闪烁出耀眼的科技光彩。

随着空间光学，短波光学和光刻技术的不断发展，光学系统对光学元件的最终面形提出了很高的要求。目前国内外常用的超精密数控成形技术有：计算机控制光学表面成形技术（CCOS）、计算机数控研抛技术（CNC）、计算机数控金刚石单点车削技术（SPDT）、计算机数控超精密磨削加工技术、磁流变抛光技术研究等，这些传统的加工技术存在的局限性，限制了光学元件的最终面形精度，尤其是纳米、亚纳米精度要求的光学面形很难实现。目前应用广泛的计算机控制光学表面成形技术通常可以将光学表面加工至 $1/10\lambda$ ~ $1/20\lambda$（$\lambda = 632.8$nm），表面粗糙度在 10nm 左右，再想进一步提高面形精度就变得十分困难，而且耗时、耗力、重复性差，特别是对一些航空航天所需的超大口径、超薄镜片，193nm 光刻和 X 光成像系统中所需的高精度光学镜片来说，传统的加工手段所遇到的困难越来越大。另外，去除率低、成本高、工件承重带来的应力影响、磨具带来的边缘效应、对材料表面的深度损伤等问题都无法依靠传统的接触加工方法解决。由于离子束加工技术具有去除率高、非接触式加工模式、工件无承重、无边缘效应、对材料无深度损伤等优点，使得这项技术被引入到光学表面加工领域中来，有效的弥补了传统加工工艺的不足，并与传统加工工艺相互配合，取得了理想的加工效果，得到了很高的光学表面面形质量。美国 NASA 已经为 Hubble 太空望远镜找好了替代更新的产品 "James Webb Space Telescope（JWST）"，JWST 的主镜口径为 6m，将由一系列六边形 SiC 子镜拼接组成，2013 年发射升空。2003 年，欧洲航天局和欧洲空间研究技术中心在对主镜的 SiC 材料做温度实验时特别指出："最后的镜面面形修复工作由离子束加工技术完成"。2006 年，意大利天文研究所和 Brera 天文台做了有关下一代主动自适应轻量化光学系统发展的报告，其中指出："离子束加工技术是光学加工领域到目前为止最大的突破，它的特点决定了它特别适用于 SiC 镜片的加工以及轻型超薄镜片的加工。"同年，Nikon 公司在总结 EUV 光刻技术的进展中提道："离子束加工技术将使我们获得更高精度的面形质量。"不难看出，离子束加工已经成为国际上光学面形加工技术的一个必不可少的重要技术。特别是对光学系统性能要求极高的航空航天领域来说，更是这样。在国内，精密的光学表面加工技术还很落后，中科院长春光机所在光学元件的精密加工领域在国内处于领先水平，但是在离子束加工技术方面仍属空白，迄今为止国内只有国防科技大学有关于离子束加工设备及加工实例的报道。

6.2　等离子体原理

6.2.1　等离子体概念

离子束加工（MM）利用具有较高能量的离子束射到材料表面时所发生的撞击效应、溅射效应和注入效应来进行不同的加工。由于离子束轰击材料是逐层去除原子的，所以可以达到纳米级的加工精度。离子束加工按其工艺原理和目的的不同可分为三种：用于从工件上去除材料的刻蚀加工、用于给工件表面涂覆的镀层加工以及用于表面改性的离子注入加工。由于电子束和离子束易于实现精确的控制，所以可以实现加工过程的全自动化，但是电子束和离子束的聚焦、偏转等方面还有许多技术问题尚待解决。

6.2.2　等离子体工作原理

6.2.2.1　离子束加工的原理和基础

离子束加工是在真空条件下，先由电子枪产生电子束，再引入已抽成真空且充满惰性气体的电离室中，使低压惰性气体离子化。由负极引出阳离子又经加速、集束等步骤，获得具有一定速度的离子投射到材料表面，产生溅射效应和注入效应。由于离子带正电荷，其质量比电子大数千、数万倍，所以离子束比电子束具有更大的撞击动能，是靠微观的机械撞击能量来加工的（见图 6-1）。离子射到材料时发生撞击效应、溅射效应、注入效应。

（1）离子的撞击效应和溅射效应：具有一定动

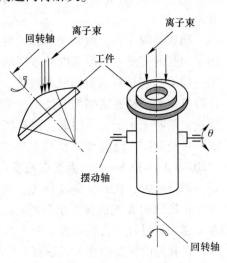

图 6-1　离子束加工示意图

能的离子斜射到工件材料（或靶材）表面时，可以将表面的原子撞击出来，这就是离子的撞击效应和溅射效应。其应用有：

1）离子刻蚀（离子铣削）：如果将工件直接作为离子轰击的靶材，工件表面就会受到离子刻蚀（也称离子铣削）；

2）离子溅射沉积和离子镀：如果将工件放置在靶材附近，靶材原子就会溅射到工件表面而被溅射沉积吸附，使工件表面镀上一层靶材原子的薄膜。

（2）注入效应：如果离子能量足够大并垂直工件表面撞击时，离子就会钻进工件表面，这就是离子的注入效应。

6.2.2.2 离子束加工装置

离子束加工装置包括：离子源、真空系统、控制系统、电源。

A 装置

a 离子源

（1）离子源的作用：用以产生离子束流。

（2）离子束流产生的基本原理和方法：

1）离子束流产生的基本原理：使原子电离。

2）离子束流产生的方法：把要电离的气态原子（如氩等惰性气体或金属蒸气）注入电离室，经高频放电、电弧放电、等离子体放电或电子轰击，使气态原子电离为等离子体（即正离子数和负电子数相等的混合体）。用一个相对于等离子体为负电位的电极（吸极），就可从等离子体中引出正离子束流。

（3）离子源的型式：根据离子束产生的方式和用途的不同，离子源有很多型式，常用的有：

1）考夫曼型离子源。图6-2为考夫曼型离子源示意图，它由灼热的灯丝发射电子，在阳极的作用下向下方移动，同时受线圈磁场的偏转作用，作螺旋运动前进。惰性气体氩在注入口注入电离室，在电子的撞击下被电离成等离子体，阳极和引出电极（吸极）上各有300个直径为$\phi0.3mm$的孔，上下位置对齐。在引出电极的作用下，将离子吸出，形成300条准直的离子束，再向下则均匀分布在直径为5cm的圆面。

2）双等离子管型离子源。图6-3为双等离子体型离子源，它是利用阴极和阳极之间低气压直流电弧放电，将氪或氩等惰性气体在阳极小孔上方的低真空中（0.1~0.01Pa）等离子体化。中间电极的电位一般比阳极电位低，它和阳极都用软铁制成，因此在这两个电极之间形成很强的轴向磁场，使电弧放电局限在这中间，在阳极小孔附近产生强聚焦高密度的等离子体。引出电极将正离子导向阳极小孔以下的高真空区（1.33×10^{-6}~$1.33\times10^{-5}Pa$），再通过静电透镜形成密度很高的离子束轰击工件表面。

b 真空系统

在离子束设备中，真空系统的好坏直接影响该设备离子源寿命的长短、束流品质和离子束工作效果的优劣。真空系统的主要作用为：

（1）提供产生束流环境。束斑尺寸范围从几十纳米到几百纳米，为亚微米级或纳米级，很容易受大气分子的干扰，不能穿越空气，需要真空系统给它提供一个超真空环境。

（2）提供束流工作环境。设备工作时，工件和离子束都需要一个非常"洁净"的环

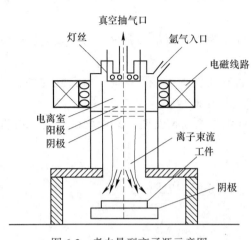

图 6-2　考夫曼型离子源示意图

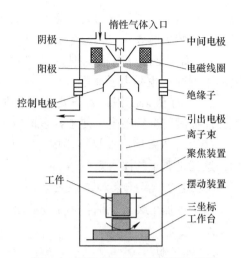

图 6-3　双等离子管型离子源示意图

境，否则会污染工件，影响束流的工作。如果离子束通道和工作室受到污染，而污染物一般是绝缘的，这样就会产生静电积累，使束流轨迹发生偏移，直接影响离子束的工作效果，如果静电积累严重到发生放电现象，离子束设备就根本无法工作。

（3）真空度的高低直接影响离子源的使用寿命和发射电流稳定性的好坏。试验表明，真空系统度较高时，正常工作条件下，离子源能使用半年，但是如果真空度较低，不到一个月，就能用完一个新的离子源，大大地缩短了离子源的寿命，而且发射电流也不稳定。

B　特点

（1）加工精度高。离子束加工是目前最精密、最微细的加工工艺，是纳米加工技术的基础。离子束轰击工件材料时，其束流密度和能量可以精确控制。离子刻蚀可达纳米级精度，离子镀膜可控制在亚微米级精度，离子注入的深度和浓度亦可精确地控制。

（2）环境污染少。离子束加工在真空中进行，特别适宜于对易氧化的金属、合金和半导体材料进行加工。

（3）加工质量高。离子束加工是靠离子轰击材料表面的原子来实现的，加工应力和变形极小，适宜于对各种材料和低刚性零件进行加工。

（4）离子束加工设备费用贵、成本高，加工效率低，应用范围受到一定限制。

6.3　分　　类

6.3.1　离子刻蚀

6.3.1.1　简介

当所带能量为 $0.1 \sim 5 keV$、直径为十分之几纳米的氩离子轰击工件表面时，此高能离子传递的能量超过工件表面原子或分子间键合力时，材料表面的原子或分子被逐个溅射出来，达到加工目的。这种加工本质上属于一种原子尺度的切削加工，通常又称为离子铣削。

离子束可以刻蚀金属、半导体、绝缘体有机物等各种材料，是重要的干法加工手段（见图6-4），尤其适于半导体大规模集成电路和磁泡器件等的微细加工。"磁泡"是一种新的存贮、处理、恢复数据信息的方法，它对于改进通信系统中的逻辑、存贮、运算和开关过程具有惊人的前景。磁泡信息存贮密度大于每平方英尺一百万位，而且磁泡存贮器中的信息处理速度达每秒一百万位。

图 6-4 离子刻蚀示意图

6.3.1.2 离子刻蚀的影响因素

刻蚀速率与靶材料、离子束种类、离子束能量、离子束入射角以及工作室的气氛和压强等有关。

A 靶材料

各种材料因成分和结构不同，即使相同工艺条件，刻蚀速率差别也很大，见表6-1。

表 6-1 靶材料与刻蚀速率的分类

靶材料	刻蚀速率/nm·min⁻¹	靶材料	刻蚀速率/nm·min⁻¹
Ag	140	Bi	850
Al	52	$Bi_{12}GeO_{20}$	130
Al_2O_3	10	C	5
Au	140	CdS（1010）	210
Be	18	Co	51

B 入射离子能量

一般小于 500eV 时，刻蚀速率正比于入射离子能量 E 的平方。在 500～1000eV 之间，正比于 E。在 1000～5000eV 之间则正比于 E 的平方根。

C 离子束入射角

通常，溅射产额随离子束入射角 θ 而增加（法线入射时 $\theta=0°$）。入射角增大时，轰击离子离表面更近、走的路程更长，可以使更多的受激原子离开表面。入射角大于一个临界角时，就发生了离子反射，溅射产额随之降低。也可以考虑合适的角度控制刻蚀图形的轮廓。溅射产额和刻蚀速率是衡量离子束刻蚀特性的重要参数（见图6-5）。

$$S = \frac{W}{mIt} \times 10^5$$

其中
$$W = vtAd$$
$$I = jA$$

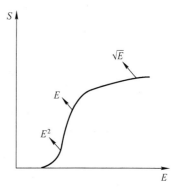

图 6-5 刻蚀速率与入射能量之间的关系

式中　S——溅射产额（原子/离子）；

　　　W——材料损失量，g；

　　　m——原子质量；

　　　I——离子电流，A；

　　　t——溅射时间（刻蚀时间），s；

　　　v——刻蚀速率，cm/s；

　　　d——材料密度，g/cm^2；

　　　A——样品面积，cm^2；

　　　j——离子流密度，A/cm^2。

D　表面洁净程度

实验表明，经过洁净处理的表面刻蚀速率高于未经处理的，人们普遍认为这是表面沾污的影响。油脂等表面沾污物在离子束轰击下发生碳化，会有刻蚀速率很低的碳膜覆盖表面，使刻蚀速率降低。离子入射角与刻蚀速率的关系，见图 6-6。

6.3.1.3　刻蚀技术分类

A　等离子刻蚀（PE）

等离子刻蚀（也称干法刻蚀）是集成电路制造中的关键工艺之一，其目的是完整地

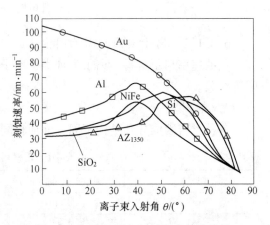

图 6-6　离子入射角与刻蚀速率的关系

将掩膜图形复制到硅片表面，其范围涵盖前端 CMOS 栅极（gate）大小的控制，以及后端金属铝的刻蚀及 Via 和 Trench 的刻蚀。在今天没有一个集成电路芯片能在缺乏等离子体刻蚀技术的情况下完成。刻蚀设备的投资在整个芯片厂的设备投资中约占 10%～12%，它的工艺水平将直接影响到最终产品质量及生产技术的先进性。

最早报道等离子体刻蚀的技术文献于 1973 年在日本发表，并很快引起了工业界的重视。至今还在集成电路制造中广泛应用的平行电极刻蚀反应室（Reactive Ion Etch，RIE）是在 1974 年提出的设想。

图 6-7 显示了这种反应室的剖面示意图和重要的实验参数，它由下列几项组成：一个真空腔体和真空系统，一个气体系统用于提供精确的气体种类和流量，射频电源及其调节匹配电路系统。

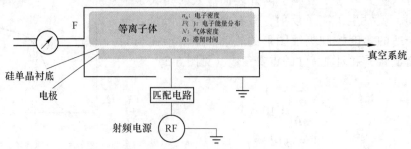

图 6-7　平行电极刻蚀反应室剖面示意图

等离子刻蚀的原理：气体在高频电场（通常 13.56MHz）作用下，产生辉光放电，使气体分子或原子发生电离，形成等离子体。在等离子体中，包含有正离子、负离子、游离基和自由电子。游离基在化学上是很活泼的。等离子刻蚀就是利用等离子体中的大量游离基和被刻蚀材料进行化学反应，反应结果生成能够由真空系统抽走的挥发性化合物，从而实现刻蚀的目的。具体过程为：

（1）在低压下，反应气体在射频功率的激发下，产生电离并形成等离子体，等离子体是由带电的电子和离子组成，反应腔体中的气体在电子的撞击下，除了转变成离子外，还能吸收能量并形成大量的活性基团（Radicals）。

（2）活性反应基团和被刻蚀物质表面形成化学反应并形成挥发性的反应生成物。

（3）反应生成物脱离被刻蚀物质表面，并被真空系统抽出腔体。

在平行电极等离子体反应腔体中，被刻蚀物是被置于面积较小的电极上，在这种情况下，一个直流偏压会在等离子体和该电极间形成，并使带正电的反应气体离子加速撞击被刻蚀物质表面，这种离子轰击可大大加快表面的化学反应，及反应生成物的脱附，从而导致很高的刻蚀速率，正是由于离子轰击的存在才使得各向异性刻蚀得以实现。

自从最初的平行电极型等离子体反应室被用于芯片制造以来，随着芯片尺寸的不断扩大及图形尺寸的不断减小，平行电极等离子刻蚀设备在过去 20 年中已得到了很大的改进，虽然其原理还是一样，但最大的改进在反应腔室周围加上磁场（Magnetic Enhanced RIE，MERIE）。由于电子在磁场和电场的共同作用下将作圆柱状回旋运动而不是电场下的直线运动，磁场的存在将直接导致反应气体电离截面的增加，磁场的引进会增强离子密度，并使得等离子刻蚀技术可以在更低气压下得以运用（<10mT）。由于离子密度的增加，撞击表面的离子能量也可以在不降低刻蚀速率的情况下被降低，从而提高刻蚀选择比。

当被刻蚀的线条宽小于 0.25mm 时，MERIE 在控制刻蚀性能遇到了挑战，于是电感耦合等离子刻蚀（Inductive Coupled Plasma，ICP）便应运而生。ICP 反应室是在 RIE 反应室的上方加置线圈状的电极，并通过电感耦合达到增强等离子密度的效果。目前在高端芯片生产中的导电体刻蚀基本上都采用 ICP 反应腔体技术，其优点是可以用上下两组电极分别控制离子的密度和能量以达到最优化的组合，这也是 MERIE 系统所无法比拟的。

随着集成电路尺寸不断减小、集成度的不断提高以及硅单晶衬底尺寸的扩大，对刻蚀设备的要求也越来越高。除了能提供高质量的刻蚀性能外，还要求刻蚀设备在大规模量产中能保证极高的稳定性、极低的缺陷率。

刻蚀设备制造商也在不断地优化产品以满足前端研发的要求。就现有的理论研究及生产需要，新一代刻蚀设备将会具有以下几项特点，以满足芯片生产技术进一步发展的需要。

（1）精确的工艺参数调节及控制系统。

（2）反应腔内部材料进一步改善或新型材料的运用及自动清洁系统。

（3）先进的探测系统及容易操作的控制软件平台。

（4）在线检测及随时控制调节系统运用。

等离子体刻蚀反应：首先，母体分子 CF_4 在高能量的电子的碰撞作用下分解成多种中性基团或离子。

$$CF_4 \xrightarrow{e} CF_3 , CF_2 , CF , F , C 以及它们的离子$$

其次，这些活性粒子由于扩散或者在电场作用下到达 SiO_2 表面，并在表面发生化学反应。生产过程中，在 CF_4 中掺入 O_2，有利于提高 Si 和 SiO_2 的刻蚀速率。选择离子的原则：

(1) 离子形成如图 6-8 所示，质量为 M_2 的靶原子从质量为 M_1 的入射离子获得的能量为：

$$E = \frac{4M_1 M_2}{(M_1 + M_2)^2} E_0$$

令 $\dfrac{\mathrm{d}E}{\mathrm{d}M_1} = 0$，可得 $M_1 = M_2$，且 $\dfrac{\mathrm{d}^2 E}{\mathrm{d}M_1^2} < 0$，这时靶原子可获得最大能量，即：$E_{max} = E_0$。所以为获得最好的溅射效果，应选择入射离子使其质量尽可能接近靶原子。

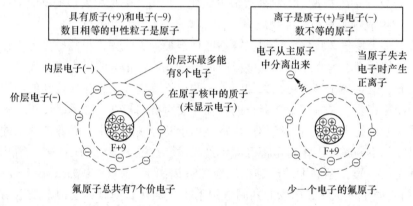

图 6-8 离子形成示意图

(2) 要求入射离子对被刻蚀材料的影响尽量小。

(3) 容易获得。

例如，若对 SiO_2 进行溅射加工，根据上面的要求（2）与要求（3），入射离子应在较为容易获得的惰性气体离子 Ar^+、Kr^+ 和 Xe^+ 中选择，又因 Si 原子和 O_2 分子的相对原子质量分别是 28 和 32，而 Ar^+、Kr^+ 和 Xe^+ 的相对原子质量分别是 40、84 和 131，所以采用 Ar^+ 离子的效果是最好的。硅片的等离子体刻蚀过程，见图 6-9。

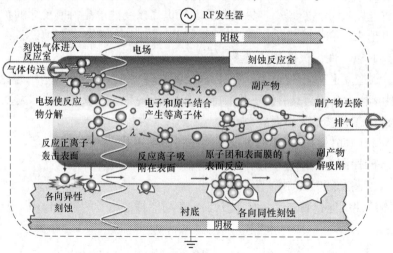

图 6-9 硅片的等离子体刻蚀过程

等离子刻蚀装置有以下几种：

（1）圆桶式等离子体刻蚀机。早期的离子体系统被设计成圆柱形的（见图6-10），在13.3~133.322Pa的压力下具有几乎完全的化学各向同性刻蚀，硅片垂直、小间距地装在一个石英舟上。射频功率加在圆柱两边的电极上。

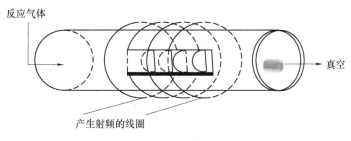

图6-10 圆桶式等离子体刻蚀机示意图

（2）平板（平面）等离子体刻蚀机（见图6-11）。平板（平面）等离子体刻蚀机有两个大小和位置对称的平行金属板，一个硅片背面朝下放置于接地的阴极上，RF信号加在反应器的上电极。由于等离子体电势总是高于地电势，因而是一种带能离子进行轰击的等离子体刻蚀模式。相对于桶形刻蚀系统，具有各向异性刻蚀的特点，从而可得几乎垂直的侧边。另外，旋转晶圆盘可增加刻蚀的均匀性。该系统可设计成批量和单个晶圆反应室设置。单个晶圆系统因其可对刻蚀参数精密控制，以得到均匀刻蚀而受到欢迎。

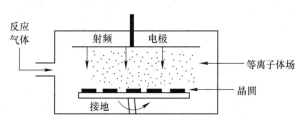

图6-11 平板（平面）等离子体刻蚀机示意图

等离子体刻蚀工艺的装片工艺。在待刻蚀硅片的两边，分别放置一片与硅片同样大小的玻璃夹板，叠放整齐，用夹具夹紧，确保待刻蚀的硅片中间没有大的缝隙。将夹具平稳放入反应室的支架上，关好反应室的盖子。

工艺参数见表6-2。可根据生产实际做相应的调整。

表6-2 工艺参数

负载容量	工作气体流量/m³·min⁻¹			气压/Pa	辉光功率/W	反射功率/W
	CF_4	O_2	N_2			
200	184	16	200	120	650~750	0
	工作阶段时间/min				辉光颜色	
预抽	主抽	充气	辉光	充气	腔体内呈乳白色，腔壁处呈淡紫色	
0.2~0.4	2.5~4	2	10~14	2		

等离子体刻蚀工艺的检验方法主要包括以下几种：

（1）表面轮廓：使用扫描电子显微镜、原子力显微镜等仪器检测样品表面轮廓的形态和尺寸。

（2）表面形貌：使用轮廓仪、白光干涉仪等仪器进行表面形貌的测量。

（3）表面化学成分：使用能量色散 X 射线光谱仪、X 光光电子能谱仪等仪器分析样品的化学成分。

（4）表面光学特性：使用 UV-Vis 分光光度计、激光扫描共聚焦显微镜等仪器检测样品的光学特性。

（5）刻蚀效率和平坦度：使用剖面仪、光束干涉仪等仪器量化评估样品表面的刻蚀效率和平坦度。

（6）刻蚀质量评估：使用 SEM、TEM 等仪器评估样品表面的刻蚀质量，包括表面粗糙度、均匀性、裂纹、缺陷等。

冷热探针法测导电型号，见图 6-12，检验原理有以下几种：

1）热探针和 N 型半导体接触时，传导电子将流向温度较低的区域，使得热探针处电子缺少，因而其电势相对于同一材料上的室温触点而言将是正的。

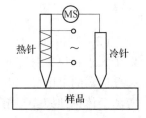

图 6-12　冷热探针法测导电型号

2）同样道理，P 型半导体热探针触点相对于室温触点而言将是负的。

3）此电势差可以用简单的微伏表测量。

4）热探针的结构可以是将小的热线圈绕在一个探针的周围，也可以用小型的点烙铁。

检验操作及判断为：

（1）确认万用表工作正常，量程置于 200mV。

（2）冷探针连接电压表的正电极，热探针与电压表的负极相连。

（3）用冷、热探针接触硅片一个边沿不相连的两个点，电压表显示这两点间的电压为负值，说明导电类型为 P，刻蚀合格。相同的方法检测另外三个边沿的导电类型是否为 P 型。

（4）如经过检验，任何一个边沿没有刻蚀合格，则该批硅片需重新装片，进行刻蚀。

B　反应离子刻蚀（RIE）

a　RIE 的基本原理

RIE 是一种物理作用和化学作用共存的刻蚀工艺，反应室的剖面如图 6-13 所示，其刻蚀机理为：射频辉光放电，反应气体被击穿，产生等离子体。等离子体中间包含正、负离子，长短寿命的游离基和自由电子，可与刻蚀样品外表发生化学反应；同时离子在电场作用下射向样品外表，并对其进行物理轰击。物理和化学的总和作用，完成对样品的刻蚀。在平行电极等离子体反应腔体中，被刻蚀物是被置于面积较小的电极上，在这种情况下，一个直流偏压会在等离子体和该电极间形成，并使带正电的反应气体离子加速撞击被刻蚀物质外表，这种离子轰击可大大加快外表的化学反应和反应生成物的脱附，从而导致很高的刻蚀速率，也正是由于离子轰击的存在才使得各向异性刻蚀得以实现。

离子轰击的作用如图 6-14 所示。刻蚀过程如图 6-15 所示。物理刻蚀+化学刻蚀如图 6-16 所示。

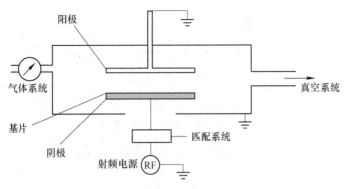

图 6-13　反应离子刻蚀设备示意图

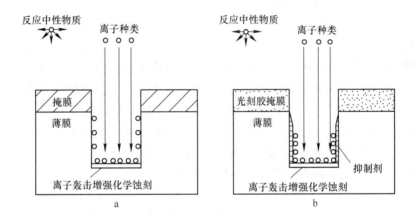

图 6-14　离子轰击

a—离子轰击；b—淀积于被刻蚀表面的产物或聚合物

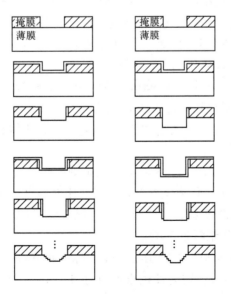

图 6-15　刻蚀过程示意图

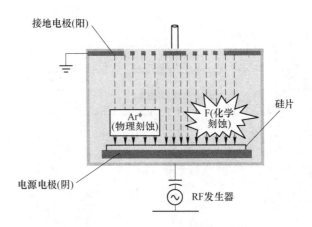

图 6-16　物理刻蚀+化学刻蚀示意图

b　RIE 的工艺处方

RIE 中间包含物理作用和化学作用，物理碰撞利用被加速的离子去撞击材料外表，是刻蚀损伤的主要来源。如果物理过程占主导，刻蚀损伤较大；如果化学过程占主导，刻蚀速度较慢，各向同性，而且刻蚀外表粗糙。通过改变 RIE 刻蚀参数如射频功率、腔体压强、气体流量等可以调整两种刻蚀过程所占比重。因此，优化刻蚀工艺就是要选择最优的刻蚀参数组合，在减小刻蚀损伤的同时保证光滑的刻蚀外表和一定的刻蚀速率以及方向性。通常情况下，均匀性可以用这样一个参数来衡量：

$$T = \frac{v_{\max} - v_{\min}}{2v_{\text{average}}} \times 100\%$$

式中，$v_{\max}$ 和 $v_{\min}$ 是用台阶仪或者椭偏仪所测得薄膜厚度的最大值和最小值；v_{average} 则是所测得所有值的平均值。

（1）刻蚀 SiO_2。通常情况在气体流量较小时，刻蚀速率随气体流量的增大而增大；但当气体流量饱和后，刻蚀速率随气体流量的增大而减小。

当射频功率从 200W 提高到 300W 时，刻蚀速率显著提高，均匀性变好。但是当射频功率继续增加时，刻蚀速率和均匀性的改善皆不明显，考虑到射频功率越高，离子轰击造成的损伤也越严重，而射频功率高于 300W 之后对提高刻蚀速率和改善刻蚀均匀性的作用不大，可认为 300W 左右是最正确射频功率范围。

当气体压强较小时，气体压强增大，刻蚀速率会不断增加。随着气体压强的增加（5~20Pa），刻蚀速率却变小。

要去除光刻胶，必须添加氧气，其主要作用是刻蚀光刻胶，对二氧化硅的刻蚀速率没有显著影响，氧气流量的不同必然导致光刻胶刻蚀速率满足一定的范围。添加 O_2 流量的不同得到不同的选择比，总体趋势是选择比随着氧气流量的增加而减少，当氧气流量在 $3.5\text{m}^3/\text{min}$ 附近时，选择比最接近 1。

固定条件：$CHF_3 : O_2 = 20 : 3.5$，压强 5Pa，功率 400W 时，选择比最接近 1，刻蚀速率较大（大于 45.66nm/min），均匀性也很好（小于 7%），是较优化的平坦化刻蚀工艺条件。

（2）刻蚀 GaAs、AlAs、DBR［由上下两个交替生长的 AlAs 和 AlxGa1-xAs 堆积而成的分布布拉格反射镜（Distributed Bragg Reflector, DBR）］。为了防止 GaAs、AlAs、DBR 外表可能的氧化物对刻蚀产生的影响，刻蚀前用稀硫酸对样品外表进行处理。

1）气体组分对刻蚀速率的影响：保持气体总流量不变的情况下，在 BCl_3 所占百分比较低时，随着 BCl_3 组分的增加刻蚀速率增大。当 BCl_3 所占百分比到达 80% 左右时，速率到达；最大当 BCl_3 所占组分比较高时，可能是由于当较高浓度的 BCl_3 各种化学成分重新聚合导致离子轰击能力减弱，化学反应能力降低使刻蚀速率降低。

2）压强对刻蚀速率的影响：在压强较低的情况下，刻蚀速率随着压强的增加而增加，压强增加到一定程度随着压强的增加，气体碰撞频繁导致离子的物理轰击作用减小，刻蚀速率减小。射频功率对刻蚀速率的影响：随着射频功率的增加刻蚀速率几乎是线性增加。

3）实验结果说明：在同样条件下 GaAs 刻蚀的速率高于 DBR 和 AlAs，在一定条件下 GaAs 刻蚀的刻蚀速率可达 400nm/min，AlAs 的刻蚀速率可达 350nm/min，DBR 的刻蚀速率可达 340nm/min，刻蚀后能够具有光滑的形貌，同时能够形成陡直的侧墙，侧墙的角度可达 85°。GaAs 的刻蚀速率高于 AlAs 和 DBR，这是由于反应离子刻蚀涉及参与反应的粒子的产生、输运以及反应产物的脱逸等过程，在反应产物中含 Al 元素的化合物挥发性相对较弱。

（3）刻蚀 Pt 电极。在不同 $R[O_2：(SF_6+O_2)]$ 的条件下，Pt 电极的刻蚀速率呈现出先增后减，在 SF_6 和 O_2 的体积流量比为 4：2，刻蚀速率最大，但是随着 O_2 含量的增加，刻蚀速率迅速降低。

当功率逐渐升高的时候，刻蚀速率也会逐渐升高。当射频功率从 80W 上升到 120W 的时候，刻蚀速率提高得非常明显；而射频功率从 120W 上升到 160W 的时候，刻蚀速率提高的强度明显减弱。

Pt 的刻蚀速率与刻蚀气体的混合比率以及刻蚀功率都有一定关系。在相同功率下，$R[O_2：(SF_6+O_2)]=2/6$，刻蚀速率到达极大值，功率为 120W 时，刻蚀速率极大值为 12.4nm/min。AFM 分析说明，薄膜外表的粗糙度随刻蚀功率增加而变大，均方根粗糙度从 120W 时的 0.164nm 增加到 160W 时的 0.285nm。经优化工艺参数刻蚀后的 Pt 电极图形结构平整，边缘整齐。

（4）刻蚀氮化硅（Si_3N_4）。采用 CHF_3 气体刻蚀 Si_3N_4 时，随着 CHF_3 气体流量的增加，氮化硅和光刻胶刻蚀速率随之发生微小变化，选择比（氮化硅刻蚀速率与光刻胶刻蚀速率之比）。CHF_3 流量为 $30m^3/min$ 时氮化硅刻蚀速率最大，为 40nm/min。低流量时刻蚀速率相对较低主要是由于反应气体供给不足；当流量大于 $30m^3/min$ 时，抽出去的气体的量增加，其中未参与反应的活性物质的抽出量也随之增加，故刻蚀速率又有所下降。随着气体流量的增加，刻蚀后均匀性变好，在总流量接近 $30m^3/min$ 时到达最正确；当流量继续增加时，刻蚀均匀性又开始变差。可见，在一定功率和压强下，CHF_3 气体流量为 $30m^3/min$ 时，氮化硅刻蚀速率最高，均匀性也最好。

采用 CHF_3+CF_4 刻蚀 Si_3N_4 的刻蚀速率比采用 CHF_3 刻蚀时大，且刻蚀速率随 CF_4 流量的增大而增大。增加 CF_4 的比例，即增大反应气体中的 F/C 比，使刻蚀速率增大。可见，采用 CHF_3+CF_4 刻蚀氮化硅，CF_4 流量为 $15m^3/min$ 时，均匀性最好，刻蚀速率和选择比也较高。

O_2 可消耗掉部分碳氟原子，使氟活性原子比例上升，导致刻蚀速率显著提高。刻蚀速率在 O_2 流量为 $5m^3/min$ 左右时到达最大，之后由于 O_2 对刻蚀气体的稀释，刻蚀速率有所下降。用 CHF_3 和 O_2 对氮化硅进行刻蚀，因为 O_2 消耗掉部分碳原子，刻蚀速率增大，同时使聚合物局部淀积减少，获得了很好的刻蚀均匀性（<1%）。

（5）刻蚀 Si。刻蚀工艺过程分为钝化与刻蚀两步。用 SF_6 进行刻蚀，用 C_4F_8 生成聚合物形成侧壁保护。垂直方向的刻蚀速度远大于对侧壁的刻蚀速度，因此可以得到很好的各向异性刻蚀结果。

通过对 Si 干法刻蚀的主要工艺参数进行正交试验，得出了一组较为理想的刻蚀工艺参数：刻蚀气体 SF_6 和保护气体 C_4F_8 的流量均为 $13cm^3/min$，在一个周期内通入刻蚀气体 SF_6 的时间为 $4s$，通入钝化气体 C_4F_8 的时间为 $3s$；线圈功率为 $400W$，平板功率为 $110W$。利用这组优化的工艺参数进行 Si 的干法刻蚀，所得到的微结构的深宽比大于 $20:1$ 的理想刻蚀结果，且刻蚀速率最高可以到达 $300nm/min$，同时侧壁垂直度能够很好地控制在 $90°$ 附近的 $1°$ 的范围内。

C　常规离子束刻蚀（IBE）

离子束刻蚀是利用具有一定能量的离子轰击材料表面，使材料原子发生溅射，从而达到刻蚀目的。

把 Ar、Kr 或 Xe 之类惰性气体充入离子源放电室并使其电离形成等离子体，然后由栅极将离子呈束状引出并加速具有一定能量的离子束进入工作室，射向固体表面撞击固体表面原子，使材料原子发生溅射，达到刻蚀目的，属纯物理过程。等厚条纹错位的实际照片，见图 6-17。

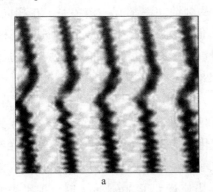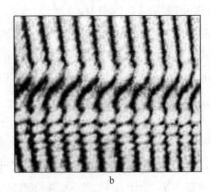

图 6-17　等厚条纹错位的实际照片

a—局部放大；b—局部

在线检测系统全图（俯视图），见图 6-18。真空室内部件示意图（俯视图），见图 6-19。正式基片、陪片与挡板的位置关系，如图 6-20 所示。挡板及其夹具示意图，见图 6-21。挡板与陪片距离，见图 6-22。等厚条纹位置的确定，见图 6-23。离子刻蚀机，见图 6-24 和图 6-25。

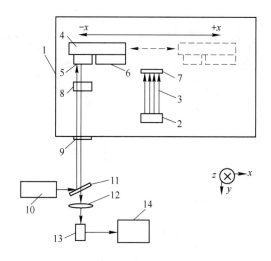

图 6-18 在线检测系统全图（俯视图）

1—刻蚀机真空室；2—离子源；3—离子束；4—工作台；5—陪片；6—正式基片；7—离子束阑与石墨挡板；

8——对平面反光镜；9—观察窗；10—检测光源；11—分束镜；12—凸透镜；13—面阵 CCD；

14—采集卡与计算机

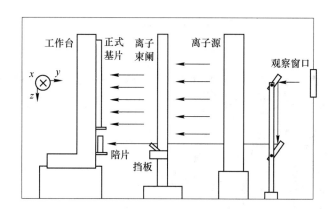

图 6-19 真空室内部件示意图（俯视图）

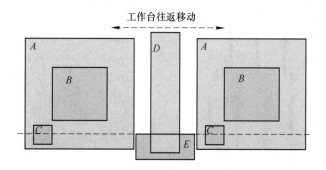

图 6-20 正式基片、陪片与挡板的位置关系

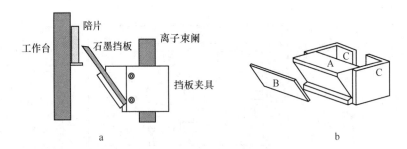

图 6-21　挡板及其夹具示意图

a—正视图；b—主视图

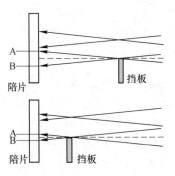

图 6-22　挡板与陪片距离

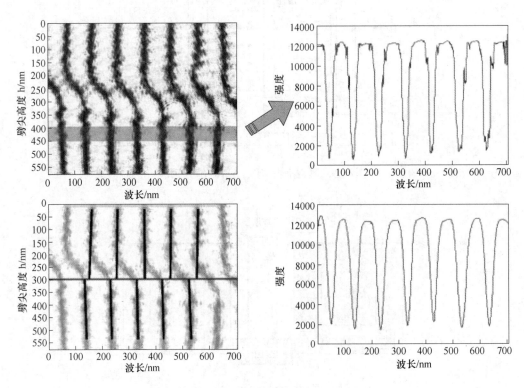

图 6-23　等厚条纹位置的确定

图 6-24 离子刻蚀机（一）

图 6-25 离子刻蚀机（二）

刻蚀的理想结果是将掩膜（mask）的图形精确地转移到基片上，尺寸没有变化。由于物理溅射的存在，掩膜本身的不陡直和溅射产额随离子束入射角变化等原因，产生了刻面（faceting）、槽底开沟（trenching or ditching）和再沉积等现象，这些效应的存在降低了图形转移精度。

a 刻面效应

离子束刻蚀的级联碰撞模型决定了溅射产额随着离子束入射角的变化而变化，从而在刻蚀过程中由于基片或掩膜表面的离子束入射角不同导致刻蚀速率的不同，最终反映在图形转移上使图形轮廓发生变化。刻面效应就是这一原因引起的（见图 6-26）。

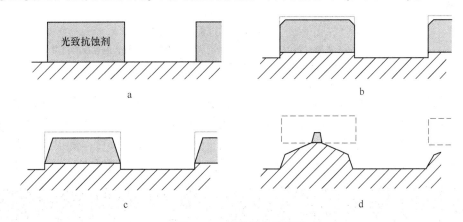

图 6-26 刻面效应示意图

a—原始形貌；b—刻蚀开始；c—刻蚀过程；d—刻蚀结束

b 槽底开沟

当掩膜的侧壁不陡直时，打在倾斜侧壁上面的入射离子处于大角度的入射状态，表现出入射离子的高反射率，一部分会被发射到槽底。这些反射向槽底某一部位的离子与正常入射的离子之和造成入射离子通量的局部超出，导致该部位的刻蚀速率高于其他槽底部位，形成"开沟"。

c　再沉积

由于物理溅射在离子束刻蚀中的存在，不可避免的产生非挥发性刻蚀产物，如果刻蚀沟槽的深宽比比较小时，溅射的材料粒子几乎可以飞出沟槽外。当沟槽的深度比较大时因为溅射离子存在一定的角度分布，溅射粒子不能全部飞出槽外，其中部分大角度溅射飞出的粒子重新打到掩膜和已刻出基片的侧壁上（见图6-27和图6-28），形成再沉积过

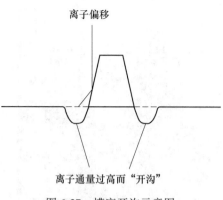

图 6-27　槽底开沟示意图

程。它带来的主要问题是减小刻槽宽度，使其偏离掩膜限定的宽度，导致图形转移精度下降，并最终限制离子束刻蚀大深宽比沟槽的能力。

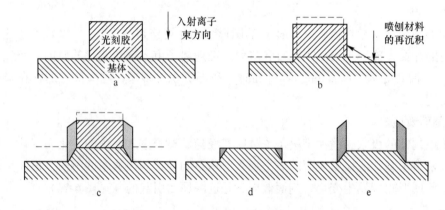

图 6-28　再沉积形成过程的示意图

a—入射离子束方向；b—喷刨材料的再沉积；c—溅射离子在沟槽深度较大时存在的角度分布；
d—粒子溅射到基片的侧壁上；e—粒子溅射到掩膜上

由于再沉积可严重影响图形转移精度，如何在刻蚀过程中消除再沉积是很重要的研究内容。一般来说有三种方法可以解决再沉积问题。如图6-29所示。对于陡直的光刻胶掩膜可以将工作台倾斜一定角度（15°~30°）并旋转刻蚀，使离子束可以入射到侧壁上，将沉积在上面的刻蚀产物去除。这种方法带来的缺点是加速了掩膜侧壁的刻蚀，使最终获得

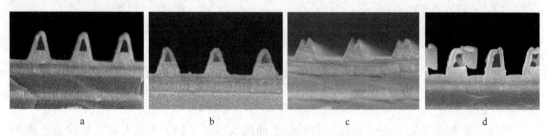

图 6-29　再沉积实例图

a—减小刻槽宽度；b—偏离掩膜限定的宽度；c—图形转移精度下降；d—限制离子束刻蚀大深宽比沟槽的能力

的槽型展宽，降低图形转移精度。也可以将掩膜做成一定的角度倾斜或圆形掩膜（可以通过提高后烘温度来实现），使侧壁暴露在离子束之下，这样可以通过侧壁上的刻蚀速率和沉积速率的平衡解决再沉积问题（见图 6-30～图 6-33）。

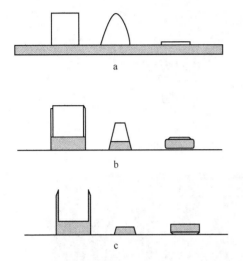

图 6-30　用掩膜来消除刻蚀过程中产生的再沉积
a—刻蚀前；b—刻蚀后；c—去除掩膜

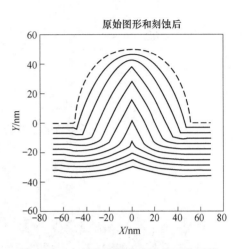

图 6-31　光刻胶掩膜为半圆截面的石英
刻蚀演化过程

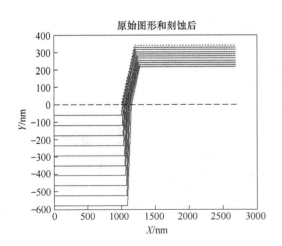

图 6-32　光刻胶掩膜为侧壁倾斜情况下刻蚀
图形演化过程

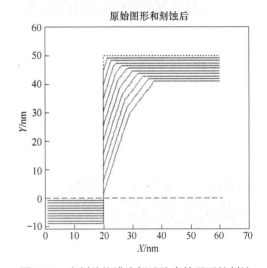

图 6-33　光刻胶掩膜为侧壁陡直情况下的刻蚀
槽形演化过程

d　刻蚀终点和刻蚀深度控制问题

（1）对于"刻透"膜层的刻蚀终点控制问题。控制时间、刻蚀速率已知，并且稳定。最常用的方法是在线监测——光谱法、质谱法（见图 6-34）。

（2）对于同一种材料的刻蚀深度控制问题（见图 6-35）。

光谱法、质谱法已经失灵，使用在线监测方法：等厚干涉法（见图 6-36）。

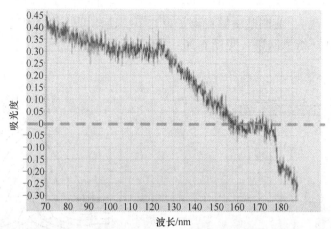

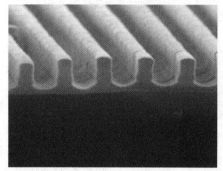

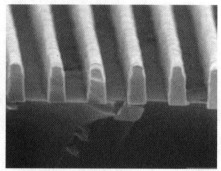

图 6-34　在线监测——光谱法、质谱法

图 6-35　同一种材料的刻蚀深度控制

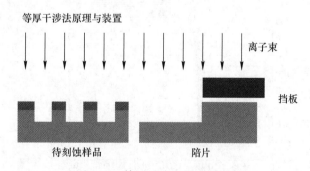

图 6-36　等厚干涉法原理与装置

e　离子束刻蚀应用

应用先进的离子束溅射和离子束刻蚀工艺，将应变电桥直接制作在金属测压膜片上。因不用传统的胶粘工艺，显著改善了应变式传感器的长期稳定性及抗蠕变特性，产品使用的温度范围大为扩展。没有活动部件，抗振动和抗冲的能力很强，可用于恶劣的环境。

（1）CYB 石油专用传感器（见图 6-37）。由于离子束刻蚀对材料无选择性，对于那些无法或者难以通过化学研磨、电介研磨难以减薄的材料，可以通过离子束来进行减薄。另外，由于离子束能逐层剥离原子层，具有的微分析样品能力，可以用来进行精密加工。

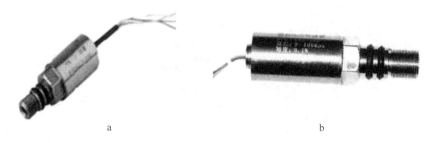

图 6-37 CYB 石油专用传感器
a—主视图；b—正视图

（2）凹面闪耀全息光栅（广泛应有于各种分析仪器、光通信、生物、医疗器械等领域）。

采用离子束刻蚀法进行闪耀加工，因此，可容易制造出具有各种闪耀角（闪耀波长）的闪耀全息光栅（见图 6-38）。

图 6-38 凹面闪耀全息光栅

D 反应离子束刻蚀（RIBE）

RIBE 是改进的离子束刻蚀（IBE），它采用加入离子源的气体代替惰性气体，通过栅电极从等离子体中萃取离子形成离子束，避免了硅片与等离子的直接接触。

栅电压是可以调节的，可控制离子能量。通过控制等离子体的电离程度来控制离子束密度，从而控制刻蚀速率（见图 6-39）。

RIBE 的一个重要参数是离子束直径。目前，可聚焦到最细的离子束直径为 $0.04\mu m$，宽束离子束直径可达 200mm 以上。

聚焦离子束（FIB）：经过透镜聚焦形成的、束径在 $0.1\mu m$ 以下的极微细离子束。

FIB 的离子源主要有液态金属离子源（LMIS，常选用金属 Ga）和电场电离型气体离子源（FI，常选用 H_2、He、Ne 等）两大类。

大束径离子束刻蚀：束径 10~20cm，效率高，质量均匀。常用的大束径离子束设备有两种，见图 6-40。

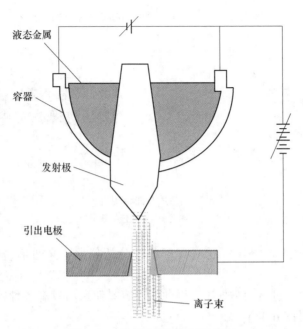

图 6-39   反应离子束刻蚀示意图

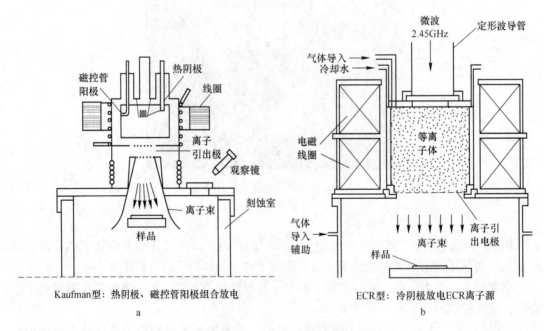

Kaufman型：热阴极、磁控管阳极组合放电
a

ECR型：冷阴极放电ECR离子源
b

图 6-40   Kaufman 和 ECR 型

a—Kaufman 型；b—ECR 型

E   感应耦合等离子体刻蚀（ICP）

ICP（Inductively Coupled Plasma）感应耦合等离子体刻蚀也是通过辉光放电产生等离子体对样品进行刻蚀，如图 6-41 所示，感应耦合等离子体采用双射频电源，一路用来激发电离，产生等离子体；另一路用来产生偏压使离子向基片运动，从而达到各向异性刻蚀

的目的。

原理：包括两套通过自动匹配网络控制的 13.56MHz 射频电源。一套连接缠绕在腔室外的螺线圈，使线圈产生感应耦合的电场，在电场作用下，刻蚀气体辉光放电产生高密度等离子体。功率的大小直接影响等离子体的电离率，从而影响等离子体的密度。第二套射频电源连接在腔室内下方的电极上，样品放在此台上进行刻蚀（见图 6-42）。负电荷面见图 6-43。

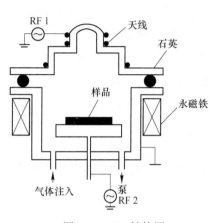

图 6-41 ICP 结构图

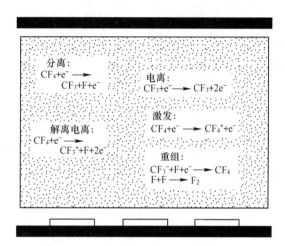

图 6-42 用于等离子体蚀刻的等离子体中存在的典型反应和种类

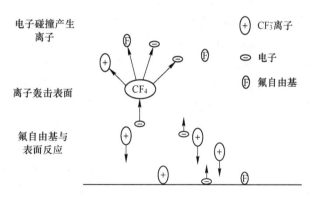

图 6-43 负电荷面

刻蚀的相关参数有：

（1）工作压力：对于不同的要求，工作压力的选择很重要，压力取决于通气量和泵的抽速，合理的压力设定值可以增加对反应速率的控制、增加反应气体的有效利用率等。

（2）RF 功率：RF 功率的选择可以决定刻蚀过程中物理轰击所占的比重，对于刻蚀速率和选择比起到关键作用。通过 RF 功率、反应气体和气体通入的方式可以控制刻蚀过程为同步刻蚀抑或是 BOSCH 工艺。

（3）ICP 功率：ICP 功率对于气体离化率起到关键作用，保证反应气体的充分利用。在气体流量一定的情况下，随着 ICP 功率的增加气体离化率也相应增加，可增加到一定程度时，离化率趋向于饱和，此时再增加 ICP 功率就会造成浪费。

（4）反应气体的选择和配比。

6.3.1.4　离子束刻蚀加工应用

A　表面抛光

离子束能完成机械加工中的最后一道工序——精抛光，以消除机械加工所产生的刻痕和表面应力。加工时只要严格选择溅射参数（入射离子能量、离子质量、离子入射角、样品表面温度等），光学零件就可以获得极佳的表面质量，且获得的散射光极小。

B　刻蚀的新发展——反应离子束刻蚀

（1）离子束加强刻蚀。这是在氩离子束刻蚀的同时，加入反应气体，使其与基片起化学反应。反应气流直接对准被离子束轰击的基片表面。采用能腐蚀铅的氯气刻蚀铅。离子束轰击可以去除腐蚀层，保证氯气的腐蚀不断进行。这种加强刻蚀有相当高的刻蚀速率，可以使铅或砷化镓的刻蚀速率达到 $5\mu m/min$。

（2）反应气体离子刻蚀。在氩离子束刻蚀中加入氧反应离子束，可改变基片表面的结合能，从而改变刻蚀速率。

C　离子束刻蚀在多种器件制造工艺中的应用

（1）离子束清洗和抛光离子束清洗是最早的离子束技术应用之一，也是所有其他清洗方法中最彻底的剥离式清洗方法。采用几百电子伏的 Ar 离子束轰击材料样品表面，在较高真空度条件下去除表面污染层，可以达到彻底清洗的目的。离子束清洗不受材料种类的限制（金属、绝缘体、半导体、氧化物及其他化合物均可），并可实现整体或局部清洗和复杂结构的清洗。清洗的重要作用之一是提高膜的附着力。例如，在 Si 衬底上沉积 Au 膜，经 Ar 离子束清洗可去除表面碳氢化合物及其他污染物，明显改善 Au 的附着力。对不同的清洗对象可用不同的离子，如对 C 和油类可用 O^+ 离子束清洗，O_2 去除残留光刻胶特别有效。清洗过程中，离子轰击使表面形成损伤，如果能量控制在 200eV 左右，则形成的轻度损伤可极大的增强附着力，在某些情况已成为必不可少的工艺步骤。例如，用 Ar 离子束清洗去除 $Ga_{0.5}Al_{0.5}Sb$ 表面氧化物，250eV 的离子能量不能得到满意结果，需提高到 500eV，这可能会引起超强度的损伤。因此采用两步工艺法，即初始用较高能量，而后用低能大束流处理损伤层。如果采用 IBAE（Cl^-/Ar^+）清洗效果更佳。

（2）磁泡存储器。在现代磁泡存储器的生产中，几乎都采用离子铣刻制磁性材料图形。这种器件依赖局部萨磁畴即"磁泡"存储信息。以 CGG（Cd（钆），Ga（镓）和 Garnet（石榴石））晶体为衬底，上面外延生长一层导磁材料层，再在其上制成坡莫合金磁泡图形。

（3）薄膜磁头。薄膜磁头是当代采用的高速读写磁记录技术，适用于大容量超细信道的磁盘。由于工作时靠磁盘快速旋转的空气动力学使之处于悬浮状态，消除了接触工作方式的摩擦，薄膜磁头寿命长、可靠性高、速度快。

（4）集成电路。ULSI 流程中的图形转移技术主要以 RIE 为主，但在处理敏感性半导体表面和界面（如 GaAs 或 SiO_2）以及某些材料时，也采用 IBE。由于两种材料界面有时生成钝化介质，可能给 RIE 带来一定程度的困难。离子束方法还适合刻蚀两层金属导体图形和制造接触孔。随着集成电路图形分辨率的更高要求，IBE 技术将在半导体工业中发挥优势。把溅射刻蚀引入 Si 集成电路制造工艺始于 20 世纪 70 年代中期，解决了白金（Pt）和 Cu（3μm 厚）的图形转移。同时推出了生产 ULSI 的 IBE 系统，据报道已能够制造 1 兆位 RAM 的 MOS 集成电路的宽离子束系统，刻蚀出的器件无明显的器件损伤。GaAs 集成电路具有高速电路特性，其性能已超过 Si 材料电路，制造 GaAs 器件需要高分辨率的刻蚀方法，尤其需要亚微米级的剥离方法和 IBE。70 年代末已可制造高速 GaAs 除法器、乘法器和预选器等。80 年代突出的应用是制造两层金属连线图形，材料为 Cr、Pt 和 Cu。

（5）声表面波（SAW）器件。自从发明了插指电极声波换能器以来，出现了多种超声器件，其中声表面波（SAW）器件已广泛应用于电视、无线寻呼、无线电通信和雷达系统。声表面波器件按传声介质的不同，主要分两种模式：一种是在晶体衬底上制造金属电极图形（如 Al）；另一种是在衬底上直接刻蚀矩形沟槽结构。后一种模式的器件性能更加优良，但要求使用高分辨率的刻蚀手段。用 IBE 方法制造 SAW 器件除了效率高、精度高和图形轮廓完善外，还可实现深度刻蚀制造 RAC（反射栅脉冲压缩、展宽色散延迟线）器件，用于雷达系统信号处理。两种模式都可制造各种滤波器和振荡器。此外，若采用离子束分区刻蚀方法，可在一个衬底上制成多个分立频道的 SAW 器件。

（6）激光分束器。激光分束器在探索新型计算机，光计算机的开发原理方面引起世界各国的极大兴趣。如果把光与电的某些特性作比较，用光波作为信息载体比电具有更大的优越性。例如，光学双稳开关比电子双稳开关速度快两个数量级；光学传播并行性好，各信道间互不干涉；光的存储密度比电磁存储密度高约两个数量级。已有的研究结果表明，计算机的元件功能都可以用光学元件来实现。美国 Arizona 大学光学中心研制的多量子陷（MQW）光学双稳器件和英国 Heriot-Watt 大学研制的干涉滤光片双稳器件已趋成功。从光计算机总体方案看，美国 USC 和英国 H. W 大学的光计算机原型机可望取得突破，研制速度和验证器件性能成了竞争的焦点。

6.3.2 离子溅射沉积

6.3.2.1 离子束沉积（IBD）薄膜原理

采用定向离子束制取材料薄膜的过程称为离子束沉积（IBD）。IBD 有多种方法，基本方法是离子束溅射沉积（IBSD），其他方法由此演变而来。

IBD 薄膜可以使用多种气体离子，常规 IBSD 薄膜方法的主要特点是使用氩（Ar）、氪（Kr）、氙（Xe）、氖（Ne）和氦（He）等惰性气体离子。惰性气体原子和离子的化学性质极为稳定，惰性气体离子束产生的溅射及沉积现象属于单纯的物理过程，因此，不会改变溅射与沉积材料的基本性质，便于分析离子产生溅射原子、离子轰击沉积原子和离子与气体原子碰撞等多种相互作用，而生长薄膜的结构和性质正是这些粒子相互作用的产物。

IBSD 薄膜的基本概念是，轰击材料靶面的离子在转移自身携带的能量或动量时，引起靶表面层原子的级联碰撞过程，使靶原子脱离表面形成溅射原子。如果在溅射原子通量内设置衬底，则携带一定能量的溅射原子沉积于衬底表面，随着溅射与沉积过程的持续，沉积原子在衬底表面经过成核及晶粒生长，以岛状方式、层状方式或无序原子堆积等方式形成和生长薄膜。在 IBSD 薄膜形成过程中，离子束溅射产生了材料的位置转移和材料形

132

态的转变：位置转移是指离子束轰击将靶材原子转移到衬底和薄膜表面；形态转变是指将靶的体材料转变为薄膜材料。

IBSD 薄膜过程与各种粒子的能量密切相关，需要对该过程中产生的各种粒子的能量状态有所了解。在溅射离子能量 E_i = 500eV、放电弧压 V_{are} = 50V、加速栅极电压 V_A = $-100V$的条件下，Ar^+ IBSD 薄膜系统中的电子、离子、中性原子（溅射原子和中性气体原子）的典型能量分布示于图 6-44。离子源发射离子的量单性强，溅射原子的能量十分适合于沉积和生长薄膜；离子源主阴极及中和阴极发射的电子都不对衬底和生长薄膜产生显著的热冲击。前者是因为原初电子和麦克斯韦电子（简称麦氏电子）只存在于离子源内部，而后者则是因为中和电子只有很低的热动能。

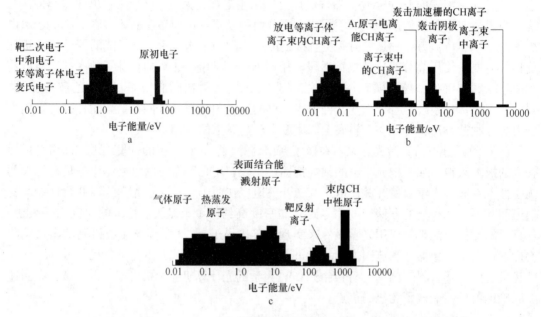

图 6-44　Ar^+ IBSD 薄膜系统中各种粒子的能量分布

a—电子能量；b—离子（CH 表示谐振电荷交换）能量；c—中性原子能量

无论采用哪种离子束方法制取薄膜，衬底和生长薄膜都将受到携带一定能量的粒子轰击。如果为了改变薄膜的结构和性质对生长期间的薄膜有意施加辅助性的离子轰击，则称离子束改性或离子束增强。

在离子束辅助轰击生长薄膜过程中，伴随产生离子浅层注入、沉积原子迁移、气体原子掺入、表面材料损伤、沉积原子增强扩散和表面结构再造等多种现象，会不同程度地改变生长薄膜的结构和性质。具有能量的离子或快速气体原子轰击材料靶或生长薄膜，将会产生多样性的宏观及微观现象。本章将以此入手，系统介绍 IBD 薄膜的基本原理。

6.3.2.2　离子束的输运及非热平衡沉积薄膜过程

A　运行离子的碰撞现象

在离子源发射的离子到达靶面经历的输运过程中，离子与气体原子或与其他粒子可能发生多种形式的碰撞。其中，最重要的碰撞形式是 Ar^+ 离子与 Ar 原子之间的谐振电荷交换碰撞，表现出较大的碰撞截面或较小的平均自由程。当具有 500eV 能量的 Ar^+离子与只有热平均动能的 Ar 原子相撞时，谐振电荷交换碰撞截面约为 0.23nm^2。通常，工作 Ar 气体压强与碰撞平均自由程的乘积约为 1.7Pa·cm，即 Ar 工作压强为 2.5×10^{-2}Pa 时，这种碰撞平均自由程为 68cm。

当输运中的离子与气体原子发生碰撞时，离子将损失部分能量。按照鲁宾孙（R. S. Robinson）关于同一气种的离子与原子间的相互作用势能模型推算，Ar$^+$离子碰撞 Ar 原子所损失的能量与离子的能量有关。在离子能量为 100~1000eV 的条件下，碰撞引起 Ar$^+$离子能量的变化可归纳为 2 个 10%，即离子每运行谐振电荷交换碰撞平均自由程的 10%，约损失其携带能量的 10%，当离子运行距离为平均自由程的 80%~85% 时，已接近损失其携带的全部能量。

IBSD 薄膜系统的典型工作气体压强为 2 × 10^{-2}Pa，离子运行的最大自由程 λ(1000eV)约120cm，离子源加速栅与靶面的距离（以下简称为源－靶距）为 20~30cm，离子输运该距离损失的统计平均离子能量可达 20%。经谐振电荷交换碰撞的 Ar$^+$离子转变的 Ar 原子，虽然失去了电荷，但仍具有较大的能量，称这种 Ar 原子为谐振快速 Ar 原子。相当一部分快速 Ar 原子同样会产生溅射原子，因此，Ar$^+$离子束中的快速 Ar 原子给测量束流密度带来了失荷误差。修正这种测量误差的计算方法，可参阅《离子束技术及应用》一书。

发生谐振电荷交换碰撞后，Ar$^+$离子的能量损失截面 σ_E 和动量损失截面 σ_p 的近似数学表达式分别为

$$\sigma_E = 0.0057z/E_i^{1/4} \quad (nm^2) \tag{6-1}$$

$$\sigma_p = 0.0036z/E_i^{1/4} \quad (nm^2) \tag{6-2}$$

式中，z 为离子的原子序数；E_i 为离子能量。

式（6-1）和式（6-2）适用的离子能量范围为 100~1000eV，误差不大于±15%。

在输运中的离子束内除了带有 1 个正电荷的单荷离子外，也包含带 2 个电荷的双荷离子，有时还会出现多荷离子。以 Ar$^+$离子束为例，如果离子源放电弧压为 40V，则双荷离子 Ar$^+$不足 1%。如果充入离子源的是分子气体，则气体放电使气体分子分裂成多种形式的碎块（原子、原子团、小分子等），并产生这些碎块的离子。这种电离过程主要限于离子源内部，也少量发生在输运过程的离子束中。气体分子发生分裂和离化需要的典型输运时间和距离分别为几毫秒和 20cm。气体分子的分裂物离子也会产生振电荷交换碰撞过程。

用中和阴极向离子束内发射中和电子，将带正电荷流的离子束变为离子与电子混合的束等离子体，才能消除束离子电荷引起的离子发散形成束等离子体的良好输运特性。束等离子体电位 V_p 及电子温度 T_e 的关系为

$$n_e = n_{em}\exp[eV_p/(kT_e)] \tag{6-3}$$

式中，n_{em} 为中和阴极发射电子流密度；e 为电子电荷，$e = 1.6×10^{-19}$C；n_e 为束等离子体的电子密度；k 为玻尔兹曼常数。

束等离子体的电子密度为 n_e 时对应的德拜长度 $\lambda_D = [kT_e/(4\pi n_e e^2)]^{1/2} = 740(T_e/n_e)^{1/2}$，该值表征了包围束等离子体形成的离子鞘厚度。在 Ar$^+$离子能量和束流密度分别为 $E_i = 1000$eV 和 $J_b = 1$mA/cm^2 的条件下，$T_e \approx 1$eV，$V_p \approx 5$~10V，计算后得 $\lambda_D = 0.23$mm。束等离子体中的离子的运行轨迹主要取决于离子光学参数，如果对离子束流的中和不够充

分，则过剩的正空间电荷将增加离子束发散，改变了等离子束体输运特征。

B 非热平衡条件下的 IBSD 薄膜原理

与其他沉积薄膜方法相比，IBSD 薄膜过程处于典型的非热平衡状态。通常，在常规热平衡的沉积薄膜系统中，难以制备高熔点材料的薄膜，对某些材料排除了由材料块转变为薄膜的可能性。然而，在某些特定的条件下，用离子束溅射方法产生这种转变既可行又简便。

控制 IBSD 薄膜结构及性质的基本因素之一是离子能量，IBSD 薄膜方法使用的离子能量范围为 $50 \sim 2000 eV$。若按玻尔兹曼常数 $k = 1.38 \times 10^{-23} J/K$ 所表示的物理量纲含义，可将离子能量折算为等效温度，则 1eV 能量的等效温度为 11600K，表明用离子能量标定的等效温度极高。用宏观等效温度来标定离子能量的物理依据是微观的离子"热峰"现象。在离子轰击材料表面的微小作用点上，部分离子能量瞬间转变的热产生脉冲式高温，该温度比沉积薄膜过程的宏观温度（$5 \sim 800$℃）高 4 个数量级以上。因此，在 IBSD 薄膜系统中，离子溅射材料靶与沉积粒子生长薄膜过程处于极端非热平衡状态，维持这种状态稳定存在的条件就是离子与溅射原子的稳定能量差。正因为 IBSD 方法可以有效地控制离子和溅射原子的能量及通量，以及系统构件的温度，因而使低温生长薄膜的非热平衡过程成为这种方法的基本原理之一。

在非热平衡条件下，IBSD 的薄膜结构往往与常规物理气相沉积（PVD）有所不同，最主要的区别是这种方法可以生成亚稳态结构的薄膜。亚稳态结构材料的黏性大，长期放置或经热处理也会变成稳态结构。例如，IBSD Ⅳ 族元素的非晶态薄膜经常呈现出异常结构，表现出某些特殊的物理及化学性质，使对这种亚稳态或准亚稳态薄膜研究成了近期的热点项目之一。

6.3.2.3 离子束溅射粒子的基本性质

A 溅射原子通量的构成

离子束从靶面溅射出的材料粒子流称为溅射粒子通量。按照统计学概念推断，溅射粒子通量至少由原子、分子、原子或分子簇团和离子等构成。若溅射粒子通量基本由溅射离子构成，则这种 IBSD 过程为二次离子溅射沉积。多数材料的溅射粒子通量中主要含有原子、原子簇团和正离子，特殊情况才会出现一定数量的负离子。是否会产生溅射负离子可用材料原子的电子亲和势来判断，即电子亲和势大的原子或分子才能形成溅射负离子。由于卤族化合物分子的电子亲和势较大（$3.5 \sim 4.0 eV$），容易生成溅射负离子，如氟碳化合物的溅射粒子通量中，会出现分裂的小分子负离子，这种现象在其他种类材料的溅射粒子通量中不多见。此外，某些合金如钐-金（Sm-Au）合金的溅射粒子通量中，负离子成分高达 20%。

单元素材料（特别是金属和非晶介质）主要产生溅射原子，其中可能存在一定数量的非基态有价溅射原子。溅射原子通量并非都是单个溅射原子，也可出现溅射原子团。例如，用 100eV 能量的 Ar^+ 离子束溅射多晶铜（Cu）时，溅射原子通量中的 Cu 原子超过 95% 以上，不足 5% 的为 Cu_2 分子；若用 12keV 能量的 Ar^+ 离子束溅射 Al 时，会溅射出 Al_7 原子团；用同样能量的 Xe^+ 离子束还可溅射出 Al_{18} 原子团，表明高能量的重离子可溅射出大的原子团。

B　溅射原子通量的分布

溅射原子有其特定的分布规律。在离子束垂直入射靶面的条件下（溅射角为 0°），若以离于束中心线交于靶面点的法向为基准，则溅射原子通量分布可按偏离法向的角度来描述。离子束的入射角、离子能量、靶材种类及结构、靶面温度、工质气种和气体工作压强等都会影响溅射原子的分布，其中，离子能量及靶材料结构是决定溅射原子分布特性的主要因素。如果靶面绝对平滑，质量分布绝对均匀，溅射过程不改变靶面的结构，则溅射原子通量的分布为余弦角分布。

单元素多晶材料的溅射原子通量余弦角分布最具代表性。晶体的溅射原子通量角分布较复杂，即使是同一种晶体材料，不同晶面的溅射原子通量的大小和角分布也会不同，甚至差别很大。不管是晶体、非晶体还是多晶无序化材料，离子束溅射都会不同程度地使材料表面变为无序结构，这种表面结构再造现象会导致溅射原子通量趋向于余弦角分布。

离子束溅射角和离子种类的不同都会改变溅射原子通量的分布。如果离子束的中心线与圆靶心法线重合，则溅射原子通量余弦角分布的峰值方向也与靶心的法向重合，而且，在峰值方向两侧的分布基本上是对称性的。当离子束倾斜入射靶面时，溅射原子通量分布的峰值方向会因溅射角不同而变化，而且这种变化还与入射离子的种类有关。

若使用质量较轻的离子，如氢离子（H^+）、氦离子（He^+）和氖离子（Ne^+）等，则溅射原子通量分布的峰值方向随溅射角的增加而偏向离子束的反射方向；若使用重离子，如氙离子（Xe^+）和汞离子（Hg^+）等，则溅射原子通量分布的峰值方向几乎与离子束溅射无关，基本维持法线方向；对于中等质量的 Ar^+ 和氮离子（N_2^+）情况，溅射原子通量分布的峰值方向与离子束溅射角相关，多数材料的溅射原子通量余弦角分布的峰值方向偏向离子束的反射方向。若 Ar^+ 离子束的溅射角为 45°，则溅射原子通量角分布的峰值方向与靶心法线的夹角约为 15°。

多种因素会影响溅射原子通量的大小和角分布，如离子能量、离子质量、靶原子质量和靶面温度等。米雅克（K. Miyake）等人在预测离子能量与溅射原子通量大小及角分布的关系时指出：在离子束垂直入射的条件下，高能量离子的溅射原子通量接近余弦角分布，低能量情况可能会有偏离，但峰值方向都在靶心的法向。离子能量特别高时，溅射原子通量分布的法向峰值消失，取而代之的是法向两侧出现对称峰，离子及溅射原子质量越大，这种分布特征越突出。维赫尼尔（G. K. Wehner）等人在离子能量和溅射角分别为 8keV 和 60keV 的条件下，采用 Xe^+ 离子束溅射多晶银（Ag）靶时，观测溅射原子通量十分接近余弦角分布，改变离子束的入射角对分布几乎无影响。

了解和掌握不同条件下的溅射原子通量角分布的峰值方向，可合理设置靶与衬底的相对配置关系，既可使衬底有效地接收溅射原子通量，又可通过旋转衬底提高沉积原子通量的均匀性。

C　溅射合金成分原子通量的分布

a　溅射合金靶面成分的稳定时间条件

当用一定能量的 Ar^+ 离子束溅射 Ni-Cu 合金靶时，靶面 Ni 成分与 Cu 成分原子数比例会随溅射时间的延续发生改变。如果靶的成分原子分布均匀，靶表面平整光洁，并维持较低靶温，则经过一定时间溅射的合金靶面的成分原子数比将会达到动态稳定平衡。因此，

靶面形成稳定成分原子数比必然需要某一特定的溅射时间，称该时间为过渡时间常数 τ，可表示为

$$\tau = N_0^2 / \Phi_b (A_{Ni} S_{Cu} + B_{Cu} S_{Ni}) \tag{6-4}$$

式中，A_{Ni}、B_{Cu} 为初始靶面的 Ni 成分、Cu 成分原子面密度；S_{Ni} 为 Ni 成分原子溅射额（溅射额表示一个离子溅射的原子数）；S_{Cu} 为 Cu 成分原子溅射额；Φ_b 为离子通量；N_0 为二元合金靶原子密度（$N_0 = A_{Ni} + B_{Cu}$）。当溅射时间等于或大于过渡时间常数 τ 时，靶面 Ni 成分和 Cu 成分的稳定原子面密度分别为 A'_{Ni} 和 B'_{Cu}，可表示为 $A'_{Ni} = N_0 A_{Ni} S_{Cu} / (A_{Ni} S_{Cu} + B_{Cu} S_{Ni})$，$B'_{Cu} = N_0 B_{Cu} S_{Ni} / (A_{Ni} S_{Cu} + B_{Cu} S_{Ni})$。在溅射靶的 Ar^+ 离子能量和束流密度分别为 1000eV 和 $1mA/cm^2$ 的条件下，式（6-4）的相关参数值分别为 $N_0 = 2.1 \times 10^{16}/cm^2$，$\Phi_b = 1.88 \times 10^{16}/(cm^2 \cdot s)$，$A_{Ni} = 1.29 \times 10^{16}/cm^2$，$B_{Cu} = 0.81 \times 10^{16}/cm^2$，$S_{Ni} = 2$，$S_{Cu} = 3$，代入式（6-4）后，计算出的过渡时间常数 $\tau \approx 4.3s$，并计算出 $A'_{Ni} = 1.48 \times 10^{16}/cm^2$，$B'_{Cu} = 0.62 \times 10^{16}/cm^2$。

上述理论计算的结果表明，溅射时间为 4.3s 时，Ni-Cu 合金靶面的成分原子面密度之和不变，即维持靶原子面密度 $N_0 = A_{Ni} + B_{Cu} = A'_{Ni} + B'_{Cu} = 2.1 \times 10^{16}/cm^2$，但靶面 Ni 成分原子面密度增加了约 15%，而 Cu 成分减少了 23%，即由初始的 $Ni_{0.61}$-$Cu_{0.39}$ 合金靶面变为稳定成分的 $Ni_{0.7}$-$Cu_{0.3}$ 合金靶面，受 Ar^+ 离子束溅射的靶面形成了稳定的富 Ni 成分表面态，溅射该靶面自然产生了相应的合金薄膜。

通常，由于过渡时间常数相对于溅射沉积一定厚度的薄膜所需的时间短得多，因而可忽略不计。其他一些具有代表性的实验表明，如采用 600eV 能量的 Ar^+ 离子束溅射 $Ni_{0.8}$-$Cr_{0.2}$ 合金靶确定的过渡时间常数约为 4s，稳定成分的合金靶面变为 $Ni_{0.78}$-$Cr_{0.22}$，初始靶面成分原子数较多的 Ni 有所减少。如果改用 40keV 高能量的 Ar^+ 离子束溅射 $Au_{0.67}$-$Al_{0.33}$ 合金靶，则在极短的时间内就可形成稳定成分为 $Au_{0.67}$-$Al_{0.33}$ 的靶面，初始靶面成分原子数多的 Au 变得更富。总之，用不同能量的离子束溅射各种合金的情况不一样，需要根据具体的溅射条件进行实验分析，才能确定靶面成分原子比例数的变化。

b　溅射原子能量的分布

类似于溅射原子通量分布那样，溅射原子的能量分布也具有类似的角分布特点，而且溅射原子能量角分布的峰值方向基本上与溅射原子通量角分布峰值方向一致。

入射靶离子能量的大小是决定溅射原子能量大小及其分布的基本因素。改变入射离子能量将明显影响溅射原子峰值能量大小及分布方向。提高入射离子能量不仅增加溅射原子总通量的积分能量，而且峰值能量也随之快速增长。贝荷瑞克（R. Behrich）根据原子级联碰撞模型推出的溅射原子能量角分布数学解析表达式为

$$N(E_0, B) = c E_0 \frac{\cos \beta}{E_0 + U_0} \tag{6-5}$$

式中，E_0 为溅射原子能量；β 为某一靶点的溅射原子飞出方向与离子入射该点的法线夹角；U_0 为靶表面原子结合能；c 为与靶材料密度相关的系数。

将式（6-5）对 E_0 求导，并将其结果式等于零为条件可确定溅射原子能量的极大值 $E_{0max} = U_0/2$，即溅射原子的峰值能量等于靶表面原子结合能的 1/2。为了与实验结果做比较，贝荷瑞克采用 900eV 能量的 Ar^+ 离子束分别溅射 Al、Cu、Ni 和钛（Ti）金属靶，测定 4

种金属的溅射原子峰值能量都有些偏离 $U_0/2$ 理论值，但峰值能量的大小与 U_0 值大小的排列顺序相同。离子能量较低时，相对靶面法线不同角度方向的溅射原子能量近似呈余弦角分布；离子能量越高，溅射原子能量的麦克斯韦分布特征就越明显。

在一定的离子能量范围内，提高溅射离子能量不仅增加高能量的溅射原子比例，而且增加了溅射原子的平均能量。但离子能量达到或超过 1000eV 时，溅射原子的能量稳定在 $10\sim40eV$，相应的溅射原子飞行速度为 $4\times10^6\sim8\times10^6cm/s$。

早期，斯达特（R. V. Stuart）和维赫尼尔等人发现，溅射原子的平均能量与原子序数有关：溅射原子的原子序数越大，溅射原子的平均能量也越大。采用能量为 1.2keV 的 Kr^+ 离子束溅射钽（Ta）、钨（W）、铼（Re）、铂（Pt）和 Au 靶，测定的溅射原子平均能量均高于 20eV。一般来说，离子越重和靶原子序数越高，溅射原子的平均能量也越大。但也有例外，如原子序数较高的 Ag、Cu 与原子序数较低的铍（Be）的溅射原子平均能量差不多。

6.3.2.4　IBSD 薄膜技术

IBSD 薄膜方法可用于制取单层或多层薄膜、进行薄膜材料改性、常温或低温外延生长薄膜和研究薄膜性质及其微结构相关性，特别适合于开发新功能的薄膜材料和薄膜膜系，用于制造金属、合金、介质、半导体、超导、高温超导及各种声、光、电和磁等器件。IBSD 方法配置了最丰富的单独可变工作参数，使其成为研究薄膜生长机理的基本手段。

用离子束方法制备薄膜的技术称为离子束沉积（IBD），包括离子束直接沉积、IBSD、DIBSD、离子束辅助沉积（IBAD）、离子束反应溅射沉积（IBRSD）和双离子束反应合成等。其中，通过溅射粒子通量在衬底表面沉积薄膜的 IBSD 为基本方法。IBSD 与离子束刻蚀（IBE）来源于离子溅射现象，一并发展成为微细加工领域的特种制造技术，在研究微米、亚微米、深亚微米和纳米尺度的微结构，以及制备微型特种器件及系统时具有最高的分辨率。

在研究 IBSD 薄膜方法的初期阶段，主要探讨溅射沉积薄膜的机理；中期阶段着重研究适用于 IBSD 薄膜方法的材料范围、溅射粒子特性及输运过程、形成及生长薄膜的物理和化学性质，及其与微结构的相关性；近阶段则突出研究特殊功能薄膜、多层薄膜和纳米薄膜及其应用，如金属、过渡金属、耐熔金属氮化物、高温超导、巨磁阻（GMR）、类金刚石碳（DLC）和碳-氮（C-N）薄膜等。

IBSD 薄膜技术步入规模化生产阶段的重要标志是，出现了大口径浓缩离子束流的聚焦宽束离子源，极大地提高了 IBSD 薄膜技术及系统的实用化程度，将 IBSD 薄膜的生长速率提高到了射频溅射方法的快速水平，并取得了使用小面积靶制取大面积薄膜的技术进步，成为用溅射方法制取高纯度薄膜的先进技术。由于聚焦离子束克服了离子束的发散，不仅可发射小束径、高束流密度的离子束，而且为灵活配置离子源与靶，靶与衬底和辅助部件提供了宽松的空间条件，也便于插装各种监测探头，以实现制备薄膜过程的在位或在线检测和分析。

离子束入射靶面产生的溅射和背散射的粒子呈多样性，有原子、离子、负离子、亚稳态激发原子和小原子团等。多数靶材主要产生溅射原子，相应的沉积薄膜过程称为二次原子沉积；少数靶材产生大比例的溅射离子，相应的薄膜沉积过程称为二次离子沉积。决定溅射原子与离子分通量比的主要因素是靶材的种类、离子种类、靶温和离子束轰击靶的条件。

在 IBSD 薄膜过程中，必须十分重视对离子束流和离子电荷实施电子中和。对轰击绝缘材料靶的离子束实施中和是因为电荷堆积引起靶与离子源之间频繁发生马尔塔放电。在维持溅射粒子通量不变的条件下，对导电材料靶实施中和可以减少或消除溅射及散射离子分通量。如果在 IBSD 薄膜过程的衬底或薄膜表面处于非电荷中和状态，其表面累积的离子正电荷也会引发一系列问题，大剂量的累积电荷在薄膜与衬底之间的转移会严重破坏生长薄膜的微结构和性质。若用非电流中和的离子束轰击靶，离子束的空间电荷不仅造成离子束的发散，而且扰乱沉积原子通量的稳定分布和正常输运。

在无外电磁场、Ar 气工作压强为 10^{-2}Pa、离子能量为 500~2000eV、平均束流密度为 0.05~3mA/cm^2 的条件下，Ar$^+$ IBSD 方法和双离子束改性方法都展示了制取薄膜的新颖而优异的功能，特别是控制生长薄膜结构及性质的能力不是常规溅射沉积薄膜方法可比的。

IBSD 薄膜系统的工作参数独立控制自由度大，灵活性强，溅射沉积薄膜环境条件比常规溅射方法优越，可有效监控薄膜生长过程，实施离子束预清洗衬底及对生长薄膜施加离子束辅助轰击。因此，IBSD 薄膜的密度几乎可达到靶材标准，薄膜生长速率及厚度控制精度高，具有改变薄膜晶粒尺寸、内应力性质及大小、相对含量、含气量等特殊的能力，且展示了在低温衬底上生长薄膜的"冷成膜"特点。由于溅射原子携带较高的能量，沉积原子的表面迁移率高和对衬底可施加离子束预清洗，使 IBSD 薄膜的附着强度达 28~56MPa，明显优于常规物理气相沉积（PVD）和化学气相沉积（CVD）方法。

IBSD 薄膜过程产生的界面混合、增强扩散和浅层注入等效应显著提高了薄膜对衬底的材料适应度。此外，在 IBSD 薄膜的工作参数中，增加了可改变离子束对靶的溅射角或溅射原子通量对衬底的沉积角，对生长薄膜结构与性质产生特殊的控制作用，这是其他制取薄膜方法难以具备的能力。

IBSD 薄膜方法适用的材料范围很广，如单元素、多元素、混合元素、化合物、合成物材料等，涉及金属、半导体、绝缘体、超导体、氧化物、陶瓷和高分子聚合物等。近年来开展的 IBSD 二元合金、多元合金、近代光学、耐熔金属及其氮化物、碳化物、氮碳化物、超导、超硬及耐磨和巨磁阻效应等材料薄膜的应用研究十分活跃。例如，美国休斯敦大学化学系和东京电信大学系统及通信系，分别采用离子束反应溅射沉积或双离子束反应合成碳–氮超硬化合物薄膜，在该项最前沿课题研究中已取得了实质性的进展。

IBSD 薄膜可使用多种形式的靶。溅射沉积金属、合金、氧化物、氮化物、碳化物、陶瓷等薄膜时，都可使用圆片靶。沉积多成分薄膜可使用不同材料制成块靶拼成的圆片靶，通过调整不同块靶的面积改变溅射成分，原子通量和沉积标准成分含量的化合物薄膜，或者将形状相同的块靶拼成的圆片靶心，偏开离子束中心位置，通过调整偏开方向和距离改变不同材料块靶的溅射成分原子通量，也可达到控制化合物薄膜成分含量的效果。

由于 IBSD 薄膜工作在 10^{-3}~10^{-2}Pa 低气体压强条件下，离子束轰击靶产生定向分布的溅射原子，其运行的平均自由程大大超过靶与衬底之间的距离。在溅射原子沉积到衬底或薄膜表面之前，与各种粒子发生碰撞使其再返回靶面和溅射其他部位的几率极小，IBSD 薄膜纯度高和薄膜成分与靶成分一致性好。此外，对于某些难以制成块靶的材料可以采用这些材料粉末压制成的靶，只要对靶充分冷却，防止因靶温过高引起靶成分原子或分子的扩散，或靶的某种成分原子偏析到靶表面，则离子束轰击粉末靶面的不同成分可快速达到动态平衡，进而溅射沉积相对成分含量稳定的薄膜。

与各种常规磁控溅射方法不同，IBSD 薄膜系统中的靶和衬底易于维持低温状态，与发射离子束及离子轰击的热过程构成非热平衡体系。所以，IBSD 薄膜方法适用于低温条件溅射和沉积对温度敏感材料的薄膜。

A IBSD Si 薄膜

IBSD 的 Si 薄膜用途很广，如用于制造半导体器件和太阳能电池等。由于蒸发沉积制备的 Si 薄膜的结构及性质不够理想，所以在 20 世纪 70 年代开始研究 IBSD 异质外延 Si 薄膜。在工作气体压强低于 $1.3 \times 10^{-3} Pa$，H_2O、O_2 和 N_2 残余气体分压强均低于 $1 \times 10^{-5} Pa$ 和采用尖晶石为衬底的条件下，着重研究了 Si 薄膜结构发生转变的条件和在尖晶石衬底表面异质外延生长 Si（100）薄膜的可行性。实验结果发现，衬底温度是实现异质外延生长的决定性因素。在温度升至 $450 \sim 550℃$ 时，生长的 Si 薄膜结构由无序变为有序；在衬底温度高于 $750℃$ 的条件下，用 IBSD 方法可以在尖晶石（100）面异质外延生长 Si（100）薄膜；衬底温度超过 $900℃$ 时，生长薄膜的结构开始混乱，薄膜结构质量也随之变差。实验确定外延生长 Si（100）薄膜的最佳温度为 $850℃$，为 Si 材料熔点温度 $T_m(Si) = 1412℃$ 的 60%，沉积速率为 $5 \sim 10 nm/min$，生长薄膜厚度可达 $1 \sim 2 \mu m$。当这一研究成果被公布后，掀起了采用 IBSD 的 Si 薄膜的研究热潮，因为这是除分子束外延（MBE）方法外出现的另一种可实现外延生长薄膜的方法。IBSD 的 Si 薄膜的重要应用之一是制造太阳能电池。NASA 最早采用了 IBSD 方法开发高效光电转换 Si 材料，特别是在如何沉积大面积高质量 Si 薄膜和降低制造成本方面取得了令人振奋的突破。制造高效太阳能电池所需的 Si 薄膜的晶粒必须足够大，才能使晶粒边界高效率地收集电子。实验装置中的靶与衬底相互平行安装，溅射角 $\theta_s = 45°$，为了提高沉积 Si 原子的表面迁移率以增强 Si 晶粒的生长尺寸，选取衬底温度为 $1000℃$；衬底材料包括石英、蓝宝石和单晶 Si；沉积前对衬底表面进行离子束溅射清洗，在沉积过程中维持衬底加热和旋转。通过 XRD 分析不同衬底上生长的 Si 薄膜，都观测到了生长薄膜出现（100）晶面的强优选取向，往往与 IBSD 多种金属薄膜优选（110）晶面不一样。在通常的条件下，IBSD 薄膜一般不会产生外延生长。在蓝宝石衬底上生长 Si 薄膜的最大晶粒尺寸可达 $100 nm$。估计 IBSD 薄膜技术在制取多晶 Si 太阳电池的抗反射多孔 Si（PS）方面也会有其重要的应用。从制造技术发展趋势预测，抗反射多孔 Si 薄膜可能会成为下一代太阳能电池的重要开发方向。

B IBSD 薄膜电容

超大规模集成电路制造工艺要求使用体积更小、重量轻和能量密度高的薄膜电容，制取多层薄膜电容是满足这种要求的重要技术途径。开始是在 2 层 Al 薄膜电极之间沉积 SiO_2 或 Al_2O_3 介质层；后来发现聚四氟乙烯（Teflon）是更好的夹心材料，而且这种材料很适应于 IBSD。沉积 SiO_2 或 Al_2O_3 薄膜需要的衬底温度超过 $400℃$，而沉积聚四氟乙烯薄膜在室温条件即可。相比之下，聚四氟乙烯薄膜的沉积速率也比较高。制造这种高质量薄膜电容必须在十分清洁的工艺环境中进行，任何落在表面的颗粒物或薄膜表面的凸起特征都将成为电容短路的隐患。对厚度为 $200 nm$ 的聚四氟乙烯薄膜来说，表面的颗粒和凸起的平均尺寸必须小于 $10 nm$。在 Si 衬底表面制造单介质层薄膜电容器时，采用 IBSD 2 层 Al

和聚四氟乙烯夹心层，如图 6-45a 所示。Al 薄膜电极宽为 0.6cm，长为 1.25cm；聚四氟乙烯薄膜尺寸为 1.05cm × 1.05cm，电极面积 $A = 0.36cm^2$，Al 薄膜厚度 $d = 200nm$。

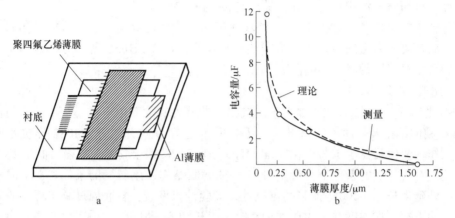

图 6-45　IBSD 夹心聚四氟乙烯薄膜电容器
a—电容器结构；b—薄膜电容量与厚度的关系

在离子能量和束流分别为 1000eV、50mA 或 500eV、50mA 不同的溅射条件下，制取聚四氟乙烯薄膜样品的成分分析表明，薄膜中的 F 与 C 原子密度比分别为 2/3 和 2/2。有关 RF 溅射沉积相 IBSD 聚四氟乙烯薄膜及体材的相关物理性质，列于表 6-3。数据表明，离子能量对薄膜电阻率影响不大；IBSD 聚四氟乙烯薄膜的绝缘强度明显高于体材值。表 6-3 中所列的 IBSD 薄膜绝缘强度数据值较为保守，即便如此也展示了薄膜的绝缘强度已高出体材值的 6 倍。但薄膜的介电损耗和电阻率不如体材高，原因是薄膜中含有一定量的游离 C。

表 6-3　RF 溅射沉积和 IBSD 聚四氟乙烯薄膜及体材的相关物理性质

聚四氟乙烯材料形式	损耗因子	电阻率/$\Omega \cdot cm$	介质绝缘强度/$kV \cdot cm^{-1}$	介电常数
体材	0.0002	1.9×10^{19}	157	2.1
RF 溅射沉积	0.005～0.05	$1 \times 10^{13} \sim 1 \times 10^{15}$	200～5000	1.4～7.4
IBSD	0.002～0.008	1×10^{12}	1000	1.4～6.8

在 2 层 Al 薄膜电极中间 IBSD 聚四氟乙烯薄膜构成电容器的电容量与厚度的关系，见图 6-45b。实验测定的结果与按公式 $C = \varepsilon\varepsilon_0 A/d$ 计算的电容量完全符合（ε 为介电常数，ε_0 为真空介电常数）。

C　IBSD 超薄巨磁阻 Ni-Fe 薄膜

1991 年，巴肯（S. S. P. Parkin）等人在两种金属 Co-Cu、Fe-Cr 和合金与金属（Ni-Fe）-Cu 等几种多层薄膜系统中观察到了巨磁阻效应，这一重要发现立即引起磁学界的关注。例如，很快有人想到利用这种反常高磁阻比特性，研制高灵敏度磁阻传感器和薄膜磁头。除了（Ni-Fe）-Cu 多层膜系外，近期出现的（Fe-Mn）-（Fe-Cu）-（Ni-Fe）多层薄膜自旋阀式（spin-valve-type）巨磁阻传感器，也具有类似（Ni-Fe）-Cu 多层膜系的优良特性。磁学界的兴趣在于寻找性质优良的巨磁阻材料和制取优质膜系的工艺方法，以开发潜力极大的巨磁阻效应膜系。多层膜系的磁性质取决于单层的磁性质和层间的界面状态，特别是 1~10nm 厚度范围的膜层磁性质和界面特性。所以研究重点放在了分析超薄 Fe 层的厚度对各项磁性质的影响上。与此同时，对（Ni-Fe）-Cu 多层薄膜中的 Ni-Fe 层进行了类似 Fe 层的实验研究。在该项实验中，采用离子能量及束流分别 500eV 及 60mA 的 Ar^+ 离子束溅射成分质量分数为 Ni_{81}-Fe_{19} 的合金靶，以 4.52nm/min 的沉积速率在玻璃衬底上生长出 Ni_{81}-Fe_{19} 合金薄膜，水冷靶台上安装的 Cu 和 Ni-Fe 靶轮流转换，衬底台可水冷和旋转，为了使生长的 Ni-Fe 薄膜感应磁场强度为各向异性，设置磁铁沿衬底表面方向的磁场强度为 7960A/m，溅射沉积系统本底气体压强低于 $6.7 \times 10^{-4}Pa$，工作 Ar 气压强约 $1.3 \times 10^{-2}Pa$，溅射角 $\theta_s =$ 45°。该实验以厚度为 5nm 的 2 层 Cu 夹心 Ni-Fe 层制成 Cu-(Ni-Fe)-Cu 3 层膜系为研究单元，用于测定 (Ni-Fe)Cu 多层膜系的各种磁性质；还用厚度相同的 Ti 或 Ta 取代 Cu，分别制成 Ti-(Ni-Fe)-Ti 及 Ta-(Ni-Fe)-Ta 3 层膜系，用于研究 Ni-Fe 层与不同金属层的界面性质。图 6-46a 和 b 分别示出了 IBSD 系统和测试 Cu-(Ni-Fe)-Cu 3 层膜系的磁滞曲线，表明 Ni-Fe 膜层厚度只有超过 1nm 时，才能从 3 层膜系的磁滞回线观测到小的单轴磁各向异性、低矫顽力和良好的软磁特性。图中 79.6A/m 为标定矫顽力量值在轴的比例线段长度。从描述磁性质的图 6-47a 可以看出，Cu-[Ni-Fe(6~10nm)]-Cu 3 层膜系的饱和磁极化强度 $4\pi M_s$ 可达 1T，接近坡莫合金体材所能达到的值。Ni-Fe 膜层厚度对薄膜的磁极化强度有明显影响。例如，Ni-Fe 膜层厚度为 1.5nm 时，其饱和磁极化强度降至膜层厚度为 10nm 时的 65%，约为 0.67T。虽然 Ti-[Ni-Fe(10nm)]-Ti 和 Ta-[Ne-Fe(10nm)]-Ta 3 层膜系的饱和磁极化强度也可达到 0.8~0.9T，但饱和磁极化强度随 Ni-Fe 膜层变薄而急剧减小，约在厚度为 2nm 时减至为零。该结果与前期奥纳吉拉（K. Ounadjela）等人报道的实验结果基本一致。图 6-47b 示出了 Ni-Fe 膜系厚度对 3 层膜系单轴各向异性场 H_k 的影响。Ni-Fe 膜层厚度小于 3nm 时，3 层膜系的单轴各向异性场常数 H_k 随 Ni-Fe 膜层厚度的减小而下降；Ni-Fe 膜层厚度由 10nm 减至 3nm 时，3 层膜系的 H_k 下降约 65%，Ni-Fe 膜层薄至 1.5nm 时的 H_k 只剩下 3.98A/m。Ni-Fe 膜层厚度与 3 层膜系直流磁导率 $4\pi M_s/H_k$ 的关系曲线，见图 6-47c。表明 Ni-Fe 膜层厚度超过 2.5nm 的直流磁导率变化不大。图 6-47d 所示的硬轴矫顽力 H_{ch} 几乎与 Ni-Fe 膜层厚度无关，但易轴矫顽力 H_{ce} 会因 Ni-Fe 膜层变薄而减小。Ni-Fe 膜层的厚度为 1.5nm 时，3 层膜系的 H_{ce} 约降至 10nm 时的 50%。采用 TEM 法观测在玻璃衬底上生长 (Ni-Fe(1nm))-(10 × Cu(2.2nm))-(Cu(5nm)) 膜系的截面切片，看到的 Ni-Fe 膜层均匀又连续，不存在任何岛状结构。即使 Ni-Fe 膜层厚度只有 1nm 也是如此，膜层就像外延生长出来的一样均匀和完整。在 Cu 膜层上 IBSD 超薄 Ni-Fe 膜层会顺着 Cu 表面的晶粒取向生长，抑制了岛的生成，与在 Ti 和 Ta 膜层上会生长细长的 Ni-Fe 岛十分不同。Cu-(Ni-Fe)-Cu 3 层膜系的硬轴矫顽力 H_{ch} 基本上与 Ni-Fe 膜层厚度无关。Ti-(Ni-Fe)-Ti 或 Ta-(Ni-Fe)-Ta 3 层膜系的 H_{ch}、H_{ce} 及 H_k 都随 Ni-Fe 膜层变薄而下降。而且在膜系的厚度小于 5nm 时，3 个磁性质参数比 Cu-(Ni-Fe)-Cu 3 层膜系下降的速率更快。计算磁性薄膜单轴各向异性常数公式为 $K_u = H_k M_s/2$，以此式计算出的 Ni-Fe 膜层厚度与 K_u 的关系曲线，见图 6-47e。在 Ni-Fe 膜层厚度为 6~10nm 时，测定的 K_u 值为 $1 \times 10^{-4} ~ 2 \times 10^{-4}J/cm^3$，与坡莫合金的各向异性常数值相同。Ni-Fe 膜层厚度小于 6nm 时，K_u 显著减小。Ni-Fe 膜层过于薄难以感应出大的单轴磁各向异性。

上述实验结果表明，只要 Ni-Fe 膜层厚度超过 3nm，Cu-(Ni-Fe)-Cu 超薄 3 层膜系将

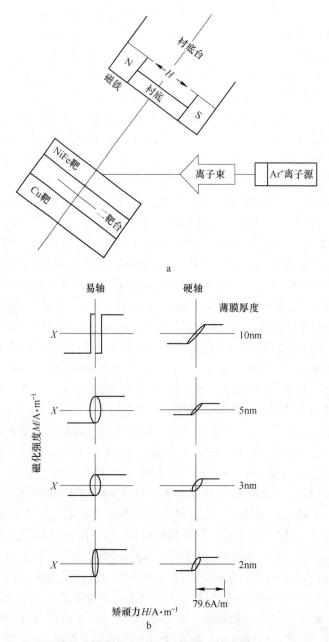

图 6-46　IBSD Cu-(Ni-Fe)-Cu 超薄膜系实验装置及磁性质

a—装置示意图；b—Cu(5nm)-[Ni-Fe(2~10nm)]-Cu(5nm) 膜系的 *M-H* 曲线

具有良好的软磁特性。

　　由于膜层间界面状态极大影响着多层薄膜的巨磁阻效应，因此，还必须仔细研究膜层间的界面状态。通常，金属-金属膜层界面普遍存在界面混乱或非晶化结构。与金属相比，耐熔金属碳化物如 TiC 极为稳定，而且 TiC 与 Fe 为非固溶材料，有可能形成相当理想的物理界面。通常，Fe 或 TiC 的晶体结构属 bcc 晶系或 fcc 晶系，因此，通过分析 TiC-Fe 多层薄膜不仅便于取得 Fe 膜层与 TiC 膜层的真实结构特征，而且可以研究晶格互不匹配

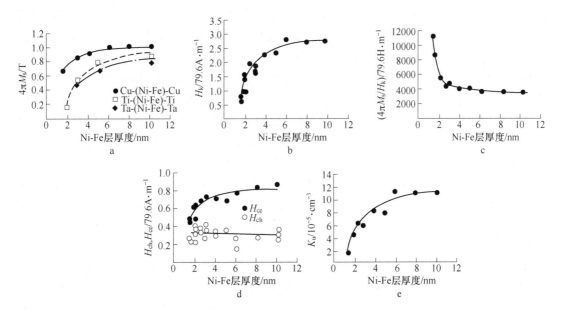

图 6-47　离子束溅射沉积 Cu-(Ni-Fe)-Cu 3 层膜系磁性质与 Ni-Fe 层厚度的关系

a—饱和磁极化强度 $4\pi M_s$；b—各向异性场 H_k；c—磁导率 $4\pi M_s / H_k$；d—硬轴矫顽力 H_{ch}，软轴矫顽力 H_{ce}；

e—单轴各向异性常数 K_u

的薄膜与衬底的界面结构。

D　IBSD 高温超导薄膜

IBSD 超导薄膜一直是超导界十分关注的敏感性研究与应用课题。例如，IBSD 金属 Cr 薄膜的超导转换临界温度 $T_c = 1.52K$，并且受溅射 Cr 靶的离子半径的影响，即用半径大的离子溅射沉积 Cr 薄膜可提高其超导转换临界温度，惰性气体离子的气种效应表现得十分明显。IBSD 的 Mo、Ti、W 和 Zr 薄膜也都具有超导性，而且薄膜的超导转换临界温度往往都高于金属值。1987 年，日本有人报道用 IBSD、等离子体溅射及激光蒸发沉积等方法制取 YBa$_2$Cu$_3$O$_{7-\delta}$ 高温超导薄膜，其超导转换临界温度达到了 $T_c = 77K$。次年又报道了在 77K 温度以下的临界电流密度达到了 $10^6 A/cm^2$ 量级。在取得这一令人振奋的技术突破的同时，也看到了在超导薄膜制备工艺方面存在以下一些问题。

（1）如何制取多成分超导靶是一个难点。因为存在离子束对靶材成分选择溅射或优先蒸发的问题。因此，必须精确调整制靶的成分才能溅射沉积符合化学成分配比的高温超导薄膜。然而，制成的靶一经被溅射，其表面稳定成分又将发生变化。

（2）使用多源溅射多靶方案的棘手问题是需要精确控制各个靶的溅射粒子通量角分布，避免不同靶的溅射粒子的交叉沉积，对于磁控溅射系统来说难以实现。相对来说，IBSD 方法基本上不存在上述难以克服的问题。在多离子源溅射多靶方法的实验基础上，美国北卡罗来纳州大学材料科学及工程系的几位工艺专家，提出了自动化 IBSD 高温超导薄膜的新方法。该系统采用带质量分离的聚焦离子束轮流溅射 Y、Ba 和 Cu 的氧化物靶，溅射角 $\theta_s = 45°$，沉积角 $\theta_d = 0°$。在一定的 O$_2$ 分压强的条件下，重复生长 3 种氧化物的膜层和构成多层薄膜，而后对多层薄膜进行氧化热处理得到 YBa$_2$Cu$_3$O$_{7-\delta}$ 超导性质的薄膜，实现了对薄膜成分的准确控制。实验系统工作原理见图 6-48。当卡夫曼聚焦离子束溅射氧化物靶时，在衬底台侧设置供分析氧化物薄膜成分的取样片和装有可编程序石英晶体谐振器（QCR）单元，测定溅射每一种氧化物成分膜层厚度和将厚度数据发送给计算机的数据采集板，与存储的数据进行比较，实施膜层厚度的闭环控制。通过步进电机驱动，使靶台周期转换不同的氧化物靶。采用 MgO 单晶衬底，用铂片电加热，沉积温度为 200℃。依据确定的溅射原子通量及背散射粒子通量的空间角分布，以及薄膜沉积速率及成分相对含量，按生长 3 种标准氧化物膜层要求对系统构件的几何配位进行最佳化处理。图 6-48 示出的不锈钢真空室内壁衬为 Cu，系统本底气体压强为 6.7×10^{-5}Pa，Kr$^+$离子能量和束流分别为 1400eV 和 25mA。采用 Kr$^+$离子可有效减少薄膜中的掺气量。Y_2O_3、$BaO_2 + Ba(OH)_2$ 和 CuO 靶都是氧化物粉末冷压坯块，再经热压和加工成形压入 Cu 盘，分别装于 Cu 制三靶台的 3 个靶位上。计算机控制该系统自动完成溅射沉积多层氧化物薄膜过程，所有膜层成分的控制精度可达 3%。为了得到标准化学成分配比的 $YBa_2Cu_3O_{7-\delta}$ 薄膜，IBSD 的 Y_2O_3、BaO 和 CuO 3 种膜层厚度分别为 1nm、2.3nm 和 0.68nm。初始制备的薄膜稍有些富成分 Cu 和缺成分 Ba。随后将离子束溅射 Y_2O_3、BaO 和 CuO 靶的时间分别调整至 11s、35s 和 6s，薄膜总厚度约 1μm，3 种氧化物膜层数都为 120 层，取得了满意的实验结果。将沉积的多层薄膜在 850~910℃ 和 O_2 气中退火并在 500℃ 保温 120min，完成膜层之间的热扩散及氧化过程，使其变为黑亮的绝缘体薄膜。热处理后的薄膜由 0.2~0.3μm 尺寸的小晶粒构成，其结构为无序化多晶体，主要生成 $YBa_2Cu_3O_{7-\delta}$ 相；也存在反应不充分留下的游离 Y_2O_3、BaO 和 $YBa_2Cu_3O_{7-\delta}$ 相。测出的超导转换临界温度 $T_c = $ 80K，完全超导温度为 40K。转换临界温度范围较宽，说明制备薄膜的工艺参数尚未达到最佳化。在单源三靶 IBSD 的 $YBa_2Cu_3O_{7-\delta}$ 超导薄膜过程中，采用控制沉积成分膜层厚度实现了调整薄膜化学成分的配比，并为生产如超导体-绝缘体-超导体 3 层结构或超导体-正常导体-超导体 3 层结构等器件开辟了实用化的制造工艺途径。此外，这种方法也为研究和制造电子光学、铁电或其他多成分的薄膜器件提供了一种制造技术途径，再次显示出离子束技术的功能多样性和工艺的灵活性。

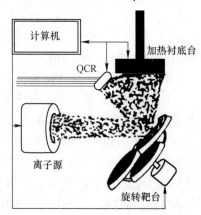

图 6-48　单源三靶 IBSD 超导薄膜系统工作原理

6.3.3　离子镀膜

6.3.3.1　简介

离子镀膜一方面是把靶材射出的原子向工件表面沉积，另一方面还有高速中性粒子打击工件表面以增强镀层与基材之间的结合力（可达 10~20MPa），此法适应性强、膜层均匀致密、韧性好、沉积速度快，目前已获得广泛应用。离子镀膜的原理如图 6-49 所示。

6.3.3.2　分类

在各种镀膜技术中，溅射最适于镀制合金膜。溅射镀制合金膜，有三种可供选择的技术方案；多靶溅射、镶嵌靶溅射和合金靶溅射。常用靶材见图 6-50。

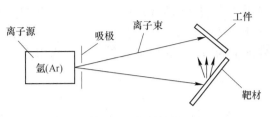

图 6-49 离子镀膜

图 6-50 常用靶材

A 溅射镀制合金膜

（1）多靶溅射：多靶溅射是采用几个纯金属靶同时对基片进行溅射。调整各个靶的功率，就能改变膜材成分。该方法特别适于调整合金成分，可得到成分连续变化的膜材。

（2）镶嵌靶溅射：镶嵌靶溅射是将各种纯金属靶材，按一定比例镶嵌在靶面上同时进行溅射。

（3）合金靶溅射：用合金靶溅射合金膜，唯一的关键问题是如何制备出合金靶材。最简单的办法是从整块合金板材或棒材上切取。

B 化合物膜的镀制

化合物膜，通常是指由金属元素与非金属元素（碳、氮、氧、硼、硫等）的化合物镀成的薄膜。化合物膜的镀制，有三种技术方案可供选择：直流溅射、射频溅射和反应溅射。

（1）直流溅射：许多化合物是导电材料，其导电率甚至与金属材料相当，可以采用直流溅射。这类化合物中，有碳化物（如 TaC、TiC、VC、ZrC）、硼化物（如 MoB、TaB）和硅化物。

（2）射频溅射：如果化合物靶材的电阻率很高，就不能用直流溅射，而只能用射频溅射。所谓射频是指无线电波发射范围的频率。为了避免干扰电台工作，溅射所用射频电源的频率，规定为 13.56MHz。

（3）反应溅射：大规模镀制化合物膜，最适宜的方法是反应溅射。这种方法的优点在于不必用化合物靶材，而是直接用金属靶；也不必用复杂的射频电源，而是用直流溅射。

　　反应溅射原理是在金属靶材进行溅射的同时，通入反应气体，使两者在基片上发生化学反应，得到要求的化合物薄膜。例如，镀制 TiN 时，靶材为金属钛，溅射气体为 Ar 和氮气混合气；镀制氧化物时，用 Ar 和氧气混合气；碳化物用 C_2H_2；硅化物用 Si_2H_6；硫化物用 H_2S。

　　C　镀膜加工优点

　　（1）精密滚珠轴承采用离子镀膜后，使用寿命可延长到数千小时。

　　（2）刀具镀以几微米厚的涂层后，寿命提高 3~10 倍。

　　（3）在钛合金叶片上沉积一层贵金属（Pt、Au、Rh（铑）等）涂层，可使疲劳强度增加 30%，抗氧化与耐腐蚀能力也大大提高。

　　6.3.3.3　离子镀膜的应用

　　多弧离子镀技术是采用阴极蒸发源的一种离子镀技术。阴极电弧蒸发源可以是 Ti、Al、Zr、Cr 等单相靶材，也可以是由它们组成的多相靶材。多弧离子镀应用面广，实用性强，除了具有其他各种离子镀方法的广泛用途外，在高速钢刀具镀覆 TiN 涂层的应用方面发展也最为迅速，并进入工业化阶段。

　　A　多弧离子镀的基本结构与沉积原理

　　多弧离子镀的基本组成包括真空镀膜室、阴极弧源、基片、负偏压电源、真空系统等，如图 6-51 所示。阴极弧源是多弧离子镀的核心，它所产生的金属等离子体自动维持阴极和镀膜室之间的弧光放电。多弧离子镀的工件原理主要是基于冷阴极真空弧光放电理论，按照这种理论，电量的迁移主要借助于场电子发射和正离子电流，这两种机制同时存在，且互相制约。在放电过程中，阴极材料大量蒸发产生等离子体，这些等离子体产生的正离子在阴极表面附近很短的距离内产生极强的电场，约为 108V/m。在这种强电场作用下，电子能直接从金属的费米能级逸出到真空，产生所谓"场电子发射"，发射电流可达到 $5×10^7A/cm^2$，从而产生新的等离子体。上述过程的进行维持电弧持续工作。一般阴极靶本身既是蒸发源又是离化源。外加磁场可以改变阴极弧斑在阴极靶面的移动速度，并使弧斑均匀、细化，以达到阴极靶面的均匀烧蚀，延长靶的使用寿命。

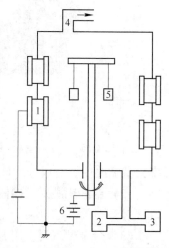

图 6-51　多弧离子镀结构示意图
1—阴极弧源（靶材）；2，3—进气口；
4—真空系统；5—基片（试样）；
6—偏压电源

　　在靶面前方形成的金属等离子体，由电子、正离子、液滴和中性金属原子组成，如图 6-52 所示。由于金属蒸汽原子仅占很小一部分，因而在基片上沉积的粒子束流中几乎全部由离子和液滴组成。对单一元素金属靶而言，离子比例约在 30%~100% 范围内，这些离子具有较高的动能（10~100eV）并且常以多价态存在。

　　为了解释这种高度离化的过程，建立了一种稳态的蒸发离化模型。该模型认为，由于阴极弧斑的能流密度非常大，在阴极的表面形成微小熔池，这些微小熔池导致阴极靶材的剧烈蒸发。热发射和场致发射共同导致电子发射，而且电子被阴极表面的强电场加速，以极高的速度飞离阴极表面，在大约一个均匀自由程后，电子与中性原子碰撞，并使之离化，这个区域称为离化区。在这一区域内将形成高密度的热等离子体。由于电子比重离子

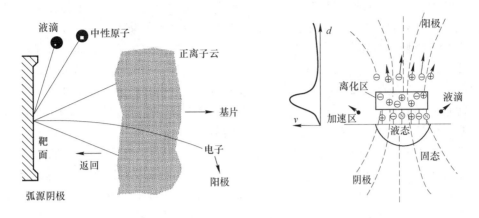

图 6-52　阴极靶表面离化区域示意图及阴极电弧产物示意图

轻得多，所以电子飞离离化区的速度要比重离子高得多，这样在离化区就出现正的空间电荷云。

离化区域的空间电荷，是导致加速区强电场的主要原因，该电场一方面使电子加速离开阴极表面，另一方面也使离子回归阴极表面，该回归的离子流可能导致阴极表面温度在一定程度上的增加。此外，回归的离子流对熔池表面的冲击作用可能是液滴喷溅的原因，这可以与一杯水在表面受到冲击时产生的喷溅现象相类比。按照这种解释，在阴极表面附近只有离子和液滴向外空间发射，即在基片上只能接收到离子和液滴，而无中性原子。

B　多弧离子镀的技术特点

（1）金属阴极蒸发器不融化，可以任意安放使涂层均匀，基板转动机构简化。

（2）金属离化率高，有利于涂层的均匀性和提高附着力，是实现离子镀膜的最佳工艺。

（3）一弧多用，既是蒸发源，又是加热源、预轰击净化源和离化源。

（4）设备结构简单，可以拼装，适于镀各种形状的零件。

（5）可以外加磁场改善电弧放电，使电弧细碎，细化膜层微粒，对带电粒子产生加速作用。

（6）会降低零件表面光洁度。

在化学气相沉积和蒸镀以及溅射镀中，必须在基片保持高温的条件下，才有可能获得良好的膜层组织，对于多弧离子镀，离子对基片轰击的效果相当于对基片加热，基片温度取决于离子能量和离子流密度，即阴极弧斑所发射的等离子体重的离子直接关系到膜层的组织。而离子到达基片的能量主要由基板负偏压供给；通过对弧源电流的调整来改变离子流密度。如果需要考虑基片的温度限制，完全可以通过沉积工艺过程的调整，在保证膜层质量的同时，不超过温度限制。同样，由于等离子体中离子的较高能量，易于使已沉积的松散粒子被溅射下来，从而造成膜层的高致密度。

多弧离子镀膜层与集体的结合牢固，是高能离子的又一贡献。高能粒子导致膜层与基片之间以原子键结合，并于界面处建立一互扩散层，同时还能减少或消除膜层与基体界面之间的孔隙缺陷，因此使膜层具有良好的致密性和附着性。当然，离子的能量主要依赖于基片负偏压，在镀前轰击清洗基片表面时，尤其需要较高的负偏压。

对于反应物膜层的沉积，在多弧离子镀中主要影响反应效果的因素是等离子体的离化程度和离子处于各种价态上的几率，由于充分电离的金属等离子体具有很大的活性，因此促使化学反应容易发生。此外，当反应气体进入镀膜室后，阴极辉点和电弧离子体的作用都能促使它们部分电离，有利于反应的充分进行。多弧离子镀进行反应沉积所制备的反应膜几乎都是化学计量的，而且反应过程也易于控制。

在多弧离子镀中，由于阴极靶可以安装在镀膜室壁的任一面上，且靶的形状可以根据需要进行调整，气体的碰撞和等离子体中的库仑散射使膜层可以在基片的侧面和背面沉积，因此多弧离子镀具有良好的绕镀性。随着工件架设计的不断改善，基片在镀膜过程中同时参与自转和公转，使得基片各面的沉积条件均等，膜层的均匀性得以充分保证。

C　多弧离子镀设备及设备改进

（1）国外早期设备。电弧蒸发源是多弧离子镀的核心，因此国外的多弧离子镀公司相继开发了击中电弧蒸发源。简单的阴极电弧蒸发器被蒸发材料或阴极安放在真空室内，并与室壁绝缘。真空室壁本身作为阳极，放电由机械电气引弧机构产生。更复杂的装置则使用放电或激光脉冲引弧，也有的用磁场限制或控制阴极斑运动。由于电弧燃烧时要释放出大量的热，所以弧靶的冷却显得非常重要，最早设备一般将阴极靶分为自然冷却和强制冷却两种。图 6-53~图 6-56 为四种形式的电弧蒸发源结构示意图。

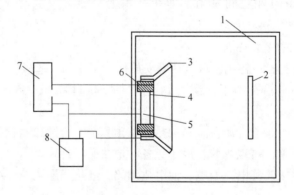

图 6-53　阴极自然冷却电弧光蒸发源示意图

1—真空室；2—基板；3—阳极；4—火花间隙；5—阴极；6—绝缘；7—引弧电源；8—DC 电源

图 6-53 为阴极自然冷却，用电启动器进行引弧的电弧光蒸发源示意图。弧光蒸发源由圆锥状阳极、圆板状阴极组成。采用 200A、30V 的直流电源。引弧电极设在阴极附近，通过绝缘材料，利用与阴极间的火花进行引弧。图 6-54 为阴极强制冷却的电弧蒸发源。圆板状阴极从背后用水等强制冷却，绝缘材料将圆锥状阳极与阴极隔开。在电弧蒸发源周围安装防止产生磁场的线圈，引弧电极安装在有回转轴的永久磁铁上。磁场线圈中无电流时，由于作用于永久磁铁的磁力使轴回转，引弧电极从阴极离开。通过此电极与阴极接触和分离时的火花实现引弧。图 6-55 是离子枪型多弧离子镀蒸发源，其特点是蒸发源可移动，阴极面积小，离子束以很窄面积发射出来。因阴极小，在厚度方向消耗快，所以把阴

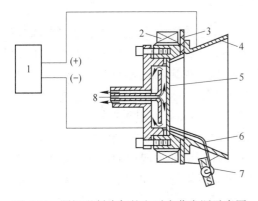

图 6-54 阴极强制冷却的电弧光蒸发源示意图
1—直流电源；2—磁场线圈；3—绝缘体；4—阳极；
5—阴极；6—引弧电源；7—复位弹簧；8—冷却水

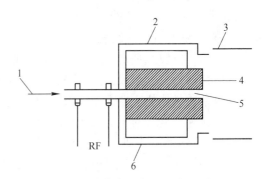

图 6-55 离子枪型多弧离子镀蒸发源
1—气体；2—屏蔽；3—阳极；4—阴极；
5—气体喷嘴；6—水套

极制成圆柱状可从后慢慢推出连续使用。图 6-56 为采用外加横向磁场以提高弧斑在阴极表面上的速度的受控电弧蒸发源。阴极直接水冷，采用电磁线圈以便调节磁场强度。

（2）国内早期设备。从 1985 年开始我国几家刀具生产厂先后从美国引进了多台多弧离子镀膜机，在此基础上，国内掀起了多弧离子镀膜设备研究开发的热潮，很多科研院所和生产厂家纷纷研制国产设备，对国外的设备进行了消化和吸收，并逐步形成了自己的技术。

图 6-57 为多弧离子镀膜机设备结构示意图。在镀膜过程中，工件被烘烤加热和轰击净化后启动引弧针，在引弧针离开阴极表面时触发引燃弧光放电，在真空条件下这种冷场致弧光放电可以自动维持。阴极电弧源发射出的高密度金属离子流在工件负压的作用下加速到达工件表面，与反应气体离子化合并沉积形成涂层。该设备金属离化率较高，操作简便，蒸发源没有固定熔池，阴极电弧源可以任意安放，镀膜均匀区大，对工件转架要求低，得到广泛使用。

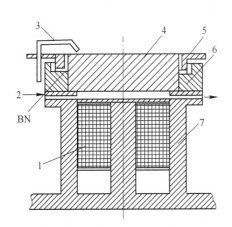

图 6-56 受控电弧蒸发源
1—线圈；2—冷却水；3—点弧源；
4—钛阴极；5，6—导磁环；7—磁轭

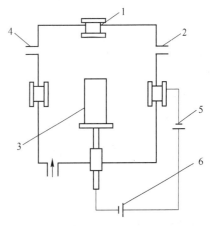

图 6-57 多弧离子镀膜机设备结果示意图
1—阴极电弧源；2—反应进气口；3—工件；
4—氩气进气口；5—主弧源；6—偏压源

（3）国外设备进展。

1）阴极电弧斑点的控制。在真空电弧技术中，弧源的性能无疑是决定真空电弧沉积设备整体性能的关键。设法稳定放电过程，实现对电弧的稳定控制具有重要作用。阴极斑点以很快的速度做无规则的运动，常常因此而跑向阴极发射表面以外的部位。这一现象尤其易发生在初始放电阶段，发射表面的氧化物等其他杂质的存在诱发了放电过程的不稳定，导致杂质气体的产生，因此限制和控制阴极斑点的运动成为问题的关键。

小电流真空电弧的运动受磁场的影响较大，所以可以利用磁场限制电弧并控制阴极斑点的运动轨迹。当磁场平行于阴极表面时，电弧斑点作所谓的反向运动，即运动方向与安培力方向相反。当磁场与阴极表面相交时，则在反向运动上还叠加一个漂移运动，漂移运动的方向指向磁力线与阴极表面所夹的锐角区域，此即为锐角定则。上述规律用于真空电弧沉积阴极弧源设计时，有两种表现形式：一是在阴极表面形成环拱型磁场。根据反向运动原理和锐角法则，电弧将沿着磁力线与阴极表面的切线作环绕运动。调整切线的位置，可以将阴极斑点限制在某一区域内；二是改变阴极的形状，使磁场与阴极的非烧蚀面斜交，通过漂移运动使电弧转移至烧蚀面，如图 6-58 所示。

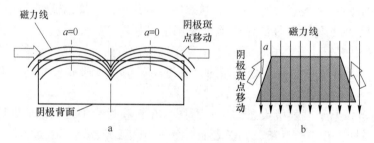

图 6-58　磁场控制电弧斑点的两种表现形式
a—环拱型磁场；b—磁场与阴极的非烧蚀斜交

2）真空阳极电弧沉积技术。为改善膜层表面出现的大颗粒缺陷，以及弧斑对阴极表面的腐蚀不均所造成靶面局部穿孔从而使靶材浪费，提出了阳极弧设想，将被镀材料作为阳极，可有效解决上述问题。该技术利用电子轰击阳极靶材，经过电弧等离子体，可使蒸发出来的靶材与背底气体之间发生化学反应，因而在各种化合物薄膜及多元合金膜层的制备方面有很大的应用前景。

阳极真空电弧镀膜装置结构示意图见图 6-59。在真空室内，有一个水冷棒状阳极，其前端用难熔金属棒弯成一个支架，然后将要镀制的材料加工成金属丝并缠绕在支架上。正对阳极前端是水冷盘状阴极，可由金属或合金制成，同时利用磁场控制阴极斑点的位置，使之不逸出阴极端面。在阴极外围，一个屏蔽罩，用以限制阴极斑点的

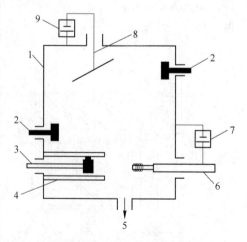

图 6-59　阴极真空电弧镀膜装置结构示意图
1—真空室；2—辉光放电电极；3—阴极；
4—屏蔽罩；5—抽气系统；6—阳极；
7，9—阳极偏压；8—样品

运动，并阻止阴极熔化金属液滴向衬底喷射。样品架位于放电区间的上方，并施加一定的负偏压，以加速离子向衬底运动；如果衬底为非导电材料，则可在阳极上加一定的正偏压，也可达到使衬底吸引离子的效果。

阳极真空电弧镀膜方法是一种区别于阴极真空电弧镀膜的全新薄膜沉积方法，它保留了 VAC 技术的长处，克服了大颗粒污染的弊端，同时又具有自身独特的优点，如设备结构简单，衬底温升低，可在金属、非金属衬底上进行镀膜，可镀制的膜层包括几乎全部金属部分的合金材料。而且，在镀制合金镀层时，该方法获得的膜层能保留靶源合金材料的成分比例不变。因此，阳极真空电弧镀膜方法出现伊始就引起了广泛重视。

3）辅助阳极技术。辅助阳极多弧沉积技术所用弧源与偏压电源和一般的阴极电弧沉积设备相同，其目标是提供一种真空电弧沉积装置，不是通过等离子流中离子在进行离子清洗和基体加热，而是通过增强此阶段中使用的气体的离化率的一种辉光放电来达到。由于辅助阳极的点位相对于等离子体为正，部分等离子体中的电子加速移向阳极，获得相应电势差加速带来的能量。此外还可以通过气体的离子轰击基材表面来达到清理和加热，防止形成有害的中间层。进一步的发明在于辅助阳极采用磁性材料制成。为防止大颗粒污染基体表面，对部分阴极靶安装了隔离装置。它可在两个位置上移动，一个位置完全挡住靶与基体的直线距离位置，另一位置，完全打开通道。前一位置主要用在清洗、加热阶段。图 6-60 为辅助阳极示意图。

4）可控柱状靶。可控柱状靶结构示意图如图 6-61 所示。此项技术是一项在柱状阴极表面施加磁场来控制电弧放电的路径和速度的方法，通过控制电弧运动，可以在阴极表面获得更加均匀的烧蚀，达到比随机运动的电弧更加均匀的沉积，而且通过控制电弧运动速度可以减少液滴的产生。具体方法是通过试驾一个轴向磁场并叠加一个环绕阴极表面运动的磁场分量。在这个轴向磁场分量的影响下，当电弧沿阴极长度方向迁移时环绕阴极表面运动，形成一个能够开放的螺旋线。通过改变施加的轴向磁场分量的强度，降低了弧斑在每点的停留时间，因而减少了液滴的产生。

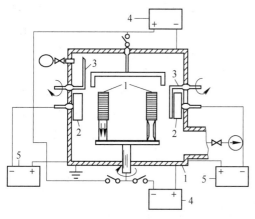

图 6-60　辅助阳极示意图
1—基体；2—阴极靶；3—隔离装置；4—偏压；
5—辅助阳极

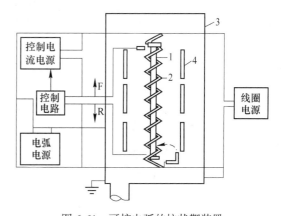

图 6-61　可控电弧的柱状靶装置
1—柱状阴极；2—螺旋线；3—真空室；4—工件

5）脉冲偏压电弧离子镀技术。脉冲偏压电弧离子镀技术是将传统多弧离子镀的直流偏压改成脉冲偏压，通过提高脉冲偏压幅值，周期性地用具有较高能量的离子轰击表面，同时沉积成膜。另一方面又通过降低占空比来减少离子轰击的总加热效应，以达到在保持涂层组织致密性和结合强度的同时，降低其沉积温度、减少涂层内应力的总体效果。

通常，直流偏压电源与脉冲电源同时连接在基体上，为了防止二者之间相互干扰，在其间分别接入单向导通的二极管，如图 6-62 所示。这种组合不仅可以单独使用直流偏压或脉冲偏压，还可以将二者叠加在一起同时使用，将输出电压施加给基体。偏压电源的正极接地，负极与基体相连，从而实现对基体施加负偏压。

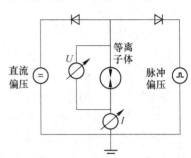

图 6-62　脉冲电压与直流电压
叠加原理示意图

大量研究表明，脉冲偏压可以得到附加的离子轰击，提高原子活性，增强反溅射和表面原子的移动。这些对形成具有良好均匀性、良好结合力、低的残余应力的薄膜很有帮助。同时，这种脉冲工艺也可以引用到等离子体沉积薄膜的工艺中。

（4）国内设备进展。

1）弧源技术。电弧电源是多弧离子镀膜机的关键技术和重要组成部分。目前，多弧离子镀采用的电弧源多数是柱弧源或矩形平面大弧源，因此，对柱弧源和矩形平面大弧源技术的研发和应用成为新的热点。

柱弧源和大弧源之所以被重视，是因为它具有许多优点，尤其是点弧离子镀的优点：高的金属离化率，容易进行反应沉积，获得化合物涂层。与小弧源相比，膜层组织更细，熔滴更小，镀膜机的操作简便，成本低。

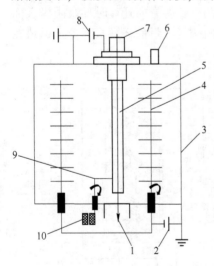

图 6-63　柱弧源多弧离子
镀膜机结构示意图

1—真空系统；2—工作偏压电源；3—镀膜室；
4—工件；5—柱状弧源；6—进气系统；
7—柱状弧源室；8—弧源电极；9—引弧极；
10—引弧电磁线圈

如图 6-63 所示，柱弧源多弧离子镀膜机当中只安装了一个柱状阴极电弧源，结构简单。工作时，电弧呈现与柱弧源等长的弧斑，弧斑沿柱状阴极电弧源靶面扫描，膜材原子从柱弧靶靶面蒸发后不出现沟槽，靶材利用率高。柱弧源有的采用单面条形磁钢控制弧斑，只在一个方向镀膜，为了提高靶材利用率，靶管进行旋转，即"旋靶"；有的采用条形磁钢控制弧斑运动，向 360° 方向镀膜，弧斑的轨迹可以是直条的也可以是螺旋线形状的，即"磁旋"；有的柱弧源采用外加螺旋线磁场控制弧斑运动，向 360° 方向镀膜，既不"旋靶"也不"旋磁"。

在矩形大弧源镀膜机中，可以安装两种靶材，用以沉积多层膜。国内外生产的安装矩形平面大弧源的镀膜机多是采用电磁控制方式控制弧斑运动，使弧斑在靶面上扫描，使得靶材利用率提高。

图 6-64 为旋转磁控柱状源多弧离子镀膜机结构示意图。柱弧靶材为钛管，靶管内安装数根做旋转运动的永磁体。当引燃弧光后，弧斑呈直线或螺旋线状沿

柱弧全长分布，并沿弧靶面扫描，可沿柱弧全长向360°方向辐射镀膜。镀膜均匀区大，工件在柱弧源周围做公转、自转运动，只引一次弧便可实现整个工件架的均匀镀膜。

弧源技术作为多弧离子镀的关键技术，在柱状电弧源发展的同时，各种小多弧源、金属真空磁过滤弧源、矩形电磁控大面积弧源技术也得到了飞速发展，目前各种弧源技术已经陆续进入了生产及科研领域。

2）脉冲电弧离子镀。为解决电弧燃烧喷出的液滴问题，人们对电弧燃烧模式也进行了改进，将电弧的燃烧模式从连续燃烧模式发展到了脉冲模式，即脉冲点弧离子镀技术，也称之为脉冲多弧离子镀技术。脉冲点弧离子镀是目前国际上十分重视的新技术，该技术的核心是脉冲电弧蒸发源，它是利用脉冲电弧放电产生的等离子体进行镀膜，这一新技术克服了普遍采用的连续电弧离子镀存在的液滴及负偏压放电两大缺点，因为是脉冲放电，液滴还没有形成，放电就已经结束。采用脉冲电弧蒸发源工作时，基片不需要加负偏压，故没有因负偏压放电引起的膜层损坏问题。

图 6-65 为脉冲多弧离子源示意图。脉冲多弧离

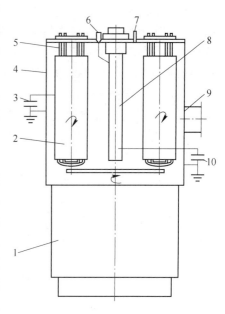

图 6-64　旋转磁控柱状源多弧
离子镀膜机结构示意图
1—底座；2—工作转架；3—偏压电源；
4—镀膜室；5—烘烤加热源；6—引弧针系统；
7—进气系统；8—旋转磁控柱状源；
9—真空系统；10—弧源电源

子源由阴极、阳极、起弧电极组成。阴极由被蒸发的材料制成。离子源可专门制作一个阳极，也可把真空室或基片夹具作为阳极。脉冲多弧离子源的工作原理基于冷阴极真空电弧放电。离子源阴极产生的真空电弧放电使阴极材料蒸发并电离，形成等离子体。这些等离子体一方面在基片上形成镀层，另一方面维持着电弧放电。冷阴极电弧放电的电子发射机制主要是场致电子发射，而场致电子发射需要在阴极表面建立很强的电场，因此仅靠离子源阴极与阳极之间的电位差远远不够，故需要引弧。一般采用预电离引弧法，即采用起弧电极，首先在起弧电极与阴极之间或起弧电极之间产生小电流放电、产生预电离，然后在阴极与阳极两个主要电极之间加上不很高的电压，使气体及蒸汽电离击穿形成电弧。

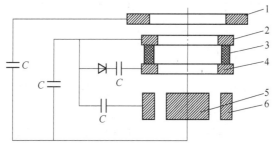

图 6-65　新型脉冲多弧离子源示意图
1—阳极；2，4—起弧电源；3—绝缘垫圈；5—阴极；6—环形起弧电极

3）复合离子镀膜设备。为了满足镀制各种多层薄膜及复合化合物薄膜的要求，多功能复合离子镀膜机已经成为目前研究发展的方向和热点。多功能复合离子镀膜设备合理配置柱弧源、电磁控大面积弧源以及小多弧源的使用，叠加式直流脉冲偏压电源及 PLC 自动控制系统的应用，使该机功能得以加强，应用范围大大扩展，满足了原位连续镀制各种多层膜及复合化合物膜的要求，同时也使远离平衡态的低温沉积镀膜工艺得以实现，具有成本低、效率高、膜系质量优、工艺可重复性好等优点。图 6-66 为复合离子镀膜设备示意图。

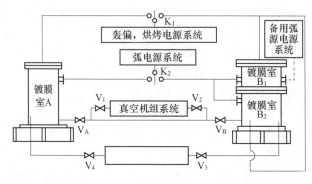

图 6-66　复合离子镀膜设备示意图

4）脉冲偏压多弧离子镀。将传统的直流偏压电源改进为采用脉冲叠合偏压电源，脉冲叠合偏压电源是由一个直流基础偏压和一个较高的直流脉冲偏压组成，直流脉冲偏压电源可以按照偏压幅值的大小分为高幅值脉冲偏压和低幅值脉冲偏压。脉冲宽度与脉冲周期之比称为占空比。现在多弧离子镀低温沉积技术的指导思想是通过提高脉冲偏压来实现镀层的结构致密化、表面硬化和界面强化，同时又通过降低占空比来减少离子轰击的总加热效应。如果说传统的离子镀可以在一定程度上按恒稳态处理，那么脉冲偏压离子镀体系中各点的能态在时间和空间中都处于快速变化中，因此属于远离平衡态的过程，这种高度非平衡性的特点创造了低基体沉积温度和良好镀层性能结合的可能性。

多弧离子镀技术以其特有的优点获得了广泛的应用。随着科技和生产的发展，将继续开拓其应用领域。

5）磁过滤多弧离子镀。磁过滤多弧离子镀的基本结构与原理。磁过滤弧离子镀是在真空阴极电弧离子镀的基础上发展起来的一项离子镀膜技术。磁过滤弧离子镀的原理与电弧离子镀原理类似，通过真空弧光放电，使靶材蒸发，并在空间形成等离子体，进而在基体上沉积膜层。但单纯的电弧离子镀在真空放电产生的金属等离子体中会伴随有 $0.1 \sim 10\mu m$ 的阴极材料颗粒或熔融的液滴，这些液滴会镶嵌在薄膜中或散布在膜层表面，严重影响薄膜的性能。磁过滤弧离子镀技术就是针对电弧离子镀中大颗粒的问题进行改进的一项技术：通过在真空磁过滤系统中，在阴极和阳极之间放一个障碍物以阻碍粒子（包括大颗粒和等离子体）的直线运动，等离子体在磁场引导绕开障碍物，而大颗粒却因呈电中性而撞在障碍物上，进而实现去除大颗粒。把障碍物和磁场结合起来使等离子体到达基体而阻隔大颗粒的方法就是磁过滤的方法。不同磁过滤装置如图 6-67 所示。

图 6-67a 中为直管磁过滤器，基体和阴极之间加轴向磁场，引导等离子体到达基体，

但是由于没有加阻隔大颗粒的装置，这种装置去除大颗粒的效果不明显；图 6-67b 是在 a 的基础上，在基体和阴极之间加装障碍物，在障碍物附近磁力线发散，可引导等离子体到达基体，阻隔部分大颗粒；图 6-67c 由环形等离子体导管和缠绕在导管外部的线圈组成。根据不同的沉积要求，导管的弯曲角度可以变化，如 30°弯管、60°弯管等，最常用的 90°弯管磁过滤器与图 6-67d、c 类似，不同点在于 d 是由两个直管通过一定角度连接；e 为圆顶形磁过滤器，靠近基体的柱状阴极的尾部被一个很大直径的柱盖在顶上，这样就可以阻隔大颗粒在轴向的传输；图 6-67f 是双弯曲磁过滤器，两个弯管可以抵消等离子体对管壁的曲率漂移，但是会使等离子体的传输速率明显下降，通常用于要求较高较薄的膜层的镀制。

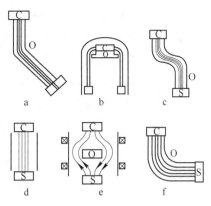

图 6-67　不同磁过滤装置结构图

a—直管；b—带阻隔装置的直管；

c—环形管；d—膝盖形管；

e—圆顶形；f—双弯管

　　通过磁过滤的方法去除部分大颗粒的同时，也必然会损失部分等离子体。因此研究磁过滤器中等离子体的传输效率就显得非常重要。磁过滤器的传输效率经常采用系统效率 k 表示，其定义为磁过滤器出口处的离子电流与阴极弧电流的比值。

$$k = \frac{I_{\text{ion}}}{I_{\text{are}}}$$

式中，k 为系统效率；I_{ion} 为过滤器出口处的离子电流；I_{are} 为阴极弧电流。

　　等离子体在磁过滤管道中的偏转是在弯曲磁场的曲率漂移和梯度漂移及等离子体中电子和离子的相互作用和碰撞下发生的。

　　等离子体的传输效率与导管长度、磁场强度和导管半径有关。等离子体在磁场引导下沿弯管运动，磁感应强度满足：

$$B = \frac{M_1 v_0}{Zea}$$

式中，M_1 为正离子质量；v_0 为传输速度；Z 为所带电荷数；a 为弯管内径；e 是电子电量。

　　电子与离子是否能被磁化与它们的拉莫尔半径大小有关。若电子的拉莫尔半径比导管半径小则可以被磁化；相反，离子的回转半径比导管半径大，则不被磁化。但是，离子会由于与电子之间的静电力被迫沿着磁力线运动，保持电中性。但是，一些能量比较高的离子不能完全被电子束缚，可能到达管壁，使得弯管壁带正电，抑制正离子进一步到达弯管壁，减少等离子体的损失。因此，为了提高等离子的传输效率，可以在弯管壁上施加由外部电源提供的正电压。目前，给弯管壁提供正电压的方式有两种：（1）直接在整个弯管壁上加 10~20V 电压，提高等离子体的传输效率；（2）在弯管内壁外侧加 20~30V 条形电极，可以使等离子体的传输效率提高。第一种方法在整个弯管壁上加正电压，不仅加热管壁，还会造成部分电子被弯管壁吸收，为了保持电中性，会损失部分等离子体，相应地使等离子体的传输效率降低；而第二种方法只在弯管内壁的外侧加条形电极，可以减少等离子体的损失，等离子体的传输效率更高。

经实验总结得出等离子体的传输效率与以下因素有关：磁过滤偏压，阴极弧电流，磁过滤器磁场强度和阴极材料等。当磁场较小时，系统效率随磁过滤偏压的增大明显降低；当增大磁场时，系统效率明显增大。由于磁场增大时，可以更好地束缚电子向磁过滤器壁运动，减少等离子体的损失。在一定范围内，磁过滤器中磁场强度越高，等离子体的传输效率越高；当磁场强度过高，磁过滤器出口处磁镜效应将导致传输效率下降。另外，在磁过滤入口处聚焦磁场和磁过滤磁场的耦合也很重要，在一定条件下，等离子体的传输效率随阴极弧电流的增大而增大。

磁过滤多弧离子镀与传统阴极多弧离子镀的特点类似，主要可归结为以下几点：

①膜层附着力好：由于磁过滤多弧离子镀具有较高的粒子离化率使得成膜粒子大部分为离子，再在基底加上负偏压，给成膜离子加速，使成膜离子以较高的能量轰击基底，而高能粒子的轰击具有三个作用，一是清洁基底并产生使基底温度升高；二是再次溅射附着在基底表面的分子或原子；三是促进了膜层材料的表面扩散和化学反应，如果能量足够的话还可能产生注入效应。在这三重作用下，膜基结合力得到大大增强。

②膜层密度高：由于高能粒子的表面迁移率大，且高能粒子再次溅射可以克服沉积薄膜时的阴影效应，因而镀膜密度可以接近于块状材料，非常致密。再加上磁过滤弯管可以过滤掉大颗粒和熔滴，使得薄膜的密度和质量进一步得到提高。

③膜厚均匀性好：薄膜沉积过程的绕射性好，基体各表面均能沉积薄膜，对于复杂外形的工件，提高了薄膜的覆盖能力。

④膜层沉积速率快：由于多弧离子镀具有较高的离化率，激发出来的离子数也更多，沉积速率也随之提高。

⑤设备结构简单，电弧靶既是阴极材料的蒸发源又是离子源，不需要额外的离化手段。

⑥基底温度低：可在较低的温度下沉积薄膜，对基底材料的影响较小。

6）磁控溅射离子镀。磁控溅射技术作为一种十分有效的薄膜沉积方法，被普遍和成功地应用于许多方面，特别是在微电子、光学薄膜和材料表面处理领域中，用于薄膜沉积和表面覆盖层制备。

磁控溅射系统是为了解决二极溅射镀膜速度比蒸镀慢很多、等离子体的离化率低和基片的热效应明显的问题而发展出的镀膜技术。磁控溅射系统在阴极靶材的背后放置 $0.01 \sim 0.1T$ 强力磁铁，真空室充入 $0.1 \sim 10Pa$ 压力的惰性气体（如 Ar 气），作为气体放电的载体。在高压作用下 Ar 原子电离成为 Ar^+ 离子和电子，产生等离子辉光放电，电子在加速飞向基片的过程中，由于受到垂直于电场的磁场影响，电子产生偏转并被束缚在靠近靶表面的等离子体区域内，以摆线的方式沿着靶表面前进，在运动过程中不断与 Ar 原子发生碰撞，电离出大量的 Ar^+ 离子，与没有磁控管结构的二级、三级溅射相比，离化率迅速增加 $10 \sim 100$ 倍，因此该区域内等离子体密度非常高。电子经过多次碰撞后能量逐渐降低，摆脱磁力线的束缚，最终落在基片、真空室内壁及靶源阳极上。而 Ar^+ 离子在高压电场加速作用下，与靶材的撞击并释放出能量，导致靶材表面的原子吸收 Ar^+ 离子的动能而脱离原晶格束缚，呈中性的靶原子逸出靶材表面飞向基片，并在基片上沉积形成薄膜（见图6-68）。溅射系统沉积镀膜粒子能量通常为 $1 \sim 10eV$，溅射镀膜理论密度可达98%。比较蒸镀 $0.1 \sim$

1eV 的粒子能量和95％的镀膜理论密度而言，磁控溅射镀薄膜的性质、膜基结合都比热蒸发和电子束蒸发薄膜好。

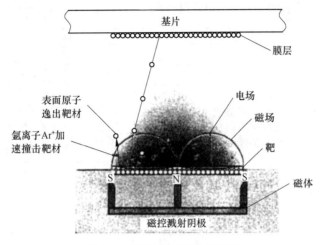

图 6-68 磁控溅射原理示意图

磁控管中阴极和磁体的结构直接影响溅射镀膜的性能，因此可以根据磁控溅射应用要求，发展出各种不同结构和可变磁场的阴极磁控管，以改善和提高薄膜的质量和靶材的利用率。

磁控溅射技术得以广泛的应用，是由该技术有别于其他镀膜方法的特点所决定的，其特点可归纳为：

①可制备成靶材的各种材料均可作为薄膜材料，包括各种金属、半导体、铁磁材料，以及绝缘的氧化物、陶瓷、聚合物等物质，尤其适合高熔点和低蒸气压的材料沉积镀膜；

②在适当条件下多元靶材共溅射方式，可沉积所需组分的混合物、化合物薄膜；

③在溅射的放电气氛中加入氧、氮或其他活性气体，可沉积形成靶材物质与气体分子的化合物薄膜；

④控制真空室中的气压、溅射功率，基本上便可获得稳定的沉积速率，通过精确地控制溅射镀膜时间，可以很容易地获得均匀的高精度的膜厚，且生产重复性好；

⑤溅射粒子几乎不受重力影响，靶材与基片位置可自由安排；

⑥基片与膜的附着强度是一般蒸镀膜的 10 倍以上，且由于溅射粒子带有高能量，在成膜面会继续表面扩散而得到硬且致密的薄膜，同时高能量使基片只要较低的温度即可得到结晶膜；

⑦薄膜形成初期成核密度高，故可生产厚度 10nm 以下的极薄连续膜。但是，磁控溅射的靶材利用率一直是个问题，由于靶源磁场磁力线分布呈圆周形状，因此会在靶表面的一个环形区域内消蚀出一个深的沟，这种靶材的非均匀消耗将造成靶材的利用率降低。在实际应用中，圆形的平面阴极靶，其靶材的利用率通常小于50％。通过一系列的优化设计可在一定程度上提高靶材的利用率，像旋转靶材，其利用率可以提高至70％～80％以上。

近些年来，磁控溅射由于其多项优势，得到了广泛重视和迅速的发展，目前发展出多种磁控溅射技术，主要有：平衡磁控溅射、非平衡磁控溅射、反应溅射、共溅射、直流溅射、射频溅射、脉冲磁控溅射、中频交流磁控溅射和高速率溅射。

①平衡磁控溅射。平衡磁控溅射，即传统磁控溅射，阴极磁控管有一个紧密的限制磁场，所以磁力线在靶的表面保持闭合，等离子体被强烈地限制在靶表面附近，被限制的高密度等离子体存在从靶表面向外延伸大约 60mm 的区域之中，如图 6-69 所示。

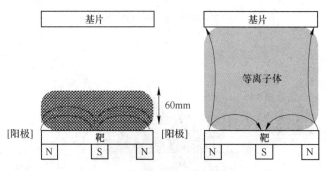

图 6-69　平衡磁控溅射原理及磁场分布数值模拟

在平衡磁控溅射沉积薄膜的过程中，基片放置于高密度等离子体离子轰击区域外，电子和离子撞击基片的机会很少，粒子流的密度（ICD）$< 1mA/cm^2$，这种平衡磁控溅射基片维持较冷的状态，同时由于没有足够的离子轰击以改变沉积薄膜的微结构，因此，难以沉积出大面积结构致密、附着牢固的高质量薄膜。

②非平衡磁控溅射。由于传统磁控溅射镀膜难以沉积大面积致密、结合良好的高质量薄膜，为解决这一问题，发展出了非平衡磁控溅射技术。非平衡磁控溅射技术原理如图 6-70 所示。

非平衡磁控溅射技术是在阴极靶上施加溅射电源，使靶材在一定真空度下形成辉光放电，产生离子、原子等粒子形成的等离子体。这些等离子体在永磁铁产生的磁场、工件上施加的负偏压形成的电场以及粒子初始动能综合作用下流向工件。同时，在阴极和工件之间增加了螺线管，这

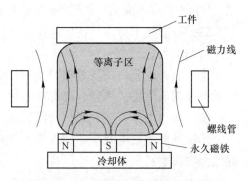

图 6-70　非平衡磁控溅射技术原理图

可增加周边额外磁场，用它来改变阴极和工件之间的磁场，使得外部磁场强于中心磁场。在这种情况下，不封闭的磁力线从阴极周边指向工件，电子沿该磁力线方向运动，极大地增加了电子与靶材原子和分子的碰撞机会，使得离化率大大提高。因此，即使工件保持不动，也可以从等离子体区获得很大密度的离子流，对镀制具有外部复合特性的膜层非常有利。

③反应溅射。反应溅射是在溅射的惰性气体气氛中，通入一定比例的反应气体，通常用作反应气体的主要是氧气和氮气。在存在反应气体的情况下，溅射靶材时，靶材会与反应气体反应形成化合物，最后沉积在基片上。在惰性气体溅射化合物靶材时，由于化学不稳定性往往导致薄膜较靶材少一个或更多组分，此时如果加上反应气体可以补偿所缺少的组分，这种溅射也可视为反应溅射。

反应溅射有以下特点：

反应磁控溅射所用的靶材（单元素靶或多元素靶）和反应气体（氧、氮、碳氢化合

物等）通常很容易获得很高的纯度，因而有利于制备高纯度的化合物薄膜；

反应磁控溅射中调节沉积工艺参数可以制备化学配比或非化学配比的化合物薄膜，从而达到通过调节薄膜的组成来控制薄膜特性的目的；

反应磁控溅射沉积过程中基板温度不会有很大的升高，而且成膜过程通常不要求对基板进行高温加热，因此对基板材料的限制较少；

反应磁控溅射适于制备大面积均匀薄膜。

但是，反应磁控溅射也存在一些问题。反应磁控溅射过程中会出现迟滞回线，即反应气体在高流量下会导致溅射速率大幅度下降，其主要原因是由于靶面上形成了化合物层，影响了溅射速率。这直接限制了反应磁控溅射的沉积速率。为了解决这一问题，发展出了相应的改进技术。图 6-71 为阻塞反应气体到达靶面的溅射系统示意图。

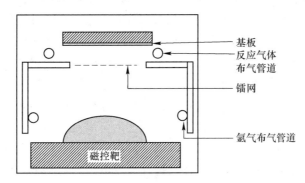

图 6-71　阻塞反应气体到达靶面的溅射系统示意图

将反应气体的布气管道尽可能靠近基板，氩气布气管道则分布在靶周围，而靶与基板之间有一带网孔的栅栏，为反应气体提供了一个吸附表面，隔离了一部分反应气体到达靶面。这种布局可以大大减弱反应气体与靶面的作用，使靶面保持在具有较高溅射速率的金属模式的溅射状态，而在基板表面附近，由于有较多的反应气体分子，因此在基板上沉积的薄膜主要是按设置的工艺参数所对应的化学配比的化合物薄膜。但是栅网结构也有其缺点，栅网部分需要经常拆洗以去除表面的沉积物；此外栅网的存在也降低了到达基板表面的溅射粒子流，在栅网接地的情况下还减弱了等离子体对基板的轰击，不利于薄膜的致密和对基板的附着。因此仍有改进的空间。

除此之外还有向溅射室脉冲注入反应气体的技术，通过定时电路控制压电阀的通断来控制反应气体的注入。压电阀关闭时间长短原则是在靶面发生不可逆转的中毒之前切断反应气体的注入，保证在关闭时段内能溅射去除掉靶面上形成的化合物层。因此靶的工作状态是不断在金属溅射模式和反应溅射模式之间切换，压电阀的通和断的时间很短，沉积的薄膜不会出现金属膜与化合物膜交替组合的情况。这项技术的主要缺点是：为了沉积可重复获得的、化学配比符合要求的化合物膜需要大量的工艺参数试验和优化，且需要连续监控与调节工艺参数。

④共溅射。共溅射磁过滤技术可以使用两个或两个以上的由不同材料制备的阴极靶同时进行检查，通过调节不同阴极靶上溅射放电电流来改变沉积的薄膜的组分。另外，还可以在一个主要靶材的表面固定、粘贴或镶嵌其他材料薄片作为辅助靶，使之成为复合靶使用，实现共溅射。对于复合靶可以通过改变辅助靶与主要靶的相对面积来改变沉积薄膜的

组分，辅助靶的面积可以很小，因此这种方法适合于实验研究和沉积材料组分相差悬殊的薄膜。

⑤直流溅射。直流溅射是指溅射电源为直流输出模式的磁控溅射。直流溅射方法主要用于被溅射出来为导电材料的溅射和反应溅射镀膜中，其工艺设备简单，有较高的溅射速率。在反应溅射沉积介质薄膜过程中，直流溅射通常会出现阳极消失、阴极中毒、放电打弧的问题，破坏了等离子体的稳定性，使沉积速率发生变化，导致溅射过程难以控制，限制直流反应磁控溅射技术在介质膜的应用。

⑥射频溅射。射频溅射技术是一种用交流电源代替直流电源，通过耦合电容将负电位加到靶材上，对介质靶、半导体靶实现高速率溅射的磁控溅射技术。在直流射频装置中如果使用绝缘材料靶时，轰击靶面得到正离子，在靶面上累积带正电，靶电位从而上升，使得电极间的电场逐渐变小，直至辉光放电熄灭和溅射停止。所以直流溅射装置不能用来溅射沉积绝缘介质薄膜。为了溅射沉积绝缘材料，人们将直流电源换成交流电源。由于交流电源的正负性发生周期交替，当溅射靶处于正半周时，电子流向靶面，中和其表面累积的正电荷，并且累积电子，使其表面呈现负偏压，导致在射频电压的负半周期时吸引正离子轰击靶材，从而实现溅射。由于离子比电子质量大，迁移率小，不像电子那样很快地向靶表面集中，所以靶表面的点位上升缓慢。由于在靶上会形成负偏压，所以射频溅射装置也可以溅射导体靶。而在射频溅射装置中，等离子体中的电子容易在射频场中吸收能量并在电场内振荡，因此，电子与工作气体分子碰撞并使之电离产生离子的概率增加，从而使得击穿电压、放电电压和工作气压显著降低。

⑦脉冲磁控溅射。脉冲磁控溅射时采用矩形波电压的脉冲电源代替传统直流电源进行磁控溅射沉积。脉冲磁控溅射技术可以有效的一直有电弧产生，进而消除由此产生的薄膜缺陷，同时可以提高溅射沉积速率，降低沉积温度。脉冲可分为双向脉冲和单向脉冲。双向脉冲在一个周期内存在正电压和负电压两个阶段，在负电压段，电源工作于靶材的溅射，正电压段则是引入电子中和靶面累积的正电荷，并使靶材表面清洁，裸露出金属表面，方便下一周期负电压段的溅射。脉冲电源的正向脉冲对于释放表面的集聚电荷、防止打弧十分有效。脉冲工作方式为薄膜沉积提供了稳定无弧的工作状态。

⑧中频交流磁控溅射。中频交流磁控溅射在单个阴极靶系统中，与脉冲磁控溅射有着同样的防止打弧的作用。中频交流溅射技术除可应用在绝缘材料薄膜制备上还可以应用于孪生靶溅射系统。中频交流孪生靶溅射是将中频交流电源的两个输出端分别接到闭合磁场非平衡溅射双靶的各自阴极上，因而在双靶上分别获得相位相反的交流电压，一对磁控溅射靶则交替成为阴极和阳极。孪生靶溅射技术大大提高了磁控溅射运行的稳定性，可避免被毒化的靶面产生电荷积累，引起靶面电弧打火以及阳极消失的问题，溅射速率高，为化合物薄膜的工业化大规模生产奠定了基础。

6.3.4　离子注入

6.3.4.1　简介

离子注入是把掺杂剂的原子引入固体中的一种材料改性方法。简单地说，离子注入的过程，就是在真空系统中，用经过加速的，要掺杂的原子的离子照射（注入）固体材料，从而在所选择的（即被注入的）区域形成一个具有特殊性质的表面层（注入层）。离子注入技术是把某种元素的原子电离成离子，并使其在几十至几百千伏的电压下进行加速，在获得较高速度后射入放在真空靶室中的工件材料表面的一种离子束技术。材料经离子注入后，其表面的物理、化学及力学性能会发生显著的变化，金属表层所产生的持续耐磨损能力可以达到初始注入深度的 2~3 个数量级，见图 6-72。

$E < 10\text{keV}$ ，刻蚀、镀膜；

$E = 10\text{~}50\text{keV}$，曝光；

$E > 50\text{keV}$，注入掺杂。

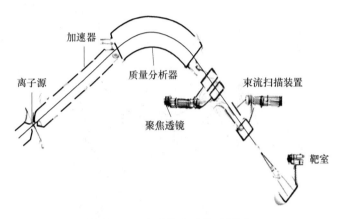

图 6-72　离子注入系统示意图

离子束加工方式：

（1）掩膜方式（投影方式）；

（2）聚焦方式（Focus Ion Beam，FIB）。

掩膜方式需要大面积平行离子束源，故一般采用等离子体型离子源，其典型的有效源尺寸为 100m，亮度为 $10\text{~}100\text{A}/(\text{cm}^2 \cdot \text{sr})$。

聚焦方式则需要高亮度小束斑离子源，当液态金属离子源（Liquid Metal Ion Source，LMIS）出现后才得以顺利发展。LMIS 的典型有效源尺寸为 $5\text{~}500\text{nm}$，电流密度 106A/cm^2，亮度为 $20\mu\text{A}/\text{sr}$。

离子注入系统（传统）基本结构，见图 6-73~图 6-75。

（1）离子源：用于离化杂质的容器。常用的杂质源气体有 BF_3、AsH_3 和 PH_3 等。

（2）质量分析器：不同离子具有不同的电荷质量比，因而在分析器磁场中偏转的角度不同，由此可分离出所需的杂质离子，且离子束很纯。

（3）加速器：为高压静电场，用来对离子束加速。该加速能量是决定离子注入深度的一个重要参量（离子能量为 100keV 量级）。

（4）中性束偏移器：利用偏移电极和偏移角度分离中性原子。

（5）聚焦系统：用来将加速后的离子聚集成直径为数毫米的离子束。

（6）偏转扫描系统：用来实现离子束 X、Y 方向的一定面积内进行扫描。

（7）工作室：放置样品的地方，其位置可调。

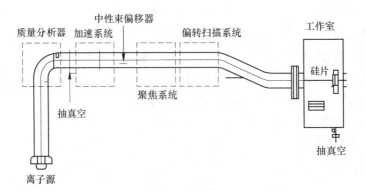

图 6-73　离子注入系统示意图

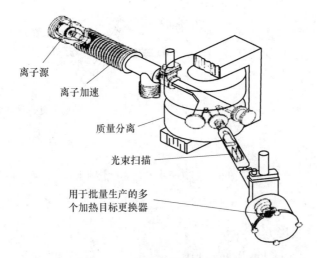

图 6-74　离子注入系统实物图

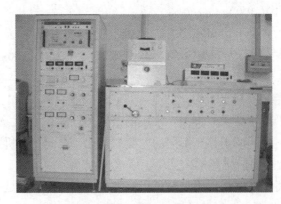

图 6-75　离子注入机设备

　　目前最大的几家 IMP 设备厂商是 VARIAN（瓦里安），AXCELIS，AIBT（汉辰科技），而全球最大的设备厂商 AMAT（应用材料）基本退出了 IMPLANTER 的领域，高能离子注入机以 AXCELIS 为主，主要为批量注入，而 Varian 则占领了 Single 的市场。

6.3.4.2　基本特点

（1）纯净掺杂，离子注入是在真空系统中进行的，同时使用高分辨率的质量分析器，保证掺杂离子具有极高的纯度。

（2）掺杂离子浓度不受平衡固溶度的限制。原则上各种元素均可成为掺杂元素，并可以达到常规方法所无法达到的掺杂浓度。对于那些常规方法不能掺杂的元素，离子注入技术也并不难实现。

（3）注入离子的浓度和深度分布精确可控。注入的离子数决定于积累的束流，深度分布则由加速电压控制，这两个参量可以由外界系统精确测量、严格控制。

（4）注入离子时衬底温度可自由选择。根据需要既可以在高温下掺杂，也可以在室温或低温条件下掺杂。这在实际应用中是很有价值的。

（5）大面积均匀注入。离子注入系统中的束流扫描装置可以保证在很大的面积上具有很高的掺杂均匀性。

（6）离子注入掺杂深度小。一般在 $1\mu m$ 以内。例如对于 100keV 离子的平均射程的典型值约为 $0.1\mu m$。

6.3.4.3　技术原理

离子注入是将离子源产生的离子经加速后高速射向材料表面，当离子进入表面，将与固体中的原子碰撞，将其挤进内部，并在其射程前后和侧面激发出一个尾迹。这些撞离原子再与其他原子碰撞，后者再继续下去，大约在 $10\sim 11s$ 内，材料中将建立一个有数百个间隙原子和空位的区域。这所谓碰撞级联虽然不能完全理解为一个热过程，但经常看成是一个热能很集中的峰。一个带有 100keV 能量的离子通常在其能量耗尽并停留之前，可进入到数百到数千原子层。当材料回复到平衡，大多数原子回到正常的点阵位置，而留下一些"冻结"的空位和间隙原子。这一过程在表面建立了富集注入元素并具有损伤的表层。离子和损伤的分布大体为高斯分布。

6.3.4.4　发展历程

离子注入首先是作为一种半导体材料的掺杂技术发展起来的，它所取得的成功是其优越性的最好例证。低温掺杂、精确的剂量控制、掩蔽容易、均匀性好这些优点，使得经离子注入掺杂所制成的几十种半导体器件和集成电路具有速度快、功耗低、稳定性好、成品率高等特点。对于大规模、超大规模集成电路来说，离子注入更是一种理想的掺杂工艺。如前所述，离子注入层是极薄的，同时，离子束的直进性保证注入的离子几乎是垂直地向内掺杂，横向扩散极其微小，这样就有可能使电路的线条更加纤细，线条间距进一步缩短，从而大大提高集成度。此外，离子注入技术的高精度和高均匀性，可以大幅度提高集成电路的成品率。随着工艺上和理论上的日益完善，离子注入已经成为半导体器件和集成电路生产的关键工艺之一。在制造半导体器件和集成电路的生产线上，已经广泛地配备了离子注入机。

20 世纪 70 年代以后，离子注入在金属表面改性方面的应用迅速发展。在耐磨性的研究方面已取得显著成绩，并得到初步的应用，在耐腐蚀性（包括高温氧化和水腐蚀）的研究方面也已取得重要的进展。

注入金属表面的掺杂原子本身和在注入过程中产生的点阵缺陷，都对位错的运动起"钉扎"作用，从而使金属表面得到强化，提高了表面硬度。其次，适当选择掺杂元素，可以使注入层本身起着一种固体润滑剂的作用，使摩擦系数显著降低。例如用锡离子注入En352 轴承钢，可以使摩擦系数减小一半。尤其重要的是，尽管注入层极薄，但是有效的耐磨损深度却要比注入层深度大一个数量级以上。实验结果已证明，掺杂原子在磨损过程中不断向基体内部推移，相当于注入层逐步内移，因此可以相当持久地保持注入层的耐磨性。

6.3.4.5　性能

离子注入后形成的表面合金，其耐腐蚀性相当于相应合金的性能，更重要的是，离子注入还可以获得特殊的耐蚀性非晶态或亚稳态表面合金，而且离子注入和离子束分析技术相结合，作为一种重要的研究手段，有助于表面合金化及其机制的研究。

离子注入作为金属材料改性的技术，还有一个重要的优点，即注入杂质的深度分布接近于高斯分布，注入层和基体之间没有明显的界线，结合是极其紧密的。又因为注入层极薄，可以使被处理的样品或工件的基体的物理化学性能保持不变，外形尺寸不发生宏观的变化，适宜于作为一种最后的表面处理工艺。

离子注入由于化学上纯净、工艺上精确可控，因此作为一种独特的研究手段，还被广泛应用于改变光学材料的折射率、提高超导材料的临界温度，表面催化、改变磁性材料的磁化强度、提高磁泡的运动速度、模拟中子辐照损伤等领域。

6.3.4.6　离子注入技术的优点

（1）它是一种纯净的无公害的表面处理技术。

（2）无需热激活，无需在高温环境下进行，因而不会改变工件的外形尺寸和表面光洁度。

（3）离子注入层由离子束与基体表面发生一系列物理和化学相互作用而形成的一个新表面层，它与基体之间不存在剥落问题。

（4）离子注入后无需再进行机械加工和热处理。

6.3.4.7　离子注入设备和方法

最简单的离子注入机（图 6-76）应包括一个产生离子的离子源和放置待处理物件的靶室。

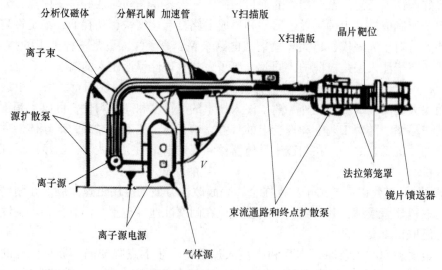

图 6-76　离子注入机

当前主要有以下几种类型的注入机：

（1）质量分析注入机，能注入任何元素，具有如下优点：

1）能产生任何元素的离子。

2）能产生纯的单能离子束，对目的明确的开发研究特别有利。

3）能很准确地确定处理参数。

4）靶室压强低，可限制污染。

5）离子束能量变化范围很宽。

缺点是：

1）束流一般较小。

2）机器昂贵且复杂，需专门人员操作和维修。

3）处理复杂形状时，要求样品翻转。

（2）氮注入机，只能产生气体束流（几乎只出氮）。主要用于工具的注入，其优点为：

1）操作维修简单。

2）束流高。

3）可以制成巨型的机器。

缺点是：

1）束流均匀性一般较差（但通常可满足工具的处理）。

2）离子束组分的相对分量不稳定，且其能量和剂量也不能确定。

3）因为离子源靠近靶室，在处理过程中靶室压强较高，会使处理表面氧化。

4）处理复杂形状时要求工件翻转。

（3）等离子源注入机（PⅢ）。PⅢ装置（图6-77）不是由离子源中产生的离子束射向分离靶室中的工件上，而是离子源环绕着工件。其做法是在靶室中产生等离子体，因此等离子体是环绕着注入工件的。这样就没有了直射性的限制。

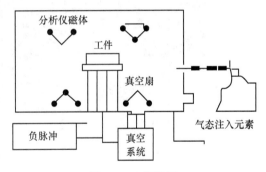

图 6-77 PⅢ装置

其优点如下：

1）简单，成本低。无需产生和控制离子束，只需运行真空系统。

2）不需工件的转动和扫描。

3）垂直入射注入。

4）高束流覆盖整个表面，故可忽略强离子束扫描引起的局部受热问题。

缺点是：

1）任何等离子体的不均匀性将引起不均匀注入。

2）离子能量受限制。

3）存在靶室中所有离子均匀注入，剂量和能量不易确定。

4）电流脉冲的效果尚无大量资料确证。

（4）其他类型注入机。目前还研制出了金属蒸发真空电弧离子源（MEVVA），它是在注入元素组成的电极表面引燃电弧而产生离子束的，它解决了固体元素直接注入这一难题。这个领域还在不断的发展中，必将会有许多新的仪器与设备涌现出来。

6.3.4.8 离子注入技术的应用

A 离子注入技术在表面改性中的应用

（1）提高抗腐蚀性能。离子注入时发生的级联碰撞会损伤原有晶格结构，使金属表面由长程有序变为短程有序，形成非晶态、无晶界的表面层，从而大大提高金属的耐腐蚀性。

（2）提高表面强度和硬度。强度和硬度是金属表面改性的重要研究参数。离子注入可以提高金属材料表面的强度和硬度。当金属中注入 C、N、O 和 P 等非金属元素时，可在金属中析出碳化物、氮化物、磷化物等弥散相和超硬相，如 TiC/TiN、Fe_2Ti、Fe_2N 和 Fe_2C 等，表面洛氏硬度得到提高。

（3）提高耐磨性。通过离子注入技术提高耐磨性能主要有两种机制：1）通过析出的硬化相来提高材料表面的屈服强度。当给材料注入像碳、氮这类活性离子可形成细小的碳化物和氮化物硬化相。随着注入离子数量的增加，这些粒子不断聚集，从而提高了材料的表面硬度。摩擦实验表明，表面越硬，磨损量越少。2）降低了摩擦系数。高能离子与晶格原子发生级联碰撞后，引起大量原子从原来的点阵位置上离开，从而导致高度畸变，有时呈非晶态结构，因此使材料表面摩擦系数减小。值得一提的是，这项技术在钛合金人造关节上得到了广泛的应用。McKellop 等人通过实验表明离子注入对 Ti-6Al-4V 的耐磨性能有显著提高，图 6-78 是未经过模拟关节磨损实验后的 Ti-6Al-4V 球照片。

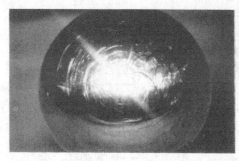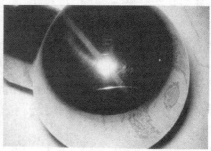

图 6-78 离子注入改性后的合金球

离子体浸没式离子注入是近年来迅速发展的一种材料表面改性新技术。工作时，作为靶的工件外表面全部浸没在低气压、高密度的均匀等离子体中，工件上施加频率为数百赫兹、数千至数万伏高压负脉冲偏压。包覆在试样表面的离子被加速并注入试样，实现表面改性。它克服了传统方法的方向性固有缺陷，因此在复杂形状的三维工件表面改性工艺与技术上表现出无与伦比的优越性。图 6-79 描述了等离子体浸没式离子注入与传统方法的区别。传统的离子注入是通过一束离子注入到材料表面，调整离子束的方向的同时靶件也旋转，而等离子体浸没的方式则更加直接、方便。

相较于传统的离子注入方法，等离子体浸没法具有明显的优越性：

（1）由于被处理工件完全浸没在等离子体中，因此该技术特别适合对三维尺度、复杂型面的工件进行表面改性处理；

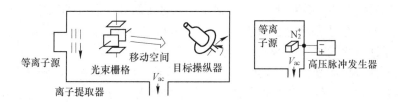

• 视线过程
• 需要光束光栅和目标操纵来实现均匀植入
• 等离子护套环绕标靶
• 离子轰击所有表面上的目标，无需光束光栅或目标操纵

图 6-79 等离子体浸没式离子注入与传统离子注入的示意图

（2）在工件上施加了负的高压直流或脉冲偏压，离子直接来自包围工件的等离子体。所以处理时间短，效率高，且设备相对简单。

（3）原位同时实现不同的改性工艺，满足各种不同的使用要求。低气压、高密度的等离子体源既可由气相法产生，又可由固态粒子产生；既可注入又可以沉积，或者两者同时进行。因此能完成多组元的同时沉积或注入。对成分的控制能力强，有可能获得新型高性能的新材料。

沉积离子的能量较高，有利于提高薄膜的致密性和附着性。PⅢ技术的关键是第一如何获得低气压、高密度的等离子体；第二施加在衬底上的脉冲电源。本文将重点介绍几种低压高密度等离子源，并给出一些等离子体浸没式离子沉积技术在复杂形状样品上沉积（类）金刚石薄膜的实验结果。

等离子体浸没式离子注入技术已经日趋成熟，并有大规模的应用。但依然存在一些问题限制了它的进一步发展：

没有离子质量的分离，所以等离子体中所有的离子都被注入，不适于一些半导体加工；离子能量也不是单一的，主要取决于气压和脉冲方式；原位的注入剂量难以监控；虽然PⅢ能处理一些一定几何形状的绝缘材料，但对于厚的电绝缘构件，施加偏压是不可能的；在离子轰击和离子在鞘层中的加速产生的二次电子，导致高电流密度和X射线的产生。

B 离子注入机应用于掺杂工艺

在半导体工艺技术中，离子注入具有高精度的剂量均匀性和重复性，可以获得理想的掺杂浓度和集成度，使电路的集成、速度、成品率和寿命大为提高，成本及功耗降低。这一点不同于化学气相淀积，化学气相淀积要想获得理想的参数，如膜厚和密度，需要调整设备设定参数，如温度和气流速率，是一个复杂过程。20 世纪 70 年代要处理简单一个的 N 型金属氧化物半导体可能只需 6~8 次注入，而现代嵌入记忆功能的 CMOS 集成电路可能需要注入达 35 次。

技术应用需要剂量和能量跨越几个等级，多数注入情况为：每个盒子的边界接近，个别工艺因设计差异有所变化。随着能量降低，离子剂量通常也会下降。具备经济产出的最高离子注入剂量是 $10^{16}/cm^2$，相当于 20 个原子层。

此外，在 20 世纪后期发展的一些掺杂新技术还包括以下几种：

等离子体浸没掺杂（PⅢD）：该技术最初是 1986 年在制备冶金工业中抗蚀耐磨合金时提出的，1988 年，该技术开始进入半导体材料掺杂领域，用于薄膜晶体管的氧化、高剂量注入形成埋置氧化层、沟槽掺杂、吸杂重金属的高剂量氢注入等工序。具有如下优点：（1）以极低的能量实现高剂量注入；（2）注入时间与晶片的大小无关；（3）设备和系统比传统的离子注入机简单，成本低。

投射式气体浸入激光掺杂（P-GILD）：该技术是一种变革性的掺杂技术，它可以得到其他方法难以获得的突变掺杂分布、超浅结深度和相当低的串联电阻。通过在一个系统中相继完成掺杂、退火和形成图形，P-GILD 技术对工艺有着极大的简化，这大大地降低了系统的工艺设备成本。近年来，该技术已被成功地用于 CMOS 器件和双极器件的制备中。

快速汽相掺杂（RVD）：该技术以汽相掺杂剂方式直接扩散到硅片中，以形成超浅结的快速热处理工艺。其中，掺杂浓度通过气体流量来控制，对于硼掺杂，使用 B_2H_6 为掺杂剂；对于磷掺杂，使用 PH_3 为掺杂剂；对于砷掺杂，使用砷或 TBA（叔丁砷）为掺杂剂。目前，RVD 技术已被成功地用于制备 0.18mm 的 PMOS 器件，其结深为 50nm。该PMOS 器件显示出良好的短沟道器件特性。

C　在 SOI 技术中的应用

由于 SOI 技术（Silicon-on-Insulation）在亚微米 ULSI 低压低功耗电路和抗辐照电路等方面日益成熟的应用，人们对 SOI 制备技术进行了广泛探索。

1966 年 Watanabe 和 Tooi 首先报道通过 O^+ 注入形成 SILF 表面的 Si 氧化物来进行器件间的绝缘隔离的可能性。1978 年，NTT 报道用这项技术研制出高速、低功耗的 CMOS 链振荡电路后，这种注 O^+ 技术成为众人注目的新技术。从而注氧隔离技术即 SIMOX 就成了众多 SOI 制备技术中最有前途的大规模集成电路生产技术。1983 年 NTT 成功运用了 SIMOX技术大批生产了 COMSBSH 集成电路；1986 年 NTT 还研制了抗辐射器件。这一切，使得NTT 联合 EATON 公司共同开发了强流氧离子注入机（束流达 100mA），之后 EATON 公司生产了一系列 NV-200 超强流氧离子注入机，后来 Ibis 公司也研制了 Ibis-1000 超强流氧离子注入机。从此 SIMOX 技术进入了大规模生产年代。到了 20 世纪 90 年代后期，人们在对SIMOX 材料的广泛应用进行研究的同时，也发现了注氧形成的 SOI 材料存在一些难以克服的缺点，如硅岛、缺陷，顶部硅层和氧化层的厚度不均匀等，从而导致了人们开始着眼于注氢和硅片键合技术相结合的智能剥离技术即 SMART CUT 技术的研制，20 世纪 90 年代末期，H^+ 离子注入成了新的热门话题。目前虽无专门的 H^+ 离子注入机，但随着 SMARTCUT 工艺日趋成熟，不久将会出现专门的 H^+ 离子注入机。

除了半导体生产行业外，在工控自动化的快速发展下，离子注入技术也广泛应用于金属、陶瓷、玻璃、复合物、聚合物、矿物以及植物种子改良上。

D　应用于薄膜制备

20 世纪 80 年代，离子注入被引入薄膜制备工艺中，发展成离子束增强沉积（IBED）技术，使之在制造各种金属膜、合金膜以及光学镀膜等方面都得到了广泛的研究和应用。该技术大幅度提高了铜膜和氧化铝陶瓷基片界面附着力，器件的使用性能得以改善，而又不降低电子束蒸镀铜膜的电学性能。

E　离子注入应用于金属材料改性

离子注入应用于金属材料改性，是在经热处理或表面镀膜工艺的金属材料上，注入一定剂量和能量的离子到金属材料表面，改变材料表层的化学成分、物理结构和相态，从而改变材料的力学性能、化学性能和物理性能。具体地说，离子注入能改变材料的声学、光学和超导性能，提高材料的工作硬度、耐磨损性、抗腐蚀性和抗氧化性，最终延长材料工作寿命。

6.3.4.9　离子注入的工艺参数

离子注入的最主要工艺参数是杂质种类、注入能量和掺杂剂量。杂质种类是指选择何种原子注入半导体基片，一般杂质种类可以分为 P 型和 N 型两类，P 型主要包括磷、砷、锑等，而 N 型则主要包括硼、铟等；注入能量决定了杂质原子注入晶体的深度，高能量注入的深，而低能量注入的浅；掺杂剂量是指杂质原子注入的浓度，其决定了掺杂层导电的强弱。通常情况下，半导体器件的设计者需要根据具体的目标器件特性为每一步离子注入优化以上这些工艺参数。

6.3.4.10　离子注入的 LSS 理论

1963 年，Lindhard，Scharff and Schiott 首先确立了注入离子在靶内分布理论，简称 LSS 理论。

该理论认为，入射离子在靶内的能量损失分为两个彼此独立的过程，即入射离子与原子核的碰撞（核阻挡过程）和与电子（束缚电子和自由电子）的碰撞（电子阻挡过程），总能量损失为其总和。

核碰撞：能量为 E 的一个注入离子与靶原子核碰撞，离子能量转移到原子核上，结果将使离子改变运动方向，而靶原子核可能离开原位，成为间隙原子核。

电子碰撞：注入离子和靶原子周围电子通过库仑作用，使粒子和电子碰撞失去能量，而束缚电子被激发或电离，自由电子发生移动，瞬时形成电子-空穴对。

A　注入离子在靶中的分布

注入到靶中的杂质离子在与靶内原子核及电子的碰撞过程中，不断损失能量，最后停止在某一位置。任何一个入射离子，在靶内受到的碰撞均是一个随机过程。虽然可以做到只选出那些能量相等的同种离子注入，但各个离子发生的碰撞、每次碰撞的偏转角和损失的能量、相邻两次碰撞之间的行程、离子在靶内所运动路程的总长度及注入深度都是不同的。如果注入的离子数量很小，它们在靶内的分布是很分散的；但是若注入大量离子，那么这些离子在靶内将按一定统计规律分布，其分布情况与注入离子的能量、性质及靶的性质等因素有关。

对于无定形靶（如 SiO_2、Si_3N_4、Al_2O_3 等），注入离子的纵向浓度分布可取高斯分布（见图 6-80）。

$$N(x) = N_{max} \exp\left[-\frac{1}{2}\left(\frac{x - R_p}{\Delta R_p}\right)^2 \right]$$

式中，$N(x)$ 表示距离靶表面为 x 的注入离子浓度；ΔR_p 是标准差，可查表得到；N_{max} 为峰值处浓度，它与注入剂量 N_s 关系为：

$$N_{max} = \frac{N_s}{\sqrt{2}\pi\Delta R_p} \approx \frac{0.4 N_s}{\Delta R_p}$$

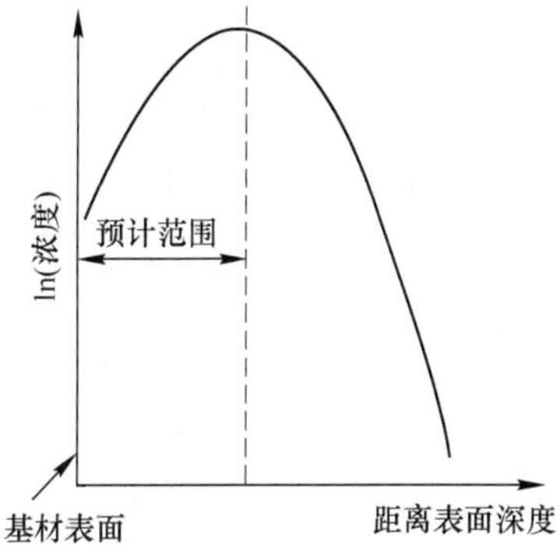

图 6-80　注入离子的纵向浓度高斯分布

B　离子注入杂质浓度深度分布的测量技术

随着半导体集成电路规模的日益增大和器件尺寸的不断缩小，要求对浅结的杂质浓度深度分布进行精确的测量。二次离子质谱（SIMS）技术和扩展电阻探针（SRP）技术具有较高的灵敏度和深度分辨率以及测量范围广等特点，是测量浅结杂质浓度分布的有效手段。二次离子质谱技术测量的是杂质原子计数随采样时间的变化，从而得到样品中杂质浓度深度分布；扩展电阻探针技术则是测量金属针尖下样品的扩展电阻值，由预先测定的定标曲线把扩展电阻值换算成载流子浓度值，进而得到对应的具有电活性的杂质浓度。将样品沿一定方向磨出小角度的斜面，用扩展电阻法在斜面上测出电阻分布，从而算出样品纵向杂质浓度分布。现在这两种测试技术仍在不断地改进和发展。

6.3.4.11　离子注入技术的未来展望

等离子注入技术尽管克服了传统离子注入技术的直射性问题，但离子注入工艺方法所固有的注入层浅的问题始终存在，这限制了它在工业中的广泛使用。因此，欲获得较厚的改性层，等离子体基离子注入技术必须与其他镀膜技术如 PVD、CVD 方法相结合，即复合的注入与沉积技术。复合镀膜技术是目前国内外的重要发展趋势，不少锂电池生产商都在关注。这种复合镀膜技术既可在同一个真空腔体内进行，也可以在不同真空系统中进行；注入与沉积既可同时进行也可以顺序进行。

另外，为了实现等离子注入工艺进一步实用化，注入设备需不断改进，以适应不同用途的等离子注入工艺的需求，并且朝着多元化、大电流、高电压、高温、大体积和多功能的方向发展。

一般来说，制造厂家生产 3 种类型注入机：强流注入机、中束流注入机和高能注入机。强流注入机提供高剂量注入，大束流，且成本低。工作电压从 200eV～120keV，可以注入各种元素，所使用的离子源是灯丝结构，或是抗热阴极非直接加热，产生电子和离子。另一种方法是采用 RF 射频源技术，实际上是在磁场环境产生分子激励，然后产生更高的引出束流和更冷的静等离子体。传统的强流注入采用批量工艺降低成本。这要求将 13 张圆片放在固体铝盘上，在 1000～11200r/min 速率下旋转。最近 Varian 推出了一项处理圆片的新技术，将圆片风险降至最低。Varian 介绍 SHC-80 圆片，实质上是一个系列工艺类型，该类型比市场上其他的更迅速、更干净，只需要批处理系统的小部分部件工作。机器允许以低廉的成本处理 200mm 和 300mm 圆片。

高能注入带来更大的灵活性，同时提高亚微米器件结构的特性。其优点还包括低热负荷，IC 制作上工艺灵活性强。掺杂面可以修整优化满足不同器件性能要求，具有通道灵活性、热载生成，结电容和 CMOS 门锁敏感性。利用高能注入可保证微米层在表面以下生成而不形成任何形式的扰动。使用的技术类似于 200keV 下的通用技术，此时离子穿透基片更高，在靠近表面的基片背景层无任何扰动。集中尖峰缓慢移动靠近表面，然后形成一道逆行墙。因此高能注入给 IC 制作带来更多机遇。

国际半导体技术发展，使得离子注入技术面临两大主要挑战：

（1）形成低泄漏浅结。

（2）低成本使用 MeV 注入替代外延，利用低能硼离子束注入技术获得高质量浅 P 型结进行注入的分子动态研究。获得高质量的浅 P 型结的最新技术由 Kyoto 大学离子束工程实验室完成。采用硼化氢的簇离子注入技术形成浅结。小的硼束流和单体注入进行分子动态模拟。在最后阶段，通过 B10 簇形成损害可望避免附加 B 原子瞬态提高扩散，获得高质量浅 P 型结。

7 离子束材料加工应用现状

7.1 离子刻蚀的应用

7.1.1 等离子体刻蚀制备微立方阵列超疏水表面的抗结冰性能

7.1.1.1 背景

迄今为止，有两种主要的策略来防止冰的积聚和清除表面的冰。第一种策略是传统的主动方法，包括电热和机械方法，第二种策略是只有少量外部能量的被动疏冰材料。由于传统的除冰方法不仅增加了飞机的设计和制造成本，而且由于冷热交替和连续振动导致飞机材料的使用寿命降低。因此，以天然植物为灵感的被动防冰技术因其成本低、效率高的巨大优势而受到越来越多的关注。利用等离子体刻蚀法在硅表面设计并构建了一系列微立方阵列，并通过氟化改性获得了疏水性或超疏水性。

7.1.1.2 材料及样品制备

选择硅片作为微立方阵列结构的衬底材料。基片加工成 20mm×20mm 的尺寸。在硅表面上设计了两个微柱之间从 30μm 到 130μm 的不同微间距 S_m。微立方边长设计高度值为 20μm，如图 7-1a 所示。

首先用超声波与乙醇和去离子水交替清洗硅衬底 10min，在冷空气中干燥。随后，在基板上覆盖一层约为 5μm 的 SU-8 光刻胶，并在光刻胶层表面放置设计图案的掩膜膜板。在此基础上，使用标准紫外线掩膜校准器将成型的装置暴露在紫外线环境中 5~10s，图案可以成功地转换到基板表面。利用等离子体刻蚀装置对样品进行处理，选择性刻蚀基底表面，最终生成微立方阵列结构，如图 7-1b 所示。最后，将具有微立方结构的样品（质量分数）在 1% FAS-17 乙醇溶液中改性 24h，然后在 120℃烘箱中干燥 2h，进行疏水性或超疏水。等离子体刻蚀光学工作台如图 7-2 所示。

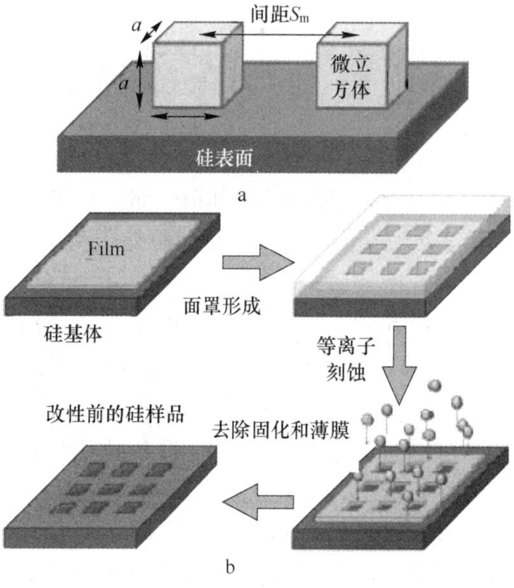

图 7-1 制备样品

a—两微柱微间距 S_m；b—等离子体刻蚀

7.1.1.3 表面形貌和化学成分

如图 7-3a~g 所示。微立方组织均匀分布在样品表面，没有缺陷，中心-中心间距 S_m 从 30μm 不断增大到 130μm。这些样品按标准标记为样品 1~7。微立方结构的边长为

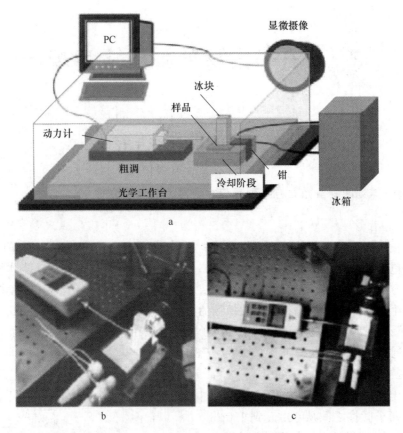

图 7-2　等离子体刻蚀光学工作台

a—订造除冰装置的简图；b，c—自订仪器进行除冰实验时的照片

20μm，如图 7-3h 所示。表面粗糙度 R_a 也呈现出从 8.89μm 到 6.21μm 的相应变化趋势，当中心-中心间距距离为 40μm 时，R_a 的峰值为 10.00μm（见图 7-3f）。也可以理解为硅样品的表面，无论中心-中心间距的距离是大是小，都趋向于光滑。因此，R_a 随微间距的增大呈现先增大后减小的趋势。

众所周知，除了表面微观结构外，化学成分是诱发非润湿性的另一个重要因素，本书通过对化学成分的分析来验证低能材料的改性。在改性过程中，FAS-17 中的低能基团首先发生水解反应，与底物表面的—OH 键连接，然后相互发生脱水反应，形成连续的分子膜，如图 7-4a 所示。根据图 7-4b 所示的 XPS 测量结果，在低能改性后的 685.7eV、285.0eV 和 531.8eV 处观察到明显的 F 1s、C 1s 和 O 1s 辐条。在 F 1s 峰的高分辨率光谱中，在 686.5eV 和 688.9eV 位置出现了两个峰，分别归属于—CF$_3$ 和—CF$_2$，如图 7-4c 所示。同样，在 c1 的高分辨率中也发现了许多小峰，如图 7-4d 所示，对应的位置分别位于 283.9eV、284.7eV、286.1eV、286.8eV 和 287.6eV，可据此划分为 C—h、C—C、C—O、CF$_2$ 和 C ＝O。从图 7-4e 可以看出，O1s 主峰的隐峰主要反映了 O—Si 的存在，O—C 和 O ＝C 基团。总的来说，这些 XPS 分析可以很好地证明 FAS-17 的低能量基团已经嫁接到制备的微立方阵列结构的表面。

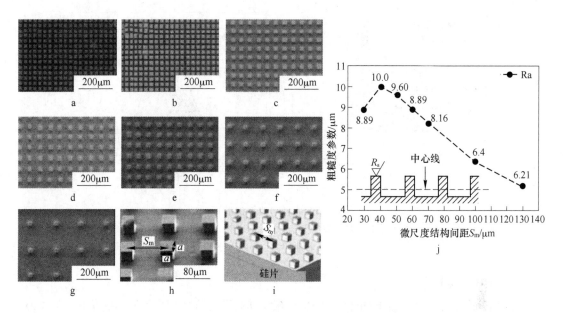

图 7-3　中心-中心间距为 30~130μm 的 100 倍放大的微立方阵列表面扫描电镜图像

a—30μm；b—40μm；c—50μm；d—60μm；e—70μm；f—130μm；g, h—放大 500 倍的微立方阵列硅表面扫描电镜图像；
i—微结构样品表面示意图；j—中心间距距离 S_m

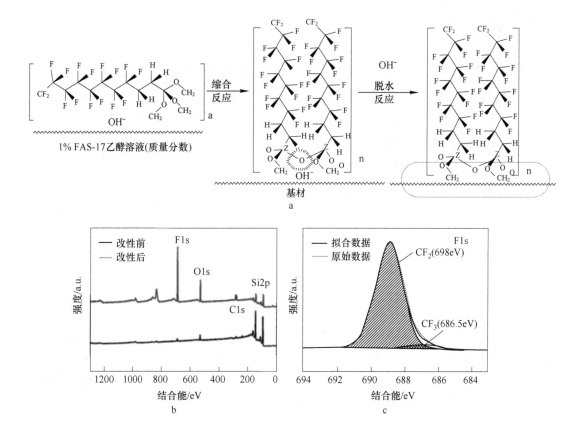

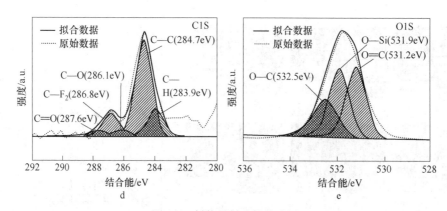

图 7-4　低能材料改性的验证

a—将低能基团嫁接到制备好的微立方阵列结构表面的化学反应过程；b—表面 XPS 测量谱；

c～e—样品表面改性后高分辨率光谱

7.1.1.4　接触角

样品表面接触角测量结果如图 7-5 所示。随着间距 S_m 的增大，当中心间距达到 100μ 时，WCA 首先从 147.22° 缓慢上升到 154.22°，然后逐渐减小到 148.33°，如图 7-5a 所示。滚转角从 8.5° 减小到 3.5°，然后逐渐增大到 8.0°。由于这些样品的内在化学性质与 FAS-17 相同，宏观非润湿性主要由表面微观结构的几何条件决定，即本研究中微立方阵列结构的中心–中心间距。

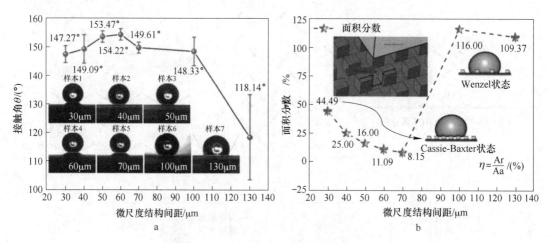

图 7-5　样品表面接触角测量

a—改性样品表面的 WCA；b—预制表面的计算面积分数

WCA 从 147.22° 上升到 154.22° 的第一个阶段是由于中心–中心间距的增大，导致 Casie-Baxter 非湿润模型稳定，其中稀疏的微立方阵列结构有助于在水滴下方困住更多的气穴，使样品表面表现出较大的超疏水性。之后，中心–中心间距的进一步增大会导致 Cassie-Baxter 润湿状态不稳定。因此，由于嵌入液滴进入空穴，WCA 从 154.22° 逐渐降低到 148.33° 具有较大中心–中心间距的显微组织。随着 S_m 的增加，样品 7 的 WCA 突然降低到 118. 14°，进入稳定的温泽尔润湿状态。如图 7-5b 所示，计算得到的样品表面的面积分数，定义为基于润湿状态的实际界面接触面积除以表观接触面积，验证了上述表面润湿状态分析的正确性。

如图 7-6 所示。样品 5 上的液滴结冰延迟时间达 1295s，远长于其他样品，这是由于其具有更长的 S_m，能捕获更多气囊的能力。作为热块的气囊越多，传递效率越低。在如图 7-6 所示的实验过程中，液滴在某一时刻突然变得浑浊，然后开始生长，以线为标志。生长速度较快，冰生长过程造成的时间在整个结冰延迟时间内贡献较小。因此，结冰延迟时间在很大程度上取决于润湿状态和与实际接触面积 Ar 相关的异质形核。

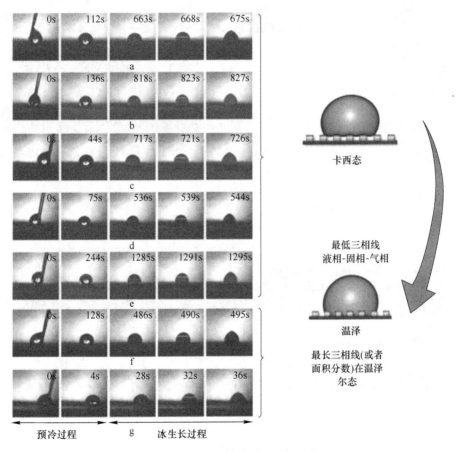

图 7-6　样品表面结冰延迟时间过程

a—30μm；b—40μm；c—50μm；d—60μm；e—70μm；f—100μm；g—130μm

在非润湿性和延迟结冰性能研究的基础上，研究了其黏冰特性，进一步探索了其抗结冰潜力。如图 7-7a 所示，随着设计微结构中心–中心间距 S_m 的增大，冰的黏附剪切强度 τ 先增大后减小，在样品 4 上出现峰值为 86. 8kPa。在前三个样品（即样品 1~3）中，τ 与 S_m 之间近似正线性关系，其中样品 1 上的冰黏附强度低至 16kPa。如图 7-7c 所示，这一趋势部分归因于低温下 WCA 较低的湿润状态移位。因此，可以确定样品 2 和样品 3 属于半 Cassie-Wenzel 在非润湿性和延迟结冰性能研究的基础上，研究了其黏冰特性，进一步探索了其抗结冰潜力。如图 7-7a 所示，随着设计微结构中心–中心间距 S_m 的增大，冰的黏附

剪切强度 τ 先增大后减小，在样品 4 上出现峰值为 86.8kPa。在前三个样品（即样品 1~3）中，τ 与 S_m 之间近似正线性关系，其中样品 1 上的冰黏附强度低至 16kPa。如图 7-7c 所示，这一趋势部分归因于低温下 WCA 较低的湿润状态移位。因此，可以确定样品 2 和样品 3 属于半 Cassie-Wenzel 由于样品 3 的微观组织的 S_m 大于样品 2，因此在样品 3 表面凹面埋深的冰比样品 2 具有更强的机械联锁效应。然而，对于最后四个样本（即样本 4-7），τ 和 S_m 之间存在近似的负关系。由图 7-7b 可以确定后四个试样的润湿状态为 Wenzel 状态。

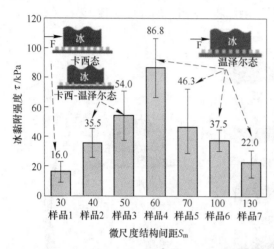

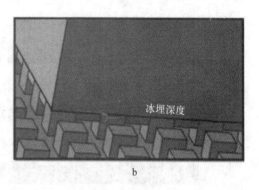

图 7-7　抗结冰潜力的研究

a—基于实验和有限元模拟的冰在表面的黏附强度；b—固冰界面几何构型示意图；c—加工样品表面的温度 WCA

7.1.1.5　结论

利用选择性等离子体刻蚀法成功设计基板上的微立方阵列，用于探索微结构对阻冰延迟和冰黏附性能的尺度效应。微立方阵列在微间距为 70μm 的情况下，可使结冰过程延迟达 1295s（与其他表面相比约两个数量级）。这种微结构可以在水滴下方捕获更多的气穴，形成稳定的 Cassie-Baxter 润湿状态，使实际固液接触面积分数更低，约为 8.15%，传热屏障更大。此外，由于温度降低，润湿状态也随之改变。结果表明，当微间距为 30μm 时，表观固冰界面处存在较多的气穴，冰的黏附力仅为 16kPa。特殊的微裂纹结构导致了较低的破冰强度。综合考虑结冰延迟时间、结冰黏附、使用环境、持续时间等因素，建立综合的防结冰材料设计方案，为设计理想的防结冰/防冰材料提供直接的设计依据。

7.1.2 等离子体刻蚀和复制非反射硅和聚合物表面

7.1.2.1 背景

太阳能电池可再生和无污染能源生产方法已然成为热门。生产极不反射表面是太阳能电池研究的关键问题之一。通常情况下，菲涅耳反射的抑制是通过抗反射涂层实现的，但它们仅在狭窄的波长范围内有效地抑制反射。通过使用形成折射率从空气到基板渐变过渡的纳米纹理表面，可以实现在宽光谱范围内的反射抑制。本章提出了一种可扩展的、高通量的非反射纳米结构表面制造方法。原始的纳米结构蚀刻在硅片上，复制方法使它们能够转移到聚合物材料中。在此之前，将非反射结构转移到高分子材料中并没有得到足够的重视。制造从无掩膜等离子蚀刻开始，在硅衬底上形成纳米尖刺。

7.1.2.2 实验方法

在这项工作中，原始的纳米尖峰是用黑硅工艺在全硅晶圆上制造的。该工艺采用低温深层反应离子蚀刻（DRIE），利用 SF_6/O_2 等离子体在低温下进行。低温 DRIE 工艺的各向异性是基于蚀刻和钝化工艺的竞争。蚀刻和钝化之间的充分平衡会导致结构具有完美的垂直侧壁，而过度的钝化会导致钝化层从蚀刻场中不完全去除并造成微掩膜。在蚀刻过程中，微掩膜形成了一个随机的硅纳米尖阵列，由于肉眼看是黑色的，因此被称为黑硅。利用 Taguchi 方法实验研究了 DRIE 参数对黑硅尖峰尺寸的影响，发现除了高度外，通过选择合适的等离子蚀刻条件，还可以调整尖峰宽度、倾斜角度和密度。这对于扩展该方法的有用性和一般意义是极其重要的，它超越了仅产生单一类型结构的无掩膜方法。所有实验和结果都在支持信息中详细描述。简要地说，低温 DRIE 被用来蚀刻 9 个硅片与 9 个不同的参数集。此处有四个工艺变量：工艺压力、压板功率、气体流量比（SF_6/O_2）和温度。之所以选择这些参数作变量，是因为压力极大地影响了离子的角度分布，从而影响了过程的各向异性。其他三个参数修改钝化层的生成和去除速率。对于所有四个变量，使用了三个不同的水平。研究发现，这四个参数在黑硅尖刺的形成中都起着重要作用。由于不同的应用场合需要不同的表面类型，根据实验结果插值出了四种类型黑硅尖刺的最佳腐蚀参数。黑硅类型如图 7-8a 所示。黑硅 1 型具有高纵横比纳米尖刺，其侧壁几乎垂直，而 2 型尖刺呈金字塔形。黑硅类型 3 和 4 具有极其密集的纳米阵列，侧壁略微倾斜。这两个表面的唯一区别是尖刺的大小。

7.1.2.3 分析

图 7-8b 为 PDMS 图章被用于 UV 浮雕纳米结构成 $5\mu m$ 厚的有机-无机杂化聚合物 Ormocer，旋涂在聚甲基丙烯酸甲酯（PMMA）基材上。邮票制作和 UV 压印工艺已在前面解释过。图 7-8c 中所示的 UV 浮雕聚合物尖刺与图 7-8a 中所示的原始 2 型黑硅结构非常相似。聚合物尖刺的尖端有点圆。如图 7-8b 所示，在 PDMS 邮票制作过程中进行了舍入，并且 UV 压印过程非常精确地复制了邮票上结构的形状和大小。在图 7-8c 中所见的聚合物尖刺表面的粗糙度和裂缝来自于溅射的金层，这在扫描电镜中用于减少充电效应。我们还演示了使用 PDMS 图章将纳米结构直接热压到 PMMA 基板上，压印参数在实验部分给出，PMMA 纳米刺的扫描电镜图像如图 7-8d 所示。

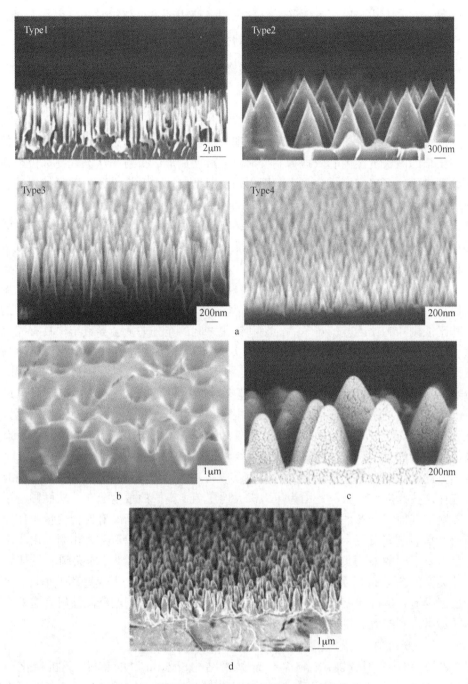

图 7-8　不同的黑硅类型和纳米结构复制成聚合物

a—不同类型的黑硅；b—倒置型 2 黑硅结构复制成弹性图章；c—UV 浮雕 Ormocer 表面；d—热压塑 PMMA 表面

　　生产时间是制造过程中的一个重要因素，因为减少制造时间往往意味着降低最终产品的成本。使用我们的黑硅工艺，不反射硅片的典型工艺时间约为 15min。相比之下，使用无掩膜 ECR 等离子体蚀刻制造类似的纳米结构需要 3h。第一块非反射聚合物晶片的工艺时间约为 4h，其中间包括在非反射硅表面涂覆低表面能抗黏附层（20min），制备（约

1h），固化（约2h）PDMS母版，并使用UV压印将纳米图案转移到聚合物（约16min）。硅膜板和PDMS戳记是可重复使用的，因此用现有戳记复制非反射聚合物晶片只需要16min。在热压印的情况下，由于我们的热压印工具冷却时间较长，复制时间约为90min。使用专用的生产工具而不是研究实验室工具，可大大减少所有制造步骤的生产时间。

　　测量了两个硅和两个聚合物样品在220～500nm波长范围内的折射率。所测硅样品为3型和4型黑硅表面。3型黑硅表面具有较低的反射率，4型黑硅表面具有相似的表面结构，但纳米尖更小。类型4的表面被称为棕色硅，因为它是棕色的。测量的聚合物样品是一个5μm厚的UV浮雕Ormocer层和一个5μm厚的光滑参考Ormocer层在PMMA衬底上。热压花PMMA样品的折射率没有被测量。对于这两种硅样品，在晶圆上的五个预定位置记录了两次反射率。在同一位置测量了三次聚合物表面的折射距离。图7-9显示了平均反射距离。所有测量的反射率图均显示在辅助资料中，并验证了良好的反射率均匀性。

　　从3型黑硅表面反射的光在0.005%～0.04%的范围内（图7-9a），而棕色硅表面（4型黑硅）的反射率高一个数量级（图7-9b）。两种反射率曲线的形状与抛光非结构硅表的反射率曲线相似，但3型黑硅表面的反射率要低3个数量级以上。峰值270nm和370nm是硅固有的。从这些测量可以得出结论：纳米结构抑制光的反射，基本上在一个较宽的光谱范围内，并且尖峰的大小明显影响表面的反射率。

　　纳米结构的Ormocer表面反射不到0.1%的入射光（图7-9c），略高于优化的黑硅表面，但明显低于棕色硅表面。光滑参考表面的反射率在波长低于350nm时约为5%，在较长的波长时几乎翻倍（图7-9d）。作为比较，光滑的PMMA晶圆在相似波长范围内的反射率在4%到5%之间。两种测量的聚合物表面都表现出相似的图形形状，因为Ormocer和PMMA基板对大于350nm的波长几乎是透明的，因此光从两个空气-基板界面反射。

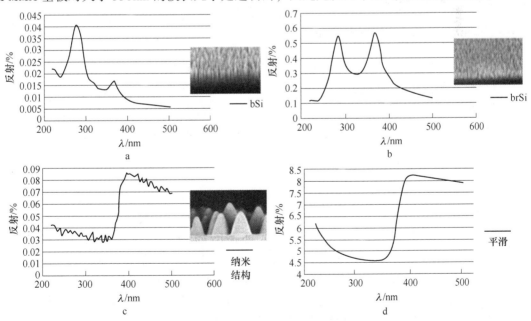

图7-9　平均反射距离

a—黑硅；b—棕硅；c—UV压纹纳米结构Ormocer；d—光滑Ormocer表面的平均反射率

使用 355nm 紫外激光对图 7-8a，b 中相同的 3 型和 4 型表面进行电离激光荧光阈值测试。在相同的 5 个预定位置进行了反射率测量，并记录了阈值荧光，结果与表面反射率有很好的相关性。反射率较低的黑色硅表面平均需要最大可用功率的 80.9%±0.7%，而棕色硅表面则需要 81.8%±0.6%。在 LDI 中，大约 1% 的差异是有意义的，在 LDI 中，电离过程通常对激光通量高度敏感。在这些实验中，当激光荧光度比阈值荧光度增加 1% 时，信号强度约增加 150%。这一发现还表明，反射率的均匀性对 SALDI 质谱结果的点对点和样品对样品的再现性很重要。否则，激光亮度必须为每个单独的 SALDI 点进行特别校准，吞吐量就会受到影响。

测量纳米结构表面的 SEM 图像显示为图中的插图所制备的硅纳米尖的力学性能与同类聚合物纳米尖有很大的区别。硅纳米尖很硬，但很脆。用手指轻轻触碰就足以破坏纳米结构。尽管如此，在纳米结构表面浇铸 PDMS 和剥离 PDMS 印记不会损害硅结构，这对硅膜板的可重用性很重要。聚合物表面是柔软的，由于聚合物的延展性，纳米结构不容易被触摸破坏，尽管纳米结构可能会变形。

大多数设备必须在含有颗粒的环境中运行，这些微粒促进反射，减少吸收。这个问题可以通过表面自清洁缓解。在 chf3 等离子体中，用低表面能氟聚合物涂层涂覆 2 型黑硅表面和 UV 压纹纳米结构聚合物表面。含氟聚合物涂层使表面均超疏水。涂有氟聚合物的黑硅的静水接触角测量为约 170°，聚合物表面的静水接触角测量为约 160°，并且两个表面都经历了非常低的接触角滞回和倾斜角。硅与聚合物表面接触角的差异可以解释为聚合物纳米尖的尖端是圆形的，因此聚合物纳米尖上的液面界面面积略高。水滴的表面及其上的截面图像如图 7-10a，b 所示。水滴很容易就从两个表面上滚下。图 7-10c 显示了一系列的照片，当一个水滴被小心地移液管在一个水平氟聚合物涂黑硅表面。移液过程产生的动能足以将水滴移离平整的黑硅表面。

7.1.3　高取向热解石墨的氧等离子体刻蚀图案化研究

7.1.3.1　背景

高取向热解石墨 HOPG 通过氧等离子体刻蚀光刻图案板证明。在新切割的 HOPG 表面上，用 SiO_2 掩膜挡板制备，然后用氧等离子体蚀刻，得到周期性的岛屿阵列，或边缘上几微米的孔。描述了刻蚀过程，包括刻蚀速率随射频功率的变化规律，并用扫描电镜对其形貌进行了表征。

7.1.3.2　方法

用 South Bay Technology 线锯将样品切成 1.23cm×1.2cm 的板。用刀片将厚板切割成 1.5mm 厚的薄片。在康奈尔大学纳米加工中心，用等离子体增强化学气相沉积法在 HOPG 衬底新切割的表面沉积了一层 200nm 厚的 SiO_2 薄膜 PECV 在 IPE 上 1000 PECVD 系统。然后旋转涂覆在 SiO_2 薄膜表面。近距离光刻 GCA6300 DSW 投影掩膜对准器，53g 线步进用于在 SiO_2 表面产生光刻胶岛。SiO_2 膜被稀 HF 溶液去除，除了被光刻胶岛保护的区域。在用 Shipley 光阻剂 1165 去除光刻胶岛后，剩余的 SiO_2 岛作为掩膜阻挡物用于氧等离子体蚀刻 HOPG。因此，在 HOPG 表面产生的图案复制了掩膜图案，见图 7-11。

氧等离子体刻蚀是用 PlasmaQuest 357 电子回旋共振（ECR）腐蚀装置。样品附着在硅晶片上，通过流动的氦气与卡盘保持良好的热接触。卡盘冷却至 273K，HOPG 表面温度

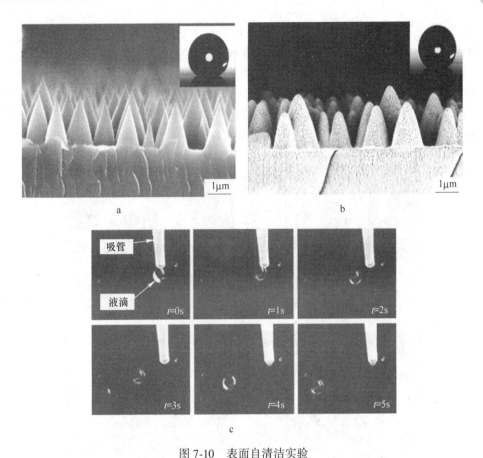

图 7-10 表面自清洁实验

a—黑硅；b—纳米结构 Ormocer 表面和表面上水滴的接触角；c—水滴在平整的黑硅表面缓慢自发的运动图像

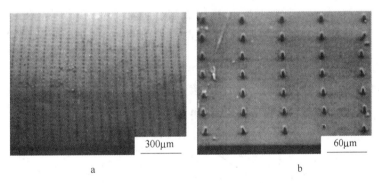

图 7-11 HOPG 表面创建的岛状阵列的扫描电镜图像

（a，b 在不同的放大倍数下拍摄，如比例尺所示）

可能略高于测量温度。蚀刻系统配备了一个 ASTEX 4505 低轮廓流 ECR 源。该源可以提供高达 500W 的微波功率，这里描述的所有实验都使用了 400W。此外，基板可以通过施加射频功率，频率 13.56MHz 来偏压。下游电磁磁铁可用于进一步等离子体流限制。典型实验条件为：氧流量 33.98m³/min，氧压力 0.67Pa，蚀刻时样品温度 273K，上下磁铁电流分别为 16A 和 60A。定型后，用稀 HF 溶液去除残留的 SiO_2。

7.1.3.3　分析

图 7-12 显示了在 HOPG 表面上制作的岛状阵列。该图案很好地复制了掩膜，并且在与曝光面积一样大的区域（1~31cm²）上是均匀的。在岛之间观察到的碎片很可能是由于蚀刻室中存在的灰尘。由于石墨基板很容易垂直于表面变形，因此在所有加工步骤中保持表面平坦是至关重要的，以便获得大面积均匀性。在两个平坦的硬表面之间按压基片是一种实用的技术，可以在光刻制版之前恢复变形基片的平整度。

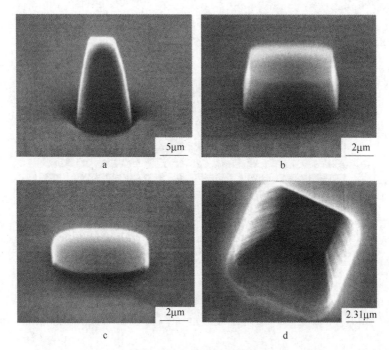

图 7-12　HOPG 表面制作的岛状阵列

a~c—不同条件下蚀刻的单个 HOPG 岛的 SEM 图像；d—在 HOPG 衬底上蚀刻的孔的 SEM 图像

图 7-13 为不同条件下蚀刻样品上的单个岛。产生的表面非常光滑。图案的横向形状由光刻掩膜很好地定义，而垂直尺寸可由蚀刻条件控制。这三个样品在 200WRf 正向功率下蚀刻，对样品产生偏置。蚀刻时间为 30min、5min 和 1min，得到的岛高分别为 8.62mm、

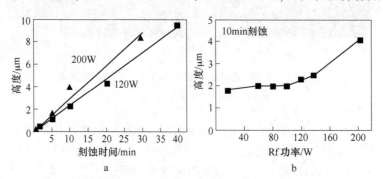

图 7-13　不同条件下蚀刻样品上的单个岛

a—高度与蚀刻时间的关系；b—恒定蚀刻时间内高度与 R_f 功率的关系

1.50mm 和 0.29mm。如图 7-13 所示，随着蚀刻时间的延长，岛的高度逐渐增大，且高度与蚀刻时间呈线性关系。该关系表明，在其他条件不变的情况下，R_f 功率决定了蚀刻速率。

图 7-13b 为在不同 R_f 功率下蚀刻 10min 的岛高度，直到 140W 时岛高度没有明显变化；当射频功率为 200W 时，蚀刻率几乎翻了一番。当射频功率低至 15W 时，蚀刻速率可达 0.18mm/min。当射频功率达到 140W 时，这一蚀刻速率几乎保持不变，这表明射频功率发挥的主要作用是提取氧自由基阳离子并将其引导到表面。当射频功率增加到 200W 以上时，自由基氧阳离子明显获得了足够的能量，变得更加活跃，腐蚀速率显著提高。

虽然在蚀刻样品中没有观察到底部切割，但在所有样品中都观察到锥形侧壁。其原因很可能是由于再沉积效应。从衬底表面溅射出来的材料沉积在侧壁上，并遮蔽了皮毛刻蚀该沉积涂层下的区域，导致侧壁变细。另一个可能对这种侧壁涂层的贡献是掩膜材料向前溅射到侧壁上。蚀刻墙面上有垂直的线条。

图 7-14a，b 为岛屿小区域的放大细节。这些垂直的蚀刻线可能是由于撞击氧自由基阳离子的垂直动能。得到的石墨岛形态的另一个显著特征是，沿岛周基底始终存在缺口，且缺口深度随着岛高的增加而增加。缺口的形成可能是偶然的离子在陡峭的侧壁上反射的结果。这种反射可以增强边界附近基底区的高能粒子通量。在等离子体蚀刻材料的其他研究中，侧壁变细和缺口也被称为"沟槽"并同时发生。

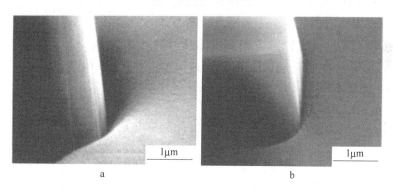

a   b

图 7-14 石墨岛形态图

图 7-14 为图 7-12a，b 岛屿小区域的放大图节。图 7-12d 表明不仅可以在表面上创建岛，而且可以在基片上蚀刻孔，具有相同的光滑度和可控性。如上所述，这种孔可以作为化学溶液的有用容器。

7.1.3.4 结论

新切割 HOPG 表面的图案是通过 SiO_2 掩膜阻挡物的光刻制备和氧等离子体蚀刻实现的。在 HOPG 表面上形成微米大小的 HOPG 岛或孔的周期性阵列。这些结构可以在石墨烯折纸中找到应用，并被证明在非常薄的石墨薄片的力学性能研究中有用。这种薄石墨片的一个例子如图 7-15 所示。

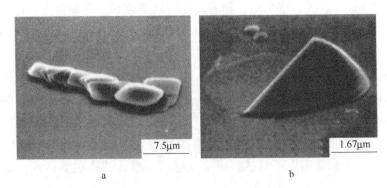

a　　　　　　　　　　　　　　　　b

图 7-15　在 Si（001）上涂抹 HOPG 岛的扫描电镜图

a—堆叠的薄血小板；b—血小板被折叠

7.1.4　等离子体蚀刻技术用于碳纳米管的纯化和控制开口

7.1.4.1　背景

等离子体蚀刻用于去除覆盖由含金属有机金属前体热解产生的对齐碳纳米管薄膜的非晶态碳层。微观动力学研究表明，在相对温和的等离子体条件下，水等离子体刻蚀可以很容易地去除非晶态碳，而碳纳米管基本保持不变。然而，长时间的等离子体处理可导致石墨结构的可控解体，导致对齐的碳纳米管的区域选择性开放（例如，仅去除一个端盖）。金属填充也被证明是可能的，即使是由此产生的一端开放的纳米管。

7.1.4.2　实验

这里我们用 37% 的 HCl 轻轻清洗顶端打开的纳米管薄膜，去除 Fe 催化剂残留，在 150℃ 的真空烘箱中干燥，然后在 $AgNO_3/CH_3COCH_3$（1∶1 体积比）0.2mol/L 水溶液中磁搅拌浸泡 24h。最后，将反应混合物离心，并用离子水彻底清洗填充金属盐的合成纳米管，然后在室温的真空（10^{-4}Torr）中干燥。然后，通过在 300℃ 的空气中加热填充金属盐的纳米管 2h，将浸渍的 $AgNO_3$ 分解为 Ag。所有样品都在场发射扫描电子显微镜上进行了检查。

7.1.4.3　分析

图 7-16a 显示了被薄层（通常为 0.1~0.5μm）非晶态碳覆盖的碳纳米管的典型层状结构。我们尝试用空气氧化法去除非晶态碳层，尽量减少对碳纳米管垂直排列的不良影响。然而，在这种情况下，它被发现是无效的，很可能是因为无定形碳层是如此密集，氧分子很难扩散通过。作为一种替代方法，我们采用了更有效的蚀刻技术，即在相对较高的等离子体蒸气压下的 H_2O-等离子体处理，以去除密集堆积的非晶碳层。在水等离子体蚀刻后，用扫描电镜观察了排列整齐的碳纳米管薄膜。如图 7-16b 所示，在 250kHz、30W、82.66Pa 条件下，水等离子体蚀刻 30min，几乎完全去除了非晶碳层。图 7-17 显示了质量损失随蚀刻时间的函数关系，这表明非晶碳的损失具有快速动力学特征，在初始阶段（<15min）具有准线性关系。

曲线趋于平稳。在大多数情况下，等离子体蚀刻 20min 后，95% 以上的无定形碳被去除，由扫描电镜检查证实。在这些条件下，碳纳米管的完整性没有受到损害。然而，长时

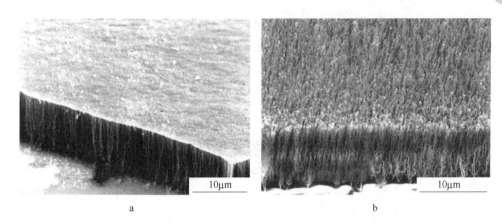

图 7-16 水等离子体蚀刻前后排列的纳米管薄膜的扫描电镜图像

a—处理前石英玻璃板上薄非晶碳层覆盖的大面积排列的纳米管薄膜；b—与 a 在 250kHz、30W、82.66Pa 的
水等离子体蚀刻 30min 后相同的纳米管薄膜

间的蚀刻可以部分地从碳纳米管结构中去除石墨片。

由于纳米管尖端比管壁更活跃，暴露在等离子体蒸汽下的端帽在垂直排列的纳米管等
离子体蚀刻约 80min 后被打开（图 7-18）。这一结果表明，等离子体刻蚀技术可以用于制
备一端无盖碳纳米管。

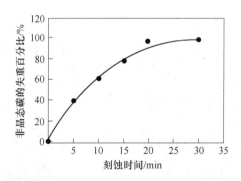

图 7-17 刻蚀时间与非晶态碳的失重关系

图 7-18 对齐的纳米管的扫描电镜图像

a—等离子体处理 80min 之前；b—等离子体处理 80min 之后

与大多数由更传统的化学氧化方法制备的两端开口的碳纳米管不同，用等离子体蚀刻技术制备的一端无盖碳纳米管为研究纳米尺度上的各种物理化学过程提供了真正小型化的"试管"。例如，我们的初步结果表明，一端无盖碳纳米管也可能包含外来物质。图 7-19 显示了根据上述步骤制备的一端无盖纳米管填充 Ag 纳米棒的典型 TEM 图像。

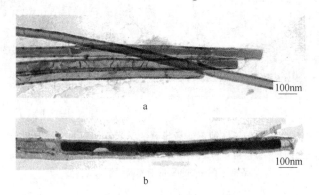

图 7-19 打开后的碳纳米管

a—填充 Ag 纳米棒前的 TEM 图像；b—填充 Ag 纳米棒后的 TEM 图像

此外，我们还演示了使用等离子体蚀刻技术去除微加工方法制备的准碳纳米管微图案上的非晶态碳层 1（图 7-20）。对比图 7-20b 和图 7-20a 可以清楚地看出，在不改变纳米管图案完整性的情况下，可以完全去除非晶态碳层。

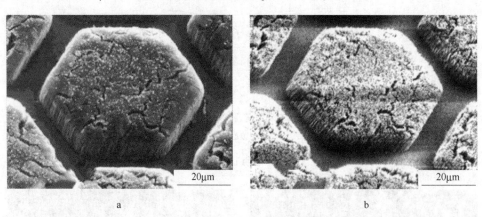

图 7-20 碳纳米管微观图案 SEM 图像

在 250kHz，30W，82.66Pa 的水等离子体蚀刻 30min 之前碳纳米管的微观图案的 SEM 图像（见图 7-20a），离子体蚀刻 30min 之后碳纳米管的微观图案的 SEM 图像（见图 7-20b）。

7.1.5 等离子体蚀刻碳化硅晶片表面清洗工艺

7.1.5.1 背景

本小节探讨了一种去除等离子体蚀刻工艺后碳化硅表面残留的污染物和杂质的方法。顽固性污染是由等离子腐蚀工艺产生的氟化学物质、剥离 Ni 金属掩膜后的残留物、金属掩膜与 SiC 表面氧化膜形成的 Ni—O 化合物以及工艺环境引入的含碳污染造成的。通过在 SiC 与原始金属掩膜之间添加一层 SiO_2 掩膜，并采用超声清洗和氧等离子体清洗工艺，有效地将样品表面粗糙度从 1.090nm 降低到 0.055nm。该方法为解决等离子体腐蚀引起的表面污染问题提供了有价值的参考。

SiC 作为一种新兴的半导体材料，具有高硬度、高熔点、强导热等特点，在大功率、恶劣环境应用领域受到了广泛的关注。为了将 SiC 应用于半导体器件，如压力传感器、功率器件、晶体管等，通常采用等离子蚀刻工艺，但值得注意的是，蚀刻过程中产生的一些污染很容易附着在样品表面。而且，污染和杂质的存在直接增加了表面粗糙度，进而阻碍了接下来的工序，削弱了器件的性能。清洁、平整的表面对于许多工艺（如黏合和金属接触）都是极其重要的。

本书优化了等离子体蚀刻 SiC 工艺，以去除污染，降低条带掩膜后 SiC 表面粗糙度。具体来说，在原有的 Ni 金属掩膜与 SiC 晶片之间增加了 SiO_2 掩膜；并进行多次超声清洗及后期氧等离子体处理。该方法在不改变样品特征尺寸的前提下，有效地解决了等离子体蚀刻 SiC 工艺中产生的表面粗糙度和清洁度问题，为后续工艺提供了良好的表面准备。

7.1.5.2 方法

在原来的工艺中，我们使用 Ni 金属作为掩膜进行 SiC 蚀刻。首先，采用磁控溅射沉积了 500nm 厚度的 Ni。其次，通过光刻工艺得到蚀刻区域的图案，样品在湿法蚀刻 Ni 掩膜后露出 SiC 的蚀刻区域。然后，利用 SF_6 和 O_2 气体对晶圆进行蚀刻。最后通过湿法剥离 Ni 掩膜得到 SiC 空腔晶片，空腔指的是 SiC 晶片上的蚀刻区域。在优化工艺中，在 SiC 晶片和 Ni 掩膜之间添加了一层 100nm 厚的 SiO_2。此外，与仅带 Ni 掩膜的样品不同，在等离子体蚀刻 SiC 和湿法剥离 Ni 后，加入超声清洗半小时。然后用湿法蚀刻去除 SiO_2 层。最后，为了进一步清洁 SiC 腔片表面，我们利用 35 W 的射频功率对 SiC 表面进行了氧等离子体轰击。添加 SiO_2 掩膜的等离子体蚀刻 SiC 工艺如图 7-21 所示。

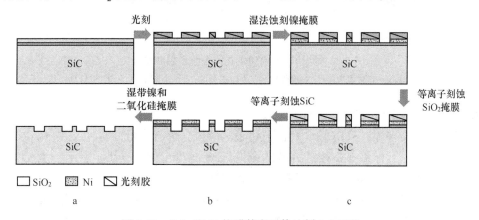

图 7-21　SiO_2 和 Ni 掩膜等离子体蚀刻 SiC 工艺

从剥离 Ni 掩膜后 SiC 表面的 SEM 图像中，如图 7-21a 及其放大图像所示，我们可以看到 SiC 表面有大量的白色污染和杂质，并且小部分分布在蚀刻区域，即空腔。同时，残余污染物严重影响碳化硅表面的粗糙度。

7.1.5.3　分析

A　原始工艺中碳化硅的表面形貌和粗糙度

如图 7-22b 所示，从样品上拍摄的 AFM 图像可以看出，在 $10\mu m \times 10\mu m$ 的非蚀刻区域，RMS 高达 1.090nm。然而，污染非常顽固；经浓缩 H_2SO_4 和 H_2O_2 混合溶液、HF 酸、有机溶剂（丙酮、乙醇）、去离子水超声清洗、氧等离子轰击后，SiC 表面仍有污染物黏附，RMS 值为 0.614nm，如图 7-22c 所示。可见，杂质不能完全溶解在一般强酸性和有机溶液中，且附着力强，使超声波无法去除。此外，氧等离子体难以去除顽固杂质。当然，样品表面的杂质黏附和较大的粗糙度给后续工艺带来很大的不可靠性。

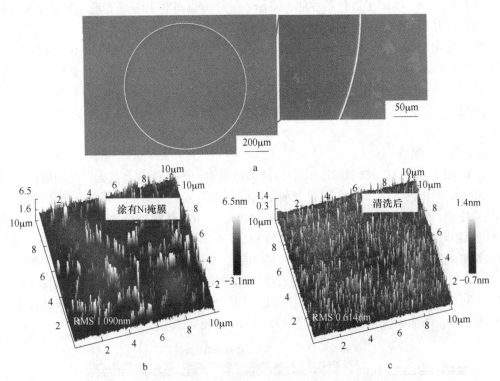

图 7-22　原始工艺中碳化硅的表面形貌和粗糙度

a—SEM；b—AFM 剥离唯一 Ni 掩膜后 SiC 表面的图像；c—清洗后 SiC 表面的 AFM 图像

B　碳化硅表面污染成分分析

为了调查污染来源，采用 XPS 对白色污染区域成分进行分析。首先，在剥离唯一的掩膜之前，我们评估了样品 SiC 蚀刻区域的全谱 XPS 测量，如图 7-23a 所示，主要含有 C、Si，以及少量 O、N、S 和 F。SiC 等离子蚀刻的气体为 SF_6 和 O_2，既往研究确定了主要的最终蚀刻产物为 CF_x、SiF_4、CS_x、SF_x、CO_y、SiS 和 CS_2，这些物质都具有挥发性；此外，事实证明，有一些顽固的污染物难以挥发，进而黏附在蚀刻区表面，如氟碳化合物。因此，我们认为 S、F、O 主要来自蚀刻气体 SF_6 和 O_2。此外，蚀刻前 SiC 晶片表面可能存在少量 SiO_x。这些 Si 氧化物在蚀刻过程中被分解，但反应环境中也可能存在 O，因此一些 O 也可能来自 SiC 晶圆。使用的晶圆是 N 掺杂的 N 型 SiC，所以 N 元素来自 SiC 晶圆。如图 7-23b 所示的 F 1s 光谱表明，多峰与 C—F 和 Si—F 键相关，分别在约 688.2eV 和

686.6eV，光谱表明等离子蚀刻 SiC 时产生了一些含氟化学品，如氟碳化合物和氟硅化物。其次，我们剥离了相同样品的 Ni 掩膜，并研究了如图 7-23c 所示的 SiC 腔外区域的 XPS 全谱。与图 7-23a 相比，XPS 光谱显示了额外 Ni 元素的存在。腔外区域的 Ni 2p 谱如图7-23d 所示；伴卫星峰的两个峰分别为 Ni $2p^{3/2}$ 和 Ni $2p^{1/2}$，表明存在 Ni—Ni（852.7eV）、Ni—O（855.4eV）、Ni—F（852.7eV）和 Ni^{2+}（873.4eV）。可以看出，Ni—Ni 键在少量，这表明在 Ni 掩膜剥离过程中 Ni 金属的残留。氟化镍化合物可能是在碳化硅等离子体刻蚀过程中，氟离子轰击腔边缘的镍掩膜产生的。湿法剥离镍掩膜后，氟化镍化合物附着在碳化硅表面。

在分析氧化镍的来源前，我们首先看图 7-23e，Si 原子主要形成两个键，分别是 100.3eV 时的 Si—C 键和 101.5eV 时的 Si—O 键。XPS 光谱表明，Si—O 在 SiC 腔外区域存在，氧化物可能在 SiC 晶片加工前就已存在。因此，我们认为在磁控溅射沉积 Ni 掩膜后，SiC 晶圆表面存在的 O 可能与 Ni 形成了 Ni—O 键。不可避免地，剥离镍掩膜后也会形成一些镍氧化物。

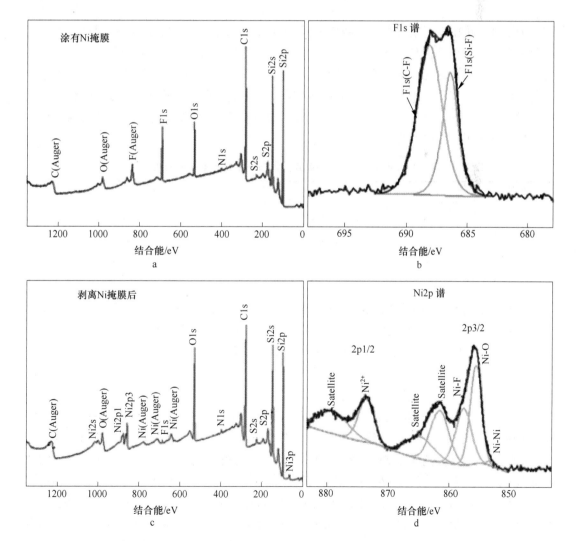

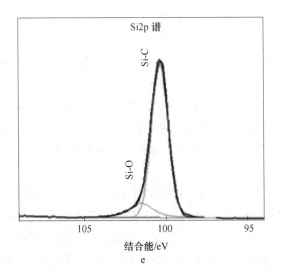

图 7-23　样品 SiC 蚀刻区域的全谱 XPS 测量

　　为了进一步研究污染的来源，我们假设 Si 元素的数量是恒定的根据 Si 元素的百分比对各元素的百分比进行归一化，如表 7-1 所示。我们发现 C 元素的比例显著增加，而 F 元素的比例下降，其他元素变化不大。因此，我们分析部分污染物为含氟碳化合物，来自于工艺环境，如空气和溶液。但 F 元素比例的降低说明等离子体蚀刻产生的含氟碳化合物大部分没有转移出 SiC 腔体，氟化物主要是氟镍化合物，因为氟镍化合物在湿法提镍过程中容易转移并黏附在 SiC 表面。

表 7-1　SiC 样品不同区域 Si 元素归一化后元素的相对比例

原子分数	C	N	O	F	Si	S	Ni
剥离镍掩膜前的碳化硅腔内区域	1.26	0.03	0.24	0.26	1	0.03	—
剥离镍掩膜前碳化硅腔外的区域	1.66↑	0.03	0.42	0.006↓	1	0.05	0.06

　　根据上述讨论，确定污染主要由四个方面引起。第一种是等离子体蚀刻产生的镍氟化合物，第二种是剥离 Ni 掩膜后残留的金属镍，第三种是金属掩膜与 SiC 表面氧化膜形成的 Ni—O 化合物，第四种是工艺环境引入的含氟碳污染物的污染。

　　C　优化工艺后碳化硅的表面形貌和粗糙度

　　污染物的去除一般采用湿法清洗或等离子体清洗，但如前文所述，强酸溶液、有机溶液以及仅采用氧等离子体处理在本实验中均无效。我们在 SiC 表面和 Ni 掩膜之间添加 SiO_2 掩膜层，并通过物理方法将掩膜逐层去除，以减少 SiC 表面的污染。在蚀刻 SiC、剥离 Ni 掩膜后进行去离子水超声清洗。此时 SiC 表面粗糙度在 10μm × 10μm 范围内为 0.402nm，如图 7-24b 所示。最后，通过氧等离子体处理进一步降低了污染物的附着力。之后，RMS 值在 10μm × 10μm 范围内达到 0.055nm，如图 7-24b 所示，观察到杂质不再可见，如图 7-24c 所示。在 30μm × 30μm 和 5μm × 5μm 两个较大范围内，样品表面粗糙度分别为 0.052nm 和 0.059nm。可以看出，用这种实验方法可以在大范围和小范围内获得样品表面的粗糙度和平整度。

通过扫描电镜观察 SiC 表面，如图 7-24a 所示，SiC 表面光滑平整，无明显杂质，在放大倍率下，如图 7-24a 的放大图像所示，该区域仍然是洁净的。

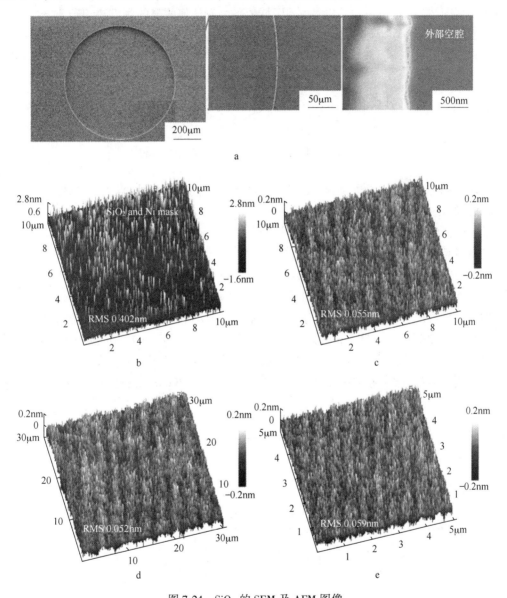

图 7-24　SiO$_2$ 的 SEM 及 AFM 图像

a—剥离 SiO$_2$ 和 Ni 掩膜后 SiC 表面 SEM 图像；b—剥离后；c—10μm × 10μm；d—30μm × 30μm；
e—5μm × 5μm 氧等离子体处理后 SiC 表面的 AFM 图像

通过添加 SiO$_2$ 掩膜和后期氧等离子体处理，最终将污染逐步去除，过程如图 7-25 所示。

原理：对 Ni 掩膜进行湿剥后，产生的污染物将 SiO$_2$ 掩膜表面染污，如图 7-25c 所示。

然后，通过湿法蚀刻去除 SiO_2 掩膜，可以去除附着在 SiO_2 掩膜上的大量污染物。同时，等离子体蚀刻 SiC 和 Ni 掩膜湿剥后的两次超声清洗步骤可以去除部分附着的污染物，起到辅助作用。最后，只有一小部分污染物黏附在 SiC 晶圆表面，如图 7-25d 所示。对于这种少量的污染物，我们在低射频功率（35W）下使用氧等离子体对 SiC 表面进行了 10min 的清洁，从图 7-25c 可以看出，SiC 腔外区域似乎没有任何明显的污染物和杂质。

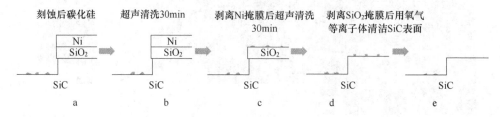

图 7-25　优化蚀刻工艺后逐步去除污染的过程

此外，SiO_2 掩膜在 Ni 掩膜与 SiC 晶片之间形成隔离层，防止 Ni 与 SiC 表面原有氧化膜之间形成 Ni—O 键。

对于以往研究报道的热氧化法，虽然可以去除表面污染，提高样品表面的清洁度，但很难控制样品表面的粗糙度；同时，它会改变样本表面图案的特征大小。高射频功率的氧等离子体轰击容易损伤样品表面，粗糙度增大。同时，这种方法只能去除有限的污染。但本书已证实，SiC 蚀刻区外的污染物中不仅含有含氟有机和含碳有机，还存在 Ni 金属及其氧化物，且氧等离子体对金属残留物影响较差。在成本和时间上，该方法包括 SiO_2 薄膜的制备和湿法蚀刻，两次 30min 的去离子水超声波清洗，以及一次 10min 的氧等离子体轰击。可见，该优化方法能以较低的成本和时间获得较好的实验结果。而热氧化法需要在1000℃下氧化 12h，强射频功率下等离子体轰击最大需要 300W。这两种方法都需要较高的时间成本或设备成本。

7.1.6　等离子体刻蚀和等离子体图案表面修饰

7.1.6.1　背景

利用射频辉光放电等离子体技术，本节在微米尺度上制备了各种化学功能的表面图案。本研究中发现的 H_2O 等离子体蚀刻是使用掩膜生成含氧极性基团的表面图案，各种功能的表面图案，包括极性和非极性基团，是通过使用适当的单体蒸汽和/或放电条件，通过等离子体聚合以有图案的方式实现的。此外，我们还开发了一种通用的方法，首先使用掩膜在金属溅射电极上沉积一层薄的、有图案的等离子体聚合物层，然后在没有图案的等离子体聚合物层覆盖的区域内进行单体（如吡咯）的电聚合，从而获得有图案的导电聚合物。这样制备的导电聚合物图案被证明具有电活性。

7.1.6.2　方法

等离子体蚀刻是使用定制的反应器进行的，由商业射频发生器供电，工作在 150～375kHz 之间（ENI HPG-2）。在同一等离子体反应器上进行等离子体聚合，用 TEM 网格作为掩膜进行图案形成。表 7-2 列出了等离子体刻蚀和等离子体聚合的放电条件。等离子体图案处理的步骤如图 7-26 所示。

表 7-2 等离子体刻蚀和聚合条件

等离子体	单体压强/Pa	功率/W	频率/kHz	放电持续时间/s
H_2O	82.66	30	250	50
MeOH	131.99	30	375	120
n-己烷	73.33	35	150	90

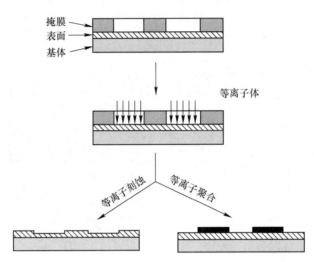

图 7-26 射频辉光放电等离子体技术模式形成示意图

7.1.6.3 结果与讨论

等离子体刻蚀形成图案 Water-Plasma 蚀刻。研究证明，在 40~66.66Pa 的蒸气压范围内，将含氟聚合物（如 FEP 和 PTFE 薄膜）暴露于 H_2O 等离子体中会降低基材的空气/水接触角。例如，未处理 FEP 的 SCA（107°），ACA（119°）和 RCA（98°）可以分别降低到 80°、90°和 20°，用水等离子体在 250kHz、30W 和 45.33Pa 单体压力下处理 FEP 50s。近年来，我们探索了更广泛的放电条件，并发现通过增加单体蒸气压，水等离子体处理的特性发生了明显的转变。例如，水等离子体在 250kHz、功率为 30W、单体压力为 82.66Pa 的条件下处理 FEP 薄膜，记录了 SCA 120°、ACA 125° 和 RCA 7°。虽然 RCA 的低值表明含氧极性基团加入到水等离子体处理的表面，正如 XPS 分析所证实，如图7-27所示，接触角滞后的很大程度（即 ACA 和 RCA 之间的差异）可能是由于表面的不均匀性造成的氟碳段和等离子体产生的含氧极性基团的分布不均匀。由于表面形貌对接触角的影响，增加的 SCA/ACA 与等离子体表面加入极性基团之间的意外矛盾可能是合理的。

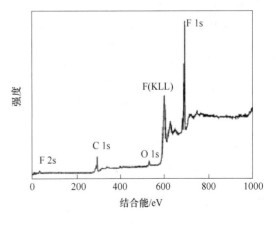

图 7-27 水等离子体刻蚀 FEP 表面的 XPS 测量谱

根据温泽尔关系，当初始值超过 90°时，接触角随表面粗糙度的增加而增大。

正如我们稍后看到的，对于那些用"高压"水等离子体处理的聚合物薄膜，确实观察到了含氟聚合物表面的地形变化。H_2O 等离子体诱导表面粗糙化的驱动力很可能来自蒸气压增强的 O^{2+} 浓度，这反过来又导致了高浓度的原子氧在"高压"水等离子体中，可以使水等离子体非常有效地蚀刻基片。SEM 研究表明，在"高压"条件下，H_2O 等离子体处理导致 FEP 和 PTFE 表面粗糙度显著增加，如图 7-28 所示。为了研究在"高"压力条件下的水等离子体是否也可以蚀刻其他衬底材料，并测试等离子体处理的云母片是否适合用作高表面敏感性测量的衬底（例如，AFM、STM、SFA），我们在类似于蚀刻含氟聚合物的条件下，用水等离子体处理新切割的云母表面。

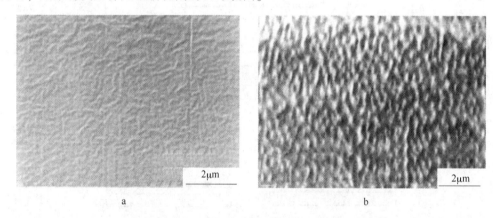

图 7-28 FEP 薄膜的扫描电镜显微图

a—水等离子体蚀刻之前；b—水等离子体蚀刻之后

利用原子力显微镜观察等离子体处理前后云母片的表面形貌。图 7-29a 显示了原始云母表面的典型 AFM 显微照片。正如预期的那样，分子表面光滑。相比之下，"高压"水等离子体处理表面（250kHz，30W，90.66Pa，约 6min）对应的 AFM 图像（图 7-29b）显示在约 500nm × 500nm 的扫描区域内，平均粗糙度高达约 10nm。因此，在使用分子敏感分析技术（如 AFM，STM 和 SFA·3H_2O 等离子体图案化）使用等离子体处理云母基材时应谨慎。在"高"单体压力下，H_2O 等离子体处理使表面形貌发生了改变，同时加入了含氧官能团。这些表面特征对生物活性分子（例如蛋白质，人类细胞）在修饰表面上的附着

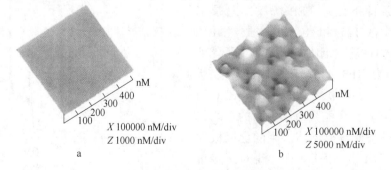

图 7-29 典型的 AFM 显微照片

a—新切割云母表面；b—切割云母后

或生长的影响是有利的。在这方面，我们以一种模式的方式进行了水等离子体处理，目的是产生具有潜在重要性的模式等离子体表面，例如，对于区域特异性细胞生长或蛋白质固定。掩膜是 TEM 网格，有 7μm 的网格条，由六边形窗口组成，每个窗口大小为 0.1nm。

等离子体蚀刻 50μm。通过扫描电镜研究了所得的表面形貌。如图 7-30 所示，得到了模式化蚀刻，与掩膜结构紧密复制。

等离子体聚合可以制造具有广泛成分的薄聚合物涂层，因为几乎所有挥发性有机蒸汽都可以在该过程中用作单体。例如，甲醇或乙醇等酒精蒸汽的等离子聚合可产生富含羟基的亲水薄膜。相反，使用正己烷作为单体蒸汽导致等离子聚合物涂层疏水。我们以甲醇和正己烷为例，分别制备了亲水性和疏水性的图样等离子体聚合物结构，如下节所述。

图 7-30　新裂解云母片的典型扫描
电镜显微照片

MeOH 等离子体聚合物图案。溅射后云母片涂上一层薄薄的金膜（金涂层是为了扫描电镜成像的目的；见下文），沉积了甲醇-等离子体聚合物层。XPS 分析给出的测量光谱（图 7-31a）不包含 Au 的信号，表明等离子体聚合物涂层至少有 10nm 厚。主峰可分配给 C 和 O，O/C 比值约为 0.4。第三个极弱信号，约 399eV，可分配给 N；如先前所建议的那样，该元素可以通过处理后的排气反应与空气结合。图 7-31b 显示了 XPS C 1s 谱，以及使用高斯/洛伦兹积函数和非线性雪利背景校正 31 进行的曲线拟合。基于曲线拟合的 XPS C 1s 谱的数值计算表明，MeOH 等离子体聚合物中 C—O 基团的比例很高（见表 7-3）。在 MeOH 等离子体聚合物薄膜中，含氧极性基团的显著加入还体现在接触角的低值上：$SCA \approx 40°$，$ACA \approx 51°$，$RCA \approx 10°$。

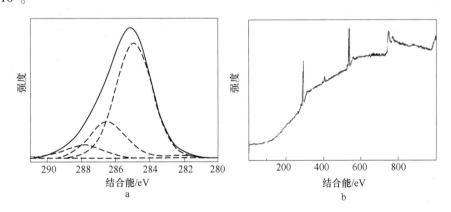

图 7-31　XPS 测量光谱

a—新制备的 MeOH 等离子聚合物在镀金云母片上的 XPS 测量光谱；b—曲线拟合的 C 1s 谱

表 7-3　MeOH 等离子体聚合物表面含碳表面基团的组成

C 种类	成分含量（质量分数）/%
CH_x	69.81

续表 7-3

C 种类	成分含量（质量分数）/%
C—O	22.71
C=O	6.93
O—C=O	0.55

　　我们将使用 MeOH 等离子体，作为一个例子，来阐明程序化的—OH 基团。在最初的实验中，MeOH 蒸汽被直接等离子体聚合到新切割的云母片或全氟聚合物基底上，以 TEM 网格作为掩膜，以一种有图案的方式进行聚合。虽然这样得到的图案肉眼可能看不见，但用扫描电镜可以观察到。然而，研究发现，即使在相对较低的加速电压（例如 1kV）下，等离子体表面暴露于 SEM 电子束后，电荷也会迅速积累。表面电荷不仅妨碍了扫描电镜对等离子体图案的详细检查，而且在某些情况下还会对样品表面造成永久性损伤。

　　这种效应是由衬底表面的绝缘性质引起的，它不能有效地消散由电子束产生的电荷或热量。因此，在随后的实验中，在等离子体处理之前，基材表面（如云母、FEP、PTFE）涂上厚度约为 400nm 的金或铂膜。在某些情况下，薄铬（约 3nm 厚）层被预涂到云母表面，作为云母与金或铂层之间的黏附促进剂。除了耗散表面电荷和热量所需的高导电率和热导率外，金或铂涂层还可以产生二次电子，用于图案成像。图 7-32 为典型的扫描电镜显微图，图中黑色区域代表 MeOH 等离子体聚合物，明亮区域代表未遮盖的金表面。由此形成的等离子体图案是掩膜（TEM 网格）结构的紧密复制，在微米尺度上的分辨率非常明显。等离子体模式的 SEM 图像的形成来自于次级电子散射的差异，由底层金产生，在MeOH 等离子体聚合物和未覆盖的金表面之间。一般来说，绝缘覆层在电子显微镜下受到电子束照射时的亮度与绝缘表面产生和发射二次电子的产率密切相关。由于随着绝缘等离子体聚合物层厚度的增加，二次电子的散射预计会增加（图像亮度下降），MeOH 等离子体聚合物变暗，而图 7-32 中未覆盖的金色区域是明亮的。

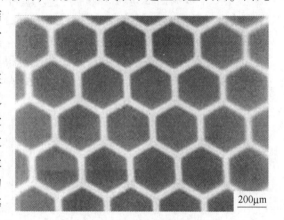

200μm

图 7-32　典型的 SEM 显微照片

　　由 MeOH 等离子体聚合物制成的镀金云母片，TEM 网格由六角形窗口组成（见图 7-32）。

　　正己烷等离子体聚合物图案。在成功地证明了 H_2O 等离子体刻蚀和 MeOH 等离子体聚合都可以用于表面图案化极性基团（例如，—OH）之后，研究非极性基团（例如烷基）是否也可以通过等离子体技术进行图案化是很有意义的。在此过程中，我们选择正己烷作为等离子体单体来演示碳氢化合物表面基团的模式形成。由于等离子体技术的通用性，其他碳氢化合物分子也可以像等离子体蒸汽一样用于这一目的。

　　NHEX 烷–等离子体聚合物的沉积和光谱表征已在以前的报道。这些电绝缘等离子体聚合物涂层在沉积后，由于氧化反应和表面重组而改变了它们的表面特征。因此，本研究采用了新制备的正己烷等离子体聚合物涂层。图 7-33a 是新制备的正己烷–等离子体聚合物薄膜的典型 XPS 测量光谱。薄膜的接触角为 SCA ≈ 94°，ACA ≈ 105°，RCA ≈ 66°。正如预期的那样，图 7-33a 中主要的 XPS 信号来自碳。还观察到非常微弱的氧信号，表明处理后等离子体表面发生了小范围的氧化。基于 XPS 测量谱的原子比计算（图 7-33a）显示，在等离子体处理后的表面，氧的氧碳比约为 0.03。含氧基团的化学性质通过 XPS C 1s 谱曲线拟合进行评估（图 7-33b）。数值结果汇总在表 7-4 中，其中显示了 C—O，CdO 和 O—CdO 组的相对贡献。从表 7-4 可以看出，新制备的正己体聚合物的 C 1s 信号主要来自碳氢基团，这与之前报道的结果很好地吻合。

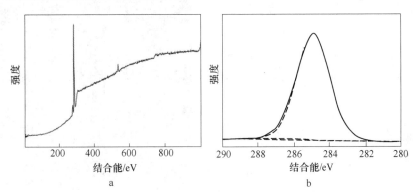

图 7-33　XPS 测量光谱

a—新制备的正己体聚合物在镀金云母片上的 XPS 测量光谱；b—曲线拟合的 C 1s 谱

表 7-4　正己烷等离子体聚合物表面含碳表面基团的组成

C 种类	成分含量（质量分数）/%
CH_x	97.39
C—O	1.41
C=O	1.20
O—C=O	0.00

　　正己烷图样等离子体聚合产生的表面图案如图 7-34 所示。在图中，深色区域代表正己烷等离子体聚合物，明亮区域与未覆盖的金表面有关。可以注意到，MeOH 等离子体聚合物（图 7-34）的暴露区域和涂层区域比正己烷-等离子体聚合物更大。

　　由正己烷等离子体聚合物制成的扫描电镜显微照片，TEM 网格由方形窗口组成作为掩膜。

　　由于 MeOH 和正己烷等离子体聚合物都具有相似的薄膜厚度（约 100nm），因此观察到的图像亮度差异可能与相应的表面组成差异有关。这是因为功能化表面层的 SEM 图像亮度与官能团的电子密度成反比，导致具有高原子序数元素的功能化表面图像变暗（例如 $C_{15}CH_2OH$ 的 SAM 图的 SEM 图像比 $C_{15}CH_3$ 的暗）。

　　从前面的讨论中可以看出，用图案化等离子体聚合方法可以得到微米尺度上不同化学功能的表面图案。我们还将这项技术扩展到包括使用等离子体图案的金属溅射基质作为电聚合电极的导电聚合物。导电聚合物图案形成的控制原理取决于：被等离子体聚合物覆盖的电极表面区域是电绝缘的，因此对电聚合不活跃，而未覆盖的区域可以有效地启动电聚合。

图 7-35 表示了电化学聚合到用新制备的正己烷等离子体聚合物预图案的镀铂云母片上的聚吡咯图案的典型光学显微图像。它显示了与图 7-34 的等离子体模式相同的特征，但强度相反。由于新电聚合聚吡咯薄膜的暗层存在，图 7-34 中未覆盖金属表面的明亮区域在图 7-35 中变暗。

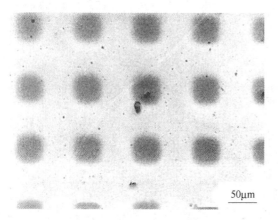

图 7-34　典型云母金涂层薄片

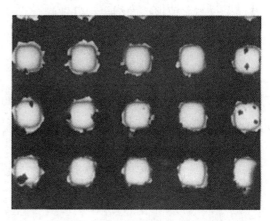

图 7-35　铂涂层云母表面预图案

图 7-35 中的亮区表示与正己烷等离子体聚合物相关的反射表面。这样制备聚吡咯图案的循环伏安响应如图 7-36 所示，这与已发表的伏安图一致。图 7-36 清楚地显示了含有高氯酸盐的聚吡咯薄膜具有两个还原峰的可逆或准可逆氧化还原过程。虽然在图 7-36 中看到的第一个还原峰可以归因于聚吡吡尔薄膜中阳离子物种（极化子）的存在，但第二个还原峰先前已被用作指示物种（双极化子）共存的证据。作为对照，在相同条件下对新制备的正己烷–等离子体聚合物进行循环伏安测量，该聚合物仅显示出较小的电容电流，没有任何可视为氧化还原活性物种存在的峰值。因此，图 7-36 所示的循环伏安图清楚地表明，本研究制备的聚吡咯图案具有电化学活性。

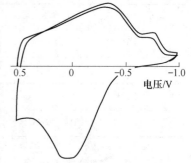

图 7-36　聚吡咯在铂上的典型循环伏安图

7.1.7　通过反应离子蚀刻的胶体光刻纳米图案

7.1.7.1　背景

本部分介绍了一种新型的胶体光刻方法，通过对多层球形胶体粒子的选择性反应离子蚀刻（RIE）来制备具有长程顺序的非球形胶体粒子阵列。

7.1.7.2　方法

首先，将具有不同晶体结构（或取向）的层状胶体晶体自组织到基底上。然后，在 RIE 过程中，胶体多层的上层作为下层的掩膜，由此产生的各向异性蚀刻产生了非球形粒子阵列和新的图案。由于上层和下层对 RIE 过程的相对遮蔽，新模式的形状与原始模式不同。颗粒和图案的形状和大小取决于晶体相对于蚀刻流的方向，胶体层的数量和 RIE 条件。各种胶体图案可以用作二维纳米图案的掩膜。此外，得到的非球形粒子可以用作胶体光子晶体的新型构件。图 7-37 显示了非球形构建块的二元和三元粒子阵列制造策略的示意图。

7.1.7.3　结果与讨论

胶体球可产生 fcc 和 hcp 晶体结构，其六边形紧密堆积（111）层的堆叠不同。在 fcc 结构中，堆叠层的顺序交替为 "ABCABC…"，而在 hcp 结构中，堆叠层的顺序为 "ABABAB" 堆叠。在这两种晶体结构中，fcc 结构比 hcp 结构热力学更稳定。在正常重力下制备胶体晶体时，实验观察到由 hcp 和 fcc 结构混合而成的随机六方紧密堆积结构。这种现象的发生是因为两相之间的自由能差非常小，尽管 fcc 相优于 hcp 相。图 7-37a 显示了从具有六角形排列的双层球形粒子制备二元粒子阵列的方案。图 7-37b 显示了 hcp 排列的三层球形粒子的三元粒子阵列。图 7-37c 的方案显示了由具有 fcc 顺序的三层球形粒子制备三元粒子阵列的方法。在 hcp 和 fcc 对称中形成不同的图案是可能的，因为等离子体蚀刻的间隙空间不同，如图 7-37b 和 c 所示。在图 7-37b 和 c 的方案中，将对应的原始三层的顶层完全蚀刻出来，就可以形成二元双层。

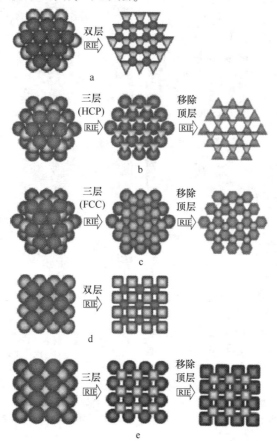

图 7-37　非球形构建块的二元和三元粒子阵列制造策略的示意图

　　图 7-38d 和 e 显示了当 fcc 胶体晶体的（100）平面暴露于刻蚀剂流时 CL 的示意图，在这种情况下，由各向异性蚀刻创建的非球形颗粒阵列的图案预计将不同于先前（111）平面暴露于蚀刻液流的情况。

　　胶体晶体可能在（100）方向生长，当有一个有限的几何形状，如微通道，V 形沟槽，或倒金字塔模式。具体来说，通过控制 V 形槽的节距和高度以及胶体颗粒的直径，可以在 V 形槽中形成（100）取向的晶体结构。在图 7-38a~d 中，将双层 1.01μm PS 球进行各向异性 RIE 后，生成具有"圆形"四面体形状的二元粒子双层阵列，将其排列成六边形结构。在这些条件下，由于相对遮蔽，上层比下层更容易被蚀刻。在图 7-38a 中，顶层的平均粒径约为原始层的三分之二。当进一步进行 RIE 时，顶层颗粒变小，底层颗粒被严重蚀刻。最后形成了一个像大卫之星一样的三角形二维结构（图 7-38d）。在图 7-38e 和 f 中，蚀刻了一层 200nm 的双层 PS 珠，形成二元粒子阵列。得到的蚀刻胶体颗粒的形状明显不同于其他技术所产生的非球形颗粒。颗粒的形状相当复杂，因为颗粒的三维轮廓是上层的阴影图像。三维形状的详细图像显示在截面 SEM 图像所示。

　　我们的方法可以扩展到三层六边形排列的球形 PS 珠的三元粒子阵列，如图 7-39 所示。紧密排列的三层阵列具有 hcp 对称（"ABA"粒子阵列）或 fcc 对称（"ABC"粒子阵

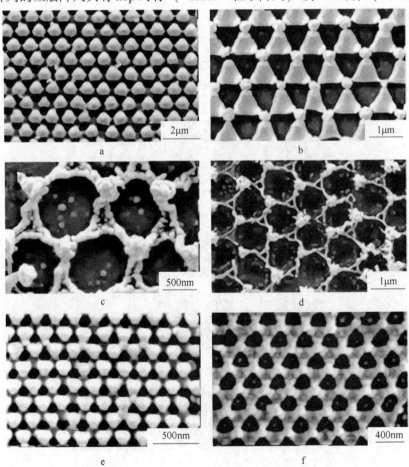

图 7-38　具有自组装六角形排列的双层非球形构建块的粒子阵列的 SEM 图像

列）。图 7-39a 显示了三元粒子阵列，图 7-39b 显示了二元粒子阵列，它们都是由球形 PS 珠阵列以 hcp 对称产生的。为了生成图 7-39b 的双层阵列，用 RIE 去除三层 PS 珠层的顶部 2min。我们还从 PS 珠阵列中以 fcc 对称生成三元和二元粒子阵列。三元粒子阵列结果如图 7-39c 所示，二元粒子阵列结果如图 7-39d 所示。

等离子体刻蚀的间隙结构和空间在 hcp 和 fcc 填料中是不同的，各向异性 RIE 产生的粒子形状和排列也是不同的。从图 7-39c 中可以看出，fcc 结构底层的六角形形状更为圆润，中心部分由于相对阴影差的存在，被蚀刻的情况比 hcp 结构更为严重。在图 7-39d 的情况下，由于与图 7-39c 给出的原因类似，可以获得圆形的六角形。顶层和第二层可以通过进一步蚀刻去除，形成单层或其他二维图案。

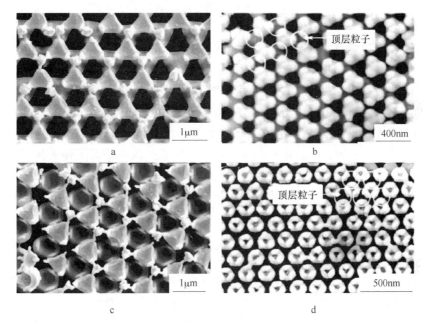

图 7-39　三元和二元粒子阵列的 SEM 图像与非球形积木从六方排列的三层

a—PS 珠（1.01μm）阵列部分 RIE 蚀刻；b—去除三层 PS 珠（200nm）阵列的顶层；c—PS 珠（1.01μm）

部分 RIE 蚀刻，RIE 曝光时间为 6min；d—去除三层 PS 珠（200nm）阵列的顶层

控制晶相对于生产出具有较少堆积错误的胶体晶体是非常重要的。因此，为了减少平面堆垛层错，需要制造纯 fcc 相而不是 fcc-hcp 混合相。制备纯（fcc）相已经发展了几种复杂的方法。如果浸渍涂层中气–水界面处的弯月面通过溶剂蒸发缓慢地扫过基材，则 fcc 相更有利，可制备缺陷较少的胶体结构。最近，通过温度梯度对溶液施加热对流以减少沉降，从 hcp 到大于 400nm 胶体球的 fcc 结构转变得到了加强。在某些情况下，为了达到同样的目的，还尝试了提高溶液温度和剪切诱导对准。从这个角度来看，准确评价晶体结构是 fcc 结构还是 hcp 结构是胶体科学研究中的一个重要问题。然而，从简单直接的 SEM 图像中确定 fcc 和 hcp 晶体结构的准确特征通常是困难的。这一问题是由于难以从截面扫描电镜图像中确定 fcc 和 hcp 结构之间的确切角度。因此，估计显示的是哪个晶面也是困难的。通过使用 RIE，可很容易地从平面内 SEM 图像中显示晶体结构，如图 7-40 所示。

图 7-40　扫描电镜下的晶体结构

此外，通过控制浸渍涂层制备了 $1.01\mu m$ 的 PS 珠的二维胶体单层，以产生 RIE 诱导图案。如图 7-41a 所示，随着 RIE 时间的增加，聚苯乙烯颗粒的直径逐渐减小。类似的形成尺寸可控的纳米结构阵列的技术已经使用 PS 珠开发，其直径可以通过含氧 RIE 任意减小。然而，当 RIE 与 O_2 和 CF_4 等离子体接触时间超过 6min 时，出现了"六边形网状突起"结构（图 7-41b）。在硅晶片上制备的薄膜在玻璃化温度以上自发脱水时，也观察到类似的多边形图案。最近，Powell 和 lanntti 对不同组成的反应等离子体的聚对苯二甲酸乙二醇酯（PET）薄膜 RIE 生成多边形结构的形成机制进行了全面的研究。在他们的案例中，PET 薄膜是无支撑的，最初是单相材料。暴露于反应性等离子体中，通过 PET 链断裂和温度升高产生相对极性的低分子量碎片。

因此，将 PET 膜暴露在反应等离子体中，产生两相材料，即在固定的极性 PET 表面上有一层薄的极性低分子量碎片移动表面。由于极面与极基之间的脱湿现象，最终形成了包括多边形突起和纳米纤维表面在内的各种类型的图案。最终的表面形貌很大程度上取决于气体组成和 RIE 条件，这影响了链的断裂和温度的升高。在这项工作中，我们使用 O_2 和 CF_4 的混合物作为反应离子源，在玻璃基板上蚀刻紧密排列的 PS 珠，而不是连续的聚合物薄膜。在之前对 PET 薄膜的研究中观察到，RIE 等离子体暴露后，不仅 PS 链断裂产生极性低分子量碎片，而且表面温度升高。特别是，当 O_2 和 CF_4 混合在一起用于等离子体蚀刻时，会产生氟氧离子，这是一种高活性的聚合物蚀刻剂。这种离子特别擅长切断聚合物主链中的碳–碳键。此外，虽然纯 CF_4 等离子体对氧化硅的刻蚀速度较慢，但 O_2 的存在会增加氟自由基浓度，增加氧化硅的刻蚀速率。因此，使用 O_2—CF_4 混合等离子体不仅由于氧化硅优先氟化而降低了玻璃表面的润湿性，而且还提高了表面温度。如图 7-41a 所示，RIE 早期，O_2—CF_4 混合等离子体，PS 珠直径减小，还原后的 PS 珠在底物上被压平。然而，随着 RIE 时间增加到 6min 以上，在扁平球面点周围形成了六边形网状突起，如图 7-41b~d 所示。我们将很快看到从 7-41a 到 d，单纯含 O_2 的 RIE 不产生多边形突起。此外，在玻璃化转变温度以上，不采用 RIE 工艺的热退火不能产生多边形突起，只是将 PS 珠烧结在一起，而没有降低颗粒尺寸。因此，这些图案突出也是由不稳定性引起的，这种不稳定性的产生使 RIE 过程产生的未被去除的极性低分子碎片自发地使氟化玻璃表面脱湿。由于 O_2—CF_4 混合等离子体引起的黏度降低和温度升高也促进了 Rayleigh 不稳定性。

在充分暴露于 RIE 诱导自发脱湿后，形成了新的多边形图案，如中心为扁平球形点的六边形网络，如图 7-41c 和 d 所示。

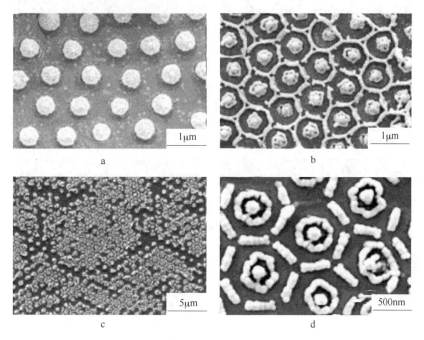

图 7-41　PS 珠胶体（1.01μm）颗粒阵列的 SEM 图像

a—4min；b—6min；c—8min；d—12min

如前所述，我们使用复制成形的带有 V 形凹槽的 PU 基板制备了多层 PS 珠阵列。由于 V 形槽的几何形状受限，（100）平面平行于衬底，垂直于蚀刻液流动。我们期望制备的图案和颗粒形状与图 7-42 和图 7-43 所示的结果有显著差异，其中蚀刻液流向（111）平面。图 7-42a 和 b 的 SEM 图像显示了由 200nm PS 珠制备的非球形矩形颗粒阵列，（100）平面面向蚀刻。事实上，蚀刻 PS 颗粒的形状和排列与之前的（111）平面垂直于蚀刻流的情况明显不同。采用双层和三层 1.01μm PS 珠分别制备了矩形结构的二元和三元粒子阵列；结果再现于图 7-41c 和 d 中。

如图 7-41d 和图 7-42 所示，颗粒阵列上层部分蚀刻后，矩形间隙增大。反应性等离子体很容易扩散到间隙中。进一步的 RIE 得到了图 7-42 的结构。

在最近的一些研究中，纯 O_2 等离子体已用于胶体图案的制备和尺寸控制，尽管这些研究仅限于单层胶体和双层胶体。在这里，我们将这些结果扩展到不同取向的胶体多层膜。图 7-42 显示了当（111）平面暴露在纯 O_2 等离子体中时，胶体多层膜产生的 7-42d 或 7-43d 排列图案的 SEM 图像。RIE 条件与先前的结果完全相同，除了使用纯 O_2（109.94m^3/min）而不是 CF_4 和 O_2 的混合气体。单层（图 7-43a 到 c）和双层（图 7-43d 和 e）的结果与其他研究者的结果相似。颗粒尺寸随着 RIE 时间的增加而减小，但没有形成由 CF_4 和 O_2 混合气体 RIE 产生的那种多边形图案。通过 RIE 条件可以调整双层间隙的大小。

在图 7-43d 和 e 中，1.01μm PS 颗粒紧密堆积的双层胶体层的间隙大小随着 RIE 时间从 160nm 增加到 450nm 到 600nm。如图 7-43e 所示，由于 RIE 蚀刻穿过间隙的空隙，

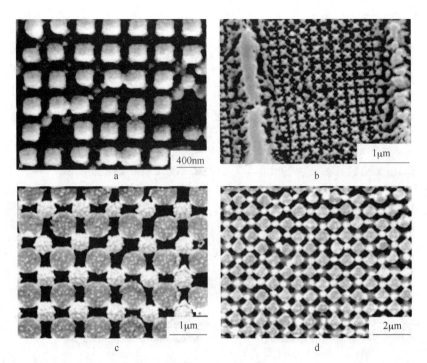

图 7-42　当（100）平面暴露于 RIE 时，具有非球形构件的二元和三元粒子阵列的 SEM 图像
a—200nm 的双层 PS 珠阵列；b—低分辨率 200nm 颗粒阵列；c—1.01μm 的双层 PS 珠阵列；d—三层 1.01μm PS 珠阵列

底层每个 PS 珠的中心部分被严重蚀刻，底层颗粒被分为三部分。当进一步对图 7-43e
所示的图案进行 RIE 时，可以制备出新的"花形"图案（图 7-43f）。这些图案是由于
在进一步 RIE 去除顶层之前，底层具有多边形形状的薄中心部分被完全去除。这种方法
被扩展为三层，如图 7-43g~l 所示。使用 hcp（"ABA"）对称的三层结构形成了一种不
同的模式（图 7-43g），可以被描述为"狗爪形态"。图 7-43g 的实验条件与图 7-43f 相
同。当进一步 RIE 去除第二层时，从三层中获得了类似于图 7-43f 中的花状图案（图 7-
43i）。

　　我们还从 fcc（"ABC"）对称的三层中制作了不同的图案。结果如图 7-43j 和 k 所示。
图 7-43j 的 RIE 曝光时间与图 7-43g 相同。进一步的 RIE 生成了被描述为"带三角形孔的
甜甜圈"的图案（图 7-43k）。不同的 hcp 和 fcc 对称模式的形成是由于胶体层暴露于 RIE
时等离子体流入不同的间质结构造成的。图 7-43l 显示了使用四层（"ABCA"对称）的结
果。包括两种情况的扫描电镜图像，一种是 fcc 对称的三层（100）平面暴露于 O_2 等离子
体，另一种是 hcp（"ABAB"）对称的四层（111）平面暴露于 O_2 等离子体。

　　最后，我们研究了 PS 胶体阵列的热退火对 RIE 诱导的表面形貌的影响。在此过程中，
双层 PS 珠在暴露于活性离子之前在玻璃转变温度以上退火。随着退火时间的增加，由于
高温下聚合物迁移率的增加，微扁平的颗粒之间发生烧结。然后，将玻璃基板上的退火粒
子阵列暴露在反应等离子体中 CF_4 和 O_2 的混合物。图 7-44 显示了退火膜在 RIE 下的中间
结构。如上所述，表面形态看起来像一个有图案突出的聚合物薄膜。通过控制 PS 珠层的
方向，得到了如图 7-44 所示的六角形和方形图案。

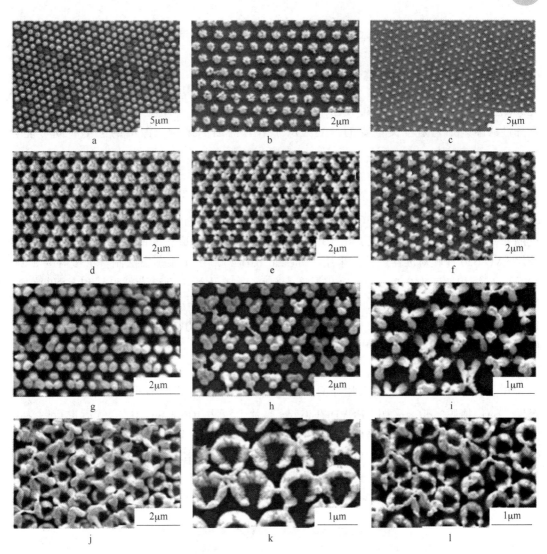

图 7-43 不同 RIE 暴露时间使用纯 O$_2$ RIE 时,胶体多层膜产生的 2D 或 3D 排列图案的 SEM 图像

a, d—4min; b, e—6min; c, f, g, j—8min; h, k, l—10min; i—12min

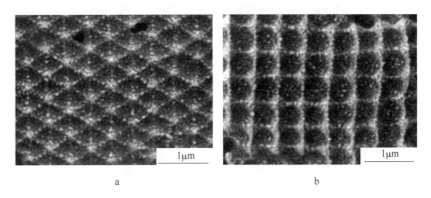

图 7-44 胶体双层 PS 珠(1.01μm)通过 RIE 生成的二维排列图案的 SEM 图像(120℃ 退火 30min)

a—(111)平面面对蚀刻流时产生的图案;b—(100)平面垂直于蚀刻液时产生的图案

7.1.8　采用电感耦合等离子体/反应离子刻蚀的 GaAs 深度垂直刻蚀

7.1.8.1　背景

砷化镓深蚀结构在光电子学和 MEMS 器件中有着广泛的应用。这些应用通常要求具有光滑侧壁的各向异性蚀刻轮廓，以及高蚀刻速率和高纵横比。开发一种对蚀刻掩膜具有高选择性的蚀刻工艺是至关重要的，因为由于 RIE 滞后的影响，深槽的蚀刻时间可能会延长。

7.1.8.2　方法

GaAs 晶圆（N 型，Si 掺杂，[100]）用 SiO_2 图案化。在 GaAs 上直接沉积了 $10\mu m$ SiO_2 掩膜 PECVD 沉积速率为 60nm/min，沉积温度 300℃。蚀刻图案使用 TI Prime 黏附促进剂和 ma-N 1420 负向光刻胶，由 $10\sim20\mu m$ 宽的线开口组成，间距为 $100\mu m$。掩膜对准使用 EVG 620 掩膜对准器进行。采用 Temescal BJD-2000 电子束蒸发法制备了覆盖层（Cr，400nm），沉积速率为 0.2nm/s，沉积温度为 900℃。在丙酮中剥离光刻胶（和上面的 Cr），然后用 ICP/RIE 蚀刻 SiO_2 层并对掩膜进行图案处理。SiO_2 蚀刻在 CHF_3/Ar（59.495/152.91m^3/min）中，压力为 0.6Pa，ICP/RF 功率为 500W/80W，温度为 20℃。ICP/RIE 实验采用 SAMCO ICP/RIE 400iP 在 50℃下进行。

7.1.8.3　分析

介电层如 SiO_2 和 SiN_x 通常用作 GaAs 蚀刻的蚀刻掩膜，并已证明其对 GaAs 具有高选择性。SiO_2 掩膜实验，采用 PECVD 在 GaAs 晶片上沉积 $10\mu m$ SiO_2 层，然后进行图 7-45 的模式化和掩膜步骤。SiO_2 掩膜蚀刻具有高度的各向异性，并能产生光滑的侧壁。为了在 GaAs 中产生很深（>$100\mu m$）的沟槽，良好的掩膜选择性和优异的各向异性是至关重要的。各向异性和选择性分别受到射频功率和腔室压力的影响。因此，不同的射频功率和腔室压力设置是研究在 GaAs 中刻蚀高纵横比特征的主要参数。

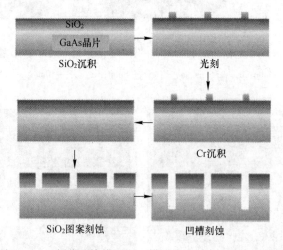

图 7-45　二氧化硅掩膜沉积，模式化和蚀刻过程的示意图

A　射频功率

研究了在 ICP/RIE 中增加射频功率的影响，因为增加射频功率应该有助于通过防止横

向蚀刻和提高蚀刻速率来保持高纵横比。然而，由于射频功率增加了离子对样品的物理影响，也会增强 SiO_2 掩膜的降解。ICP/RIE 参数及蚀刻结果见表 7-5 和图 7-46。所有样品的压力均为 1Pa。

表 7-5　各种射频功率设置的 ICP/RIE 蚀刻结果

样品	ICP 功率/W	RF 功率/W	DC 偏移电压/V	Cl_2 /m³·min⁻¹	Ar /m³·min⁻¹	时间/min	深度/μm	刻蚀率/μm·min⁻¹	选择性
1a	250	80	25	13	20	30	41	1.37	22
1b	250	150.	407	13	20	30	48	1.60	17
1c	250	200	554	13	20	30	55	1.82	8

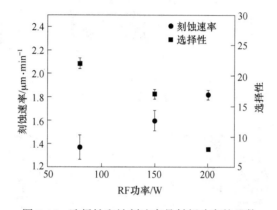

图 7-46　选择性和蚀刻速率是射频功率的函数

在 ICP 功率设置为 80W、150W 和 200W（其他设置保持不变）30min 后，蚀刻槽深度分别为 41μm、48μm 和 55μm。然而，10μm 厚度的 SiO_2 掩膜平均减少了 1.9μm（80W）、2.8μm（150W）和 6.9μm（200W），导致 GaAs 选择性较蚀刻掩膜下降。

在这种情况下，几乎没有观察到任何样品的横向蚀刻。选择性的代价是蚀刻率，它随着射频功率的增加而增加。这也与直流偏置大小从 80W 时的 -25V 增加到 200W 时的 -554V 有关。

在提出的高展弦比蚀刻工艺中，一个主要的限制是掩膜材料的选择性。当射频功率从 200 W 增大到 80 W 时，腐蚀速率降低至 0.45μm/min 功率，而选择性从 8 增加到 22。促进高选择性而不是最高蚀刻速率（即低射频功率）的工艺是有利的；然而，在实际应用中，需要保持一个合理的蚀刻速率。此外，随着沟槽的加深，各向异性将变得越来越重要。各向异性通常通过使用更高的射频功率设置来改善。因此，在后续实验中使用了 150W 和 200W 的射频功率，目的是通过改变气体组成和腔室压力来进一步提高选择性。

B　$SiCl_4$ 蚀刻

研究了在气体混合物中加入 $SiCl_4$。这将促进在槽侧壁上不断形成 Si 基聚合物，这将有助于防止随着槽变得更深而发生横向蚀刻。即使没有 $SiCl_4$ 的加入，也能形成 Si 基聚合物（见图 7-47 和图 7-48 中的侧壁），可能是由于 SiO_2 掩膜的溅射（在两个样品中都通过 EDX 检测到 Si、O 和 Cl 的存在）。目的是通过向蚀刻气体混合物中添加 $SiCl_4$ 来增强这种效果。表 7-6 详细列出了添加 $SiCl_4$ 和不添加 $SiCl_4$ 的 GaAs 蚀刻参数和结果。加入 $8.495m^3/min$ $SiCl_4$ 的样品在蚀刻速率（$1.65\mu m/min$）和选择性（$19:16$）方面有一定的改善。蚀刻速率的某些改善可能仅仅是由于等离子体中 Cl^- 离子浓度较高所致。图 7-47 中的样品显示了蚀刻的效果。在 HF（10%溶液，30min）中去除聚合物后，有 $SiCl_4$ 蚀刻和没有 $SiCl_4$ 蚀刻的样品的典型槽侧壁如图 7-47b 和图 7-47a 所示。在此条件下，有 $SiCl_4$ 和无 $SiCl_4$ 均保持了良好的各向异性。然而，如上所述，$SiCl_4$ 蚀刻样品在蚀刻速率和选择性方面表现更好。蚀刻 60min 后，最大槽深为 $99\mu m$（样品图 7-47b）。

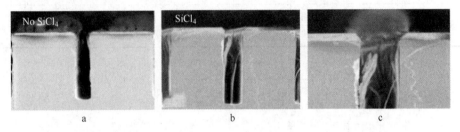

图 7-47　刻槽示意图

a—2a 的 ICP/RIE 蚀刻槽；b，c—2b 和 2c 在较高放大倍率下的 ICP/RIE 蚀刻槽

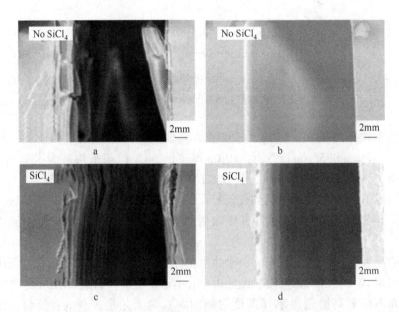

图 7-48　ICP/RIE 刻蚀槽在 HF 倾角前后成像

a，c—成像前；b，d—成像后

表 7-6　$SiCl_4$/无 $SiCl_4$ 蚀刻样品的 ICP/RIE 蚀刻结果

样品	压强/Pa	DC 偏移电压/V	Cl_2 /$m^3 \cdot min^{-1}$	Ar /$m^3 \cdot min^{-1}$	$SiCl_4$ /$m^3 \cdot min^{-1}$	深度/μm	刻蚀率 /$\mu m \cdot min^{-1}$	选择性
3a	0.1	207	13	20	5	32	1.07	11
3b	1	412	13	20	5	53	1.76	12

样品	压强/Pa	DC 偏移电压/V	Cl$_2$ /m^3·min^{-1}	Ar /m^3·min^{-1}	SiCl$_4$ /m^3·min^{-1}	深度/μm	刻蚀率 /μm·min^{-1}	选择性
3c	2	540	13	20	5	55	1.83	21
3d	2.5	545	13	20	5	58	1.93	51

C　压力

在不降低各向异性的情况下，研究了增加压力对提高蚀刻速率和选择性的影响。压力从 0.1Pa 变化到 2.5Pa，ICP 和 RF 功率设置分别保持在 250W 和 200W；蚀刻时间超过 30min。高射频功率被用来作最大化各向异性蚀刻图案的可能性。结果如表 7-7 和图 7-49 所示。压力越大，腐蚀速率越快；0.1Pa 时从 1.07μm/min 增加到 2.5Pa 时 1.93μm/min。同样，这与直流偏置大小的增加相对应。选择性随着压力的增加而增加，因为更高的压力可以促进更多的化学而不是物理蚀刻制度。这降低了 SiO$_2$ 蚀刻的相对速率。对 GaAs 的平均选择性为 51∶1。在这个范围内，各向异性似乎不受压力增加的影响，尽管假设较高的压力会降低各向异性（由于等离子体源和沟槽底部之间的平均自由程较短）。当压力大于 2.5Pa 时，各向异性的损失被观察到。因此，不考虑>2.5Pa 溶液对样品的选择性和腐蚀速率。各向异性很可能一直保持到这一点，这是由于高射频功率和聚合物在侧壁上的结合，这将减少各向同性蚀刻（图 7-50）。

表 7-7　循环 GaAs 蚀刻的 ICP/RIE 蚀刻结果

样品	ICP 功率 /W	RF 功率 /W	压强 /Pa	Cl$_2$/m^3· min^{-1}	Ar/m^3· min^{-1}	SiCl$_4$/m^3· min^{-1}	周期数	深度/μm	刻蚀率 /μm·min^{-1}	选择性
4a	250	150	1	13	20	5	10	32	1.60	27
	250	80	1	0	20	5				
4b	250	150	1	13	20	5	30	79	1.32	14
	250	80	1	0	20	5				

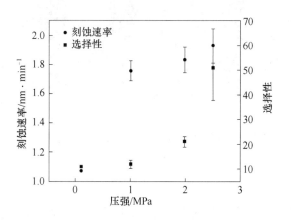

图 7-49　压强和蚀刻速率的函数曲线

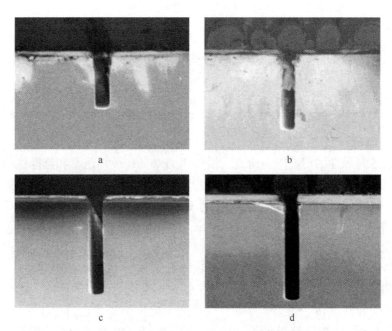

图 7-50 ICP/RIE 蚀刻槽在不同压力下的图像（刻蚀 30min）
a—0.1Pa；b—1Pa；c—2Pa；d—2.5Pa

　　更长的蚀刻时间被研究，以发现该工艺的局限性，图 7-50 给出了一些结果。经过 60min 的腐蚀时间，可以得到深度为 121μm、宽度为 13μm（长径比为 9）的沟槽（图 7-51a）。在槽口处观察到一些变宽。据推测，这是由于蚀刻产品未充分从槽中去除；随着沟槽的加深，顶部的横向蚀刻变得更加普遍。随着腐蚀时间延长至 150min，这种影响继续恶化（图 7-51b）。图 7-51b 中最大槽深为 198μm；然而，在槽口处出现了明显的横向腐蚀（宽度可达 30μm）。目前正在研究各种技术（如定期清除蚀刻产物和增加侧壁保护）来减少这种影响并最大限度地减少横向蚀刻。

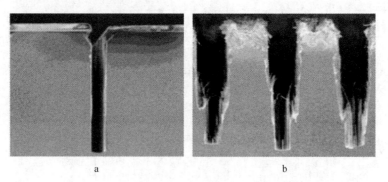

图 7-51 ICP/RIE 刻蚀槽在不同刻蚀时间下的图像
a—60min；b—150min

D　循环蚀刻工艺
该过程被发现是敏感的反应室条件和定期清洗室的再现性。研究表明，等离子体放电中 Cl⁻ 的浓度与反应室内壁沉积有关。当腔室中存在一层 SiO_2 时，Cl⁻ 与腔室发生反应的可能性比在"干净的" AlO_2 腔室表面发生反应的可能性小，这意味着在存在 SiO_2 层的等离子体中获得更高的 Cl⁻ 浓度。清洗后用 $SiCl_4/Ar$ 预处理腔室 20min，可显著提高蚀刻的再现性。

为了以更可控和可复制的方式促进更高的纵横比，应用了类似于 Si DRIE 的蚀刻制度。例如，Golka 等人详细介绍了蚀刻 GaAs 的时间复用工艺，并能够使用沉积/蚀刻循环演示 17（17μm 深，1μm 宽）的槽长比。

类似的方法应用于这项工作，其中 GaAs 受到 1min 的循环，交替使用蚀刻剂 Cl_2 气体。更长的循环时间（与传统的 DRIE 工艺相比）用于更详细地检查两种制度。凹槽侧壁的蚀刻参数显示了一个扇形边缘，与 Si DRIE 中观察到的相似，这对应于 1min 的蚀刻周期（图 7-52）。

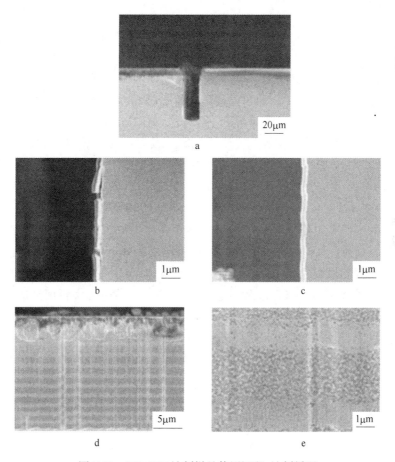

图 7-52 ICP/RIE 蚀刻样品使用沉积/蚀刻循环

a—槽截面图像；b—高频倾角前的槽侧壁；c—高频倾角后的槽侧壁；d，e—不同放大倍率下沿凹槽纵向拍摄的图像

在详细检查蚀刻速率的过程中，很明显，仍然有蚀刻发生在"沉积"循环步骤，因为总体蚀刻速率在循环过程（总蚀刻时间为 20min）中并没有远低于仅蚀刻工艺（1.60μm/min），而等效的仅蚀刻工艺（1.65μm/min 总蚀刻时间为 30min）。$SiCl_4$ 中的 Cl⁻ 参与蚀刻

过程的事实与前一节的发现很好地相关，并表明它可能在增加 $Cl_2/SiCl_4$ 复合样品的蚀刻率方面发挥作用。对槽侧壁的扫描电镜分析表明，蚀刻在循环的两个阶段都发生了，在没有 Cl_2 流动的步骤中蚀刻速度较慢（图 7-52）。在没有 Cl_2 流动的情况下，槽侧壁看起来更光滑，这表明前一段富含 $SiCl_4$ 的蚀刻比仅使用 Cl_2/Ar 的工艺具有额外的优势。

随着沉积/蚀刻循环次数的增加，选择性和蚀刻速率都会下降，这是由于 RIE 滞后造成的预期影响。如表 7-7 所示，选择性从 27（10 次循环后）降低到 14（30 次循环后）。与纯蚀刻工艺相比，这并没有显著提高选择性，纯蚀刻工艺对 GaAs 的选择性为19（30min 蚀刻时间后）。此外，重现性被发现仍然依赖于室内调节。因此，与连续蚀刻相比，循环工艺的好处似乎有限，至少在这里使用的条件下是这样。

7.1.9　基于 Cl_2/BCl_3 电感耦合等离子体的 GaN 干刻蚀特性

7.1.9.1　背景

氮化镓（GaN）具有六方纤锌矿结构，直接带隙约为 3.4eV，已成为实现蓝色发光二极管（led）的主要材料。

由于 GaN 的高化学稳定性，在室温下用湿式化学蚀刻法刻蚀或刻印 GaN 是极其困难的。湿法蚀刻结合紫外线（UV）照射也被尝试用于提高 GaN 材料的蚀刻速率，尽管在使其更易于制造之前还有许多问题需要解决。与湿法刻蚀技术相比，干法刻蚀技术可以提供各向异性的刻蚀轮廓，刻蚀速度快，并被用于定义具有可控轮廓和刻蚀深度的器件特征。为了获得低接触电阻率的欧姆接触点，采用干刻蚀技术在 N 接触点上形成台面，在 N 接触点上需要高刻蚀速率、各向异性轮廓和光滑的侧壁。

7.1.9.2　方法

研究了 GaN 材料在电感耦合 Cl_2/BCl_3 等离子体中的刻蚀特性，以及对光刻胶和二氧化硅（SiO_2）的刻蚀选择性。分析了氯组分和操作压力对 GaN 蚀刻速率的影响。利用光致发光（PL）测量方法评估了 GaN 的等离子体诱导损伤。从刻蚀选择性、侧壁轮廓、表面形貌和 GaN 中等离子体损伤等方面讨论了用于 LED 制造过程中台面形成的优化刻蚀工艺。通过改变 ICP 功率、RF 功率、工作压力和 Cl_2/BCl_3 气体混合比，研究了输入工艺参数对 GaN 薄膜蚀刻特性的影响。研究了 GaN 对 SiO_2 和光刻胶的刻蚀选择性。虽然较高的 ICP/RF 功率可以获得较高的 GaN/光刻胶刻蚀选择性，但由于光刻胶掩膜的侵蚀，会导致侧壁刻面和侧壁轮廓怪异。

7.1.9.3　分析

在 Cl_2/BCl_3 气体化学中，GaN 的腐蚀速率随 Cl_2 浓度的变化如图 7-53 所示。在蚀刻过程中，ICP 功率和 RF 功率分别保持在 1000W 和 100W。总气体流量为 $70m^3/min$，操作压力为 0.9Pa，衬底温度为 23℃。在 Cl_2/BCl_3 气体化学中，GaN 蚀刻速率与 Cl_2 浓度的函数关系。当 Cl_2 浓度从 10% 增加到 90% 时，直流偏置电压的观测值从 −350V 下降到 −279V。

当 Cl_2 浓度从 10% 增加到 90% 时，直流偏置电压的观测值从 −350V 下降到 −279V。电压从 $10\%Cl_2/90\%BCl_3$ 的 −350V 下降到 $90\%Cl_2/10\%BCl_3$ 的 −279V。随着 Cl_2 浓度从 10% 增加到 90%，GaN 蚀刻速率增加，这是由于活性 Cl 自由基和 Cl_2^{+} 离子密度增加所致。

如图 7-53 所示，Cl_2/BCl_3 中 Cl_2 浓度的增加，提高了 GaN 的蚀刻速率，部分原因是 Cl 自由基的化学反应和 Cl^{2+} 离子轰击的结合。Langmuir 探针和四极杆质谱（QMS）对 Cl_2/BCl_3 电感耦合等离子体的诊断表明，Cl_2/BCl_3 中 Cl_2 浓度的增加导致活性 Cl 自由基和 Cl^{2+} 阳性离子密度的增加。

在保持 1000W ICP/150W RF 功率、$70m^3/min$ 总气体流量、$30\% Cl_2/70\% BCl_3$ 的条件下，研究了操作压力对 GaN 蚀刻速率的影响。随着操作压力的变化，包括平均自由程在内的等离子体条件会发生变化，从而导致离子能量和等离子体密度的变化。GaN 蚀刻速率作为操作压力的函数如图 7-54 所示。RF 功率保持在 150W 不变，这导致直流偏置电压（从 −297V 到 −361V）随着压力从 0.47Pa 增加到 1.2Pa。GaN 腐蚀速率随着压力从 0.47Pa 增加到 0.67Pa，这是由于较低压力下反应物的限制机制造成。然而，操作压力从 0.67Pa 增加到 1.2Pa，GaN 腐蚀速率从 300.5nm/min 降低到 217.9nm/min，这是由于较高的直流偏置电压造成的反应前反应性等离子体物种的启动溅射解吸，或在蚀刻表面上的再沉积。

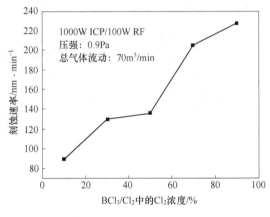

图 7-53　GaN 蚀刻速率与 Cl_2 浓度的函数关系

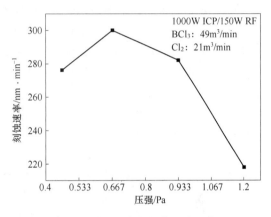

图 7-54　刻蚀速率与操作压力的关系

图 7-55a 显示了光刻胶掩膜 GaN 在 300W ICP/100W RF 功率、$70m^3/min$ 总流速、$90\% Cl_2/10\% BCl_3$、0.9Pa 操作压力和 23℃ 衬底温度条件下的 SEM 截面形貌。在 300W ICP/100W RF 功率下，GaN 刻蚀速率为 144nm/min，对光刻胶的刻蚀选择性为 0.43。为了提高 GaN 对光刻胶的刻蚀选择性，将 ICP 功率和 RF 功率从 300W/100W 提高到 450W/150W。图 7-55b 为 450W ICP/150W RF 功率，$70m^3/min$ 总流速，$90\% Cl_2/10\% BCl_3$，0.9Pa 操作压力，基片温度 23℃ 条件下光刻胶掩膜 GaN 的 SEM 截面形貌图。在 450W ICP/150W RF 功率下，GaN 刻蚀速率为 320nm/min，对光刻胶的刻蚀选择性为 0.76。

当 ICP/RF 功率由 300W/100W 提高到 450W/150W 时，GaN 对光刻胶的腐蚀选择性由 0.43 提高到 0.76。因此，GaN 对光刻胶的刻蚀选择性很大程度上取决于 ICP 和 RF 功率。然而，图 7-55b 的扫描电镜照片显示，由于光刻胶掩膜侵蚀，导致在 450W/150W 的刻面侧壁发生腐蚀。总之，较高的 ICP/RF 功率虽然可以获得较高的 GaN/光刻胶刻蚀选择性，但却为其提供了较差的条件。

为了形成较深的沟槽，需要更高的离子通量来实现 GaN 的高蚀刻速率。由于对光刻胶的低选择性和光刻胶掩膜的侵蚀，高射频功率会影响侧壁和表面的粗糙度。由于 GaN 对

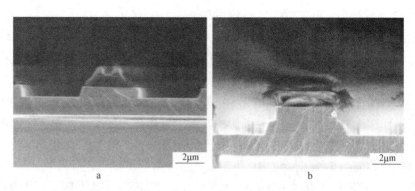

图 7-55　不同条件下光刻胶掩膜 GaN 样品的 SEM 图

SiO_2 的蚀刻选择性在 Cl_2 基等离子体化学中具有优势，因此通常使用 SiO_2 等硬掩膜来代替光刻胶。

　　GaN 和 SiO_2 的刻蚀速率以及 GaN 对 SiO_2 的刻蚀选择性随操作压力的变化如图 7-56 所示。混合组分的流速为 $70m^3/min$，Cl_2/BCl_3 混合比为 $20\% \sim 80\%$。在蚀刻过程中，ICP/RF 功率固定在 1000W/100W，随着操作压力从 0.9Pa 增加到 1.87Pa，导致直流偏置电压（从 $-294V$ 增加到 $-338V$）增加。如图 7-56 所示，操作压力的增加使 GaN 和 SiO_2 的蚀刻速率降低。当操作压力从 0.9Pa 增加到 1.87Pa 时，SiO_2 腐蚀速率的下降比 GaN 腐蚀速率的下降更快。因此，在特定的 ICP/RF 功率和固定的混合组分下，GaN 对 SiO_2 的刻蚀选择性随着操作压力的增加而增加。

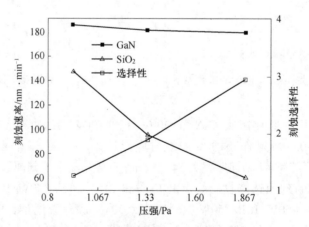

图 7-56　刻蚀选择性随操作压力的变化

　　SiO_2 掩膜 GaN 样品的 SEM 截面形貌如图 7-56 所示，GaN 和 SiO_2 的刻蚀速率分别为 179.3nm/min 和 60.8nm/min，当操作压力增加到 1.87Pa 时，GaN 对 SiO_2 的刻蚀选择性最高，为 2.95。

　　为了提高 GaN 在 SiO_2 上的刻蚀选择性，刻蚀条件固定为 1000W ICP/300W RF 功率，$70m^3/min$ 的总流速，$90\%Cl_2/10\%BCl_3$，1.87Pa 的操作压力和 23℃ 的基板温度。SiO_2 掩膜 GaN 的 SEM 截面形貌如图 7-57c 和 d 所示。GaN 和 SiO_2 的蚀刻速率分别为 845.3nm/min 和 106.7nm/min。GaN 对 SiO_2 的腐蚀选择性为 7.92，且观察到更多的垂直腐蚀剖面。与

之前的工艺参数比较发现，随着 Cl_2/BCl_3 中 Cl_2 浓度的增加和射频功率的增大，GaN 和 SiO_2 的刻蚀速率均有所增加。然而，GaN 的腐蚀速率（从 179.3nm/min 增加到 845.3nm/min）比 SiO_2 的腐蚀速率（从 60.8nm/min 增加到 106.7nm/min）增加得更快。因此，GaN 对 SiO_2 的刻蚀选择性由 2.95 提高到 7.92。

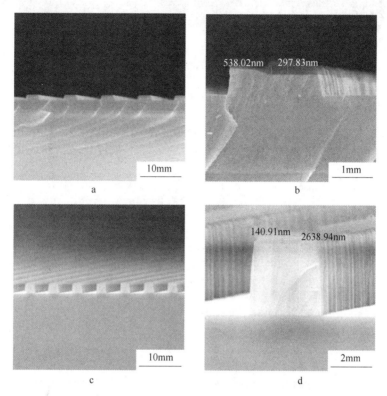

图 7-57 SiO_2 掩膜 GaN 样品的 SEM 截面显微图

在 GaN 基 LED 的制造中，制作各向异性、光滑、低损伤的台面侧壁是非常重要的。之前的大量工作表明，在台面形成过程中，ICP 功率和 RF 功率都对器件性能有影响。研究发现，通电电压对氮化镓表面粗糙度敏感，而击穿电压会受到侧壁损伤的强烈影响，影响高能离子轰击。应用不同 ICP 蚀刻条件 GaN 样品的表面形貌如图 7-58 所示。

如图 7-58a 所示，在应用 ICP 蚀刻之前，在 5cm×5cm 区域内，GaN 表面的均方根粗糙度约为 0.58nm。在 300W ICP/100W RF 功率下进行 ICP 刻蚀后，GaN 样品表面均方根粗糙度值如图 7-58b 所示为 1.38nm。换句话说，300W ICP/100W RF 功率的蚀刻过程保持了类似的表面粗糙度顺序。但是，如图 7-58c 所示，在 1000W ICP/300W 射频功率下进行 ICP 刻蚀后，GaN 样品表面的均方根粗糙度为 13.62nm，远远超过了在 300W ICP/100W 射频功率下进行 ICP 刻蚀前后的均方根粗糙度，这是因为 GaN 表面出现了许多较大的六角形蚀刻坑。虽然在 1000W ICP/300W RF 功率下可以获得更多的各向异性蚀刻轮廓和较高的蚀刻速率，但蚀刻的 n-GaN 表面粗糙度大和侧壁损伤会降低器件性能。因此，300W ICP/100W RF 的刻蚀工艺更适合 LED 制作过程中台面的形成。

利用光致发光（PL）测量方法评估了 n-GaN 的等离子体诱导损伤。在室内 PL 测量

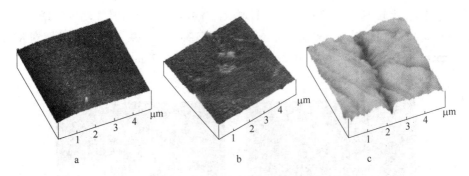

图 7-58   氮化镓表面的 AFM 扫描

中，325nm 激光聚焦光束激发 GaN 薄膜。采用 1000W ICP/300W RF 功率进行 ICP 蚀刻前后获得的室温 PL 谱如图 7-59 所示。

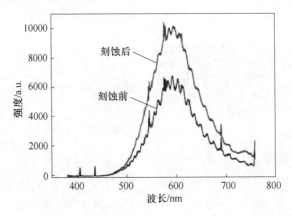

图 7-59   1000W ICP/300W RF 进行 ICP 刻蚀前后与强度变化曲线

发射峰位置没有因 ICP 蚀刻而发生移位，黄带发光（YL）强度明显增加。应用 ICP 刻蚀后，GaN 薄膜的黄带发光（YL）与带边发射（IYL/IBE）的强度比高于未刻蚀的 GaN 薄膜。IYL/IBE 比值越高，GaN 的光学性能越差。

众所周知，与传统 LED 相比，花纹蓝宝石衬底（PSS）技术可以提高光提取效率，因为有角度的面可以将光重定向。因此，需要在蓝宝石衬底上形成周期性图案来提高光提取效率。然而，由于材料的硬度和缺乏挥发性蚀刻产品，蓝宝石衬底的蚀刻或图案是极其困难的。BCl₃ 基气体化学被广泛用于蚀刻蓝宝石基板，因为 B 能清除氧气，形成 BOClₓ 挥发性蚀刻产物。图 7-60 显示了使用相同等离子体化学气体 BCl₃/Cl₂ 的带干蚀刻光滑台面侧壁的蓝宝石衬底 LED 的 SEM 截面图像。如图 7-60 所示，在保持总气体流量为 70m³/min，BCl₃/Cl₂ 混合物比例为 80%/20%，操作压力为 0.9Pa，ICP 功率和 RF 功率为 1500W 的情况下，将周期模式转移到蓝宝石衬底上。

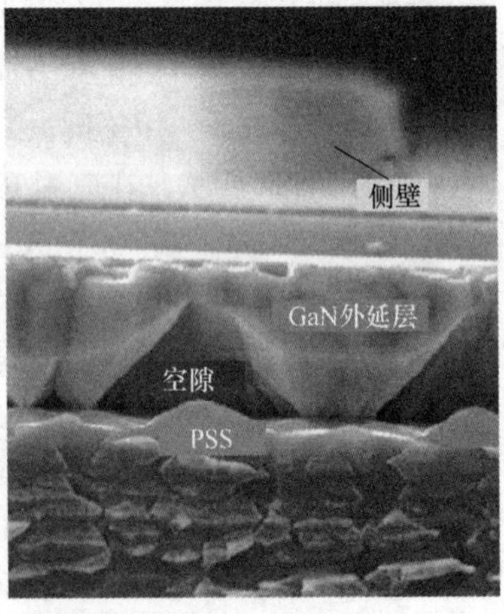

图 7-60   花纹蓝宝石衬底 LED 的 SEM 截面图像

在 300W ICP/100W RF 功率、70m³/min 总流速、90%Cl₂/10%BCl₃、0.9Pa 操作压力下，N-触点形成光滑台面侧壁。相同的气体化学成分（Cl₂/BCl₃）可用于氮化镓和蓝宝石衬底，以制造氮化镓基 LED，提高光提取效率。因此，应选择 Cl₂/BCl₃ 气体混合物进行实验。

7.1.10　电感耦合 SF_6/O_2 等离子体刻蚀法制备 SiC 纳米柱

7.1.10.1　背景

碳化硅（SiC）材料，由于其高导热性和击穿场特性，是制造在高温和大功率下运行的电子设备的强大候选材料。为了实现基于 SiC NW 的纳米电器件，如场效应晶体管（fet），必须在纳米尺度上开发单晶 SiC。目前，SiC NWs 生长常用自下而上的方法，如蒸汽-液体-固体（VLS）或蒸汽-固体（VS）方法。这些方法的一个关键问题是，生长时碳化硅 NWs 呈现高密度的结构缺陷，如堆叠错误。这种缺陷导致器件的电学性能较差（如栅效应弱、迁移率低），限制了器件的实际应用。另一种方法是自顶向下。事实上，单晶 SiC 生长技术在过去几年中得到了发展，并实现了直径和质量不断增加的 SiC 衬底的商业可用性。因此，如果我们对单晶 SiC 衬底采用自顶向下的方法，可以实现结构缺陷少、掺杂水平可控的高晶 SiC 纳米结构。此外，它还允许我们精确地控制 NWs 的几何形状，如直径和密度。

7.1.10.2　方法

为了实现高展弦比 SiC 纳米柱，在 SF_6 基等离子体中进行了一系列实验。在最佳偏置电压（300V）和压力（0.8Pa）下，使用小圆形掩膜图案（直径 115nm）蚀刻的 SiC 纳米柱高度为 2.2μm。在直径为 370nm 的大圆掩膜的最佳蚀刻条件下，获得的 SiC 纳米柱在大的蚀刻深度（>7μm）下表现出高的各向异性特征（6.4）。在此条件下，SiC 纳米柱的蚀刻特性显示出较高的蚀刻速率（550nm/min）和高选择性（对 Ni 的选择性超过 60）。我们还研究了 SiC 纳米柱的蚀刻形貌和掩膜在蚀刻时间内的演变。随着掩膜图案尺寸在纳米尺度上的缩小，垂直和横向的掩膜侵蚀对 SiC 纳米柱的蚀刻形貌起着至关重要的作用。

7.1.10.3　分析

A　金属掩膜种类的影响

在 SF_6/O_2 蚀刻过程中，需要一种对 SiC 具有高选择性的掩膜材料来获得 SiC 纳米柱的最大高度。为了找到适合蚀刻的掩膜材料，采用 ICP 线圈，功率为 1500W，蚀刻气体（SF_6：40m³/min，O_2：10m³/min），不同金属掩膜种类（Cu，Ni 和 Al），蚀刻时间为 3min。

带铜掩膜的 SiC 纳米柱在侧壁上表现出粗糙度（见图 7-61a）。这些产物是在蚀刻过程中与 F 或 O 自由基反应形成的。在掩膜上形成的非挥发性反应产物（Cu_2F 或 Cu_2O）具有较高的蚀刻选择性和抗溅射性能，因此，Cu 被评价为 MEMS 器件的模式掩膜材料的最佳候选材料。

然而，铜金属掩膜不适用于纳米级蚀刻。事实上，掩膜上不规则形成的产物就像掩膜图案一样，它们最终在蚀刻柱子的侧壁上引起粗糙度（图 7-61a）。在垂直方向上，含 Al

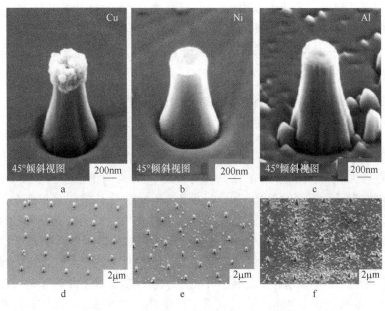

图 7-61　不同金属纳米柱的扫描电镜图像

a, d—Cu; b, e—Ni; c, f—Al

掩膜的 SiC 柱壁粗糙度高于含 Cu 掩膜的 SiC 柱壁粗糙度（图 7-61c）。

这可能是由于高能离子轰击损坏了表面。镍掩膜具有足够的抗溅射性能，可以保护掩膜下的 SiC，而不会形成不规则的非挥发性金属氟化物层。因此，使用 Ni 掩膜的 SiC 纳米柱的蚀刻剖面显示，纳米柱的侧壁上有一个具有均匀掩膜形状的清晰表面（图 7-61b）。

图 7-61f 显示了基材上的高密度残留物（草状结构）；这被认为是由于溅射再沉积引起的，微掩膜效应材料来自铝掩膜。选择性较低的掩膜材料（如 Al）比选择性较高的掩膜材料（如 Cu 和 Ni）更容易被高能离子轰击，从掩膜溅射到 SiC 表面。因此，表面上溅射的掩膜材料可影响微掩膜效果，最终导致具有草状特征的粗糙和纹理表面。微掩效果依次为：Al、Ni、Cu（见图 7-61d~f），显示出抗溅射的反向趋势（Cu > Ni > Al）。因此，掩膜的高溅射电阻比掩膜的低溅射电阻产生更清晰的 SiC 衬底表面。

尽管铜掩膜具有最清晰的表面，但铜在柱体上产生的粗糙度，并不是合适的掩膜材料。基于这些结果，选择 Ni 作为蚀刻纳米柱的掩膜材料，因为它具有清晰的侧壁表面和相对低的微掩膜密度。

B　SF_6/O_2 流量比的影响

蚀刻行为很大程度上取决于蚀刻气体的组成。特别是在 SF_6 等离子体中，已知氧浓度通过控制中性氟密度来影响 SiC 纳米柱的形貌，如各向异性、表面清洁度、金属掩膜选择性和蚀刻速率。为了检验氧效应，ICP 蚀刻在 10% 到 40% 的不同氧浓度（体积分数）下进行，而所有其他实验条件保持不变。

图 7-62 显示了不同 O_2 浓度制备的纳米柱阵列的 SEM 图像。当 O_2 浓度为 20% 时，柱高达到最大值，为（1.58±0.02）μm。然后随着 O_2 浓度的增加而降低，如图 7-63 所示。通过测量长宽比所在位置，确定最佳 O_2 的最大值。纵横比（H/D）可以简单地用高度

（H）除以底部柱子的直径（D）来计算。当 O_2 浓度为 20% 时，长宽比最大值为 2.4。最佳 O_2 浓度（20%）和观察到的趋势与其他报道的结果相当。O_2 的加入可以通过与不饱和的 CFn 和 SFn 键反应，使 F 自由基不与其结合，从而使碳化硅蚀刻的氟（F）自由基浓度保持在较高的水平。此外，来自等离子体的 F 自由基优先腐蚀 Si 而不是 C。结果，在 SiC 衬底上形成了富碳层，这是 SiC 蚀刻的限制因素。

图 7-62　不同蚀刻浓度下纳米柱的侧视 SEM 图像

a—10% O_2；b—20% O_2；c—30% O_2；d—40% O_2

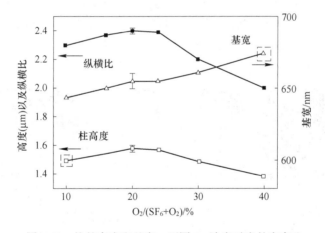

图 7-63　柱的高度和基宽：不同 O_2 浓度对应的宽高比

适当的 O_2 存在可为去除碳提供动力，形成挥发性蚀刻产物，如 CO、CO_2 和 CF_2。因此，这两个因素被认为有助于提高蚀刻率。然而，由于 F 浓度的稀释，氧的进一步加入降低了蚀刻速率。研究发现，O_2 浓度也影响蚀刻纳米柱的形貌（或垂直轮廓）。我们认为，较高密度的 F 自由基诱导了更多的垂直分布的纳米柱。此外，由于在蚀刻过程中沉积了钝化层，如 SiF_xO_y，基底处的基底直径随 O_2 浓度的增加而略有增加。

纳米柱基底直径大于掩膜尺寸的原因有多种，如掩膜的阴影效应、钝化层沉积或掩膜侵蚀。在理想情况下，入射离子在蚀刻过程中垂直到达衬底，但在实际情况中，由于与其他粒子的散射，入射离子表现出高斯角色散。因此，由于图案和柱子的遮蔽，入射离子在基底附近减少。同时，在蚀刻过程中，钝化层（SiF_xO_y）在 SiC 纳米柱上的沉积也有助于纳米柱形成锥形，因为沉积速率从底部到顶部逐渐减小。一般来说，这两种效应足以描述具有微观尺度格局的结构的坡度。然而，在蚀刻纳米图案和较长的蚀刻时间的情况下，掩膜侵蚀也需要考虑。此外，如果柱体高度足够长，会导致蚀刻区域内电荷分布不均匀，偏转的离子也会显著影响柱体的锥形轮廓。

图 7-64d 显示了 SiC 纳米柱侧壁上的沉积层。这是由于非挥发性物质，包括蚀刻产品的再沉积。过量的 O_2（高于 O_2 浓度的 20%）的饱和物倾向于与 Si 反应，在表面形成 SiO_x 或 SiF_xO_y，其蚀刻速率低于 SiC（SF_6/O_2 的 SiO_2 蚀刻速率约为 SiC 蚀刻速率的 90%）。同时，氧气不足（低于 20% 的氧气浓度）会在基质上形成富碳层和非挥发性的碳相关产物（CF_x）。在最佳 O_2 浓度（20%）下，由于 F 自由基蚀刻和 O 自由基沉积之间的平衡，可以观察到干净的壁面。

C　偏压和工作压力对纳米柱的影响

利用直径 115nm 的小掩膜圆形图案制备 SiC 纳米柱，研究偏压和工作压力对纳米柱的影响。这种尺寸是金属（Ni）沉积 110nm 时最小的圆形图案尺寸。在 100nm 以下，由于 Ni 与 SiC 衬底之间的附着力较低，在剥离过程中圆形图案消失。

图 7-64 显示了蚀刻 180s 时蚀刻 SiC 纳米柱随偏压变化的 SEM 图像。较高的偏置电压增加了离子的方向性和离子轰击能量，从而提供了更有效的 SiC 键破。随着偏置电压的增加，SiC 纳米柱的高度和纵横比逐渐增大，如图 7-65a 所示。在偏置电压为 300V 时，柱高和纵横比分别达到 $2.2\mu m$ 和 7.4。此外，由于高能离子的方向性增强，微沟槽的尺寸随着偏置电压的增加而增大。另一方面，由于物理溅射增强，掩膜厚度和直径随着偏压的增加而显著减小。结果，初始掩膜尺寸（115nm）在 300V 偏置电压下显著减小到 60nm，如图 7-64d 所示。

图 7-64　SiC 纳米柱在不同偏压下的侧视 SEM 图
a—100V；b—150V；c—200V；d—300V

图 7-65 显示了在 300V 偏置电压和 180s 蚀刻时间下，小掩膜圆形图案（115nm）SiC 纳米柱蚀刻的 SEM 图像。如图 7-65b 所示，0.67Pa 和 0.8Pa 在柱高和纵横比方面没有太

大差异。0.53Pa 处的柱高因离子密度的降低而略有降低，但纵横比没有明显变化。

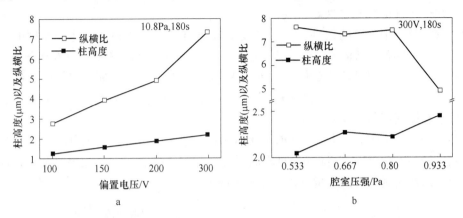

图 7-65　柱的高度和宽高比随偏置电压（a）和腔室压力（b）的变化
（初始掩膜尺寸 = 115nm，蚀刻时间 = 180s）

在 0.93Pa 压力下，由于离子密度的增加，柱高略有增加，而纵横比从 0.8Pa 时的 7.4 大幅下降到 0.93Pa 时的 4.9（图 7-65b）。增加压强也增加了碰撞原子的数量，所以离子的平均自由程减少了。它降低了离子的方向性，最终导致低纵横比的锥形轮廓。研究了偏置电压和腔室压力对 SiC 纳米柱扩展的影响，采用直径为 115nm 的圆形掩膜模式。在最佳偏置电压（300V）和室压（0.8Pa）下制备的 SiC 柱高度为 2.2μm，纵横比为 7.4。在这些条件下蚀刻的 SiC 纳米柱具有最小直径（60nm）。柱的长度（直径小于 100nm）约为 800nm，这足以揭示 SiC 纳米 fet 的电学性能。用 ICP 刻蚀工艺刻蚀难以蚀刻的材料，如 SiC，不可避免地会出现掩膜腐蚀和锥形轮廓。不同腔室压力下纳米柱的侧面扫描电镜图像，见图 7-66。

图 7-66　不同腔室压力下纳米柱的侧面扫描电镜图像
a—0.53Pa；b—0.67Pa；c—0.8Pa；d—0.93Pa

就各向异性剖面而言，电容耦合等离子体等替代蚀刻技术可能比 ICP 方法更好，因为低密度具有更高的离子能量。但这种技术也有一些缺点，例如，由于相对高能离子轰击，金属掩膜厚度将比 ICP 工艺下降得更快。最后，它导致比 ICP 方法的柱高更低。因此，有必要根据不同的蚀刻技术进行进一步的对比研究，以提高 SiC 纳米柱的高展弦比。

　　D　蚀刻剖面随蚀刻时间的演变

由于 ICP 过程中掩膜的侵蚀，柱的高度受到横向掩膜尺寸和垂直掩膜厚度的很大限制。因此，为了得到较长的 SiC 纳米柱，在设计掩膜图案尺寸时必须考虑掩膜侵蚀。在本节中，我们研究了使用足够大的圆形图案（370nm 直径）作为蚀刻时间的函数的蚀刻行为，不仅是为了获得更长的 SiC 纳米柱，而且还监测了蚀刻特征参数，如掩膜尺寸、掩膜厚度、柱高和侧壁弯曲。

图 7-67 显示在最佳 O_2 浓度（20%）和 150V 偏置电压下，蚀刻时间对 SiC 纳米柱的形貌影响。SiC 纳米柱的高度随蚀刻时间的增加而增加。掩膜尺寸、掩膜厚度和柱高作为蚀刻时间的函数绘制，用于定量分析，如图 7-68 所示。

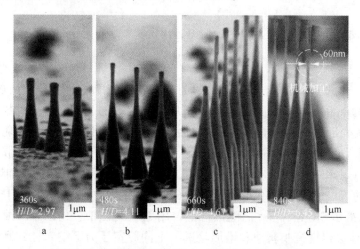

图 7-67　不同蚀刻时间时 SiC 纳米柱的 SEM 图像
a—360s；b—480s；c—660s；d—840s

柱的长径比随着蚀刻时间的增加而增加（见图 7-67）。在 840s 时获得的最大长径比为 6.45。长时间的刻蚀会导致大的刻蚀深度和高的各向异性，但也会在 840s 时产生蚀刻轮廓（见图 7-67d），这是由于等离子体直接暴露 F 自由基导致的高化学刻蚀。840s 时，SiC 纳米柱的最小直径约为 60nm。

因此，显然有必要平衡物理（与离子轰击有关）和化学（与 F 自由基有关）的贡献。蚀刻速率由柱的高度除以蚀刻时间计算。在蚀刻过程中，它几乎保持不变（550nm/min），然后在 660~840s 之间的区域内，当金属掩膜完全去除时，它开始略微下降（165nm/min）。掩膜材料（Ni）相对于 SiC 的腐蚀选择性约为 65。

在图 7-68 中，中心的掩膜厚度随时间线性减小，因此在整个蚀刻过程中，掩膜的垂直蚀刻速率保持不变（8.4nm/min）。此外，随着刻蚀时间的延长，掩膜的横向刻蚀速率明显提高。掩膜的垂直和横向腐蚀速率分别符合实验数据的线性和二阶多项式。掩膜侵蚀行为似乎可以很好地描述，掩膜尺寸和厚度的 R_2 值分别为 0.93 和 0.97。

为了更详细地分析掩膜轮廓，将每个 SiC 纳米柱的 Ni 掩膜部分放大，如图 7-69 所示。由于高能离子的强烈物理溅射，因电场局部畸变，掩膜侵蚀在边缘处稍微快一些。因此，由于离子轰击效应，可以观察到掩膜面形。

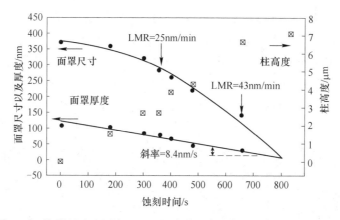

图 7-68　掩膜尺寸和厚度,以及相应的柱高度与蚀刻时间的函数关系

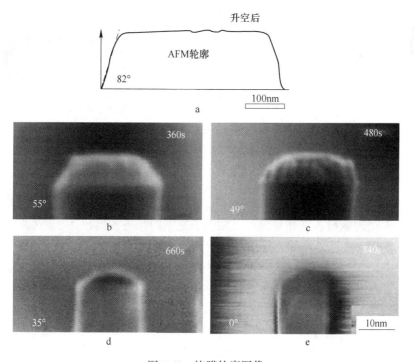

图 7-69　掩膜轮廓图像

a—剥离后的 AFM 剖面;b~e—蚀刻后放大的 Ni 掩膜 SEM 图像（360s,480s,660s,840s）

掩膜斜角从 360s 的 55° 逐渐降低到 660s 的 35°,如图 7-69 所示。在相同的溅射条件下,掩膜斜度越低,掩膜尺寸减小的速度越快,横向掩膜腐蚀速率随蚀刻时间的增加而增加。

当蚀刻时间从 360s 增加到 660s 时,拟合曲线上的横向掩膜腐蚀速率从 25nm/min 增加到 43nm/min,相应的掩膜斜率从 55° 减小到 35°。这一结果证实了掩膜溅射产率随角度变化,表明在较低的掩膜斜率时,掩膜的侵蚀率增加。随着蚀刻的进行,掩膜图案的边缘被蚀刻掉。蚀刻 Ni 掩膜下方的 SiC 不再受到保护,开始被蚀刻。最后,当金属掩膜完全移除时,SiC 纳米柱开始在柱的顶部形成轻微的凸形,如图 7-69e 所示。

如上所述，掩膜侵蚀可能是 SiC 纳米柱侧壁垂直变锥形的原因之一，因为掩膜减少导致柱的顶部比底部暴露更多的高能离子通量。当掩膜图案尺寸缩小到纳米尺度时，掩膜侵蚀和下切对决定 SiC 纳米柱的最大高度和蚀刻轮廓起着至关重要的作用。

E　六角形 SiC 纳米柱

随蚀刻时间的增加，蚀刻后的 SiC 纳米柱呈现从圆形到六角形的转变，如图 7-70 所示。六方 SiC 纳米线已经在文献中报道过，使用 VS 方法和碳纳米管限制反应。

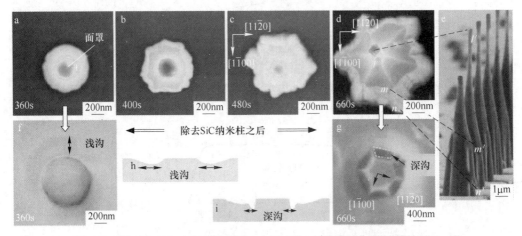

图 7-70　不同蚀刻时间下 SiC 纳米柱的俯视 SEM 图

a—360s；b—400s；c—480s；d—660s；e—蚀刻 660s 后 SiC 纳米柱的侧视图 SEM 图像；f—360s；
g—660s 蚀刻后去除 SiC 纳米柱后的 SEM 图像；h—浅沟槽；i—深沟槽对应的截面图

通过 VLS 在 4H-SiC 衬底上生长的 3C-SiC 异质外延层显示了从圆形到六角形的演化过程，这是生长时间的函数，这种现象可以用生长速率的面内各向异性来解释。本研究首次采用蚀刻法揭示了 SiC 纳米柱的六边形对称性。必须注意的是，六边形的边平行于图 7-70c 和图 7-70d 中 4H-SiC 的方向，对应 SiC 相密度最大的结晶方向。SiC 表面自由能沿不同结晶方向的各向异性导致了 SiC 化学物理性质的各向异性，这决定了 SiC 的蚀刻性能。因此，由于紧密的填充结构和低的表面能，比其他方向更坚固。根据 Wulff 定理，由于刻面的表面自由能最小，在能量上有利于六方结构，SiC 蚀刻形成六方结构。因此，长时间的蚀刻过程会导致 SiC 相的密度最大，其表面自由能最低。

还可以注意到，与图 7-70a 中的圆形柱不同，六角形金字塔柱在图 7-70d 中显示了两种不同的对比模式。在图 7-70e 中。这种特征的形成通常归因于蚀刻特征中电荷分布不均匀的局部电场。由于各向同性电子角分布，等离子体电子更容易撞击特征顶部，特征顶部带负电荷，特征底部相对带正电荷。由于电场的局部畸变，离子倾向于被带负电荷的侧壁偏转，离子通量的增加增强了侧壁底部的离子轰击。

另一方面，圆形柱体只有一种对比模式（图 7-70a）和单一的锥形轮廓（图 7-70a），这是因为在蚀刻的初始阶段柱体高度较小，不足以引起电荷不均匀性。然而，偏转的入射离子会在柱状结构底部形成浅沟槽。这种现象被称为微沟效应。图 7-70f 清楚地显示了去除 SiC 纳米柱后的浅层沟槽，其截面如图 7-70h 所示。

对于六角形柱子，因凝视角度的关系，到达特征侧壁的离子更容易被反射，因此离子在柱子底部聚集。导致腐蚀速率的提高，并在六角形六面周围形成了深沟槽。如图7-70g所示，去除 SiC 柱后，在 6 个面处可以观察到较深的沟槽，其截面示意图如图7-70i所示。

因此，我们可以得出结论，纳米柱底部附近的浅沟槽和六个面附近的深沟槽分别归因于偏转离子和反射离子。

7.1.11 金属辅助化学蚀刻中纳米线形成机理研究

7.1.11.1 背景

提出了一个金属辅助化学蚀刻银纳米线形成的初步模型。采用银系统，因为使用该系统的报告收集相对较多。然而，所提出的模型并不局限于银基纳米线的形成，而是可以扩展到包括 Pt 和 Au 在内的其他金属体系。该模型基于简单而著名的电化学和扩散限制聚集动力学，并在实验条件的测试下，通过电子显微镜可视化所得到的纳米线形态进行了验证。

7.1.11.2 方法

针对银金属辅助化学蚀刻硅过程中硅纳米线的形成，提出了一种简单、有效、通用的模型。该模型根据银金属/溶液界面电化学交换电流密度、硅/银离子反应动力学和扩散限制聚集（DLA）动力学等众所周知的原理解释了纳米线的形成。金属在纳米线形成中的作用被明确定义，并且该模型很容易扩展到其他过渡金属体系，包括：Pt、Au 和 Pd。

7.1.11.3 分析

银纳米颗粒可以使用多种方法沉积在硅上：旋转或喷涂预先形成的纳米颗粒，热蒸发/薄膜溅射，活性前驱体的带电束沉积，或银离子在硅表面的直接溶液还原。图7-71展示了一系列 SEM 平面显微照片，显示了 0.005cm $AgNO_3$ 在不同反应时间的硅。银纳米颗粒在 Ag^+ 的硅浸泡下立即成核，并随时间快速增长。纳米颗粒直径和表面覆盖率作为反应时间的函数分别在图7-72a 和 b 中绘制。图7-72 和图7-71 中的照片显示了三个不同的增长区域：区域 I，0～20s，显示了初始线性增长；区域 II，20～180s，银纳米颗粒直径和表面覆盖率增长相对平缓；区域 III（180～250s）显示有效纳米颗粒直径显著增加，而总表面覆盖度几乎没有增加。每个区域对应于特定的反应、转变和底物形态。

在区域 I 的初始成核过程中，单个粒子在表面上基本上是孤立的，并在三维，即半球面上独立生长。该区域的生长速率基本上是线性的，$d = kt$，其中 d 是直径，t 是时间（s），$k = 3.2nm/s$ 是速率常数。在低 Ag^+ 浓度下，线性生长也被其他人注意到。半球形生长下 $k = 3.2nm/s$ 对应的标准 Ag^+ 还原速率常数为 $1.6 \times 10^{-8} mol/(cm^2 \cdot s)$，显著低于大多数 Ag 的电沉积速率，通常在 $10^{-5}～10^{-2} mol/(cm^2 \cdot s)$ 范围内。这意味着银还原有效地受到硅溶解动力学的限制，而不是银沉积动力学。

图7-71 还显示了一个广泛的颗粒直径范围，这是由图7-72c 的直方图所确定的选择数量的反应时间。这强烈暗示了一种渐进的三维表面成核机制，即新的纳米颗粒随着时间不断成核并生长，产生多分散的纳米颗粒分布。然而，直方图也显示了纳米颗粒的明显双峰分布。在所有反应时间内，在 20～25nm 处出现一个一致的峰，而第二个较宽的峰通常随平均纳米颗粒直径的增加而单调增加。显然，在 20～25nm 处的峰表明，渐进成核不是通常假设的成核动力学中简单的一级反应。

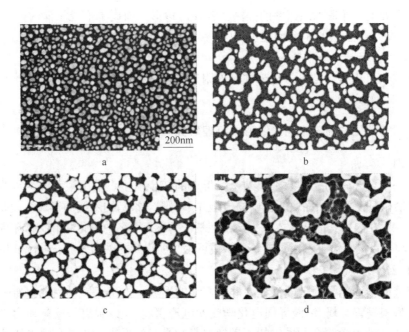

图 7-71   Ag 纳米颗粒在 p（100）硅上的渐进沉积显示纳米颗粒的密度和形状随时间的变化

a—10s；b—20s；c—60s；d—180s

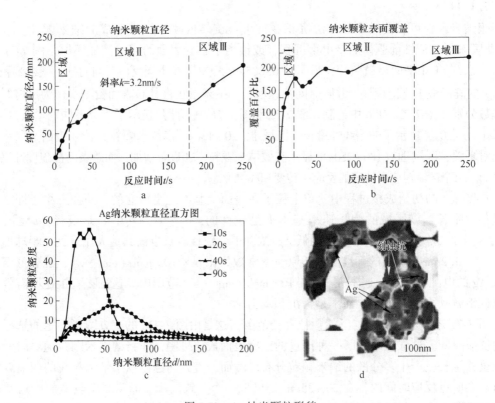

图 7-72   Ag 纳米颗粒形貌

a—银纳米颗粒平均直径；b—银纳米颗粒覆盖率随反应时间的函数图，p（100）5Ωcm 硅；c—选定反应次数的

纳米颗粒直径直方图；d—硅中典型蚀刻坑的扫描电镜照片

纳米颗粒成核优先发生在由表面掺杂剂引起的表面缺陷处，在这种情况下是硼。事实上，硅上的纳米颗粒密度随着掺杂浓度而增加。

图 7-72 和图 7-71 的照片清楚地表明，银的成核和生长是一个高度动态的过程，允许银溶解、再沉积和表面迁移到更有利的位置。从图 7-71 中可以明显看出，纳米颗粒密度随时间逐渐减小，纳米颗粒间距逐渐增大，纳米颗粒之间均匀分布着硅蚀刻坑。这些凹坑被认为是以前银纳米颗粒的残留物，这些纳米颗粒已经溶解或以其他方式消失，在硅上留下蚀刻痕迹。该过程类似于具有稳定体系所需的临界胶束浓度（纳米颗粒直径）的胶束形成，即一个大的纳米颗粒的自由能小于两个体积相同的小纳米颗粒的自由能。此外，所有的扫描电镜照片显示，如图 7-72d 所示，更小的纳米颗粒在更大的纳米颗粒印迹中成核。这不仅与银纳米颗粒的动态再分布一致，而且与渐进成核机制一致。如图 7-73 所示，利用表面能参数，通过 Ag 的动态再分配，形成了大分布的小纳米颗粒，并迅速同化为较大的纳米颗粒。Ag^0/Ag^+ 的非均质界面交换电流密度是已知的，银/硅电结因其低阻，在 N 型或多孔硅上也常用于光伏应用。在纳米颗粒之间自由银的交换，其交换动力学仅受限于 Ag^+ 在溶液中的扩散。Au 和 Pt 也是常见的半导体金属，在卤化物存在时也表现出较高的异质交

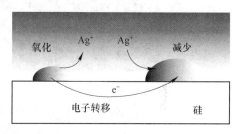

图 7-73   银在纳米颗粒之间的动态
电化学再分配图

换电流密度。Au 的氧化还原反应由于电压体系和钝化氧化物的存在而有些复杂，但预计这些过渡金属也会有类似的再分配机制。

区域Ⅱ，20~180s，进入一个区域，显示重纳米颗粒合并成大型不规则形状的几何形状，有时接近一微米的有效线性尺寸。然而，平均平面直径在这一区域增长缓慢，因为：（1）更小的、新成核的 20~25nm 纳米颗粒大量分布；（2）纳米颗粒开始垂直生长而不是半球形生长。纳米颗粒的表面覆盖率（图 7-72b）在这一区域也处于稳定状态，约为 65% ~ 68%，表明纳米颗粒生长到与 DLA 一致的首选颗粒间距。从另一个极端来看，其他人已经注意到金属薄膜倾向于分离成小的纳米颗粒，也有一个首选的间距。图 7-73 显示了沉积在区域Ⅱ和Ⅲ的纳米颗粒的透视视图。在 t = 125s 时，图 7-74a，纳米颗粒开始从表面呈圆柱形突出。这标志着扩散限制聚集（DLA）生长动力学的开始，首选 Ag 沉积在圆柱体尖端，而不是均匀的半球形生长。

由于银硅之间易发生 Ag^+/Ag 反应和欧姆界面电子交换，银纳米粒子动态重组至最低能态。随着时间的增加，垂直生长如 DLA 预测的那样，直到 t = 210s（图 7-74b），开始形成清晰的枝晶，并随着时间的推移逐渐变得更加明显，图 7-74c t = 250s，直到表面被大量的 Ag 枝晶覆盖，图 7-74d t = 30min。使用其他金属（如 Au）也发现了枝晶的形成。在初始的纳米颗粒成核和生长阶段，区域Ⅰ和Ⅱ，尽管在成核和枝晶形成过程中有大量的硅蚀刻，但在表面没有看到硅纳米线的存在。只有在枝晶形成之后，硅纳米线才开始形成。虽然这里没有广泛研究，但对于在 $AuCl_3$ 溶液中形成的纳米线也是如此。

值得注意的是，在图 7-74b 和 c 中可以清楚地看到，在树枝晶附近或正下方，纳米颗粒的数量和大小都显著减少。这与树枝晶周围较低的 Ag^+ 浓度以及 Ag 金属从树枝晶处的动态再分配是一致的。更重要的是，低金属离子浓度在硅表面是形成纳米线的"一步"过

程的强制性要求。其他人认为银枝晶是在硅纳米线中形成的，但是该机制尚未被充分探索，通常被认为是纳米线可视化的常见问题。典型的银枝晶和硅纳米线形貌分别如图7-75a和b所示。根据DLA动力学，枝晶优先沿表面垂直和横向生长，形成密集的网络，悬浮在表面1~2nm，像树枝一样。事实上，用树来类比是相当准确的。唯一的表面树突接触是通过树突"主干"。

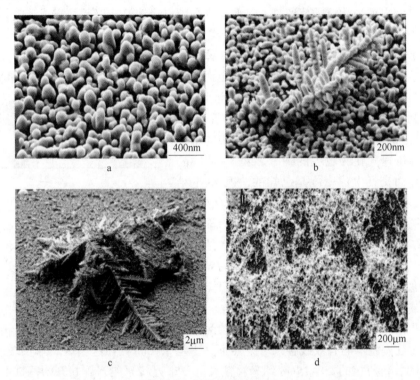

图 7-74　刻蚀后的 SEM 图

图 7-75　刻蚀后横断面 SEM 图

A　纳米线形成"一步"机制

有了这些信息，现在有可能在"一步"过程中构建银辅助纳米线形成的暂定模型。在DLA生长下，Ag^+离子在枝晶顶部被还原，而在枝晶下方的Ag^+离子被消耗，从而阻止了

大量 Ag^+ 对硅的直接氧化。这种配置产生了浓缩电池。

$$Ag^+_{块状}(10^{-2}mol)/Ag^0_{枝晶}/Si/Ag^0_{纳米晶}/Ag^+_{表面}$$

$$E = \frac{RT}{nF}\ln\frac{\left[Ag^+_{bulk}\right]}{\left[Ag^+_{surface}\right]}$$

式中，R 为通用气体常数；T 为温度；n 为电子转移的电荷；F 为法拉第常数。浓度电位在理论上可以任意高，但实际上通常最多被限制在几百毫伏。式中提供的浓度不是实测值，而只是作为可能的例子。它们可能被严重夸大，但会产生一个电势，$E = 0.240V$。

一旦产生浓度势，就有两种可能的反应途径从硅中提取电子，见图 7-76b。在反应途径中，I电子是通过硅的直接界面氧化得到的。这可以发生在硅表面的任何地方。为简单起见，在图 7-76 中假设硅氧化在硅表面以二价态异构地发生，并进一步均相溶液氧化为四价态 SiF_6^{2-}，类似于多孔硅。

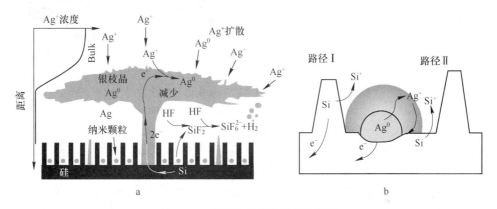

图 7-76　银辅助纳米线形成的模型

a—从枝晶到硅的电子转移机制图；b—两种可能的电子交换路径

然而，该模型很容易支持其他氧化途径，更准确地说，确切的反应路径与该模型并没有特别相关，即其显著特征是可从表面消除 Ag^+，有效地阻止大量 Ag^+ 在硅表面的直接氧化。

在反应路径Ⅱ中，浓度电池直接从银纳米颗粒中提取电子，在它们周围产生弥漫的 Ag^+ 云。然后 Ag^+ 迅速与硅局部反应，选择性地形成纳米线。然后还原的 Ag^0 以与纳米颗粒成核过程中观察到的相同的动态再分配返回到纳米颗粒中。Zhang 等也在硅的两步过氧化物蚀刻中提出了类似的机制，但没有将这种解释扩展到"一步"蚀刻系统，也没有暗示降低表面 Ag^+ 浓度的必要性。银的再分布也与纳米线形成过程中观察到的纳米颗粒形状一致。

最初，银纳米颗粒开始为不规则形状的大颗粒，但随着纳米线蚀刻的进行，演变为更圆的几何形状（见图 7-75b，图 7-79a 和图 7-80）。此外，在纳米线的侧壁上偶尔可以看到小的银纳米颗粒成核，但从未超过临界直径，这让人联想到小纳米颗粒在成核阶段同化。只有当枝晶筛选有效地消除了硅表面直接的 Ag^+ 蚀刻时，该模型才有效。这种情况在低 Ag^+ 浓度时更有可能发生。在高 Ag^+ 浓度下，过量的 Ag^+ 通过枝晶到达表面，在纳米线尖端迅速蚀刻硅，而不是在纳米线沟槽底部，导致一般的纳米线破坏和平面表面。一般体蚀刻和选择性纳米线形成之间的竞争如图 7-77 所示。图 7-77a 为纳米线形成高度 h 和体硅蚀刻 L 随 Ag^+ 浓度的变化曲线。图 7-77b 在典型样品的扫描电镜显微照片上定义了 h 和 L，该样品在高 Ag^+ 浓度下经历了显著的体硅蚀刻。如图 7-77b 所示，随着 Ag^+ 浓度的增加，体蚀占优势：L 增大，h 减小，纳米线变薄，纳米线锥度增大。对于浓度为 >0.1mol/L 的 Ag^+，蚀刻强烈倾向于体蚀刻而不是纳米线的形成，对于较高的 Ag^+ 浓度，纳米线几乎不存在。

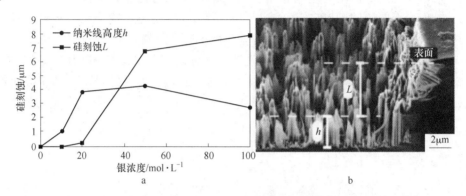

图 7-77 不同高度下随 Ag^+ 浓度变化的刻蚀性能

a—纳米线形成高度 h 和体硅蚀刻 L 随 Ag^+ 浓度的变化曲线；b—刻蚀后的扫描电镜示意图

　　Ag 纳米颗粒和枝晶已通过 HNO_3 蚀刻去除。据其他人报道，对于任何给定的硅掺杂剂类型、晶体取向和掺杂剂浓度，硅纳米线高度 h 随反应时间线性增加。在 0.01mol/L Ag^+ 蚀刻的所有 P 型硅的纳米线形成速率为 72nm/min，与晶体取向、掺杂剂浓度或光照无关。在类似的条件下，N 型硅的形成速率略低，约为 66nm/min，但并不明显低于 P 型，这表明蚀刻是由半导体带结构主导的。虽然反应路径 Ⅱ 负责纳米线的形成，但体硅蚀刻，路径 Ⅰ 仍然可以作为竞争反应进入，在某些情况下是主导反应。Hochbaum 等报道了 P 型硅的微孔纳米线的形成，其电阻率<0.005，这表明在高掺杂浓度下，反应路径 Ⅰ 至少具有竞争性。然而，对于这里提出的实验（电阻率 > 0.005，当纳米线的形成不明确时，多孔硅有时会不规则地形成。蚀刻形态的可变性似乎是纳米线形成以及多孔硅形成中反复出现的主题，但不常报道。大多数样品形成宏观均匀的薄膜，但在 SEM 检查下，在微观到纳米尺度上显示出相当大的变化，这表明局部条件、缺陷等的微小变化会极大地影响纳米线的结果。为了确定硅溶解机制的化学计量学，进行了重量分析。Ag^+ 对硅的直接四电子氧化的化学计量学给出了 4:1（Ag:Si）的摩尔比。

$$Si + 4Ag^+ \longrightarrow Si^{4+} + 4Ag^0$$
$$Si + 2Ag^+ \longrightarrow Si^{2+} + 2Ag^0$$
$$Si^{2+} + 2H^+ \longrightarrow Si^{4+} + H_2(g)$$

　　尽管数据有些分散，在纳米线形成过程中消耗的硅和沉积的银的重量分析表明，Ag:Si 的摩尔比约为 2:1，表明主要是二价反应。气体也被看到进化，并倾向于验证二价反应机制与均匀氧化 Si^{2+} 形成 H_2。然而，与硅的溶解量相比，产生的气体体积似乎不足以完全支持二价机制，这可能是竞争性副反应的结果（见下一段）。由于气体体积小、气体溶解度大、蚀刻时间相对较长，对气体体积进行量化的尝试并不成功。通过比较 Chartier 等采用 HF/H$_2$O$_2$"两步"体系，提出了在最大腐蚀速率下，基于 HF/H$_2$O$_2$ 浓度的比值，硅氧化过程中发生电子交换。这个比例可能更符合这里的结果，然而，比较这两种系统有点不公平，因为它们使用不同的氧化剂，产生不同数量的气体。

有趣的是，硅蚀刻继续，随着气体的后续演变，在去除 Ag$^+$ 氧化剂后，纳米线形成后，从 Ag$^+$/HF 溶液中取出一些样品，在去离子水中仔细清洗，并放置在不含 Ag$^+$ 的 4.6mol/L HF 溶液中。硅蚀刻继续缓慢地进行，根据重力测量，同时有少量气体的演化，表明环境氧化剂，如 H$_2$O/O$_2$，在 Ag$^+$ 和 HF 存在的情况下也能够蚀刻硅。然而，与 H$_2$O/O$_2$ 的长时间反应导致纳米线被缓慢破坏，最终使硅恢复到光滑的平面表面。这一结果可以很容易地解释为。在目前的模型中，氧化剂 H$_2$O/O$_2$ 在整个溶液中均匀分布，有利于在纳米线尖端而不是纳米线沟槽中的选择性蚀刻。

许多报告表明 AgO 的电子构型催化可增强硅的溶解，事实上，银因其催化性能而臭名昭著。虽然银催化的确切机制通常不是很清楚，但银催化硅氧化仍然是一个容易接受的前提。然而，其他催化性能较差的过渡金属，如 Pt 和 Au，也能产生等效的硅纳米线，因此银的特殊催化性能显然不是纳米线形成的强制条件。这一假设通过使用 0.1mol/L AuCl$_3$/HF 刻蚀 N 型和 P 型硅来演示纳米线的形成得到了证实。枝晶和纳米线的形成与 Ag$^+$ 相似。此外，纳米线的形成只能在树突形成之后。因此，可以假设硅的 Au^{3+} 氧化机制与 Ag$^+$ 相似。PtCl$_4^{2-}$、PtCl$_6^{2-}$ 和 Cu^{2+} 氧化剂倾向于产生相一致的金属薄膜或不黏附的金属沉淀物，而不是枝晶，尽管发生了大量的硅溶解，但通常没有观察到纳米线的形成。在铂溶液中加入过量的 Cl$^-$，有时会产生边界不明确的孤立纳米线区域，但结果是不稳定的和不可复制的。在纳米线形成的地方，也可以看到类似枝晶的铂沉积，例如柱状结构。这与已知的铂合金在强配体（如卤化物（氯化物））中的非均匀电流密度是一致的，尽管比 Ag$^+$ 低，但仍然相当容易。

B 利用 H$_2$O$_2$ 形成纳米线的"两步"机制

在"两步"工艺中，H$_2$O$_2$ 取代 Ag$^+$ 作为氧化剂，在纳米线形成前必须将 Ag 纳米颗粒预先沉积在硅衬底上。然而，两种体系的基本纳米线形成机制基本相同，例如，两种过程都阻止了溶液氧化剂 Ag$^+$ 或 H$_2$O$_2$ 对硅的直接氧化，并迫使反应在纳米线内部局部发生。在"一步法"中，Ag$^+$ 和 Au^{3+} 离子直接与硅反应，但通过形成枝晶而从表面被排除。在"两步法"中，H$_2$O$_2$ 直接氧化硅在动力学上是禁止的，也不需要从硅表面排除 H$_2$O$_2$。过氧化物直接与银纳米颗粒反应，再次在纳米颗粒周围形成 Ag$^+$。Au 也是已知在卤化物和 Au 存在的过氧化物中蚀刻具有与 Ag/H$_2$O$_2$ 体系相似的动力学和形态路径。

图 7-78 给出了相关的反应路径。该图与图 7-76b 非常相似，不同之处在于 H$_2$O$_2$ 直接与银纳米颗粒（不是硅）反应形成 Ag$^+$，Ag$^+$ 通过 Si 的局部氧化循环回到 Ag，即路径 II。反应路径 I 是已知动力学上不受欢迎的直接过氧化物表面反应。Zhang 等已经在 H$_2$O$_2$ 中提出了类似的纳米线形成机制。

尽管 HF/Ag$^+$ 和 HF/H$_2$O$_2$ 蚀刻系统的基本纳米线形成机制是相同的，但界面电位 V_{int} 足以为其他反应提供动力，最显著的是多孔硅，路径 III。事实

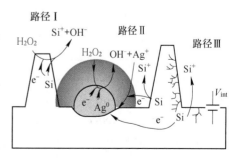

图 7-78 过氧化物体系中硅溶解的潜在反应路径

上，多孔硅在过氧化物体系中纳米线的形成过程中经常被报道，多孔硅甚至涉及到扩展金属几何结构中反应物/生成物扩散到从硅/金属界面的路径。

　　图 7-79a 显示了 N 型，0.2cm，（100）Si 使用 Ag 纳米颗粒在 HF/H_2O_2 中。多孔硅可以清楚地看到从孔的边缘向块状硅扩展的纹理表面。图 7-79b 显示了在纳米孔表面形成的 5~8nm 的介孔。如果我们假设中孔是由传统的多孔硅机制形成的，那么孔隙界面与基底的角度应为 45°，即微/中孔各向同性蚀刻（100）的方向。然而，图 7-79a 中与本体硅的多孔界面为 68°（修正倾斜角度）。使用简单的几何图形，可以估计纳米线形成和多孔硅形成之间的相对线性反应速率大约为 2.5∶1（纳米线深度∶多孔硅厚度），这表明 Ag/Ag^+ 氧化仍然是多孔硅的动力学首选反应途径，但多孔硅反应具有足够的竞争能力来产生介孔。在 Ag/过氧化物蚀刻中，多孔硅经常在纳米线上形成，尽管不稳定，对这些纳米线的红外光谱评估证实了与介孔相一致的大纳米线表面积。在 Pt/Pt^{x+} 等界面氧化还原反应不容易发生的金属/金属离子体系中，多孔硅有望得到更突出的应用。虽然在本报告中没有对 Pt/H_2O_2 体系进行广泛研究，但在 Pt/H_2O_2 体系中普遍报道了多孔硅，而在具有较高金属/金属离子交换电流的 Ag/H_2O_2 和 Au/H_2O_2 体系中很少报道多孔硅。

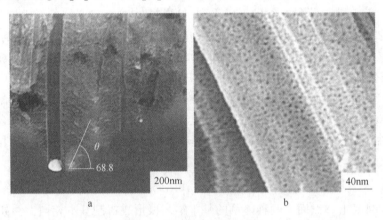

图 7-79　N 型中孔硅示意图

a—纳米孔表面纹理图；b—纳米线（纳米孔）表面的高倍放大图

　　图 7-80 显示了在 Ag/H_2O_2 体系中形成的纳米线样品的扫描电镜。有几点值得评论。首先，样品成像时未被涂层，并显示出明显的图像条纹，这与高阻样品伴随的充电效应一致。由于掺杂剂有电荷损耗，多孔硅具有很高的电阻性。其次，在纳米线的底部可以看到有纹理的衬底，这也支持多孔纳米线和多孔硅氧化机制的假设。这些样品都没有表现出光致发光，尽管其他样品在某些蚀刻条件下观察到光致发光。第三，几个区域的基底没有 Ag 纳米粒子，这些区域终止了纳米线的形成，导致沿体/纳米线界面出现"凸起"。与硅的电子接触有助于维持纳米颗粒在强氧化剂中的稳定性。如果银纳米颗粒失去与硅的电子接触，即使是片刻，也会迅速溶解，终止纳米线在该区域的形成，允许 Ag^+ 扩散出去，并在更遥远的位置发生反应，从而产生一般的体蚀刻效应。

　　该模型也可以推广到其他过渡金属体系，如 Pt、Cu 和 Au，如果个别界面氧化还原动力学因素纳入模型。例如，Pt 在卤化物溶液中具有比 Ag/Ag^+ 更低的 Pt/P^{x+} 界面交换电流，解释了 Pt 纳米线形成速度较慢的原因，以及它通过相互竞争的副反应（路径Ⅲ）形成多

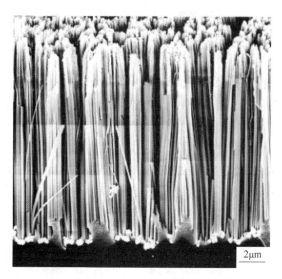

图 7-80　Ag/H$_2$O$_2$ 体系中形成纳米线

孔硅的倾向。这里应该强调的是，特定的拓扑结构和反应途径是动力学的，而不是热力学的。虽然这里没有充分研究，但过量氯离子的加入增加了 Pt/Pt^{x+} 氧化还原交换，并倾向于减少多孔硅的形成，同时保持过氧化物体系中纳米线的形成。然而，在需要树突形成的"一步"过程中，它几乎没有帮助纳米线的形成。Au/H$_2$O$_2$ 体系的交换动力学更容易趋于 Ag/H$_2$O$_2$，这被证明是正确的。

7.1.12　ALD 和 ag 辅助化学刻蚀法制备 PSi/TiO$_2$ 纳米复合材料的结构和 XPS 研究

7.1.12.1　背景

基于硅纳米结构和金属氧化物（MO$_x$）的纳米复合材料在传感器和生物传感器、催化、光伏、电子学和光学等不同领域的应用越来越受到关注。在各种金属氧化物中，TiO$_2$ 是最重要的材料之一。这种材料被用于许多应用：光催化剂，太阳能电池电极和现代电子光学器件。最近，研究人员对纳米级 TiO$_2$ 产生了兴趣，这种 TiO$_2$ 具有高活性表面积，并表现出由量子尺寸效应诱导的新特性。另一方面，多孔硅（PSi）结构具有独特的物理性能，如生物相容性、大表面积、结构参数调整的灵活性以及与现代集成电路工业的兼容性。基于 PSi 和 TiO$_2$ 的纳米复合材料得益于这两种组分的独特性能，用于各种光学和光学器件的开发和改进电子设备。由于激发电子与空穴的分离增强，PSi/TiO$_2$ 纳米复合材料的光催化效率也有所提高。因此，PSi/TiO$_2$ 纳米复合材料的结构和电子性能研究近年来受到越来越多的关注。

在这里，我们报道了我们所知的第一个通过原子层沉积（ALD）和金属辅助化学蚀刻（MACE）获得的 PSi/TiO$_2$ 纳米复合材料的结构和电子性能的研究。在 PSi 基体中引入二氧化钛纳米晶，制备 PSi/TiO$_2$ 纳米复合材料。为此，我们使用了 ALD。ALD 是一种可以制备高度均匀和可精准控制薄膜的沉积工艺。由于 ALD 过程中的化学反应，即使在 PSi 内部也可以大面积生长厚度可控的薄膜。采用扫描电子显微镜（SEM）、透射电子显微镜（TEM）、拉曼光谱（Raman）和 X 射线光电子能谱（XPS）对 PSi/TiO$_2$ 纳米复合材料的表面形貌和相结构进行了表征。这些结果对于改善 PSi/TiO$_2$ 纳米复合材料在光催化剂、光伏和传感器应用中的应用非常有前景，在这些应用中，通过 PSi/TiO₂ 的形态来调整其物理性能非常重要。

7.1.12.2　方法

本研究采用 ALD 和 MACE 制备了 PSi/TiO₂ 纳米复合材料。在 ALD 工艺之前，PSi 样品由（100）取向和高度掺杂的 p 型 Si（b 掺杂，< 0.005 厘米）。在 0.2mol/L HF 和 10^{-3} mol/L AgNO₃ 金属化水溶液中浸泡，将银颗粒作为辅助硅蚀刻的催化剂沉积在 Si 样品上。浸泡时间为 60s。然后，样品在含 HF（40%）、H₂O₂（30%）和超纯 H₂O（H₂O₂/H₂O/HF = 80/80/20 的比例浓度）的水溶液中蚀刻 60min。MACE 后，用 HNO₃ 溶液去除银颗粒 60min，在 300℃下使用 ALD 反应器（Picosun）与氯化钛（TiCl₄）和水（H₂O）的前驱体沉积 TiO₂。TiCl₄ 和 H₂O 在 20℃蒸发。在本研究中，标准循环包括 0.1s TiCl₄ 暴露，3s N₂ 吹扫，0.1s 水暴露，4s N₂ 吹扫。N₂ 的总流速为 150m³/min。TiO₂ 的生长速率在平面硅表面上一般为每个循环 0.01nm。采用不同的 ALD 循环次数（100、150 和 200）制备了 PSi/TiO₂ 纳米复合材料。

7.1.12.3　分析

A　电子显微镜

图 7-81 为 ALD 和 MACE 制备的 PSi 和 PSi/TiO₂ 纳米复合材料的 SEM 和 TEM 图像。PSi 层由大量的小孔隙组成。平均孔径约 15～30nm（图 7-81a）。PSi 的截面扫描电镜视图显示，存在以垂直方式从表面向本体扩展的孔隙（图 7-81b）。PSi 层的厚度约为 260nm。经过 ALD 处理后，PSi 层由均匀分布在表面的球形晶粒组成（图 7-81c）。

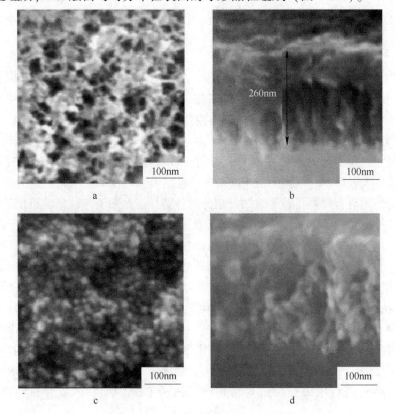

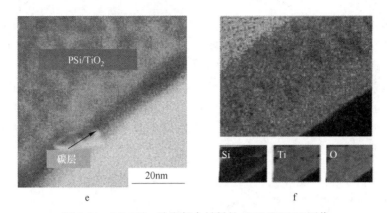

图 7-81 PSi/TiO$_2$ 纳米复合材料的 SEM 和 TEM 图像

a—制备好的 PSi 的平面；b—截面图；c—PSi/TiO$_2$ 纳米复合材料的平面；d—PSi/TiO$_2$ 纳米复合材料的截面图；
e—TEM 截面图；f—PSi/TiO$_2$ 纳米复合材料的截面 EDX 元素映射图

根据 ALD 循环次数的不同，平均晶粒尺寸从 20 到 40nm 不等。扫描电镜（SEM）和透射电镜（TEM）截面图显示，ALD TiO$_2$ 共形渗透并覆盖孔隙（图 7-81d 和 e）。Si、Ti 和 O 原子分布的 EDX 映射图如图 7-81f 所示。它证实了 Ti 和 O 原子相当均匀地渗透到 PSi 基体中。在 ALD 过程中，前驱体分子渗透到孔隙中，在 PSi 基质中形成 TiO$_2$ 层或其他结构。

Wang 等报道前驱体分子扩散到孔径近似为 9nm 或更小的多孔介质中，通常是困难和有限的。在我们的例子中，平均孔径大于 9nm，以允许前体分子自由地渗透到孔隙中。应用高分辨率横断面透射电镜在 PSi 基体中鉴定出 TiO$_2$ 纳米晶（图 7-82）。图 7-82a 显示了 PSi/TiO$_2$ - Si 界面。通过界面、部分孔壁和 TiO$_2$ 晶体可以进行区分。图 7-82b 中 "A" 所示的纳米晶体可与 $d = 0.35$nm 的锐钛矿（101）型晶面相关联。纳米晶的直径为 5~8nm。

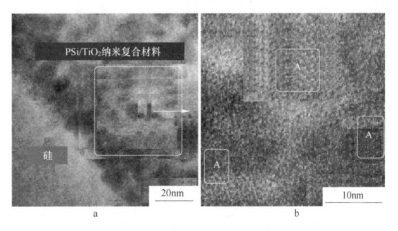

图 7-82 200 次 ALD 循环后 PSi/TiO$_2$ 纳米复合材料的 HRTEM 截面图

a—PSi/TiO$_2$-Si 界面视图；b—锐钛矿型 TiO$_2$(101) 平面

B 拉曼光谱

为了确认 PSi/TiO$_2$ 的组成，我们使用拉曼光谱（图 7-83）。我们发现拉曼光谱对 TiO$_2$

的表面区域比 XRD 更敏感。晶体硅在 520cm^{-1} 处的峰值是由 PSi 金刚石结构中一阶纵向和横向光学声子（LTO）对入射光的散射引起的，这是晶体硅的特征。制备的 PSi/TiO$_2$ 的拉曼光谱显示，在 PSi 的强光谱背景下，TiO$_2$ 没有明显的峰，说明 TiO$_2$ 量少，非晶相。然而，增加激光束的功率使我们能够观察到约 147cm^{-1} 处的拉曼峰，对应于 TiO$_2$ 的锐钛矿相（如图 7-83 所示）。这是典型的锐钛矿 TiO$_2$ 相，峰更宽，相对于体锐钛矿移位（峰位置为 144cm^{-1}，半最大全宽－FWHM 为 7cm^{-1}）。随着 ALD 循环次数的增加，拉曼峰向低波数漂移，FWHM 变小。

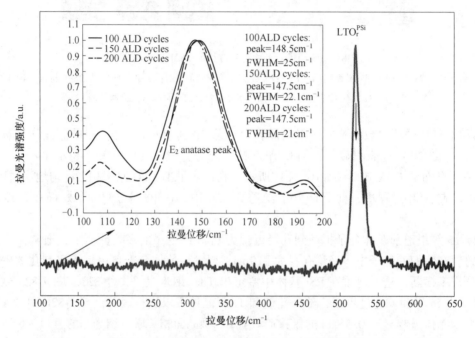

图 7-83　200 次 ALD 循环后 PSi/TiO$_2$ 的拉曼光谱

这种转变可以用两种不同的机制来解释：PSi 基体对 TiO$_2$ 晶体的应力效应和锐钛矿纳米晶体中的量子限制效应。更有可能的是，这两种机制都影响了拉曼峰的位移和展宽。将这些结果与透射电镜的结果进行比较，我们可以得出结论，在制备的 PSi/TiO$_2$ 结构中形成了非常少量的锐钛矿纳米晶体。为了增加 PSi 基体中锐钛矿纳米晶体的浓度，还需要进行额外的热处理。

C　XPS 分析

a　测量光谱

为了确定 PSi 和 PSi/TiO$_2$ 纳米复合材料的化学成分，我们使用 XPS 分析。图 7-84 显示了 PSi 和 PSi/TiO$_2$ 纳米复合材料的 XPS 光谱。样品主要含有 Ti、O 和 Si 成分，但也含有碳（C）和氟（F）污染物。样品中碳的存在可以通过 MACE 和 ALD 过程中的污染来解释。氟只在制备好的 PSi 和 PSi/TiO$_2$ 纳米复合材料（100 个 ALD 循环）表面存在，689.6eV 对应 F 1s 电子的微弱信号。在 MACE 过程中可能形成了 C F 键或 Si F 键。

利用 Casa XPS 软件测定氧与钛的元素比（O/Ti）。为了计算元素比，我们使用 O1s 和 Ti 2p 核心层中 Ti-O 贡献对应的峰面积。经 100 次、150 次和 200 次沉积后，Si/TiO$_2$ 纳米

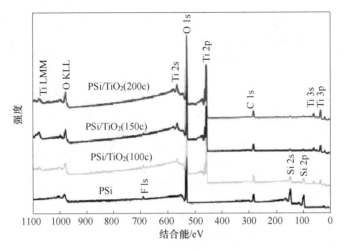

图 7-84　PSi 和 PSi-TiO$_2$ 纳米复合材料的 XPS 光谱

复合材料的沉积速率分别为 2.15、2.23 和 2.22。O/Ti 比值的升高可能是由于 TiO$_2$ 中氧空位浓度的增加。

　　O（KL23L23）俄格系列的主峰在 PSi 动能为 506.4eV 时出现，PSi/TiO$_2$ 动能为 511eV 左右纳米复合材料。利用 O 1s 结合能和 O（KL23 L23）动能，计算了瓦格纳定义的俄歇参数。如我们之前的工作所示，可以使用俄歇参数来确定表面的相、化学计量和结晶度。我们的测量结果表明，对应 SiO$_2$ 和 TiO$_2$ 的 PSi/TiO$_2$ 纳米复合材料的值为 1039.8eV 和 1042.1eV。

　　b　XPS 核级光谱

　　Si 2p 和 Ti 2p 核心能级的详细光谱如图 7-85 所示。XPS 谱分析（图 7-85a）表明，在 PSi 表面存在三种状态的硅原子：Si 2p 结合能为（99.5±0.2）eV 的中性原子（Si^0）、Si—O 键特征结合能为（103.4±0.2）eV 的带电硅原子（Si^{4+}）和结合能约为 101eV 的中间态硅原子（Si$_n^+$）。在 ALD 过程后，硅峰的位置向较低的结合能转移。

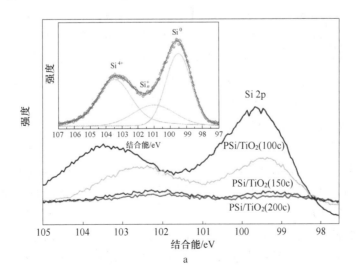

a

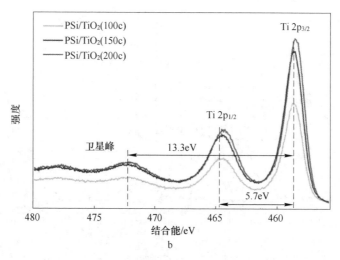

图 7-85　不同 ALD 循环数下的 XPS 谱
a—Si 2p；b—Ti 2p

表面 Si 峰结合能的降低意味着 ALD 过程中形成的 SiO$_2$ 中界面 Si 的结合能比原始 SiO$_2$ 的结合能低。

图 7-85b 显示了 PSi/TiO$_2$ 纳米复合材料 Ti 2p 谱的核心能级。Ti 2p3/2 和 Ti 2p1/2 在 PSi/TiO$_2$ 纳米复合材料（100 个 ALD 循环）中的核心能级结合能分别为（458.9±0.2）eV 和（464.6±0.2）eV。通过增加 ALD 循环的数量，发现 Ti 2p3/2 和 2p1/2 的峰值位置向较低的结合能移动。但是，所有样品中 5.7eV 的差异表明 TiO$_2$ 中存在正常状态的 Ti^{4+}。这可以用 Ti 与氧空位的相互作用。由于氧是一种电负性很强的元素，它从钛中吸收了电子密度。结果表明，Ti 在 PSi/TiO$_2$ 纳米复合材料中的结合能随着氧空位浓度的增加而增加。

在图 7-85b 中可以看到一些与等离子体损失对应的峰值。在（472.2±0.2）eV 附近观测到卫星峰值，对应的表面等离子体能量 E_p = 472.2eV-ETi 2p = 13.3eV，这是 TiO$_2$ 的特征。

影响 Si 2p 和 Ti 2p 核心能级移动的因素有：费米能级在带隙内的初始位置、肖特基势垒的形成、表面能带弯曲和化学效应。对于 Si 2p 和 Ti 2p 峰的行为，研究人员存在共识，核心能级的转移主要是由 SiO$_2$ 和 TiO$_2$ 界面上 SiO—Ti 键的形成来解释的。由于 Si 比 Ti 电负性更强，在 TiO$_2$ 沉积过程中，随着 Ti 加入到 Si—O 键中，Si^{4+} 结合能应该会降低。另一方面，随着 ALD 循环次数的增加，TiO$_2$ 体积增大，Ti^{4+} 结合能降低。结果表明，Si 和 Ti 的结合能随着 ALD 循环次数的增加而降低，这是由于核心能级的电子屏蔽发生了变化。因此，沉积后观察到的 Si 2p 和 Ti 2p 峰的移位表明 Si 和 Ti 在界面上通过 Si—O—Ti 键相互作用。PSi 和 PSi/TiO$_2$ 纳米复合材料的核心能级 O 1s 光谱如图 7-86 所示。在较高的能量下，制备好的 PSi 的光谱具有不对称的尾部。该峰在（532.8±0.2）eV 和（534.4±0.2）eV 处反卷积为两个组分。

（532.8±0.2）eV 处的主峰是与硅化学结合的氧（O^{2-}），即二氧化硅。O 1s 的高能量组分（（534.4±0.2）eV）应是吸附水所致。100 次 ALD 循环后，PSi/TiO$_2$ 纳米复合材料在

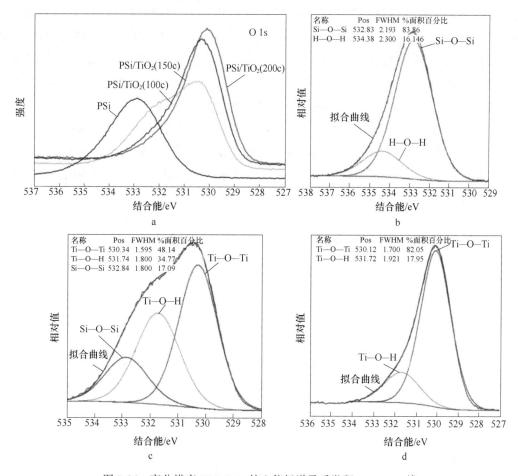

图7-86　高分辨率 XPS O 1s 核心能级谱及反卷积 O 1s XPS 线

a, b—PSi；c—PSi/TiO₂；d—PSi/TiO₂

531.5eV 处的 O 1s 峰相对较宽且不对称，因为它与不同类型的键相关（图7-86b）。反褶积后发现了 3 个不同的分量，一个峰位于 $(530.4\pm0.2)\text{eV}$，来自 Ti—O—Ti 键，另一个峰位于 $(532.8\pm0.2)\text{eV}$，来自 Si—O—Si 键。在 $(531.7\pm0.2)\text{eV}$ 处的峰值可能与 ALD 中因 H_2O 而出现的 TiOH 羟基有关。但也可能与 SiO_2 与 TiO_2 界面的 SiO—Ti 键有关。

经 200 次 ALD 循环后，PSi/TiO₂ 纳米复合材料的宽峰可以反卷积为 $(530.1\pm0.2)\text{eV}$ 和 $(531.7\pm0.2)\text{eV}$ 两个峰。$(531.7\pm0.2)\text{eV}$ 处的峰值为 TiOH 键，该键应位于约 1.6eV 的高结合能处，对应于 TiO_2 的 O 1s。为了研究 PSi/TiO₂ 纳米复合材料电子结构的改性，对其价带谱进行了测量和分析（图7-87）。图7-87 显示了 PSi/TiO₂ 纳米复合材料的实验价带谱和反卷积价带谱。150 次和 200 次 ALD 循环时，PSi/TiO₂ 纳米复合材料的 VBM 分别在 EF 下 2.63eV 和 2.61eV。

而 100 次 ALD 循环的 PSi/TiO₂ 纳米复合材料的 VBM 略有变化，为 2.41eV。VBM 的这种位移与材料禁带带隙的变化或缺陷带的形成有关。根据我们之前的研究，100 次、150 次和 200 次循环沉积的 TiO_2 纳米层的带隙值分别为 3.45、3.3 和 3.25。我们认为这种转

变是 TiO_2 带隙变化和带隙中杂质/缺陷态形成的累积效应，最可能对应于 TiO_2 上的氧空位和表面羟基。PSi/TiO_2 纳米复合材料（200 个 ALD 循环）的价带峰被解卷积为两个组分（图 7-87c）。进一步对 PSi/TiO_2 纳米复合材料进行反卷积（100 个 ALD 循环），发现了三种不同的成分，位于约 5eV 和 7.3eV 的峰对应与先前样品相同的氧成分。以 1.5eV 为中心的峰值可归结为 Ti 3d 缺陷带。该缺陷带的 VBM 为 0.95eV（图 7-87a）。

Ti^{3+} 缺陷被认为是发生在 TiO_2 表面上的重要反应剂。光生电子可以被困在 Ti^{3+} 中，从而降低载流子的复合速率。这些点缺陷在光催化过程中也起着至关重要的作用，并影响表面的亲水性。因此，纳米复合材料中 PSi 和 TiO_2 特性的独特组合为这些结构的各种应用开辟了新的可能性，重要的是通过形态调整其物理性能。

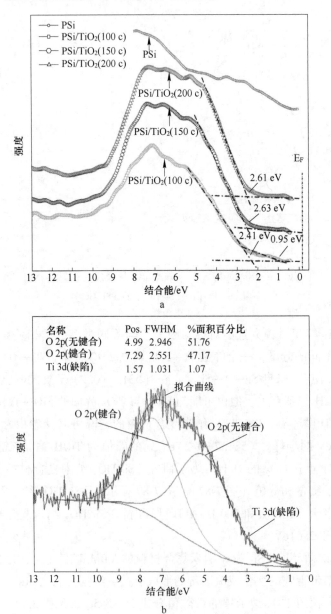

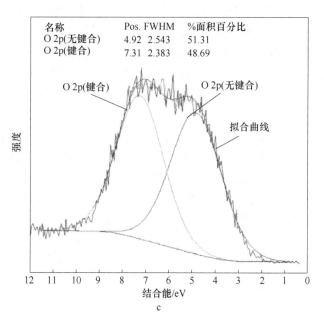

图 7-87　价带谱及反卷积价带谱图

名称	Pos.	FWHM	%面积百分比
O 2p(无键合)	4.92	2.543	51.31
O 2p(键合)	7.31	2.383	48.69

7.2　离子溅射沉积的应用

7.2.1　离子束溅射沉积 Ta_2O_5 薄膜

国内对离子束溅射沉积 Ta_2O_5 薄膜进行了一定的研究，Ta_2O_5 薄膜具有良好的光学性质和化学性质，在光导波材料和介电材料方面应用非常广泛。刘鸿祥等人研究了单、双离子束溅射沉积工艺（IBS、DIBS）参数对 Ta_2O_5 薄膜光学特性的影响，离子源工艺参数如表 7-8 所示。

表 7-8　离子源的工艺参数

离子源	光束		加速器		射频中和器	
	V/V	I/mA	V/V	I/mA	排放/mA	气体流动/$m^3 \cdot min^{-1}$
主离子源	1200	300	300	20	450	5
副离子源	200	200	500	11	200	5

对 IBS 沉积 Ta_2O_5 薄膜的过程，可控制改变的参数为离子能量、离子束流和氧偏压。离子能量在 $800 \sim 1500eV$ 的范围内，对薄膜性能的影响没有发生明显的变化，一般离子能量为 1200eV；离子束流对薄膜的沉积速率影响很大，但它还受氧偏压的限制，为了获得合理的薄膜沉积速率，将离子束流控制在 300mA；薄膜的光学特性受氧偏压的影响最大，沉积速率也与它有着很密切的关系。氧偏压在 $0 \sim 1.2 \times 10^{-2}Pa$ 范围内变化时，随着氧偏压的增加，沉积速率逐渐减小，薄膜也逐渐从金属光泽变得更加透明，当氧偏压在 $7.5 \times 10^{-3}Pa$ 时，薄膜已接近完全透明。同时，通过对样品透射谱线的测试，薄膜的吸收

越来越小，薄膜的折射率也有相应的变化。当氧偏压达到 $1.05 \times 10^{-2} Pa$ 时，薄膜化学剂量比最为合适，此时薄膜的吸收最小，折射率最大。当氧偏压 $P_{O_2} > 1.05 \times 10^{-2} Pa$，薄膜的吸收增加，而折射率减小，同时薄膜的沉积速率也相应减小。这是因为，随着氧偏压的增加，靶表面存在着不同程度的氧化，而氧化物靶相对于金属靶的溅射速率略有降低；同时，从靶材表面溅射出来的粒子在基板表面附近和氧分子发生碰撞的次数增多，这不但减少了沉积在基板上的原子数，也减小了沉积原子的能量，导致了薄膜堆积密度的减小，同时也有一定数量的氧原子被埋置在薄膜中。因此，随着氧偏压的增加，薄膜的沉积速率以及薄膜的折射率将减小，而薄膜的吸收略微有所增加，但这种变化非常小。

氧偏压在 $1.05 \times 10^{-2} Pa$ 制备的 Ta_2O_5 薄膜，退火后样品的 XPS 的测试谱线如图 7-88 所示，从图 7-88 中的 Ta_4f、Ta_4d、$O1s$ 的峰值强度、结合能位置以及峰的半宽可知，样品为符合化学剂量比的 Ta_2O_5 薄膜。测得的 Ta_2O_5 薄膜的折射率如图 7-88 所示，在波长 550nm 处，薄膜的折射率为 2.153，而电子束热蒸发制备的 Ta_2O_5 薄膜的折射率一般为 2.06~2.09（波长 550nm）。可见，离子束溅射沉积的薄膜比热蒸发制备的薄膜结构致密、光学性能稳定。

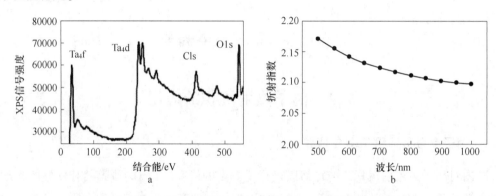

图 7-88　Ta_2O_5 薄膜 XPS 谱线（a）以及 Ta_2O_5 薄膜折射率曲线（b）

刘华松等人在离子束溅射沉积 Ta_2O_5 薄膜的基础上，在大气氛围中 100 ~ 600℃温度下对 Ta_2O_5 薄膜进行热处理，测得热处理后 Ta_2O_5 薄膜样品的光学常数变化见图 7-89。

如图 7-89a 所示，随着热处理温度的增加，Ta_2O_5 薄膜折射率整体呈减小的趋势，在 600℃ 时折射率的相对变化为 1.23%。这是由于薄膜在沉积后处于高压应力状态，随着热处理温度的增加，应力释放，薄膜的致密度逐渐减小，薄膜的折射率也随之发生变化。

如图 7-89b 所示，薄膜折射率的非均匀性先随着热处理温度的增加而增加，但在温度超过 500℃后逐渐减小，并在 500 ~ 600℃可能出现不变点。整体来看，热处理对薄膜折射率的非均匀性是不利的。

如图 7-89c 所示，热处理可以改善 Ta_2O_5 薄膜的消光系数。随热处理温度的增加，消光系数逐渐下降，在 100℃下消光系数降低了 24.58%，在 200~300℃下消光系数达到最小。随着热处理温度的继续增加，消光系数有增加的趋势，当温度超过 500℃时热处理消光系数会比未热处理前差。因此，离子束溅射的 Ta_2O_5 薄膜理想的热处理温度为 200~300℃。

如图 7-89d 所示，随着热处理温度的增加，Ta_2O_5 薄膜的物理厚度先增加然后逐渐减

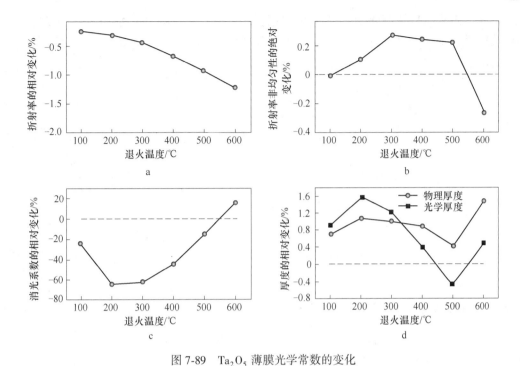

图 7-89　Ta$_2$O$_5$ 薄膜光学常数的变化

a—折射率的相对变化；b—折射率非均匀性的绝对变化；c—消光系数的相对变化；d—物理厚度的相对变化

小，在 500℃ 时相对变化最小，为 0.41%；超过 500℃ 时物理厚度逐渐增加，在 600℃ 热处理后物理厚度的相对变化最大，为 1.48%。从整体变化趋势来看，热处理会导致薄膜的物理厚度增加。

　　林斯乐等人通过热处理对离子溅射沉积 Ta$_2$O$_5$ 薄膜做了更进一步的研究，得到薄膜的折射率和面吸收率。从图 7-90 中可以看出，随着退火温度的升高，Ta$_2$O$_5$ 薄膜折射率逐渐降低，后趋于常数。因离子束溅射法镀膜时，Ta$_2$O$_5$ 薄膜会失氧，即 Ta$_2$O$_5$ 薄膜中氧的比重低于正常化学计量比。而经过空气氛围的退火处理，空气中的氧可以补充到薄膜中，改变薄膜的化学组分，使氧含量升高，进而使得薄膜的折射率逐步下降。当退火温度进一步提高，由于 Ta$_2$O$_5$ 薄膜中的氧已经接近饱和，空气中的氧不会进一步补充进 Ta$_2$O$_5$ 薄膜，所以 Ta$_2$O$_5$ 薄膜的折射率不会进一步改变。另一方面，离子束溅射沉积的薄膜一般具有较高的压应力，随着退火温度的升高，薄膜应力得以释放，薄膜致密度与折射率随之发生变化，从而导致薄膜的折射率随之改变。因此，退火过程通过改变薄膜含氧量与薄膜应力，改变了薄膜的折射率。从图中可以看出，当退火温度高于 350℃ 时，薄膜折射率趋于稳定。如图 7-90 所示，随着退火温度的升高，薄膜的面吸收逐渐降低到一个最小值，然后又升高，因薄膜沉积过程中存在一定程度的失氧，Ta$_2$O$_5$ 薄膜化学组分中氧偏低，薄膜的面吸收会升高。当退火温度低于 300℃ 时，由于退火使得薄膜化学活性增强，空气中的氧得以进入薄膜中，使得薄膜组分中氧的比例升高，所以随着退火温度的升高，薄膜的面吸收逐渐下降。当退火温度超过 300℃ 后，进一步升高退火温度反而使薄膜的面吸收逐步升高。其原因可能是过高的退火温度使薄膜中的氧挥发，反而使 Ta$_2$O$_5$ 薄膜得化学计量比失调，造成了失氧状态。此时薄膜中的氧挥发，空气中的氧补充到薄膜中，达到一个动态的过程，过高的退火温度使薄膜中氧的再挥发成为主导，改变了薄膜的化学组分，所以薄膜的面吸收会随着退火温度的升高而升高（见图 7-90 和图 7-91）。

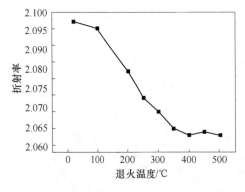

图 7-90　样品的折射率与退火温度的关系

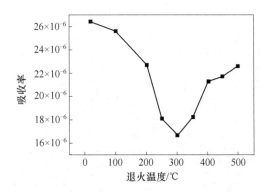

图 7-91　Ta_2O_5 薄膜的面吸收与退火温度的关系

7.2.2　氧离子溅射沉积 TiO_2 薄膜

国外对离子溅射沉积的研究更多，Pietzonka 等人利用氧离子溅射沉积二氧化钛薄膜，系统地改变离子能量和几何参数（离子入射角、极性发射角和散射角），离子束溅射沉积装置如图 7-92 所示。

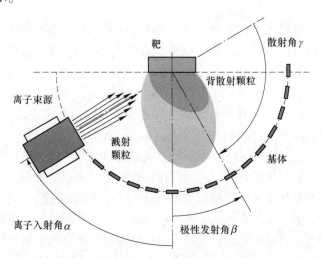

图 7-92　离子束溅射沉积装置示意图

图 7-93 显示了所有样品组的薄膜厚度值与发射角 β 的关系。显然，对选定的样品进行 XRR 测量的结果与 SE 数据分析的结果很一致。薄膜厚度数据的最大误差为 ± 0.2nm。薄膜厚度分布具有过余弦形状，并向前倾斜。每种情况下厚度最大角位置为 $\beta_{max} \geqslant 40°$。当比较以相同入射角和相同离子能量增长的数据集时，两个目标的薄膜厚度与发射角的依赖关系实际上是相同的。这尤其适用于最大薄膜厚度的角位置，它出现在 $\beta_{max} = 40°$（$\alpha = 60°$，$E_{ion} = 1000eV$）和 $\beta_{max} = 50°$（$\alpha = 30°$，$E_{ion} = 500eV$）之间。薄膜厚度的过余弦形分布是由目标内碰撞级联的不完全演化所引起的各向异性效应的一种表现。随着入射角越

大或离子能量越小，这些各向异性就变得更明显，因为在这种情况下，能量沉积在更靠近目标表面的地方。最近，有研究表明，薄膜厚度（和生长速率）分布的形状可以很好地近似于余弦函数（各向同性部分）和过余弦函数（各向异性部分）的叠加。结果表明，离子能量越大，入射角越小，各向同性占主导。目标表面形貌可能是溅射各向异性的进一步原因。一方面，一个粗糙的目标表面意味着一个整体不均匀的入射角，另一方面，溅射粒子可能在目标表面的某些位置重新沉积，从而使溅射产率局部变化。

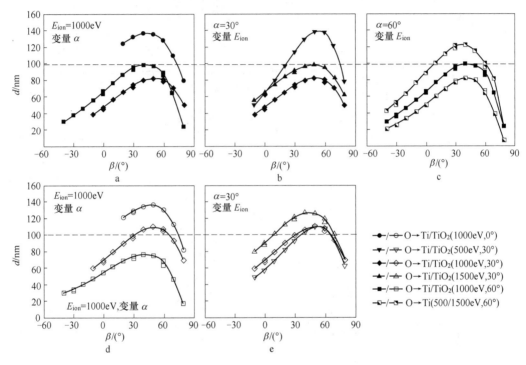

图 7-93　薄膜厚度 d 与极性发射角 β 示意图

a—E_{ion} = 1000eV，变量 α；b—α = 30°，变量 E_{ion}；c—α = 60°，变量 E_{ion}；d—E_{ion} = 1000eV，变量 α；e—α = 30°，变量 E_{ion}

如图 7-94 所示，增加入射角或减小离子能量导致更高的增长率。一般来说，薄膜在陶瓷靶沉积时生长速度较慢。这些方面可以追溯到溅射产率的相应行为，二氧化钛的溅射产率低于 Ti。虽然预计在金属靶的表面形成氧化层（由于钛的高反应性，特别是在有氧存在的情况下），这种表面层的成分之间的结合应该比陶瓷材料内部更弱。因此，后者的溅射产率较低。

图 7-95 显示了一个通过不同气体溅射生长的 TiO_2 生长速率的比较，例如一个参数集。这些数据说明了生长速率与溅射气体的原子质量之间的相关性：生长速率随着离子或原子质量的增加而增加。这一事实与主要与质量控制的动量转移有关（如果去除目标原子和溅射离子之间的化学反应的影响）。

均方根粗糙度 σ_{rms} 由 AFM 获得的表面形貌数据计算得到（见图 7-96）。实验数据的精度优于 ±0.01nm。所有的二氧化钛薄膜都是非常光滑的。均方根粗糙度最大值为 σ_{rms} = 0.15nm。除散射角外，离子能、入射角和目标材料似乎对薄膜表面粗糙度没有任何明显影响。σ_{rms} 随散射角的增加几乎呈线性增加。一般来说，使用氧离子生长的 TiO_2 薄膜的

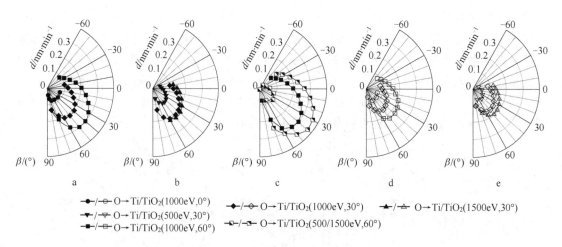

图 7-94　生长速率 $\dot{d}$ 与极发射角 β 关系图

a—$E_{ion} = 1000\text{eV}$, var. α; b—$\alpha = 30°$, var. E_{ion}; c—$\alpha = 60°$, var. E_{ion}; d—$E_{ion} = 1000\text{eV}$, var. α; e—$\alpha = 30°$, var. E_{ion}

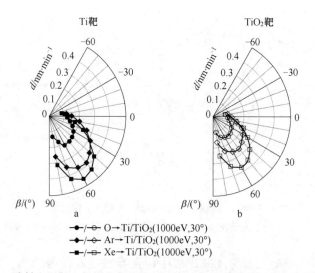

图 7-95　溅射金属靶生长样品集的生长速率 $\dot{d}$ 与极发射角 β 和陶瓷靶关系图

σ_{rms} 低于使用 Ar 离子（$\sigma_{rms} \leqslant 0.18\text{nm}$）或 Xe 离子（$\sigma_{rms} \leqslant 0.22\text{nm}$）的活性 IBSD 生长的薄膜。这些事实可以通过考虑成膜粒子的性质，特别是背散射主粒子的能量分布来解释。结果表明，Ag、Ge 和 Ti 与 Ar 和 Xe 离子束溅射时，后向散射的主粒子可以获得数百个电子伏特的能量，这与目标粒子或注入的主粒子直接后向散射有关。研究发现，这些粒子的能量随着散射角的减小而增加，而与 Ar 或 Xe 离子的溅射则明显不同，或者更准确地说，它强烈依赖于相互作用粒子的质量。如图 7-95 所示，在与 Ti 粒子相互作用的情况下，直接后向散射氧粒子（$M = 16.0\text{g/mol}$），直接后向散射主粒子的能量（由于原子质量）最大，其次是 Ar（$M = 39.9\text{g/mol}$）和 Xe 粒子（$M = 131.3\text{g/mol}$）。更高的粒子能量会导致更高的表面迁移率，从而导致表面更光滑。

利用 XRR，对选定的薄膜进行了质量密度检测，最大检测精度为 $\pm 0.05\text{g/cm}^3$。在相同的工艺参数下，当比较金属靶和陶瓷靶生长的二氧化钛薄膜时，质量密度的绝对数几乎相同。在 $\alpha = 30°$ 时，离子能量和散射角没有明显的变化。相比之下，对于 $\alpha = 0°$ 和 $\alpha = 60°$，质量密度随着散射角的增加而显著增加，直到达到一个几乎恒定的值。薄膜质量密度的变化归因于成膜粒子的能量分布。通常，质量密度会随着成膜粒子能量的增加而增加。然而，图 7-97 中的结果似乎与这种行为相矛盾，这是因为质量密度随着散射角的减小而减小，如上所述，这与成膜粒子能量的增加有关。然而，利用离子束辅助沉积的研究表明，当辅助离子的能量超过一定的阈值能量时，薄膜密度就会降低。

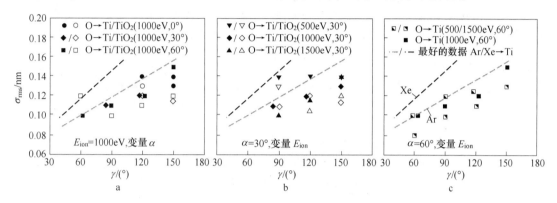

图 7-96　样品组的均方根粗糙度 σ_{rms} 与散射角 γ

a—O→Ti（$E_{ion} = 1000eV$）；b—O→Ti（$\alpha = 30°$）；c—O→Ti（$\alpha = 60°$）

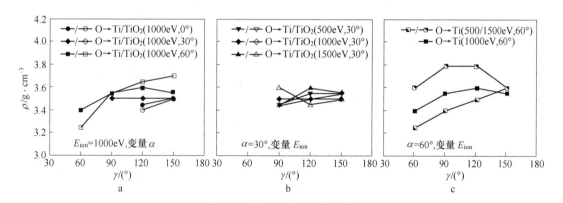

图 7-97　样品组的质量密度与散射角 γ 以及具有不同离子能量的氧离子曲线

a—$E_{ion} = 1000eV$，变量 α；b—$\alpha = 30°$，变量 E_{ion}；c—$\alpha = 60°$，变量 E_{ion}

在图 7-98 中，显示了所有样本集的参数 $A_{TL,1}$ 与散射角 γ。所有的曲线显示出 $A_{TL,1}$ 的行为：第一，$A_{TL,1}$ 随着 γ 的增加而增加，然后达到一个几乎恒定的值，最后，$A_{TL,1}$ 略有下降。第二，当离子入射角增加时，$A_{TL,1}$ 似乎略有增加。增加离子能量导致 $A_{TL,1}$ 略有增加；只有在 $\alpha = 60°$ 和 $E_{ion} = 500eV$ 时，$A_{TL,1}$ 相对较小。由于在散射几何形状、离子能量和入射角方面的行为相似，至少在定性上讲，$A_{TL,1}$ 的变化可能与薄膜的质量密度变化有关。从图 7-99 可以看出，折射率随极发射角 β（或散射角 γ）而明显变化。N 随着极性发射角的增加而增加，直到在 $\beta = 60°$（$\gamma = 120°$）和 $\beta = 30°$（$\gamma = 90°$）之间达到最大值，随后迅速下降。此外，如果从陶瓷靶上沉积，薄膜的折射率往往较低。

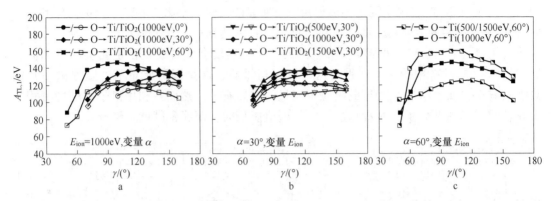

图 7-98　样品组的最佳拟合 TL 参数 ATL，1 与散射角 γ，不同离子能量的氧离子曲线

a—E_{ion} = 1000eV，变量 α；b—α = 30°，变量 E_{ion}；c—α = 60°，变量 E_{ion}

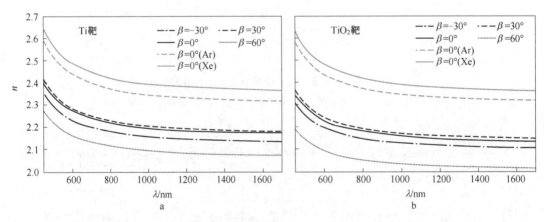

图 7-99　薄膜折射率（n）的光谱

a—Ti 靶；b—TiO$_2$ 靶

　　作者利用氧离子从金属 Ti 和陶瓷二氧化钛靶标中通过 IBSD 生长出二氧化钛薄膜，研究了离子能量和过程几何形状（离子入射角、极性发射角和散射角）对薄膜性能的影响。薄膜厚度和生长速率的角分布呈余弦形状，这与靶标内碰撞级联发展过程中的各向异性效应有关。薄膜无晶态，非常光滑；均方根的粗糙度最大为 σ_{rms} = 0.15nm。关于散射角度，可以注意到微小的变化。关于薄膜的质量密度，发现其绝对值在 3.25g/cm^3 和 3.8g/cm^3 之间。质量密度随散射角的变化而有显著的变化。

　　研究表明，散射几何形状对薄膜性能产生主要影响，离子能量和离子入射角的影响很小。将使用氧离子的 IBSD 与使用 Ar 或 Xe 离子的活性 IBSD 的结果进行比较，证明了离子种类对膜性能有显著影响。特别是二氧化钛薄膜在与氧离子溅射沉积时，具有明显较低的质量密度和较低的折射率。

7.2.3　二氧化硅的反应离子束溅射沉积

　　Mateev 等人研究了二氧化硅的反应离子束溅射沉积过程，利用活性氧气氛中硅靶的离子束溅射技术在硅衬底上生长二氧化硅薄膜，系统地改变了离子束和几何参数，揭示了其对二次粒子的能量和角分布以及薄膜性质的影响。

在图 7-100 中，总结了椭圆偏数据分析得到的二氧化硅薄膜厚度与极发射角度的数据。生长速率数据与极性发射角度的关系如图 7-101 所示。与预期的一样，随着离子能量的增加和离子入射角的增加，生长速率会增加，且 Xe 溅射的生长速率高于 Ar 溅射。过余弦形状与靶内碰撞级联的不完全演化所引起的各向异性效应有关。最近的研究表明，溅射粒子厚度分布的形状可以用余弦形的各向同性部分和过余弦形的各向异性部分的和来模拟。各向异性效应随离子入射角的增加或离子能量的降低而增大。图 7-102 表明最大均方根（RMS）粗糙度为 $\sigma = 0.18\mathrm{nm}$。

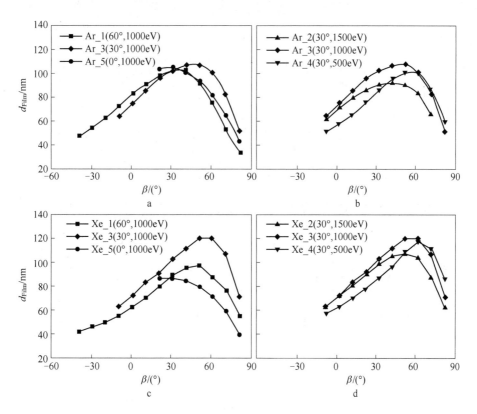

图 7-100　通过 SE 获得的薄膜厚度与不同离子溅射生长的样品组的极性发射角的关系
a，b—Ar 离子；c，d—Xe 离子

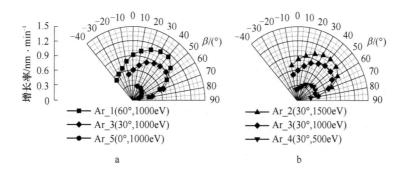

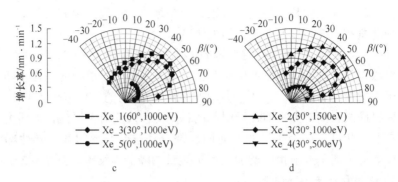

图 7-101　不同离子溅射生长的样品组的生长速率与极性发射角的关系

a，b—Xe 离子；c，d—Ar 离子

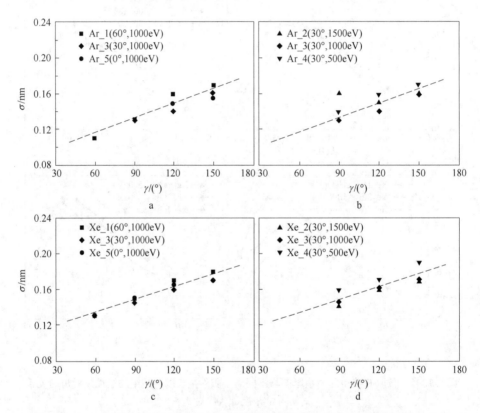

图 7-102　AFM 获得的均方根粗糙度与用不同离子溅射生长的样品组的散射角关系

a，b—Ar 离子；c，d—Xe 离子

图 7-103 显示了它们的原子分数与散射角 γ 的关系。随着 γ 的增加，注入惰性气体颗粒的数量略有减少，与 Ar 溅射和 Xe 溅射非常相似。离子入射角或离子能量的影响也很小。这些观测结果被认为是由高能的、分散的主粒子造成的影响。IBSD 生长的二氧化钛薄膜也报道了类似的行为。然而，在二氧化钛薄膜中发现的 Ar 含量明显高于 Xe。这种差异可以通过考虑主粒子的质量与目标粒子质量的关系来解释。当用 Ar（M = 39.9g/mol）或 Xe（M = 131.3g/mol）溅射 Si（M = 18.1g/mol）时，抛射物的质量大于目标原子的

质量。因此，直接散射离子可能的散射角范围被限制在最大值 $\gamma_{max} < 90°$。对于 Ti（$M = 47.9\text{g/mol}$），Ar 的质量较小，Xe 的质量大于目标原子的质量。因此，在 $\gamma \leqslant 180°$ 时可以观察到 Ar 在 Ti 处的直接散射，而 Xe 在 Ti 处的直接散射被限制在最大角度 $\gamma_{max} < 90°$。因此，在二氧化钛膜内植入 Ar 的量可以高于植入 Xe 的量。

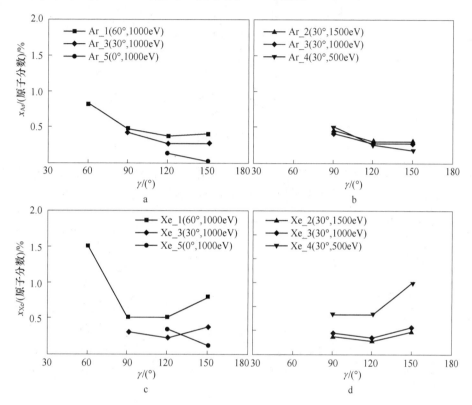

图 7-103　通过 RBS 获得的惰性气体原子的原子分数与通过不同离子溅射生长的样品组的散射角的关系
a，b—Ar 离子；c，d—Xe 离子

由 XRR 确定的质量密度如图 7-104 所示。这些值的范围从 2.24g/cm^3 到 2.35g/cm^3。这与 IBSD（2.48g/cm^3）和其他非晶态二氧化硅大块材料，如辉绿岩（$2.0 \sim 2.2\text{g/cm}^3$）、热二氧化硅（$2.15 \sim 2.25\text{g/cm}^3$）和纤维二氧化硅（$1.9\text{g/cm}^3$）生长的二氧化硅薄膜的参考数据很一致。通过溅射沉积技术生长的非晶态二氧化硅薄膜的质量密度低于熔融二氧化硅，即单晶二氧化硅（2.65g/cm^3），并且比通过蒸发技术（$1.4 \sim 2.1\text{g/cm}^3$）或磁控溅射（$2.1\text{g/cm}^3$）生长的二氧化硅薄膜具有更高的质量密度。单晶二氧化硅由于包装密度较高，因此具有较高的质量密度。

图 7-105 为样品组 Ar_1 和 Xe_1 的折射率选择光谱。所有样品的折射率色散度都很小（0.04）。N 随 β 的增加而略有下降，但变化也很小（0.03）。此外，用 Xe 沉积的薄膜的 n 略高于用 Ar 沉积的薄膜。二氧化硅薄膜的折射率高于热二氧化硅，与直流和 RF 磁控溅射、双离子束溅射的二氧化硅折射率相同。当比较用不同技术生长的二氧化硅薄膜的质量密度数据和光学特性时，有明显的相关性。图 7-106 显示了所有样本集的散射角的值。一般来说，A_n 显示出非常小的变化（< 0.03）。离子入射角的影响可以忽略不计，但随着离

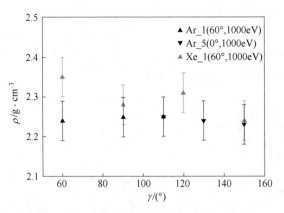

图 7-104　质量密度与样品组的散射角

子能量的增加，A_n 略有减小，特别是对于用 Ar 溅射生长的薄膜。散射的几何形状也会对参数 A_n 产生影响，Xe 溅射的薄膜平均 A_n 略高于 Ar 溅射的薄膜。

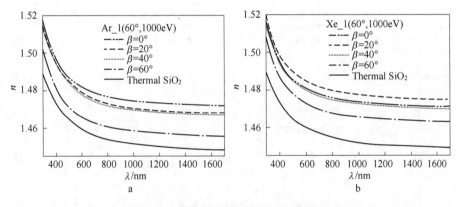

图 7-105　样品组折射率光谱
a—Ar_1；b—Xe_1

折射率变化的起源被认为来自高能、次级粒子的贡献。我们知道，生长过程中的高能粒子轰击会影响其光学性质。二氧化硅的 DIBSD 过程的研究表明，辅助 Ar、Xe 或 O_2 离子束辐照导致降低折射率：离子能量越高，折射率下降越快，使用氩离子轰击比 Xe 离子轰击的折射率下降更快。

光学性质与薄膜密度相关，而薄膜密度主要受成膜粒子能量的影响。一般来说，假设增加粒子能量会导致薄膜密度的升高。然而，Mohan 和克里希纳描述了如果离子能量超过一定的阈值能量，薄膜密度就会下降，这可能是由于缺陷的产生。图 7-106 中的数据遵循了这一论证。当 γ 减小时，即二次粒子的平均能量增加，参数 A_n 先增大，最后减小。

由此，得出结论：由于靶内碰撞级联演化过程中的各向异性效应，薄膜厚度和生长速率表现出过余弦分布。薄膜非常光滑，最大均方根粗糙度为 0.18nm。质量密度在 2.23～2.35g/cm^3 之间。所有的二氧化硅薄膜都是非晶的和化学计量的，根据散射几何形状，包含少量植入的初级粒子（≤1.51%）。折射率在 1.45～1.48。Xe 溅射沉积的二氧化硅薄膜的生长速率、均方根粗糙度、质量密度、折射率和注入的主粒子量均略高于 Ar 溅射沉积

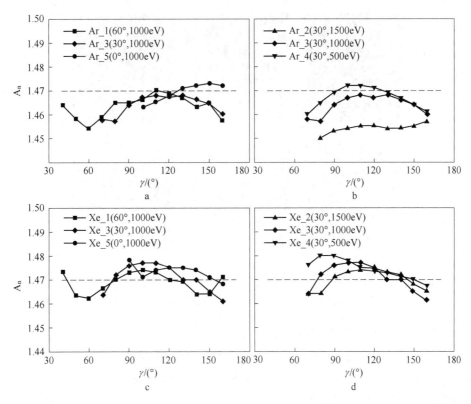

图 7-106 通过 SE 获得的最佳拟合 CAUCHY 参数 An 与不同离子溅射生长的样品组的散射角的关系
a，b—Ar 离子；c，d—Xe 离子

的二氧化硅薄膜。薄膜性质的变化主要受散射几何形状的影响，而离子能量、离子种类和离子入射角的影响很小，这种变化被初步确定为成膜的二次粒子的角度和能量分布的变化。

7.2.4 利用离子束溅射沉积形成纳米金和铍薄膜的新方法

Sharko 等人开发了一种利用离子束溅射沉积形成纳米金和铍薄膜的新方法，并首次用离子束法在硅和石英衬底上获得了几十纳米厚的铍和金薄膜，沉积倍数为纳米金属层和部分溅射的十倍。

如图 7-107 所示，硅上薄金属层的表面均方根粗糙度以及平均粒度尺寸，随着溅射原子束对生长膜的重复影响而减小。因此，单次沉积金的均方根粗糙度 σ 为 1.2nm，重复沉积为 0.8nm，10 倍沉积为 0.3nm。在后一种情况下，铍和金膜都发生了几乎完全的颗粒化抑制（图 7-107c，f）。一束高能成分的溅射原子在金属团簇形成的初始阶段打破了金属团簇。这表明，在重复沉积过程中，三维成核受到抑制，并向纳米级金属层形成的二维机制过渡，其横向扩散（沿薄膜平面）优于垂直扩散。

众所周知，在多晶材料中沿着晶界的扩散强度更大。快速原子入射流对颗粒的压缩导致沿颗粒边界的扩散活化能降低，颗粒边界平行于生长的薄膜表面，从而导致沿薄膜平面和穿过薄膜平面的扩散速率各向异性。在这种情况下，原子的主要扩散发生在紧密堆积颗

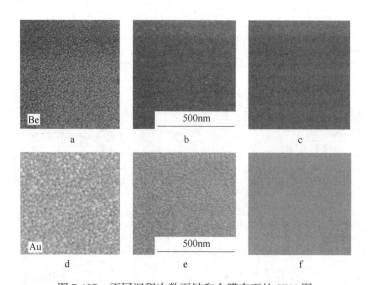

图 7-107　不同沉积次数下铍和金膜表面的 SEM 图

a，d—初始硅表面进行单次沉积；b，e—活化硅表面一次重复沉积；c，f—在活化硅表面十倍沉积

粒的边界，同时，在薄膜的深处扩散明显更困难。

图 7-108 所示，在硅的 10nm 的金层形貌上很容易发现表面粗糙度的减少，因此，当从直接单次沉积到重复沉积时，长度为 2μm 的特征表面上的最大高度范围从 6nm 下降到 4nm，均方根粗糙度从 0.8nm 下降到 0.4nm。

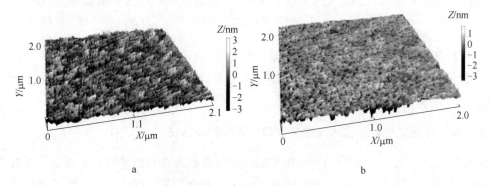

图 7-108　硅的 10nm 金层形貌

a—单次沉积表面形貌；b—单次重复沉积表面形貌

在图 7-109 中可以清楚地看到层状结构，因高能金属原子先影响衬底，然后在薄膜上沿金属膜生长。两层之间的界面是经辐射修正的压实区域。进一步研究的目标是获得密度更均匀的结构，其中暗区域和光区域将合并成一个单一的单元。Au 的层厚度为 9~14nm，Be 的层厚度为 4~6nm。当被吸附的原子附着在薄膜层上直到形成薄膜前，薄膜主要沿表面横向生长。每次溅射操作后薄膜的生长与初始阶段一样，机制接近二维增长的弗兰克范德梅尔，这在原子的横向扩散超过垂直扩散的情况下是可能的。

在薄膜–基板界面的横截面上没有观察到分层，而且界面本身是一个连续而均匀的分离面。这表明在界面上没有化学相互作用和外来相。这是金属层与基底的良好附着力的证

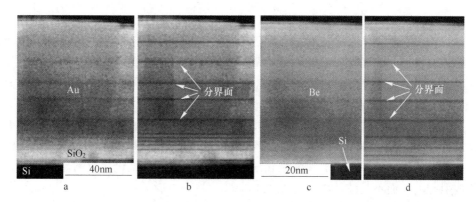

图 7-109　十倍沉积后硅衬底上不同尺寸薄膜的横截面 SEM 图像

a, b—90nm 金；c, d—45nm 铍

据。通过对横截面扫描电镜图像的分析，可以确定金层和铍层的平均沉积速率分别为
0.3nm/s 和 0.15nm/s。由于 Be 原子的质量较小，与金原子相比，它们穿透 Be 基质的深度
比 Au 原子穿透金基质的更深。因此，铍薄膜在溅射原子的整个穿透深度上被压实。扫描
电镜图像是由背向散射电子形成的，其面积的对比度与进入该组成部分的元素的平均原
子序数成正比。因此，与铍相比，金（较重的元素）的界面面积的对比度更大（图
7-109a）。

在图像处理过程中，辐射修饰区域在图 7-109b 和 d 中被人为地突出对其电特性进行
测试后发现，与单次沉积得到的相同薄膜相比，铍薄膜（图 7-110a）和金薄膜（图
7-110b）的表面电阻（10%）没有显著下降。通过多次沉积得到的薄膜电阻值的散射也减
小，表明其在测量温度范围内的热稳定性有所改善。

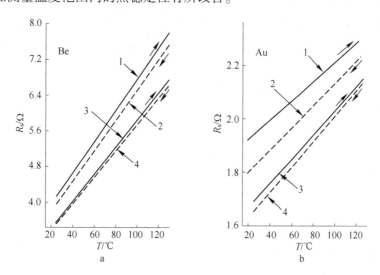

图 7-110　单次（1）和（2）以及多次（3）和（4）沉积到石英基板表面的不同金属厚薄膜的表面电阻图

a—铍；b—金

对于具有物理连续均匀结构特征的薄膜，电阻率 ρ 是由于传导电子通过声子（ρ_B）的
体积散射、自由膜表面（ρ_B）、颗粒边界（ρ_{GB}）、结构缺陷（ρ_D）和杂质（ρ_I）的散射：

$$\rho = \rho_B + \rho_B + \rho_{GB} + \rho_D + \rho_I \tag{7-1}$$

在连续均匀的薄膜的区域，对电阻率贡献最大的是电子对结构缺陷的散射（主要是在单一空缺和集群形成的颗粒，以及颗粒边界），因为它们的厚度超过电子的自由路径平均长度 λ_0。金的电子的平均自由程为 37.7nm，而铍电子的垂直和平行的平均自由程分别为 48.0nm 和 68.2nm。

应用 10 倍沉积溅射操作后，铍和金薄膜在 400~800nm 波长范围内的石英衬底上的光学性能没有变差。分析 800nm 的波长下的金层和铍层通过直接单一沉积和多个应用的沉积溅射操作获得的反射 R、透射 T 和消光 A 的关系，得出这样的结论：反射增加主要是由于减少传输引起的，而不是波消失（图 7-111）。

与单次直接沉积相比，十次应用纳米金属层沉积溅射后得到的金、铍薄膜的一个特点是反射系数更高。因此，在金薄膜波长为 800nm 时，反射系数从 93.5% 增加到 95%（图 7-111a 曲线 1 和 2），这与略高于 97% 的大块材料的反射系数非常接近。在同一波长下，纳米级铍薄膜的反射系数值较低，从 51.7% 增加到 55.3%。光散射发生在表面均匀性上，以不规则的形式出现的粗糙和凹陷。在粗糙的表面上，一束平面平行的光线束向各个方向散射；因此，在反射角度处收集的光线数量较少，从而提高了反射的扩散率。从而，分光光度计的探测器记录的光强较少。随着粗糙度的减小，反射系数的增加（图 7-111a，曲线 1 和 2 或曲线 3 和 4）与表面不规则性的特征尺寸的减小有关。

金膜在光辐射波长 500 ~ 550nm 范围内的反射系数急剧增大（图 7-111a 中曲线 1 和 2），而在 450 ~ 520nm 区域的消光曲线上没有最大值（图 7-111c 中曲线 1 和 2），表明该区域等离子体共振被抑制。在 500nm 处透射光谱的最大值（图 7-111b 中曲线 1 和 2）具有连续膜和岛膜的特征，这是金色偏黄的原因。在薄岛型金薄膜的消光光谱中与带间跃迁相关的固有吸收边缘附近，波长 450 ~ 520nm 范围内，通常观察到与区域表面等离子体共振相对应的吸收峰。在这类薄膜的透射光谱中，等离子体共振在 500 ~ 700nm 区域最小，在 10nm 厚度时完全消失。随着薄膜厚度的增加，这种最小值向更长的波长（红移）的移动变得不那么明显，并在与连续薄膜相对应的厚度处消失。

金薄膜的光谱缺乏对应于整个厚度的均匀结构的区域等离子体激元激发相关的特征，其中没有内部的晶间边界，因此，薄膜对电磁辐射的响应是单一形成的。铍在考虑的光谱范围内不表现出共振特性。

对纳米金属薄膜的形成机制作了研究，在中心绝对弹性碰撞的情况下，从入射原子到静止原子的转移动能的最大分数由入射 M_1 和静止 M_2 原子的质量比决定：

$$\gamma = \frac{4M_1M_2}{(M_1 + M_2)^2} \tag{7-2}$$

溅射金属原子的能量分布具有连续的光谱，直到最大能量 E_{max}。根据法尔科内和西格蒙德提出的线性级联理论，并考虑到成对碰撞和表面在溅射中的作用，溅射粒子的最大能量随主粒子能量 E 的增加而线性增加：

$$E_{max} = AE - U \tag{7-3}$$

式中，$A = \gamma(1 - \gamma)$ 是主粒子在一次碰撞后可以进入反冲原子的能量的最大分数；U 是升华能量。与实验对应的入射氩离子的能量为 1.3keV，溅射原子的最大能量约为 300 ~ 320eV（表 7-9）。

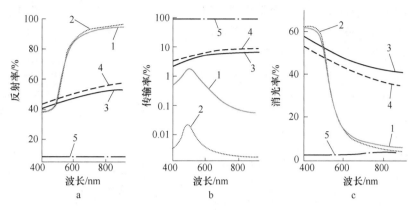

图 7-111　不同金属膜下的光谱

a—反射；b—透射；c—消光光谱

1—金的单次沉积；2，4—多次沉积溅射；3—铍的单次沉积；5—石英的相关光谱

表 7-9　金属 Be 和金属 Au 的参数表

金属	$M/\text{g} \cdot \text{mol}^{-1}$	U/eV	γ	A	E_{th}/eV	E_{max}/eV
Be	9.012	3.48	0.6	0.24	14.5	308
Au	196.967	3.92	0.56	0.246	15.91	316

溅射粒子的数量 $\text{d}^2 S$，以单位固体角 $\text{d}\Omega$ 发射，能量从 E 到 $E + \text{d}E$，很好地近似于分布函数

$$\frac{\text{d}^2 S}{\text{d}\Omega \text{d}E} = \frac{M_2}{2} \frac{E}{(E + U)^3} \left(1 + \frac{E}{E + U}\right) \tag{7-4}$$

该函数具有不对称的形状，在较大的能量下，右分支缓慢减少（图 7-112a，e）。

为了解释在衬底表面形成高质量连续金属膜的原因，溅射金属原子的通量可以有条件地分为两部分：主要部分和高能。主要部分由原子的平均能量大约等于升华能量 U（铍和金 ≈ 3 ~ 4eV/原子）而高能部分包括原子的能量超过 40eV，比 U 高一个数量级。将溅射原子的能谱从低能量到最高能量 E_{max} 进行积分，得到了能量高达 40eV 且略高于 70% 的溅射原子的相对数量（图 7-112a，e），其余的原子由能量从 40eV 到最大可能的 E_{max} 的原子组成，其中能量最大的原子比例小于 2.5%。

金属原子穿透衬底的深度大致取决于其初始能量和其质量与衬底原子的质量之比。根据估计，大多数能量 40eV 的溅射铍原子渗透到硅衬底的深度不超过 0.8nm（表 7-10，图 7-112f），这是不超过一个晶格参数（$a[\text{Si}] = 0.54307\text{nm}$）。具有相同能量的金原子穿透硅衬底的深度为 1.3nm（表 7-10，图 7-112b），即不超过两个晶格参数。它们在基板表面形成了一层金属层。

最快的铍原子和金原子能够穿透到衬底 2.9nm 深度（最多 5 个晶格间距）（见表7-10），但它们大部分以点缺陷的形式分布在衬底深度不超过 1 ~ 2 个晶格间距处。高能的金原子对金基体中最大可能能量的穿透深度为 0.6nm（表 7-10，图 7-112d），不超过金的一个晶格间距（$a[\text{Au}] = 0.40781\text{nm}$）。在铍中，铍原子的穿透深度要大得多，可达

2. 5nm（表7-10，图7-112h），相当于铍的7~10个晶格间隔（铍在 hcp 晶格中结晶，参数为 $a[Be] = 0.2286nm$ 和 $c[Be] = 0.3584nm$）。

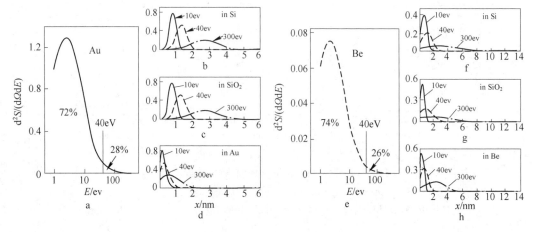

图 7-112　溅射原子

表 7-10　用 SRIM 程序对穿透深度建模的结果

溅射原子的能量/eV	穿透深度/nm					
	铍原子			金原子		
	硅基体	石英基体	铍基体	硅基体	石英基体	金基体
5	0.3	0.2	0.2	0.6	0.6	0.2
10	0.4	0.3	0.3	0.8	0.7	0.2
40	0.8	0.7	0.6	1.3	1.2	0.3
100	1.4	1.2	1.0	1.8	1.7	0.4
300	2.8	2.0	2.3	2.7	2.6	0.6
320	2.9	2.6	2.5	2.8	2.7	0.6

　　这项工作证明了一种形成连续均匀纳米金属薄膜的新方法，主要是由于其自身的高能原子通量的刺激而横向生长的。用多种重复沉积溅射操作的技术，使沉积金属原子通量的高能部分有可能重复影响正在形成的薄膜，这为吸附原子沿颗粒边界的横向扩散优于沿薄膜生长方向的扩散创造了条件。

7.2.5　离子束能量对 In_2O_3 薄膜的影响

　　氧化铟（In_2O_3）作为一种透明导电氧化物材料，是一种重要的 N 型半导体的透明导体氧化物，具有宽带隙、化学稳定性、高导电性和可见光透明度。常用于光伏器件，透明窗户，液晶显示器（LCD），发光二极管（LED），太阳能电池，气体传感器等方面。Dhawan R 等人，利用离子束溅射沉积系统，在 15mm × 20mm 的硅片衬底上室温沉积了 5 个 In_2O_3 薄膜样品，并采用掠入射 X 射线反射率（GIXRR）和掠入射 X 射线衍射（GIXRD）技术，在不同束流能量范围（600~1400eV）下，以 Ar 流量（3.0cm³/min）沉积 $[In_2O_3]_{×5}$ 薄膜，研究了离子束能量对非晶向多晶转变、表面粗糙度和密度的影响以及硅衬底上氧化铟（In_2O_3）薄膜在离子束能量作用下的特性。

实验中选用溅射气体纯度为 99.99999% 的高纯氩气。使用 4.0in（直径）和 8mm 厚的纯度为 99.99% 的 In_2O_3 溅射靶，并进行了 30min 的 In_2O_3 靶材的预溅射，来去除靶材上任何不需要的层。沉积前腔室基本压力为 $2×10^{-5}Pa$，沉积过程中保持压力在 $4.0×10^{-2}$ 到 $5×10^{-2}Pa$ 之间，氩气流量为 $3.0cm^3/min$，同时在沉积前，对底物使用异丙醇进行适当的清洗。并设置对照组，在恒定 $3.0cm^3/min$ 的氩气流量下，设定离子束能量范围在 600 ~ 1400eV 下生长了 In_2O_3 薄膜。将这些样品标为 A1，A2，A3，A4 和 A5，具体参数如表 7-11 所示。

表 7-11 不同束流能量下制备的 In_2O_3 薄膜参数

样本	离子束能量 /eV	膜厚/nm		胶片粗糙度 /nm	密度/g·cm⁻³ （体积分数）	沉积时间 /min
		沉积按厚度监视器	用数据拟合测量			
A1	600	50	55.33	0.35	7.03（98.6%）	44.1
A2	800	50	57.71	0.27	6.95（97.7%）	38.0
A3	1000	50	60.13	0.36	7.07（99.4%）	32.2
A4	1200	50	59.00	0.22	6.81（95.60%）	29.1
A5	1400	50	60.03	0.20	6.82（95.80%）	25.5

表 7-11 给出了五个样品中 In_2O_3 薄膜的厚度、均方根粗糙度和密度的估计值。从表中可以清楚地看出，In_2O_3 层的估计厚度比实际厚度更大，这是由于样品和厚度监仪在系统中的位置影响所导致的，但随着束流能量的增加，可以观察到层厚有一些边际增量，这是由于原子溅射率的变化导致束流能量的增加。在表 7-11 中可以清楚地看到，RMS 粗糙度随着离子束能量的变化而变化，当我们将离子束能量从 600eV 增加到 1000eV 时，粗糙度有边际变化，而超过这个值时，薄膜的表面粗糙度发生了剧烈变化，在样品 A5 中观测到的值最低，在 1400eV 时仅为 0.2nm。另一方面，随着离子束能量的增加，样品 A3 的薄膜密度略有变化，在 1000eV 时达到最大值 $7.07g/cm^3$，接近本体密度（$7.12g/cm^3$）。可以判定薄膜均方根粗糙度和密度随离子束能量增加的变化与 In_2O_3 薄膜微观结构的变化有关。

在图 7-113a 显示了五种 In_2O_3 薄膜样品的镜面 X 射线反射率模式以及原始数据的拟合曲线。图 7-113a 显示了在不同离子束能量下沉积的 In_2O_3 薄膜的 GIXRR 曲线，为了提高清晰度，将这些曲线通过乘以一个常数因子进行垂直移位。而在图 7-113b 中显示了从 GIXRR 数据的拟合参数导出的散射长度密度（SLD）轮廓，散射长度密度（SLD）曲线表明，薄膜密度随离子束能量的变化而变化，在样品 A3 中发现，在 1000eV 时，薄膜体积最大达到了 99.4%。

图 7-114a 显示了所有五个样品在不同光束能量下的掠入射 X 射线衍射的测量结果。在 25°~80° 的 2-θ 范围内，随着离子束能量从 600eV 增加到 1400eV，In_2O_3 的峰分布发生了变化。表明了 In_2O_3 薄膜从无定形向多晶性质的转变。这应该是离子束能量增加的原因。由此推断，当束流能量低于 600eV 时，In_2O_3 薄膜保持非晶态，当束流能量高于 600eV 时，In_2O_3 薄膜转变为多晶态。

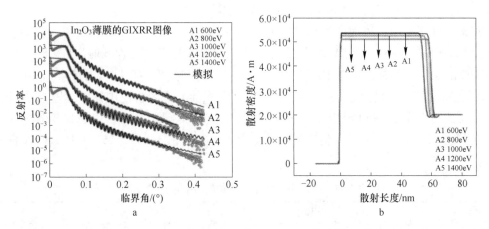

图 7-113　镜面 X 射线反射率模式以及原始数据的拟合曲线

a—测量（开圈）和拟合（实线）GIXRR 曲线；b—相应散射长度密度分布

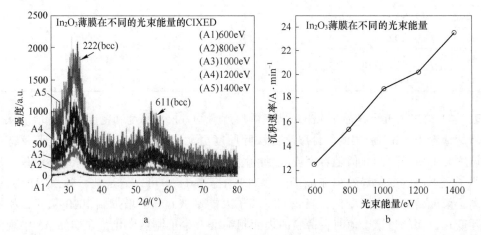

图 7-114　不同光束能量下的掠入射 X 射线衍射的测量结果

a—In₂O₃ 薄膜的 GIXRD 谱图；b—沉积速率 v_s 束流能量

从 GIXRD 分析可知，当离子束能量增加到 600eV 以上时，可以观察到非晶体向多晶体立方结构薄膜的转变，且峰值增强。随着离子束能量的变化，薄膜的形貌发生了变化。在最佳离子束能量条件下，获得了低粗糙度、高密度的 In₂O₃ 薄膜。这些结果使我们得出结论，低粗糙度 In₂O₃ 薄膜能够很好地候选于许多应用。

7.2.6　氧化钼薄膜的光电应用

目前，在光电子学方面已经过渡到薄膜技术。在这个方向，如果介电材料本身具有足够高的透明度，那么开发具有足够高的导电性和透明度及半导体薄膜是一个困难的技术问题。最常见的符合这些要求的材料是 In₂O₃:Sn(ITO)，但铟在自然界中很少，所以这种材料的成本太高，因此，开发 ITO 的替代材料具有重要的科学意义。Koval，Viktoriia 等人，在 UVN-75R 设备上用反应离子束溅射的方法合成了氧化钼薄膜，并研究了沉积温度和退火对氧化钼薄膜表面形貌、电学和光学参数及异质结的影响。

进行沉积前，首先清洗所有玻璃和硅的基底，在实验中采用纯钼靶和混合气体 Ar+ O_2，腔内压力约为 6.67×10^{-2} Pa，加速电压为 2.5kV，光束电流为 50 mA。分别设定衬底温度为：50℃、100℃、200℃和300℃，沉积时间为 10～20min。沉积后的 MoO_x 薄膜在温度为300℃马弗炉中退火，时间为1h，得到的薄膜厚度为 35～100nm，并研究其结构、电学、光学和光伏特性。

在原子力显微镜（AFM）下，根据最大晶粒尺寸、平均晶粒尺寸和表面粗糙度的均方根值参数定量分析了薄膜形貌的变化，如表 7-12 所示。发现在沉积温度为100℃时，得到了粗糙度为 0.27nm、平均晶粒尺寸略大于 1nm 的基本光滑的薄膜表面。当沉积温度为300℃时，薄膜结构更加不均匀，均方粗糙度为 1.27nm，比低温合成时提高了近 5 倍。因此，低温合成（50℃和100℃）主要形成含细晶粒夹杂物的非晶薄膜，而高温合成（200℃和300℃）形成大晶粒组织。

表 7-12　氧化钼薄膜表面形貌的定量参数

T_{dep}/℃	最大晶粒尺寸/nm		平均晶粒尺寸/nm		表面粗糙 RMS/nm	
	退火					
	前	后	前	后	前	后
50	8.22	78.69	4.5	25.5	0.5	6.02
200	31.38	23.49	10.6	5.48	2.32	1.63
300	11.04	10.71	5.40	3.57	1.27	1.12
100	3.15	31.71	1.25	16.02	0.27	2.31

而在退火后，在低温合成的情况下，其表面形貌发生了明显的变化。所以，在100℃退火后得到的薄膜的所有表面参数都增加了大约一个数量级（表 7-12）：粗糙度达到 2.37nm，平均晶粒尺寸达到 16.02nm，最大晶粒尺寸达到 31.71nm。在高温沉积模式下，表面形貌的定量指标下降了 10%～20%。因此，退火对氧化钼薄膜表面形貌的影响如图 7-115 所示，对于以非晶为主的薄膜，粗糙度的增加是由于小晶粒尺寸的急剧增加，而对于多晶薄膜，由于温度刺激下大晶粒的重建退火，导致粗糙度的小幅下降。使用热探针法测定了所得薄膜的电导率类型，结果表明：所制备的薄膜都具有电子类型的电导率，与氧化物材料理论一致。

通过温度对氧化钼薄膜电阻影响的测量表明，所有薄膜都具有这种半导体电阻率的温度依赖性特征，电阻随温度升高而降低，如图 7-115 所示。在沉积温度为300℃时，电阻率的温度依赖性接近金属热稳定性行为，这表明所获得的氧化物接近 MoO_2 形式。此外，与环境室温下的电阻有显著差异：除300℃外，所有沉积温度下薄膜电阻约为 4^{-20} MΩ。所以，电阻的急剧差异不仅表明半金属氧化物材料中金属相的增加，而且还表明材料从主要无定形到多晶薄膜结构的转变。

光学透射光谱分析表明，氧化钼的主要非晶结构比多晶结构具有更高的透明度，如图 7-116 所示。在100℃下沉积的 MoO_x 薄膜比300℃下沉积的薄膜具有更高的透明度（在600nm 波长下为36%），然而，在沉积温度为200℃时（波长为600nm 时为62%），透射率最高，这是由于存在氧化度更高的相，即这种薄膜的化学计量组成接近介电氧化物 MoO，证明了这种薄膜上这一点的电阻相当大（20MΩ）。同时，退火导致 MoO_x 薄膜在任何沉积温度

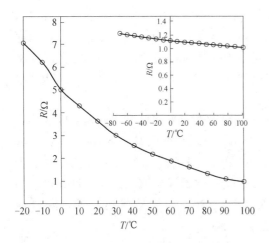

图 7-115　在 100℃ 和 300℃ 下获得的沉积氧化钼薄膜电阻的温度依赖性

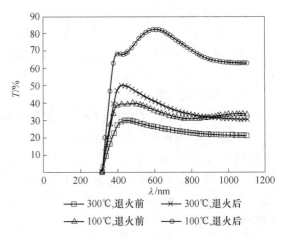

图 7-116　沉积温度为 100℃ 和 300℃ 时退火和沉积态氧化钼薄膜的光学透射光谱

下的透明度显著增长，如图 7-116 所示：在 300℃ 沉积温度下，透明度增长 1.5 倍（在 600nm 波长下，透明度从 26% 增长到 40%），在 100℃ 沉积温度下，透明度增长超过 2 倍（在 600nm 波长下，透明度从 36% 增长到 82%）。而在 50℃ 和 100℃ 合成的半金属氧化物薄膜（MoO_x）中，材料的光学透过率发生了更突然的变化。这是由于钼在退火过程中的氧化变化。对于在 200℃ 和 300℃ 下获得的氧化钼薄膜，透明度也会增加，但增加的程度要小得多。这间接表明，在这些沉积温度下（分别接近 MoO_3 和 MoO_2 形式），在退火工艺之前，钼在薄膜中的氧化状态更为稳定。对比电学和光学性质的研究，我们可以得出以下结论：沉积温度为 300℃ 时，可以形成高导电低透明的薄膜（接近 MoO_2 形态），沉积温度为 200℃ 时，可以形成高阻高透明的薄膜（接近 MoO_3 形态），沉积温度为 50℃ 和 100℃ 时，可以得到电阻和光学透明度介于中间值的 MoO_x 薄膜。

在高温合成模式下，氧化钼薄膜具有更稳定的氧化形式（分别在 300℃ 和 200℃ 下接近 MoO_2 和 MoO_3 形式）。而低温合成（50℃ 和 100℃）则会合成化学性质更不稳定的氧化物（MoO_x，$2 < x < 3$），其电学和光学性质可以通过退火工艺轻松地在大范围内控制。所得的氧化钼薄膜对可见辐射具有敏感性。沉积温度为 300℃ 时，光敏度最高，约为 200μA/lm。这种光敏薄膜可用于研制光敏电阻器，得到的同型异质结和各向异性异质结具有整流和光伏特性。

7.2.7　IBSD 生长氧化锡研究

二氧化锡（氧化锡，SnO_2）在可见光和紫外光谱范围内具有高导电性和透明性，即属于透明导电氧化物（TCOs）类。由于这些特性，它常被用于低发射率窗口，将窗口除霜器，电致变色器件和光伏电池中的透明电极，平板显示器（SnO_2:Sb）中的透明电极和薄膜晶体管。在传感器应用中，SnO_2 的高灵敏度得益于表面 SnO_2 以金红石晶体结构结晶，是一种具有 3.59eV 宽光学带隙的半导体。Becker M 等人，利用 IBSD 成功地在不同取向的蓝宝石上生长了外延 SnO_2 薄膜。并在蓝宝石（0001）（c-平面）、（01$\bar{1}$2）（r-平面）、

（11$\bar{2}$0）（a–平面）、（10$\bar{1}$0）（m–平面）利用 X 射线衍射和极点图测量，对生长薄膜与蓝宝石衬底之间的结构特征和取向关系进行检查。

　　将预混气体成分送入由石英制成的放电室，并通过无电极射频气体放电进行电离，得到了高密度射频（RF）等离子体。线圈产生一个接近轴向的磁场，它本身会引起电涡流场。电子，存在于放电中，并在之前的电离碰撞中产生，得到加速并聚集的能量，直到它们能够自己进行电离。随后通过在电离器的开口端放置一个三网格多孔提取系统来进行的离子提取。离子束平均电流调整为 30mA。由于所选择的几何形状能使生长速度适度，从而增加了过程控制，所以在工作中，选择的离子束溅射几何角是 $\alpha = 45°$，目标表面和衬底表面的入射角平行于目标表面，导致平均极发射角 β 约为 30°。而样品在低折射率蓝宝石衬底上生长，故使用锡靶，在 2.5m³/min 氩气和 15m³/min 氧气（活性气体）的混合物中生长。当衬底温度为 550℃，射频功率为 200W 时，沉积速率为 10nm/min。随后，通过布拉格–布伦塔诺几何 X 射线衍射（Siemens D 5000）分析薄膜，并在 SUZIE AED 四圆单晶 X 射线衍射仪上进行四圆测量，以确定晶体结构。通过原子力显微镜（AFM）和扫描电子显微镜（SEM）对薄膜的晶体表面结构进行了分析。

　　图 7-117 显示了在 $\theta \sim 2\theta$ 几何中测量的不同蓝宝石衬底上生长的 SnO_2 薄膜的 X 射线衍射模式。高取向（101）（002）（200）和（101）SnO_2 薄膜生长在 a-（11$\bar{2}$0），m-（10$\bar{1}$0），c-（0001）。仔细观察 SnO_2 在 a-a 和 d-r 面上的衍射图，可以发现在 $2\theta = 60°$，对应于氧化锡的（301）取向。

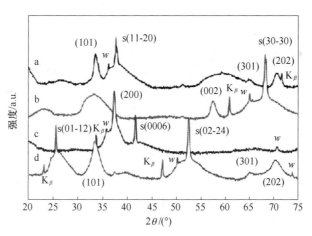

图 7-117　氧化锡在不同面蓝宝石上的 X 射线衍射图
a—a 面；b—m 面；c—c 面；d—r 面

　　图 7-118 显示了沉积在 c-蓝宝石上的 SnO_2 薄膜的 ϕ 扫描图。包括扫描（110）和（101）SnO_2 和蓝宝石（0$\bar{1}$12）。两种二氧化锡的反射都表现出六倍对称性，尽管金红石结构只能表现出两倍对称性。然而，由于氧化锡（100）平面的双重对称，只能区分这些原子排列中的三种。如果两个相邻核的平面具有相同的晶体取向，它们结合形成一个更大的晶体，而不存在任何晶界。如果情况并非如此，则会出现由两个相邻原子核发展而来的两个晶体之间的边界。因此，考虑单个晶粒，生长可以考虑几个确定的方向，但薄膜本身由

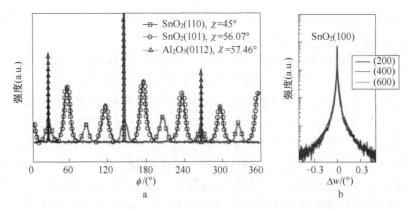

图 7-118　沉积在 c-蓝宝石上的 SnO₂ 薄膜的 φ 扫描曲线关系

a—φ-x 射线极点图的扫描；b—c 面蓝宝石上 SnO₂ 层（200）衍射峰及更高阶衍射峰的摇摆曲线

许多域组成。在目前的情况下氧化锡中相邻颗粒之间的分离角是 120° 或 60°。因此，存在三个域在 φ 旋转 120° 互相对抗。通过比较薄膜和相应蓝宝石衬底的极点图，确定晶粒的平面内取向关系为 SnO₂（100）［010］∥ Al₂O₃（0001［1210̄]）和分别绕膜法线旋转 ∓120°。

利用 X 射线衍射（XRD）分析了薄膜的结构特征，得到了优先生长取向为（101）取向的 SnO₂ 薄膜。（112̄0）a-平面和（011̄2）r-平面，（200）取向 SnO₂ 薄膜在（0001）c-平面和（002）取向 SnO₂ 薄膜（303̄0）蓝宝石平面，确定了所有类型层的平面内关系。平面外反射（200）的摇摆曲线半宽，是迄今为止溅射 SnO₂ 所观察到最窄的半宽。此外，Laue 振荡表明 SnO₂ 薄膜具有很好的横向均匀性，特别是厚度在 150nm 以下的 SnO₂ 薄膜。因此，IBSD 处理过的薄膜可能非常适合作为缓冲层。

7.2.8　负氧离子对 SrTiO₃ 薄膜的影响

钛酸锶（SrTiO₃）是一种典型的钙钛矿，由于其具有优越的电学、铁电性、介电性和光学性质，在陶瓷、粉末、单晶和薄膜形式中得到了广泛的研究，这些性质被用于热电发电机设备、多陶瓷电容器、光调制器、存储器和显示器等。SrTiO₃ 结晶为立方结构（Pm3̄m），室温晶格参数为 0.3905nm，在 105K 时转变为四方结构。这种材料具有很高的介电常数（ε_r），室温时介电常数为 300，低温时为数千；在电子性质方面，它具有宽带隙（$E_g = 3.2\text{eV}$），可以通过在锶（Sr）位取代镧（La），在钛（Ti）位取代铌（Nb）或允许在 SrTiO₃ 单元格中形成氧空位来调整其电学性质（掺杂后从绝缘体变为金属或通过改变氧化学计量学）来轻松掺杂 N 型半导体。在薄膜形式下，SrTiO₃ 也具有显著的性能。由于其具有可调谐的电学性质，SrTiO₃ 薄膜可用作电阻随机存取存储器单元中的开关层。高应变 SrTiO₃ 薄膜提供铁电特性，允许使用这些薄膜制造铁电随机存取存储单元。非化学计量 SrTiO₃ 薄膜可作为 P 型半导体用于能量收集技术的热电发电机设备。SrTiO₃ 粉末表现出良好的催化和光催化性能。Youssef A H 等人，采用磁控溅射技术在导电多晶 Pt/Al₂O₃/SiO₂/Si（100）衬底和绝缘单晶 MgO（100）衬底上沉积 SrTiO₃ 薄膜，并重点讨论了负离子轰击的影响及限制这些再溅射效应。

在导电多晶衬底的情况下，作为底部电极，使用了由 100nm 铂在 5nm 厚 Al_2O_3 薄膜上组成的双层结构。在较高厚度（>70nm）时，Al_2O_3 作为黏附层避免 Pt 剥落。在处理基材的抛光表面时，用丙酮、乙醇和异丙醇超声清洗 Pt/Al_2O_3/SiO_2/Si（100）和 MgO（100）底材，用去离子水冲洗，然后用氮气干燥。在 MTI 公司的可编程管式炉中，在 80m^3/min 的氧气流量下，在不同温度下对基底进行退火，以在沉积前获得具有原子平面和光滑表面的明确形貌，此外，在 MgO 衬底上进行了特定的表面处理，在 700℃ 到 1000℃ 对衬底进行退火，以实现 MgO（100）衬底的单一化学终止的原子平面。使用的溅射工具是一个计算机控制的桌面沉积系统（SPT310 Plasmionique Inc.），溅射室最初被抽真空到压力为 $0.133×10^{-3}$。$SrTiO_3$ 薄膜在 25~800℃ 的衬底温度下沉积。溅射介质为 Ar 和 O_2 的混合物 $[PO_2 = O_2/(Ar + O_2) = 0~100\%]$，沉积压力在 0.8 ~ 6.5Pa 范围内进行工艺优化。上游 PID（比例-积分-导数）控制器对不同流速的溅射气体在整个沉积过程中保持恒定压力，所有样品都使用表 7-13 中所列条件进行沉积。

表 7-13 RF 溅射 $SrTiO_3$ 薄膜的沉积参数

基底	Pt/Al_2O_3/SiO_2/Si 和 MgO
目标	$SrTiO_3$ 陶瓷
射频功率	10~60W
目标基板间距	11cm
溅射介质	Ar 及 O_2 混合物
溅射压力	0.8~6.5Pa
衬底的温度	25~800℃
溅射前持续时间	15min
溅射时间	120~180min

利用掠入射 X 射线衍射（PANalytical，X'Pert Pro）对沉积态 $SrTiO_3$ 薄膜的晶体结构进行了表征；利用单色 Al Kα 源（1486.6eV），用 X 射线光电子能谱（XPS，VG Escalab 220iXL）测定了沉积态 $SrTiO_3$ 薄膜中锶（Sr）、钛（Ti）和氧的原子浓度。所有高分辨率光谱均在恒定通能（20eV）下采集。结合能标度用纯金标准样品校准，Au $4f_{7/2}$ 的结合能为 84eV，用 CasaXPS 处理软件分析光谱。

用原子力显微镜（AFM）研究了 Pt/Al_2O_3/SiO_2/Si（100）和 MgO（100）两种退火基板的表面形貌。从图 7-119a 中可以看出，接收到的铂基板表面形貌是由均匀分布的圆形小颗粒组成，这种形貌类型不适合沉积功能薄膜，因为均方根粗糙度（rms）相对较高（超过 1μm × 1μm 面积）。退火处理对铂表面的影响导致了较大的板状晶粒的形成。rms 在 550℃、650℃ 和 700℃ 退火时分别为 0.9nm、0.8nm 和 1.1nm。在 550~700℃ 的退火温度范围内，晶粒尺寸变化不大。然而，在 650℃ 的退火温度下，衬底表面最光滑（0.8nm）。

同时分析了 MgO 底物的质量，以监测储存后残留底物杂质的存在，并用原子平面步骤验证表面的完整性。MgO（100）基板在不同温度下清洗和退火，以提供合适的表面，

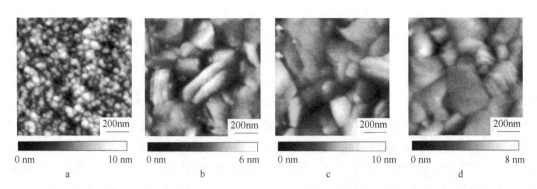

图 7-119 Pt/Al$_2$O$_3$/SiO$_2$/Si（100）和 MgO（100）两种退火基板的表面形貌

a—Pt/Al$_2$O$_3$/SiO$_2$（100）的 1μm×1μm AFM 形貌；b—550℃退火；c—650℃退火；d—700℃退火

允许 SrTiO$_3$ 薄膜的生长过程。图 7-120a～e 示出了不同退火温度下 MgO 衬底的表面形貌。从接收到的 MgO 基板获得的 AFM 映射图像显示，平均均数粗糙度约为 0.35nm，没有任何特定的表面特征（图 7-120a）。退火过程导致了 MgO 衬底表面形貌的演变。在 700℃和 800℃退火的衬底显示了原子阶地的存在，它们被分解成许多岛（图 7-120b 和 c）。当退火温度升高到 900℃时，较小的岛开始与邻近的岛合并，形成仍有空洞的阶地（图 7-120d）。在 1000℃退火时，小岛屿消失，形成阶梯高度为 0.41nm 的阶梯（图 7-120e 和 f），这对应于 MgO 单元格的（100）晶格参数。从 MgO 基底的形态分析可以明显看出，退火处理适合于获得具有清晰阶梯形线的原子平面和邻近表面，均方根粗糙度约为 0.15nm。

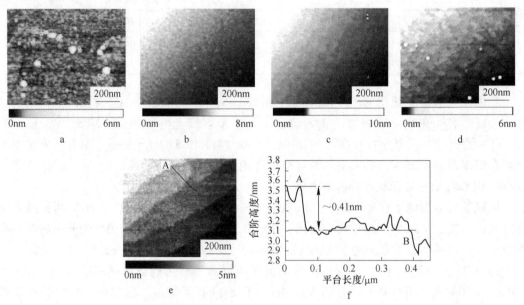

图 7-120 退火基材表面形貌

a—MgO（100）的 1μm × 1μm AFM 图像；b—700℃；c—800℃；d—900℃；e—1000℃下接收和退火 MgO（100）衬底；
f—沿标记线（A-B）对应的高度剖面

之后还利用电压功率特性，研究了 $SrTiO_3$ 沿目标轴中心的蚀刻。从图 7-121 可以看出，$SrTiO_3$ 的电压随 RF 功率的变化在 10W 到 25W 之间呈斜率变化，在较高的 RF 功率下，曲线保持不变。与 Al_2O_3 和 $Hf_{0.5}Zr_{0.5}O_2$ 靶材相比，在 $BaTiO_3$ 靶材中观察到相同的行为，其中电压随功率单调增加，只有很小的斜率变化。在低 RF 功率下，Al_2O_3 和 $Hf_{0.5}Zr_{0.5}O_3$ 的沉积过程中均未观察到再溅射或基底蚀刻。

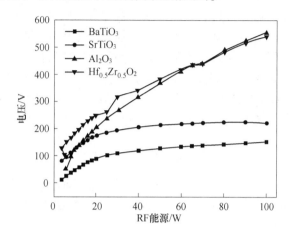

图 7-121　$SrTiO_3$、$BaTiO_3$、$Hf_{0.5}Zr_{0.5}O_2$ 和 Al_2O_3 靶材下薄膜沉积过程的功率电压特性

$SrTiO_3$ 陶瓷靶的上轴 RF 磁控溅射发生再溅射，极大地改变了沉积的化学计量学（微观效应），甚至引发了基底蚀刻（宏观效应）。这是由负离子（O^-）在目标表面上沿其轴向衬底加速的产生。为了实现 $SrTiO_3$ 薄膜在轴向中心的沉积，必须优化射频功率和压力，以降低这些阴离子的能量和平均自由路径，从而将对沉积的有害影响限制到最低限度。

7.3　离子镀膜的应用

离子镀膜按照镀膜方式分为溅射镀膜和离子镀。离子溅射镀膜是基于离子溅射效应的一种镀膜方式，适用于合金膜和化合物膜的镀制。离子镀是在真空蒸发镀和溅射镀膜的基础上发展起来的一种镀膜新技术，将各种气体以放电方式引入到气相沉积领域，整个气相沉积过程都是在等离子体中进行的。离子镀大大提高了膜层粒子能量，可以获得更优异性能的膜层，扩大了"薄膜"的应用领域，是一项发展迅速、受人青睐的新技术。

7.3.1　使用圆柱形靶进行低温光学涂层的不平衡磁控溅射

7.3.1.1　背景

在光电设备中使用大面积光学涂层是很有必要的。大多数光学涂层是通过交替堆叠具有高和低折射率的薄膜而制得的。二氧化钛（TiO_2）薄膜由于其高折射率和在宽光谱范围内出色的透明度而成为许多光学涂层中最广泛使用的薄膜之一。然而，我们应该注意，这些薄膜的光学性质取决于 TiO_2 薄膜的晶体结构。有两种类型的晶体结构被称为锐钛矿和金红石。尽管真空沉积技术有了广泛的发展，但锐钛矿相仍保留在薄膜中。在这种薄膜中，经常出现空气水分渗透和折射率降低的问题。因此，研究制备具有金红石结构和高密度非晶基质的 TiO$_2$ 薄膜的最佳技术。

7.3.1.2　设备及技术原理

图 7-122 示出了与圆柱形靶一起使用的 UBM 溅射设备的示意图，通过使用等离子喷涂技术将源材料安装在不锈钢管上，制造长度 500mm、直径 34mm 和厚度 2mm 的氧化钛靶。在目标管道中建立了永磁体，在 800 高斯左右检测到目标表面周围的磁场强度分布。对于具有固定目标的常规磁控溅射装置，侵蚀面积增大，使目标利用效率高达 30%。另一方面，由于圆柱形靶以恒定速度旋转，因此利用效率高达 95%。尽管目标厚度较小，但由于该技术的出色效率，寿命足够长。为了设计磁场分布，在目标的两侧安装了两个额外的磁体，从而产生了均匀的磁场。实验采用双极直流供电方式，施加电压和电流的波形如图 7-123 所示，施加半个周期的正电位，吸引中和靶的电子，减轻电弧放电。另一方面，施加负电位以吸引离子并引起溅射。施加电压的占空比定义为占空比

$$占空比 = \frac{T - t_p}{T} \times 100\%$$

式中，T 是循环周期，它是脉冲 DC 电源频率的倒数；t_p 是正电位的脉冲宽度周期。TiO$_2$ 薄膜沉积在 Si 衬底上，并使用 J. A. Woollam M–2000UI 光谱椭偏仪表征了它们的光学性能。

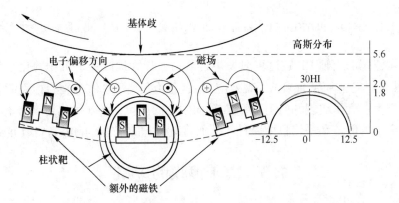

图 7-122　UBM 溅射设置与圆柱靶设置相结合的示意图

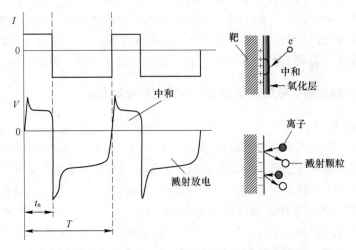

图 7-123　双极脉冲直流电源波形示意图及功能说明

7.3.2 铜和氧化锌溅射涂层对细菌纤维素的表面改性，具有抗紫外线/抗静电/抗菌特性

7.3.2.1 研究内容

使用直流（DC）磁控溅射和射频（RF）反应溅射涂层技术，通过铜和氧化锌纳米颗粒连续修饰细菌纤维素的表面。目标材料铜和锌纯度为 99.99%，并在氩（Ar）气体存在下使用，而锌纳米颗粒在氧气存在下溅射以制备氧化锌纳米颗粒。所制备的细菌纤维素/铜/氧化锌纳米复合材料具有良好的抗紫外线、抗静电和抗菌特性。

7.3.2.2 材料及实验

高纯度（99.99%）的目标铜和锌、葡萄糖，甘露醇，肉毒杆菌肽和氢化钠生产细菌纤维素（BC）。抗菌测试的材料有大豆肽，胰蛋白，酵母提取物和琼脂。氯化钠、氯化钾、磷酸氢二钾和无水三水磷酸氢钠。

通过将醋酸木杆菌与（0.6% 葡萄糖，0.8% 肉毒杆菌肽，2.5% 酵母）hestlin 和 Schramm（HS）培养基溶解在蒸馏水中的静态孵育生长方法制备细菌纤维素（BC）。该过程在 30℃ 下进行 6~7 天，以获得细菌纤维素的最终薄膜。然后在 80℃ 下用 0.1mol/L 氢氧化钠（NaOH）冲洗 BC 膜 4h，以得到具备形态更加清晰的 BC。最后，将所有 BC 膜用蒸馏水冲洗。合成 BC 制备的溶液在第一天是透明的橙色，但是随着时间的流逝，它变得浑浊。到第 6 天显示 BC 膜逐渐形成，这是一种白色凝胶形式的细菌纤维素膜。烧瓶表面的气泡形成说明了细菌纤维素的纤维结构，该纤维结构在培养物中逐渐紧密地相互联系。由于氧气的减少，细菌纤维素的形成变得缓慢。然后，在相同的细菌纤维素膜上开始了新的 BC 原纤维层，最终达到图 7-124a、b 中呈现的均匀且紧凑的结构。

如图 7-125 所示，在 DC 和 RF 磁控溅射涂覆（JPG-450）方法的帮助下，表面细菌纤维素被铜和氧化锌纳米颗粒官能化。将纳米颗粒沉积在细菌纤维素表面上的程序如下：通过细菌纤维素表面的 80mm 距离将高纯度（99.99%）铜靶固定在阴极端上。Ar（纯度：99.99%）气体的压力在室中保持 8.0×10^{-4} Pa。通过面板控制，Ar 气体稳定在 20mL/min。将基板移动速度设置为 90r/min，以通过 DC 磁控溅射涂层实现铜纳米颗粒在细菌纤维素上的平滑沉积，并将涂层时间设置为 60min。类似地，通过 RF 磁控溅射涂覆方法放置纯（99.99%）锌靶以获得 BC/Cu 衬底上的氧化锌纳米颗粒层。在溅射之前通过插入气体将容器抽真空，并将压力固定在 1.0Pa。Ar 和氧气的流量分别保持 55mL/min 和 5mL/min，并使用 100W 电源进行溅射过程，涂覆时间设置为 30min。两种（DC，RF）工艺中的涂层仅在细菌纤维素的一侧完成。溅射涂层后，从腔室中取出细菌纤维素，铜和氧化锌的最终纳米复合材料，以测量其物理和化学特性。

利用 X 射线光电子能谱（XPS），X 射线衍射（XRD）和能量色散 X 射线光谱（EDS）技术检查了纳米复合材料的表面形貌和化学成分，制备的细菌纤维素/铜/氧化锌纳米复合材料具有优异的抗紫外线性（T. UVA %：0.16 ± 0.02，T. UVB %：0.07 ± 0.01，紫外线防护因子（UPF）：1850.33 ± 2.12），抗静电行为（S. H. P：51.50 ± 4.10，即 V：349.33 ± 6.02）和抗菌行为（大肠杆菌：98.45%，金黄色葡萄球菌：98.11%）。

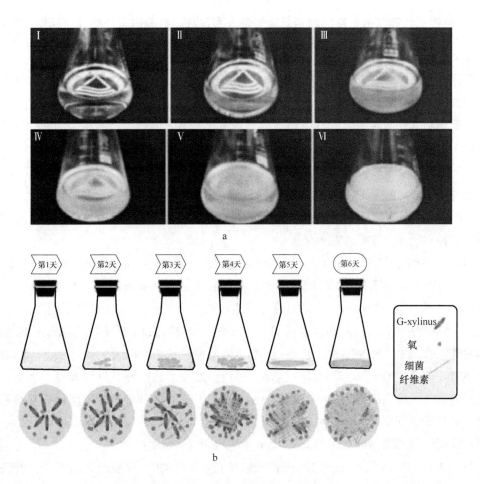

图7-124 纯细菌纤维素的合成

a—六天的照相表现（a：Ⅰ，b：Ⅱ，c：Ⅲ，d：Ⅳ，e：Ⅴ，f：Ⅵ）的细菌纤维素培养；b—纯细菌纤维素培养的示意图

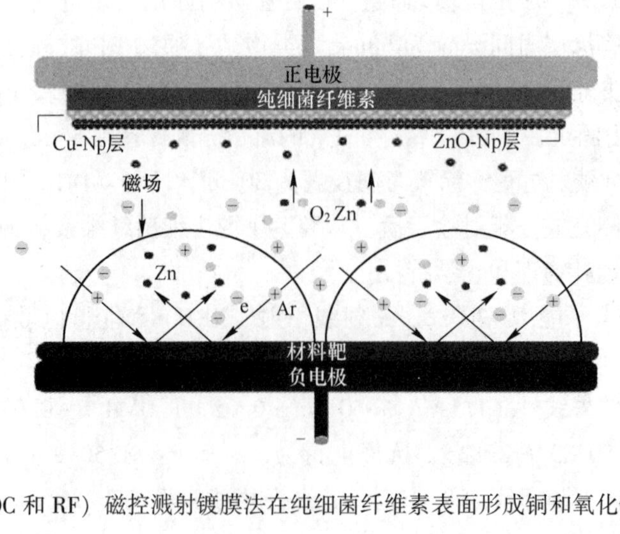

图7-125 通过（DC 和 RF）磁控溅射镀膜法在纯细菌纤维素表面形成铜和氧化锌纳米颗粒的过程

7.3.3 基于磁控溅射镀覆技术的 CrCN 涂层摩擦学性能研究

7.3.3.1 研究目的

采用磁控溅射离子镀技术，通过改变石墨靶电流沉积不同碳含量的 CrCN 涂层，使涂层中的石墨有降低涂层摩擦系数的作用。

7.3.3.2 实验步骤

使用反应性不平衡磁控溅射沉积技术使用两个彼此相对放置的 Cr（99.5%）靶和两个石墨（99.95%）靶在高速钢和单晶硅衬底上制造 CrCN 涂层。将基板放置在从腔室轴线旋转且旋转速度固定为 5r/min 的基板保持器上。通过使用高纯度氩气（99.99%）交替溅射石墨和 Cr 靶并同时将 N_2（99.995%）引入室中，获得 CrCN 涂层。氩气流量由质量流量计控制，而反应的氮气由内置的闭环光学发射监测器（OEM）控制，方法是在 60% 处调节 Cr^+ 与 OEM 设置的所有沉积。对于 CrCN 涂层，两个 Cr 靶电流为 1.5A，石墨靶电流分别为 0.3A、0.6A、0.9A、1.2A 和 1.5A。对于 CrN 涂层，两个 Cr 靶电流为 1.5A，两个石墨靶被铝挡板屏蔽。使用 GCr15 钢球作为滑动对应物，使用销盘摩擦计评估摩擦系数。滑动速度为 22cm/s，负载固定为 2N。计算特定的磨损率，并观察了磨损痕迹的特征。通过 HVS-1000 数字显微硬度计测试了高速钢基材上涂层的复合显微硬度值，其中在维氏压头上的载荷为 50g，加载时间为 10s，然后根据经验模型计算涂层的实际显微硬度值，使用带有 CuKa 阳极的 XRD 衍射仪分析涂层的相组成，使用通过轴超（UK）获得的 XPS 光谱和单色 Al Kα 表征化学和键合状态。光谱仪中的真空度为 1.33×10^{-7}Pa。相对于吸附在样品表面上的 284.8eV 处的 C 1s 烃峰校准了比色能。使用 AFM 观察涂层的表面形态，并通过 TEM 观察涂层的截面。

7.3.3.3 薄膜表征

表 7-14 显示了分别通过 SEM 和 XPS 测量的具有不同石墨目标电流的涂层的碳含量和厚度。可以看出，碳含量和涂层厚度随着石墨靶电流的增加而增加。材料的性能主要与其相组成和微观结构有关。对于通过磁控溅射制备的 CrN 涂层，很容易形成由 Cr_2N 和 CrN 组成的两相混合物，并且很难形成单相 CrN 涂层。在图 7-126 中，最高衍射峰位于 43.2，正好在 Cr_2N 和 CrN 的最高峰的中间。因此，认为涂层由 Cr_2N 和 CrN 两相混合物组成。

表 7-14 不同石墨目标电流的涂层的碳含量和厚度

样品	1	2	3	4	5	6
石墨靶电流/A	0	0.3	0.6	0.9	1.2	1.5
碳含量（原子分数）/%	0	4.72	26.98	27.13	30.89	46.43
涂层厚度/μm	1.15	1.20	1.64	2.05	2.24	2.50

图 7-127 显示了 CrCN 涂层的 AFM 照片。当 I_C = 0A 时，即用于 CrN 涂层时，表面晶粒呈鹅卵石状堆叠，并且晶粒尺寸约为 0.2mm。当 I_C = 0.3A 时，表面形貌保持不变，但晶粒尺寸明显减小，仅约 0.1mm。然而，当 I_C = 0.9A 和 I_C = 1.5A 时，没有可见的颗粒，这表明涂层的表面已经非常光滑。这是因为掺杂的碳元素在涂层中形成更多的成核中心，并干扰 CrN 的正常晶体生长，从而限制了 CrN 晶粒的过度生长。因此，随着碳靶电流的增加，CrCN 涂层的晶粒尺寸变小，表面变得更加光滑，这有助于降低摩擦系数并增加硬度。

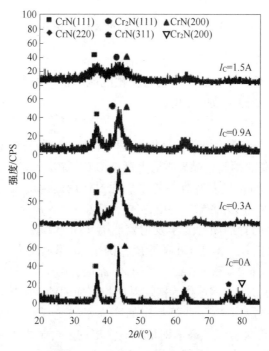

图 7-126　CrCN 涂层的 XRD 光谱

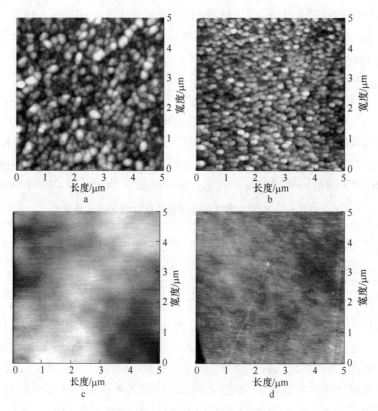

图 7-127　涂层的二维 AFM 照片

a—$I_C = 0A$；b—$I_C = 0.3A$；c—$I_C = 0.9A$；d—$I_C = 1.5A$

图 7-128 分别显示了 CrCN 涂层的截面 TEM 图像和选定区域电子衍射（SAED）图案。当 $I_C = 0A$ 时，即对于 CrN 涂层，TEM 图像显示出致密的柱状结构，SAED 图案显示出明显的晶体特征。当 $I_C = 0.3A$（即少量碳掺杂）时，涂层的柱状晶粒尺寸显著减小，SAED 图案显示同心环，衍射环显著变宽，表明非晶特征。当 $I_C = 1.5A$，即更多的碳掺杂时，涂层显示出明显的多层结构，并且可以确定多层结构的周期性厚度约为 2nm，同时 SAED 图案表明涂层主要以非晶状态存在。所有这些结果与 XRD 分析结果非常吻合。

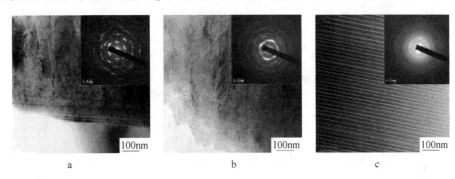

图 7-128 CrCN 涂层的 TEM 图像和衍射图

a—$I_C = 0A$；b—$I_C = 0.3A$；c—$I_C = 1.5A$

在 CrCN 涂层（$I_C = 0.9A$）中表现出化学结构和键合状态的 XPS 扫描光谱如图 7-129 所示，检测 Cr、C、N 和少量 O 的主要信号。由于首先用 Ar+ 离子轰击基板 30min，因此可以合理地得出结论，O 的信号不是来自表面污染，而被认为固有地存在于胶片中。除主要信号外，还检测到 Ar 信号。在沉积的涂层中，作为不可避免的杂质离子进入 CrCN 涂层中，因为它被选择为 XPS 分析的辉光放电气体或轰击离子，但是低信号强度对 Ar 的含量的照射较少。

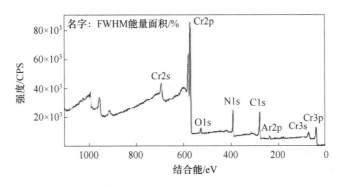

图 7-129 CrCN 涂层的 XPS 光谱（$I_C = 1.5A$）

涂层中碳元素的存在形式对 CrCN 涂层的摩擦系数起着重要作用。本书用 XPS 对 CrCN 涂层进行了分析。C1s 精细光谱在图 7-130 中示出，主要的 C1s 组分位于 284eV 的结合能，而肩部位于 283eV 的较低结合能。284eV 和 283eV 处的峰是 C—C 和 C—Cr 键的特征。由于涂层具有一些 O 元素，因此可能存在 C—O 键。通过高斯拟合，可以计算出 C—C 键合比约为 67.9%，用相同的方法分析其他涂层，C—C 键合比如表 7-15 所示。这表明

C—C 键的比例随着涂层中碳含量的增加而增加。

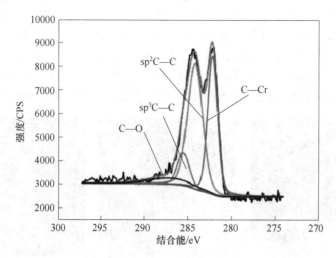

图 7-130　C 1s 精细光谱的进一步高斯拟合（$I_C = 0.9A$）

表 7-15　CrCN 涂层中的 C—C 键比例

CrCN 涂层	在涂层中 C—C 键的比例/%
$I_C = 0.3A$	63.7
$I_C = 0.6A$	59.1
$I_C = 0.9A$	67.9
$I_C = 1.2A$	72.0
$I_C = 1.5A$	80.0

7.3.4　磁控溅射离子镀沉积 AlSn 薄膜的微观结构和摩擦学性能研究

7.3.4.1　背景

英国的 Glacier 公司使用刷镀方法制备了 Sn 和 Co 涂层，其精细的疲劳和耐磨性优于目前使用的涂层。日本大同金属工业研究所开发了一种新材料，即 $PbSn_5In_7$ 镀层。他们发现，当锡含量达到 5% 时，显微硬度和拉伸强度达到最大，而当锡和铟含量分别小于 3% 和 4% 时，涂层的耐腐蚀性明显较差。此外，当锡和铟同时添加时，耐腐蚀性优于单独添加的两种元素。根据乏力强度和抗刻痕性能相结合的原理，T&N 公司采用了磁控溅射技术开发 $AlSn_{40}$ 涂层。奥地利的 Miba 公司采用磁控溅射，将涂层成分从 $PbSn_{18}Cu_2$ 改进为具有良好的硬组分和软组分晶体学特性的 $AlSn_{20}$。这些获得的涂层具有高耐磨性和高乏力强度和载荷。根据轴承材料的一般要求，这些 AlSn 涂层是硬质基体中均匀的软夹杂物。然而，据报道，AlSn 涂层具有柱状晶体结构，并且是通过用 Al, Sn 和 Cu 靶进行磁控溅射形成的。一旦出现裂纹，它将很容易扩展，最终导致故障。在此基础上，本书通过磁控溅射制备了等轴晶粒 AlSn 涂层。在这项研究中，主要研究了涂层的微观结构和摩擦学性能。

7.3.4.2　实验

如图 7-131 所示，通过磁控溅射系统获得 AlSn 复合膜。沿真空室分布四个靶，两个

Al（纯度：99.99%）、一个 Sn（纯度：99.99%）和一个 Cu（纯度：99.99%）。使用 P 型 Si（100）晶片和 $AlZn_{4.5}Mg$ 合金（$\phi40mm \times 5mm$）作为衬底，并进行镜面抛光。在沉积前，用丙酮超声清洁基底 15min，并且在 500W 的功率下通过在氩气中的辉光清洁目标 10min，以从目标表面去除污染物。在 $3 \times 10^{-3}Pa$ 的真空下沉积涂层。通过氩放电溅射用-400V 偏置电压清洁衬底约 25min。工作压力设定为 0.45Pa。Sn 目标电流分别为 0.19mA、0.21mA、0.23mA 和 0.25mA。偏置电压为 -120V。沉积 120min 后，膜厚度为 2.6μm、2.8μm、3.1μm 和 3.3μm。使用具有 Cu kalpha X 射线的 XRD-7000S X 射线衍射（XRD）衍射仪来分析涂层相组成。使用 JSM-6700F 扫描电子显微镜（SEM）研究涂层的表面和横截面形态。通过 TEM 观察涂层的高分辨率图像（分辨率：0.17nm，300kV JEOL JEM-3010）。通过 SPI3800-SPA-400 观察涂层的 3D 形状。通过 UMT TribolLAB 多功能摩擦磨损试验机测试了摩擦学性能，滑动速度为 200mm/s，载荷固定为 0.245251V。

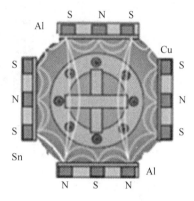

图 7-131   真空室示意图

7.3.4.3   结果分析

A   薄膜的微观结构

图 7-132 为 AlSn 涂层的表面形态。从图 7-132 中观察到的 AlSn 涂层，当 $I_{Sn} = 0A$，即纯 Al 涂层时，涂层中一些孔的结构是松散的。当 I_{Sn} 范围从 0.19A 变化到 0.25A 时，AlSn 涂层呈现致密结构。如图 7-132b~e 所示，在 AlSn 涂层的表面上发现了涂层中的一些团聚颗粒。

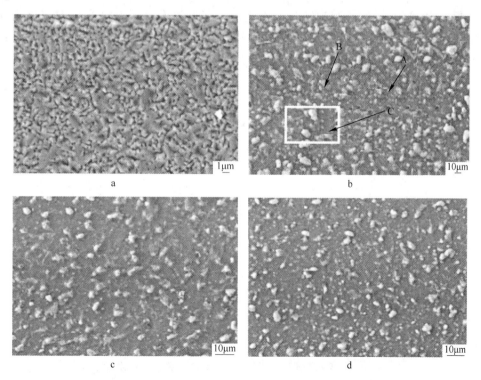

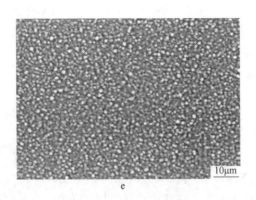

图 7-132 AlSn 涂层在不同 Sn 目标电流下的表面形貌
a—0A；b—0.19A；c—0.21A；d—0.23A；e—0.25A

通过磁控溅射在不同 Sn 靶电流下成功制备了 AlSn 涂层。在这项研究中研究了微观结构和摩擦学性能。纯 Al 涂层显示出致密的柱状结构。当 Sn 元素混合到 Al 涂层中时，它们从结晶状态转变为非晶态。随着 Sn 目标电流的增加，晶粒尺寸逐渐减小。与 Al 涂层相比，AlSn 涂层具有较低的摩擦系数和优异的耐磨性。具有 Sn 相的 AlSn 涂层可以在摩擦后的表面上形成转移膜，从而降低了摩擦系数和体积磨损率。当 I_{Sn} 为 0.25A 时，硬度为 $40HV_{0.025}$，AlSn 涂层的最低摩擦系数为 0.15。

B AlSn 薄膜的摩擦学特性

AlSn 涂层的摩擦系数如图 7-133 所示，它们随着 Sn 目标电流的增加而减小。图 7-133 中，当 I_{Sn} = 0A 时，摩擦系数稳定在大约 0.45，并且当 I_{Sn} = 0.25A 时，摩擦系数最小，仅约 0.15。这一发现是由于随着 Sn 水平的增加，摩擦系数降低。在固体摩擦条件下，Sn 转化到涂层表面并形成保护膜。

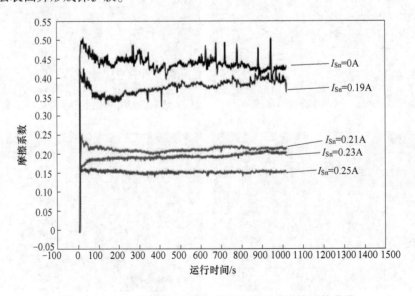

图 7-133 AlSn 涂层在不同 Sn 目标电流下的摩擦系数曲线

7.3.5　磁控溅射离子镀多层硬质涂层的性能

7.3.5.1　研究内容

使用封闭场磁控溅射离子镀生产了一种新的 CrTiAlN 涂层和单独的 Ti，Al 和 Cr 金属靶。使用 M42 高速钢试样，（30×30×3.0）mm 不锈钢（316）和 6.35mm 直径高速钢麻花钻作为基材。涂层的结构如下：富含 Cr 的金属黏合剂层；Ti 和 Al 含量增加的整体式 CrN 氮化物柱状层；最后，纳米级 CrTiAlN 多层。优化了多层中 Cr，Ti 和 Al 的组成比，并使用具有反馈控制的光发射监测器控制了氮量，以产生化学计量的 CrTiAlN（金属/N 约为 50：50）。在 600℃ 和 900℃ 的空气中热处理一些 As 涂层样品，然后使用 XRD、GDOES 和 TEM 研究涂层组成和结构，特别参考热处理的效果。研究了涂层的硬度，附着力和磨损性能，并比较了涂层和热处理样品的性能。

7.3.5.2　性能分析

热处理后 CrTiAlN 涂层的硬度，附着力和磨损关系如表 7-16 所示。

表 7-16　涂层工具钢的性能与热处理的关系

参数	熔覆态	在 600℃ 空气中加热	在 900℃ 空气中加热
基体硬度（HRC）	65	62	49
涂层厚度/μm	约 4.5	约 4.5	约 4.5
涂层硬度/GPa	30.0	29.5	28.0
黏附力 L_C/N	>60	约 30	约 30
涂层磨损	无		

如表 7-16 所示，对厚度、硬度、附着力和磨损性能进行了研究。没有观察到厚度的变化，表明涂层在高达 900℃ 的温度下保持稳定。涂层的硬度测量结果分别给出了在 600℃ 下加热和在 900℃ 下加热的样品的约 30.0GPa，29.5GPa 和 28.0GPa，这意味着在高达 900℃ 的温度下涂层硬度几乎没有变化。在 600℃ 和 900℃ 加热后，涂层试样的划痕临界负荷 L_c 高于 60N 而无任何碎裂，涂层的划痕临界负荷 L_c 约为 30N。结合图 7-134 可以看出，在任何情况下都没有可测量的磨损，表明涂层具有出色的耐磨性，并且在 900℃ 的空气中加热后保持了该性能。在 900℃ 下加热样品的情况下，WC 球在涂层表面上的滑动导致摩擦轨迹下方的基材的局部变形，并且涂层跟随变形而没有分层。最大的变形区域位

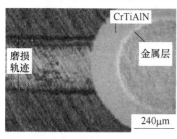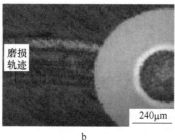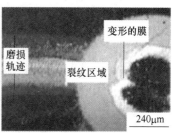

图 7-134　在 5mm 直径 WC 球上负载为 30N 的圆盘上对涂层的磨损

a—熔膜状；b—在 600℃ 空气中加热 3h 后的状态；c—在 900℃ 空气中加热 3h 后的状态

于摩擦轨道的中间。摩擦轨道上的球坑的锥形截面在涂层的顶面上显示出轨道中部的裂纹区。裂纹在裂纹区域中的扩展受滑球的应力和沿顶面形成的共形屈曲裂纹的引导。尽管如此，涂层仍牢固地结合到变形的基材上，并保持了出色的磨损性能。

表7-17是CrTiAlN涂层钻头的切割测试结果，以及在相同条件的同类型的市售锡涂层钻头的测试结果。在将固体润滑剂涂层（TCL MoST）添加到涂有CrTiAlN的钻头的顶部之后，钻头的性能进一步提高，达到350孔附近。在这种水基冷却剂切割环境下，CrTiAlN涂层钻头的寿命似乎是类似商用镀锡钻头的两倍。在干切削条件下，CrTiAlN涂层的钻头应提供比TiN涂层的钻头更好的性能，因为TiN在高温下会氧化并失去其耐磨性能和硬度，而CrTiAlN将保持其热性能和力学性能。

表 7-17　涂层高速钢麻花钻的加速钻孔试验

钻头类型	EN9 工作件材料的大致硬度（HV）	钻孔数量
没有涂层	153	<1
商业 TiN	153	104
CrTiAlN	153	106
CrTiAlN	153	132
CrTiAlN	147	174
CrTiAlN	153	183
CrTiAlN+MoST	153	205
CrTiAlN+MoST	147	226
CrTiAlN+MoST	147	288
CrTiAlN+MoST	144	345

XRD分析如图7-135所示。CrTiAlN涂层表现出与fcc CrN相似的晶体衍射（晶格常数 $a = 0.414nm$），但晶格参数为 $a = 0.418nm$。与其他峰相比，（111）峰具有相对较高的强度，表明 {111} 优选取向，并且在空气中在高达900℃的温度下加热3h后，该图案仍保持不变。TEM表现出良好的性能。

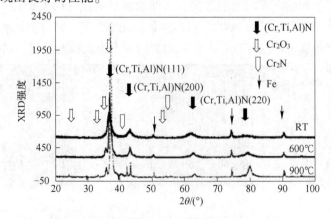

图 7-135　As 涂层和热处理样品的 XRD 图谱

7.3.6 组合溅射镀膜技术控制碲化铋薄膜的 P 型和 N 型热电性能

7.3.6.1 研究内容

通过使用组合溅射涂层系统（COSCOS）合成了 P 型和 N 型碲化铋薄膜。通过控制溅射涂覆过程中射频（RF）功率的涂覆条件，改变了薄膜的晶体结构和晶体优选取向。

7.3.6.2 实验

用于涂覆的实验装置如图 7-136 所示。在涂覆过程之前，用丙酮超声清洁基材 15min。使用具有氩气（超过 99.999% 纯度）的 Bi_2Te_3（直径 50mm，厚度 4mm，纯度 99.99%）的溅射靶进行溅射涂覆。Ar 的工作压力为 0.4Pa。靶和样品之间的距离固定为 55mm。预溅射时间为 15min，涂层的厚度为 800nm，这是通过常规晶体厚度监测器监测的。作为涂层参数，RF 功率从 40 到 120W 变化。使用 XRD 光谱仪观察了碲化铋涂层的晶体结构。通过能量色散 X 射线光电子能谱 测量涂膜的材料组成和结合能。还通过原子力显微镜测量了涂层的表面形态。使用常规测量系统测量塞贝克系数和电导率的面内 TE 特性。用于 TE 特性测量的样品设置的示意图如图 7-137 所示，在加热炉中用螺钉用镍块垂直固定包括涂有碲化铋膜的石英基底的测试样品的两端。将样品加热到特定温度，然后保持在该温度。下部镍块也由该块中的加热器加热，以提供温度梯度。塞贝克系数是通过使用压制在样品侧面的热电偶测量温度梯度和热电动势而获得的。电阻是使用同一系统通过直流四端法测量的。此外，通过在小于 0.02Pa 的真空下在 298K 评估涂膜的面外热导率。

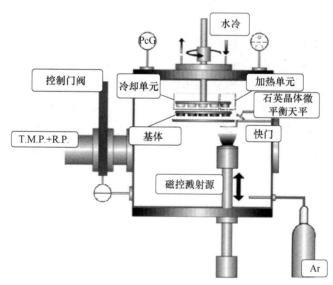

图 7-136　涂覆的实验装置

7.3.7 沉积条件对离子束溅射镀膜技术沉积 Ta_2O_5 薄膜性能的影响

7.3.7.1 研究内容

研究了沉积条件对无辅助离子束（单离子束溅射技术，SIBS）和辅助离子束（双离子束溅射技术，DIBS）沉积的五氧化钽（Ta_2O_5）薄膜的结构，光学和表面性能的影响。对

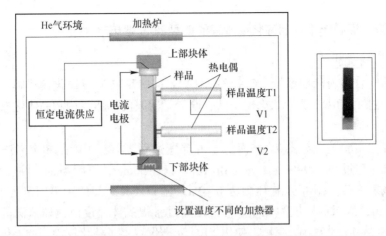

图 7-137　TE 特性测量的样品设置的示意图

于 SIBS 和 DIBS，采用相同的涂层工艺条件将 Ta_2O_5 膜沉积到高度抛光和清洁的熔融石英基材上。在相同的束能量和涂层室条件下估算 Ta_2O_5 的沉积速率。研究了 O_2 辅助光束对沉积薄膜的结构，光学和表面特性的影响。薄膜采用椭偏仪，光学轮廓仪，XRD，FE-SEM 和 XPS 技术进行表征。在本工作中进行了用于氧化物靶双离子束溅射的涂层室中离子源和靶的配置，对于用于电光学仪器（例如基于环形激光的旋转传感器）的高反射率反射镜的多层涂层很有用。

7.3.7.2　表征

A　薄膜的 X 射线衍射（XRD）

在室温下，用 Cu Kα 辐射（40kV×25mA）和石墨单色仪在布拉格-布伦塔诺几何（D8 Advanced，Bruker）中记录了样品的 X 射线衍射（XRD），以确认其结构。通过将 2θ 位置（d 间距）与标准报告模式进行比较，对峰值进行索引。这些图案表明，观察到的衍射轮廓属于 Ta_2O_5 薄膜，如图 7-138 所示，该薄膜是非晶态的。根据 JCPDS（卡号 71-0639）数据，结晶 Ta_2O_5 在 2θ = 22.85°、28.27°、36.66°、37.06°、46.68°、55.40°、58.40° 和 63.60° 处应具有显著的峰。

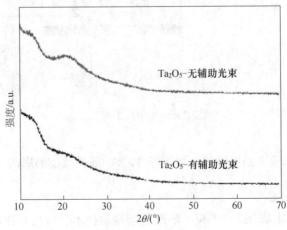

图 7-138　Ta_2O_5 薄膜的衍射峰

B　X 射线光电子能谱（XPS）

将获得的数据与纯 Ta_2O_5 的 XPS 峰位置进行比较，其中分别在 26.2eV 处包含 Ta 4f 峰位置，在 530.5eV 处包含 O 1s 峰位置。图 7-139 和图 7-140 示出了在没有二次离子源的情况下沉积的 Ta_2O_5 膜的 Ta 4f 和 O-1s 光电子光谱。显示了沉积的 Ta_2O_5 膜的峰位置。XPS 数据分析 IBS 沉积的 Ta_2O_5 膜的 Ta 4f 峰位置，Ta 4f 和 O 1s 峰的面积比显示出与纯 Ta_2O_5 薄膜的化学计量接近。图 7-141 和图 7-142 显示出了用双离子束溅射镀膜法沉积的 Ta_2O_5 膜的 Ta 4f 和 O 1s 光电子光谱。表 7-18 显示了 Ta_2O_5 膜的峰位置。XPS 数据分析 DIBS 沉积的 Ta_2O_5 薄膜的 Ta 4f 峰位置和 Ta 4f 和 O 1s 峰的面积比显示出与纯 Ta_2O_5 薄膜的化学计量接近。与 SIBS 沉积膜相比，由于 Ar 和 O_2 的气体流量分别为 3：22，DIBS 沉积膜具有良好的化学计量。

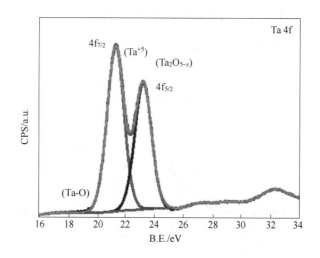

图 7-139　XPS Ta-4f 通过无辅助离子束沉积的 Ta_2O_5 薄膜的峰

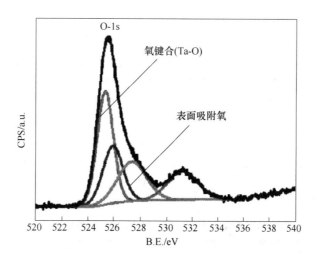

图 7-140　无辅助离子束沉积 Ta_2O_5 薄膜的 XPS O-1s 峰

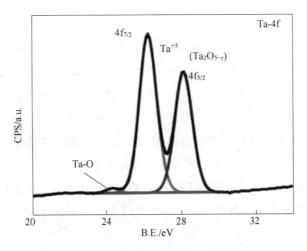

图 7-141　双离子束涂层沉积 Ta_2O_5 薄膜的 XPS

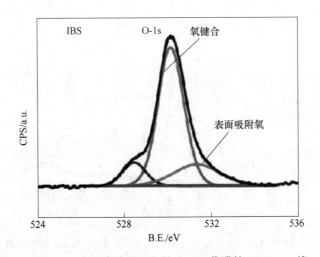

图 7-142　双离子束涂层沉积的 Ta_2O_5 薄膜的 XPS O-1s 峰

具有单离子束溅射涂层的 Ta_2O_5 薄膜的 XPS 峰，见表 7-18。

表 7-18　具有单离子束溅射涂层的 Ta_2O_5 薄膜的 XPS 峰

XPS 峰	SIBS 涂层 Ta_2O_5 膜/eV
O 1s	525.98
Ta $4f_{7/2}$	21.31
Ta $4f_{5/2}$	23.21

双离子束溅射镀膜的 Ta_2O_5 薄膜的 XPS 峰，见表 7-19。

表 7-19　双离子束溅射镀膜的 Ta_2O_5 薄膜的 XPS 峰

XPS 峰	DIBS 涂层 Ta_2O_5 膜/eV
O 1s	530.2

XPS峰	DIBS 涂层 Ta$_2$O$_5$ 膜/eV
Ta 4f$_{7/2}$	26.26
Ta 4f$_{5/2}$	28.16

C　场发射扫描电子显微镜（FESEM）

Ta$_2$O$_5$膜的EDX如图7-143和图7-144所示。EDX分析的结果表明，样品中存在元素Ta和O。从EDX图中观察到，在样品或光谱中没有发现其他元素或杂质。

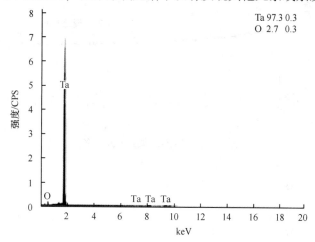

图7-143　没有辅助离子束的Ta$_2$O$_5$薄膜的EDX图像

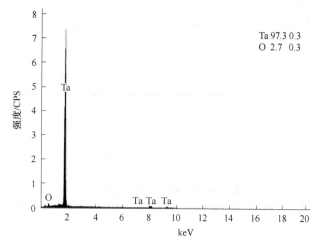

图7-144　具有主离子束和辅助离子束的Ta$_2$O$_5$膜的EDX图像

D　薄膜的光学常数

钽薄膜的折射率数据如图7-145所示。薄膜的消光系数数据如图7-146所示。测量的薄膜参数列于表7-20。从分析中发现，没有辅助光束制备的薄膜的折射率和消光系数的值高于有辅助光束制备的薄膜。目前的分析表明，与SIBS涂层方法相比，使用DIBS涂层方

法可获得较低的 k 值。来自次级离子源的额外氧气有助于减少形成介电钽薄膜的氧气不足，从而降低了 Ta_2O_5 薄膜的消光系数。

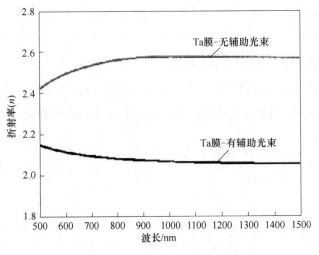

图 7-145　Ta_2O_5 薄膜的折射率

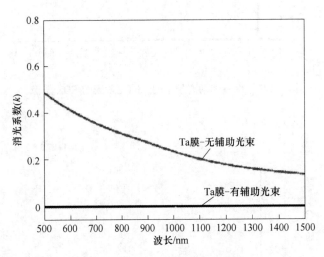

图 7-146　Ta_2O_5 薄膜的消光系数

表 7-20　Ta_2O_5 薄膜的光学性质

材料	表面性能	
	R_a/nm	R_q/nm
熔融石英基体	0.280	0.353
$(Ta_2O_5)_{无辅助光束}$	0.426	0.523
$(Ta_2O_5)_{有辅助光束}$	0.296	0.365

E   薄膜的表面粗糙度

表面粗糙度图像如图 7-147 所示，相应的值列于表 7-21 中。图 7-148 和图 7-149 分别显示了没有辅助光束和带有辅助光束的沉积膜的表面粗糙度图像。发现通过辅助光束改善了表面特性，从而提高了表面光滑度，降低了表面散射。与没有辅助离子束的膜相比，沉积有附加辅助离子束的膜表现出较低的表面粗糙度。在沉积过程中，辅助离子束保持在基板上，有助于膜材料的重新分布，从而降低了表面粗糙度。在离子束溅射过程中涂有辅助离子源的薄膜更加光滑，并有助于实现较低的表面散射损耗。

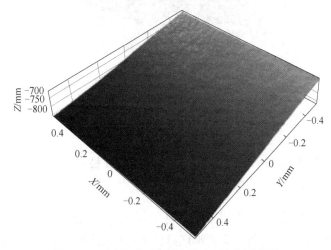

图 7-147   裸熔融石英衬底的表面粗糙度图像

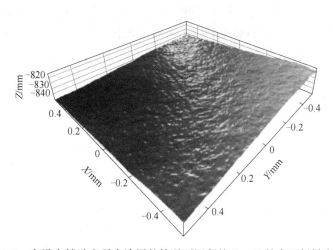

图 7-148   在没有辅助离子束涂层的情况下沉积的 Ta_2O_5 的表面粗糙度图像

表 7-21   沉积的钽薄膜的表面粗糙度值

膜	光学常数	
	n	k
$(Ta_2O_5)_{无辅助光束}$	2.511	0.3945
$(Ta_2O_5)_{有辅助光束}$	2.110	0.0003

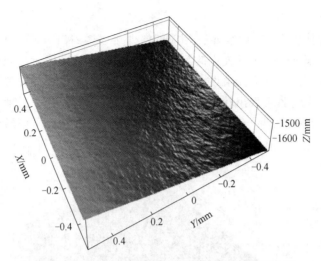

图 7-149　双离子束涂层沉积 Ta_2O_5 的表面粗糙度图像

7.3.8　电弧离子镀沉积 AlTiN 涂层的微观结构和耐腐蚀性

7.3.8.1　背景

电弧离子镀沉积的涂层具有高密度和强附着力，然而，由于从阴极发射的微金属液滴而形成的诸如夹杂物和空隙之类的宏观缺陷降低了涂层的耐腐蚀性。在许多应用中，由于 Cl⁻ 在促进局部腐蚀方面的强大作用，涂层部件经常暴露于侵蚀性的工作环境中，例如，含有 Cl⁻ 的腐蚀性介质，特别是在海洋区域。因此，在将涂层应用于工业之前，研究涂层的耐腐蚀性非常重要。因而本研究中利用电弧离子镀技术制备了一种新型 AlTiN 涂层，该涂层含有约 29.13% Al、16.02% Ti 和 54.85% N（原子分数）。详细研究了涂层的微观结构，力学性能和耐腐蚀性。

7.3.8.2　技术手段

通过电弧离子镀将 AlTiN 涂层沉积在一块高速钢（HSS）上（见图 7-150）。将直径为 2cm 的基材用 2000 目的 SiC 纸研磨，然后镜面抛光至 $R_a < 0.05\mu m$。连续在丙酮、乙醇和去离子水中超声波清洗后，干燥基底并将其固定在真空室中与目标相距 120mm 的旋转基底支架上。为了提高膜的均匀性，以 10r/min 的速度旋转基板保持器。通过两个机械泵和一个分子泵将室排空至至少 594Pa，然后将衬底加热至 400℃。以纯度为 99.99% 的元素 Ti 和 Al 为目标。在沉积 AlTiN 涂层之前，在 −700V 负偏置电压下通过 Ar 离子轰击清洗基底 10min，这将去除污染物并增强膜和基底之间的黏合强度。Ti 靶的电流为 50～100A。之后，偏置电压降低到 60V 以沉积 Ti 夹层。此过程持续了约 10min。然后提供 N_2，并打开 Al 目标。表 7-22 列出了通过电弧离子镀技术制备的 AlTiN 涂层的详细沉积参数。

表 7-22　电弧离子镀技术沉积 AlTiN 涂层的参数

参　数	值
基础压强/Pa	5×10^{-4}
工作压强/Pa	2

续表 7-22

参　数	值
偏移电压/V	-60
Ar 气流动/mL·min^{-1}	50~100
N$_2$ 气流动/mL·min^{-1}	300~400
沉积温度/℃	400
沉积时间/min	90
Ti 靶电弧电流/A	50~100
Al 靶电弧电流/A	50~100
基材与靶之间的距离/mm	120

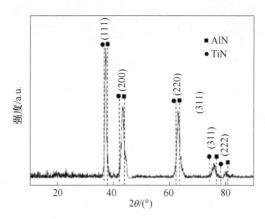

图 7-150　电弧离子镀技术沉积 AlTiN 涂层的 XRD 图谱

电弧离子镀技术沉积 AlTiN 涂层的表面形貌，见图 7-151。

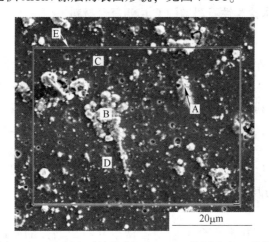

图 7-151　电弧离子镀技术沉积 AlTiN 涂层的表面形貌

　　如图 7-152 所示，在深灰色表面上有一些白色颗粒和针孔。白色颗粒是由液滴产生的大颗粒，液滴从 Al 靶或 Ti 靶中的弧点发出并在到达基板之前固化。沉积后，宏观颗粒在环境温度下收缩。AlTiN 涂层的横截面形态如图 7-152 所示，可以看出，AlTiN 涂层与基材之间存在一层非常薄的 Ti，这对提高黏合强度起重要作用。AlTiN 涂层是致密的，厚度约为 $3.0\mu m$。

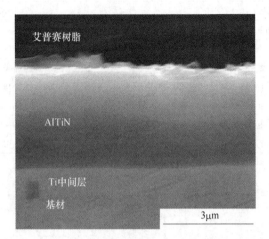

图 7-152　电弧离子镀技术沉积 AlTiN 涂层的截面形貌

分析涂层的力学性能，AlTiN 涂层的硬度和有效模量（E^*）分别约为 33.94GPa 和 486.1GPa，由于元素 Al 的固溶硬化，从而降低了涂层的晶格常数使涂层硬度高，同时 AlTiN 涂层的黏合强度约为 39.7N。

在电化学分析实验中，AlTiN 涂层的腐蚀电流密度低于基材的腐蚀电流密度，同时，AlTiN 涂层的绝对阻抗远大于基材的绝对阻抗，AlTiN 涂层的电荷转移电阻 R_{ct} 约为 $1.22\times10^4 cm^2$，其远大于基底的电荷转移电阻 R_{ct}（$2633cm^2$），这些都表明 AlTiN 涂层对基材具有优异的耐腐蚀性。

7.3.9　多弧离子镀技术钛改性石墨增强 Cu-Ni 复合材料

片状石墨粉（纯度 98.5%）的制作工艺为：

多弧离子镀工艺：在多弧离子镀工艺之前，用 NaOH 溶液对片状石墨粉进行预处理，以擦去石墨的杂质。使用多弧离子镀系统，将原始石墨粉置于真空室底部的旋转载体中，粉末均匀覆盖于载体，粉末的厚度约为 2mm。旋转载体的形状是板状的提拉器，并以一致的圆周运动运动。此外，载体底部的微型振动器可确保石墨粉均匀滚动。在电镀过程中，同时使用四个 Ti 靶材。99.997% 纯钛目标的直径和厚度分别是 100mm 和 40mm。分布在腔室两侧的 4 个目标可以确保对腔室的整个区域进行电镀，并通过多弧离子镀工艺激励对 Ti 离子进行电镀。在电镀过程中，石墨旋转并与载体一起滚动，以从激励离子中获得均匀的 Ti 涂层。

粉末冶金工艺：采用粉末冶金工艺制备钛改性石墨增强的 Cu-Ni 复合材料步骤：首先，所有粉末以 200r/min 的速度球磨 15h。其次，混合粉末在 600MPa 下冷压实 3min。第三，在真空烧结炉中在 1123K 下烧结 1h。然后，再压实保持在 600MPa 下 3min。最后，样品在真空烧结炉中在 1073K 下再烧结 0.5h。

钛改性石墨增强 Cu-Ni 复合材料的改性机理及示意图（见图 7-153）。

（1）首先，在烧结前，钛涂层沉积在石墨表面，以及通过多弧离子镀工艺原位生成

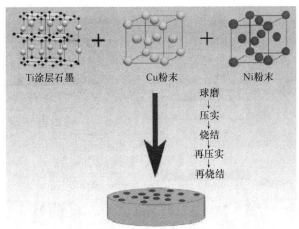

Ti涂层石墨 + Cu粉末 + Ni粉末

球磨
↓
压实
↓
烧结
↓
再压实
↓
再烧结

Ti改性石墨增强Cu-Ni复合材料

图 7-153　钛改性石墨增强 Cu-Ni 复合材料的制备示意图

TiC 颗粒。然后，将钛涂层的石墨和金属粉末烧结以进行复合。

（2）在初始烧结时，它仅在表面产生一种 TiC 陶瓷，因为 TiC 陶瓷是 TiC 化合物最稳定的产品。通过充分的多弧离子镀和烧结工艺，钛和碳元素有足够的反应能量形成 TiC，而没有任何其他不充分的反应。因此，没有其他 Ti-C 化合物在石墨涂层和复合材料的界面处生成。涂层中的钛原子与石墨中的 C 原子迅速反应，并且钛涂层会产生大量的 TiC，只有几个钛原子在钛涂层的前沿扩散到基体中。

（3）通过进一步的烧结过程，TiC 层最终在石墨的表面上形成。在以前的多弧离子镀过程中原位生成的分散的 TiC 纳米颗粒也溶解在 TiC 层中，而 TiC 层可以防止 C 原子的相互扩散。这就是为什么未改性复合材料中 C 颗粒的扩散长度比钛改性复合材料长的原因。在这种情况下，涂层上的全部残余钛扩散到基体中。铜的原子半径为 0.128nm，钛的原子半径为 0.145nm，因此，钛原子作为取代固溶体扩散到基体前沿的 α-Cu 晶格中。通过扩散过程，由铜，镍，钛和碳原子组成的交易层在界面处生成。与 Ti-C 化合物相比，Ti-Cu 化合物需要更高的吉布斯自由能。因为在界面处形成 TiC 层，相互扩散受到 TiC 层的限制。尽管已在界面处检测到 Cu，Ni，Ti，C 元素，并且这四种元素由过渡层组成，但过渡层处的 Ti，Ni 和 C 元素含量太少，无法生成反应。Ti-C 或 Ti-Cu 化合物。扩散元素可以通过溶液强化使基质受益。Ni 和 Ti 元素作为替代固溶体扩散到 α-Cu 晶格中，C 元素作为间隙固溶体扩散到 α-Cu 晶格中。这些元素在界面处的溶液强化中起着至关重要的作用，并进一步提高了力学性能（见图 7-154）。

（4）最后，石墨表面的钛涂层已与 C 原子完全反应并扩散到基体中。通过钛的改性，复合材料的界面由 TiC 和过渡层以及基体组成，也是钛的固溶强化。

7.3.10　过滤阴极电弧离子镀沉积 TiAlN/Cu 纳米复合涂层

7.3.10.1　涂层沉积

使用由 TiAl 合金靶和插入其中的不同数量的 ϕ2mm 纯 Cu 棒组成的镶嵌靶以控制涂层中掺入的 Cu 含量，使用镜面抛光高速钢（HSS，20mm× 20mm×3mm）作为涂层的基材。

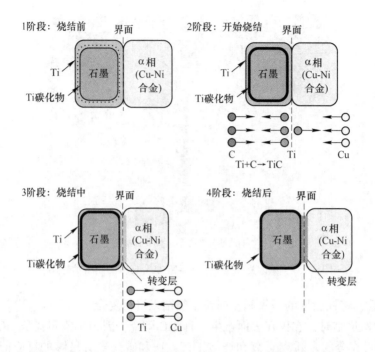

图 7-154 钛改性石墨增强 Cu-Ni 复合材料的改性机理示意图

在沉积之前，将室排空至 $4×10^{-3}$ Pa 的基础压力。沉积参数总结在表 7-23 中。在沉积过程中，基板保持器保持在 26r/min 的转速下旋转。没有施加额外的加热，并且检测到沉积温度低于 70℃。涂层的厚度控制在约 1.2μm。

表 7-23 TiAlN/Cu 涂层的沉积参数

步骤	基体偏移/V	工作压强/Pa	持续时间/min
离子轰击	−1000	0.3（Ar）	5
缓冲层 1	−600	0.3（Ar）	3
缓冲层 2	−200	0.3（Ar）	3
TiAlN/Cu 涂层	−200	0.4（N₂）	90

注：电弧电流：90A；脉冲偏置电压的占空比和频率：30%以及50kHz；磁滤电流：8.5A。

7.3.10.2 涂层表征

A XPS 与 XRD

图 7-155 XPS 图中 Cu 2p 的峰值为 Cu $2p_{1/2}$ 为 952eV，对属于纯金属 Cu 的 Cu $2p_{3/2}$ 为 932eV。这意味着添加剂 Cu 为晶体，而不是溶解在 TiAlN 基质中。在图 7-156 XRD 图中，TiAlN 和 TiAlN/Cu 涂层呈现 B1 NaCl 结构，纯 TiAlN 涂层表现出强（111）的择优取向。作为向 TiAlN 涂层中添加 Cu 的结果，（111）峰的强度急剧降低，而（200）和（220）峰的强度缓慢增加。晶体取向的变化表明，少量的 Cu 会显著改变 TiAlN/Cu 涂层的结构，而 TiAlN/Cu 涂层往往由取向更随机的晶粒组成。

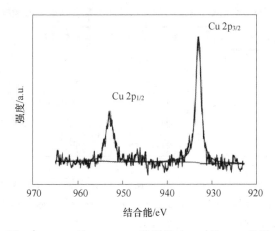

图 7-155 Cu 的 TiAlN/Cu 涂层的 Cu 2p 的 XPS 光谱

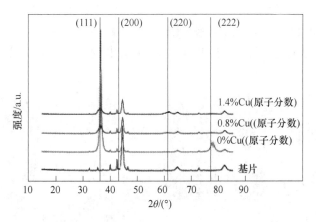

图 7-156 TiAlN 和 TiAlN/Cu 涂层的典型 X 射线衍射图

B 力学性能和摩擦学性能

TiAlN/Cu 涂层的力学性能，黏合强度和摩擦系数见图 7-157。如表 7-24 所示，添加到 TiAlN 涂层中的少量 Cu 导致硬度逐渐降低，其从纯 TiAlN 的 30.7GPa 单调下降到 TiAlN/Cu 的 28.5GPa。同时，从 382.1GPa 到 321.9GPa，相应的弹性模量以相同的趋势变化。

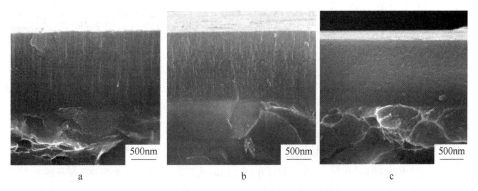

图 7-157 TiAlN 和 TiAlN/Cu 涂层的横截面形态
a—TiAlN；b—TiAlN/0.8% Cu（原子分数）；c—TiAlN/1.4% Cu（原子分数）

表 7-24　TiAlN/Cu 涂层的力学性能，黏合强度和摩擦系数

Cu 含量（原子分数）/%	黏合强度/GPa	弹性模量/GPa	划痕测试 L_c/N	洛氏硬度测试	摩擦系数
0	30.7±0.4	382.1±9.1	79.3±1.9	HRB	0.35
0.4	29.3±0.4	347.4±6.3	69.7±1.3	HRB	0.75
0.8	29.3±0.3	338.2±4.6	66.3±0.9	HRB	0.27
1.1	28.7±0.3	323.3±6.4	62.7±2.8	HRB	0.75
1.4	28.5±0.3	321.9±5.5	60.7±3.4	HRB	0.41

　　涂层的摩擦系数以不规则的方式变化。0.8% Cu（原子分数）的 TiAlN/Cu 涂层显示出最低的摩擦系数 0.27，而 0.4% 和 1.1% Cu（原子分数）的 TiAlN/Cu 涂层给出最高的 0.75 值。摩擦系数与 Cu 含量之间的相关性尚不十分清楚。

　　C　形态和微观结构

　　TiAlN 和 TiAlN/Cu 涂层都显示出致密的结构。涂层中 Cu 含量的增加导致晶粒尺寸下降，其从纯 TiAlN 的直径约 45nm 逐渐减小到含 0.8% Cu 的 TiAlN/Cu 的约 30nm。图 7-158 的选定区域电子衍射图表明，由于 TiAlN/Cu 涂层中的 Cu 掺杂，该图从斑点环变为连续环。

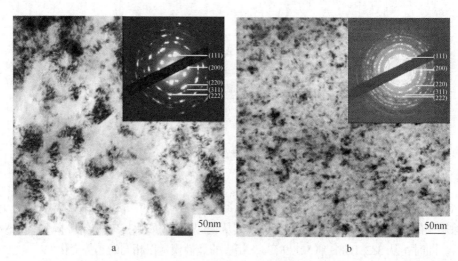

图 7-158　TiAlN 和 TiAlN/Cu 涂层的平面视图（显微照片）
a—TiAlN；b—TiAlN/0.8% Cu（原子分数）

　　结合 XRD 和 SEM 结果，可以得出结论，随着 Cu 含量的增加，TiAlN/Cu 涂层倾向于由更小且更随机取向的晶粒组成。在 SAED 模式中均未观察到 Cu 和富铜相。这与 XRD 表征的结果一致。

　　D　黏合强度

　　如图 7-159 所示，TiAlN 涂层显示出更好的黏合强度，因为与 TiAlN/Cu 涂层相比，其屈曲裂纹发生在更高的载荷下。图 7-160 的 Rockwell-C 黏附测试表明涂层均显示出足够的黏合强度，并且未检测到压痕边缘的分层。然而，随着涂层中 Cu 的增加，在 TiAlN/Cu 涂层中也会形成相同的屈曲裂纹，其中 0.8%，1.1% 和 1.4% Cu 由于塑料堆积和凹痕引起的

压应力。缩进边界周围的裂纹随着 Cu 添加量的增加而增加，并且 1.4% Cu（原子分数）的 TiAlN/Cu 涂层显示出最高的裂纹密度。

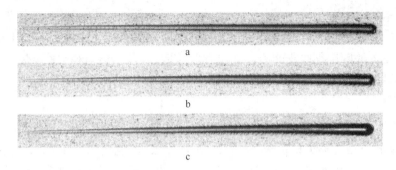

图 7-159　TiAlN 和 TiAlN/Cu 涂层的划痕轨迹
a—TiAlN；b—TiAlN/0.8% Cu（原子分数）；c—TiAlN/1.4% Cu（原子分数）

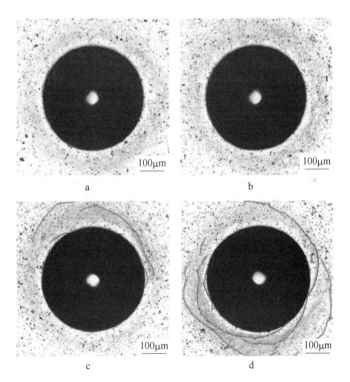

图 7-160　通过 Rockwell-C 测试一下对 TiAlN 和 TiAlN/Cu 涂层产生的压痕
a—TiAlN；b—TiAlN/0.4% Cu（原子分数）；c—TiAlN/0.8% Cu（原子分数）；d—TiAlN/1.4% Cu（原子分数）

7.3.11　通过多弧离子镀制备的超坚固耐腐蚀 NiCrN 疏水涂层

7.3.11.1　背景

开发用于不同应用的坚固，抗腐蚀和疏水涂层是当下的需要，但也仍然是一个巨大的挑战。在这项研究中，通过多弧离子镀在不同沉积温度下制备了 NiCrN 疏水涂层。选择氮化物作为基材是基于它们的高强度，硬度和耐磨性。系统分析了不同沉积温度对形貌，润湿性和腐蚀性能的影响。随着沉积温度从 150℃ 升高到 450℃，涂层的表面形态从简单的微结构变为微纳结构。在空气储存期间，润湿性从亲水性变为疏水性，接触角高达 143.7°。在 450℃ 下沉积的样品是超稳定的，并且即使在 10kPa 的压力下进行 100 次砂纸磨损测试后，接触角也保持在 134.4°。值得注意的是，当暴露在空气中时，磨损后涂层的润湿性显示出自我修复能力。在电化学实验中，与不锈钢相比，在 450℃ 下制备的 NiCrN 涂层显示出优异的防腐性能。因此，本工作可以作为大规模生产坚固疏水涂层的新方法。

7.3.11.2　涂层制备

使用六阴极真空电弧沉积系统将 NiCrN 涂层沉积到不锈钢和硅片（111）上。对不锈钢进行机械抛光以获得镜面状态。分别在丙酮、醇和去离子水中进行超声清洗后，将基板放置在旋转样品架上，并在 1.6Pa Ar 压力和 −850V 偏置电压下通过辉光放电清洗所有基板 20min。通过烧结比例为 60：40 的纯 99.99% 的镍和铬制备的三个靶垂直地安装在室的壁上。使用氩气（99.99% 纯度）和氮气（99.99% 纯度）作为工作气体。Cr-CrN 梯度中间层在 NiCrN 涂层之前沉积，以提高附着力。表 7-25 通过使用多弧离子镀（MAIP）列出了详细的 NiCrN 涂层沉积参数。

表 7-25　使用 MAIP 沉积 NiCrN 涂层的工艺参数

基体	沉积温度	偏移	工作压强	样品旋转	Ar 气通量	N_2 通量
不锈钢 Si 片	150℃，300℃，450℃	−80V	2.0Pa	2r/min	80m³/min	1000m³/min

7.3.12　钛合金上电弧离子镀 Ta-W 涂层制备的研究

将市售的 α+β 钛合金挤压棒（ϕ35mm，标称成分 Ti-6.48Al-0.99Mo-0.91Fe）切割成 ϕ35mm × 10mm 的块。抛光至 500 粒度，在碱液和蒸馏水中清洗，在丙酮中超声波清洗并在冷空气中干燥后，将样品装入电弧离子镀设备中，使用 Ta-10W 圆筒靶的直径为 100mm。AIP 装置的示意图如图 7-161 所示，在阴极电弧源中安装了一套水冷系统，以降低阴极温度。直径 80mm 且长度 80mm 的磁性过滤器固定在阴极的前面。磁性过滤器可以在不牺牲沉积速率的情况下减少液滴的数量。除磁性过滤器外，阴极电弧源的以下部分还有助于液滴控制：（1）降低阴极温度的水冷系统阴极；（2）阴极上的磁性线圈。100mm 磁性过滤器的出口与样品之间的距离。通过改变磁线圈的电流来改变磁场强度。在沉积前，将电弧离子镀室抽空至 5×10^{-3}Pa。然后，在高达 700V 的负偏压下，通过离子轰击进一步清洁样品表面 5~10min。基于先前的工作，尝试不同的电弧电流（200~450A）以获得稳定/连续的电弧。450A 电弧电流被发现在这项工作中是合适的。然后，在 150V 的负偏置电压和 450A 的电弧电流下进行 60min 的沉积。在清洗和沉积过程中，用高纯度氩气将室浸没至约 10^{-1}Pa。衬底的沉积温度在装配在电镀室中的加热管和安装在室周围和样品保持器下方（在沉积期间保持静止）的水冷系统的辅助下保持在 350~360℃。

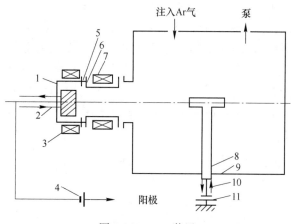

图 7-161　AIP 装置

1—电弧阴极；2，10—水冷装置；3，7—磁性线圈；4，11—电源；5—绝缘体；6—磁过滤器；8—基板支架；9—真空室

7.3.13　电弧离子镀在不同偏置电压下的 TiSiCN 涂层的结构和性能

7.3.13.1　研究内容

采用电弧离子镀法，在不同偏置电压下制备 TiSiCN 涂层，采用多弧离子镀系统在 316L 钢上沉积 TiSiCN 涂层，所有涂层具有相同的总厚度约为 $1.6\mu m$。TiSiCN 涂层是在 N_2 和 C_2H_2 的恒定流量混合物下沉积的，但偏差不同。通过扫描电子显微镜，X 射线衍射，X 射线光电子能谱，纳米压痕和板上球磨损测试，对有关结构组成和性能的信息进行了表征。

7.3.13.2　涂层沉积

通过使用配备有 TiSi 靶（90% Ti，10% Si（质量分数）；纯度 99.99%，原子分数）在 C_2H_2、N_2 和 Ar 的气体混合物中，运用电弧离子镀技术，将 TiSiCN 涂层沉积到尺寸为 20mm × 30mm × 3mm 的 316L 钢上。分别在丙酮和酒精中超声清洁基材 10min。在沉积前，首先将腔室温度加热到 450℃，并将腔室压力泵送到 $7 × 10^{-5}MPa$。然后用氩离子分别以 -900V、-1000V 和 -1100V 的偏置电压蚀刻衬底 5min，以清洁表面。为了仅在 150V，200V 和 250V 的各种偏置电压下沉积 TiSiCN 涂层，我们始终将 N_2 流量保持为 $600m^3/min$，将 C_2H_2 流量保持为 $80m^3/min$。所有 TiSiCN 涂层的沉积时间保持为 1h。

7.3.13.3　设备及表征方式

通过场发射扫描电子显微镜（Hitachi S4800）和蔡司大室扫描电子显微镜（EV018）使用二次电子显微镜模式观察 TiSiCN 涂层的横截面图像和表面形态。通过 X 射线衍射（BrukerD8X-ray 装置）获得相结构，并具有 0.02°步长的 Cu Kα 辐射（λ = 0.154nm）。扫描角度为 20°~80°，每个样品扫描 12min。通过 X 射线光电子能谱（AXIS ultrald，Kratos）与 Al KαX 射线源获得 TiSiCN 涂层的化学结合。在 X 射线光电子能谱（XPS）实验前，将样品的表面蚀刻 5min。涂层的硬度（H）和弹性模量（E）通过由配备 Berkovich 压头的 MTS 纳米压头 G200 系统操作的连续刚度测量（CSM）模式进行。涂层的硬度和弹性模量选择在大约 1500nm 的深度，不受基材的影响。使用 CSM Revetest 研究了涂层与基材之间的附着力。使用 UMT-3MT 摩擦计（CETR，USA）来研究涂层的摩擦学性能。参数如下：

铣削材料为直径为 6mm 的 SiC 球，载荷为 5N，滑动长度为 5mm，频率为 5Hz，磨损测试周期持续 1h。涂层和轨道的成分由蔡司大腔室扫描电子显微镜（EV018）识别。使用 Alpha-Step IQ 轮廓仪测量磨损轨迹的粗糙度和轮廓。涂层的体积损失 V（mm^3）可以根据磨损轨迹的轮廓获得，磨损损失是根据以下公式计算的：$K = V/(F \times S)$。这里 K 是体积损失率，V 是磨损损失的体积，F 是法向负载（N），S 是滑动距离（m）。我们选择（HS-050D）以 2℃/min 的加热速率和 1℃/min 的冷却速率测试抗热休克性；温度范围为 80 ~ −20℃，湿度为 80%。

7.3.14　电弧离子镀 TiCrN 涂层的微观结构和性能

7.3.14.1　研究内容

TiCrN 涂层通过电弧离子镀沉积在高速钢基材上。通过 X 射线衍射分析了涂层的晶体结构。研究了施加到基板上的负偏压和氮流量对晶体结构的影响。使用扫描电子显微镜观察涂层的表面质量。涂层的硬度通过 XP 纳米压头测量。

7.3.14.2　实验

实验基材为高速钢 W18Cr4V，尺寸为 15mm×10mm×10mm，并手动研磨和抛光，直到其表面为镜面。在放入沉积室之前，对其进行严格的清洁和干燥。背景真空被泵送到 $3 \times 10^{-3}Pa$，然后氩气被充气。当在衬底上施加 1000V 的负偏压时，触发辉光放电以在 0.16Pa 的压力下深度清洁表面 3min。TiN 膜和 TiCrN 膜均以不同的偏差制作，以进行比较。详细的实验参数如表 7-26 所示。将沉积的膜冷却至室温后取出，以抑制膜内的内应力。通过 XP-2 轮廓仪测量膜的厚度。XP 纳米压头用于测试薄膜的硬度和弹性模量。通过岛津 SSX-550 扫描电子显微镜（SEM）观察表面形貌，并通过 X 射线衍射（XRD）对薄膜的微观结构进行了表征，其中使用 40kV 的加速电压产生了铜靶的 $K\alpha$ 射线。

表 7-26　详细沉积参数

序号	Cr 靶的电流 I/V	Ti 靶的电流 I/V	N₂ 流动 /m³·min⁻¹	沉积压力 /Pa	负偏移/V	基体旋转 /r·min⁻¹	沉积时间 /min
1		60A/20V	260	0.8	100		16
2		60A/20V	260	0.8	200		16
3		60A/20V	260	0.8	300		16
4		60A/20V	260	0.8	400		16
5		60A/20V	113	0.2	200		16
6		60A/20V	183	0.4	200		16
7		60A/20V	336	1.0	200		16
8	70A/25V	60A/20V	205	0.5	200	4	40
9	70A/25V	60A/20V	225	0.6	200	4	40
10	70A/25V	60A/20V	241	0.7	200	4	40
11	70A/25V	60A/20V	260	0.8	200	4	40
12	70A/25V	60A/20V	284	0.9	200	4	40
13	70A/25V	60A/20V	260	0.8	100	4	40
14	70A/25V	60A/20V	260	0.8	300	4	40

7.3.15 掺入氧对电弧离子镀沉积 AlCrSiON 涂层的微观结构和力学性能的影响

7.3.15.1 研究内容

通过电弧离子镀工艺在 $Ar\text{-}N_2\text{-}O_2$ 的混合物气氛中沉积具有 $0\sim48\%$ 氧气（原子分数），添加 AlCrSiON 涂层。研究了不同氧含量对 AlCrSiON 涂层的元素组成，微观结构，残余应力和力学性能的影响。

7.3.15.2 涂层沉积

通过电弧离子镀系统将 AlCrSiON 涂层沉积在抛光 WC-6Co（标称为 6% Co（原子分数））基材上，将所有基材超声清洁 10min，分别在表面活性剂和酒精浴中连续清洗，并吹干。Cr 靶（ϕ100mm，厚度 20mm，纯度 99.99%）和 Al55Cr25Si20 合金靶（ϕ100mm，厚度 20mm，纯度 99.5%）用于电弧离子镀。装置如图 7-162 所示，在沉积前，将两个靶预溅射 5min，以在达到 $5\times10^{-3}Pa$ 的基础压力后除去表面污染物。在沉积过程中，首先沉积 Cr 子层，以释放基材和 AlCrSiON 涂层之间的热膨胀系数不匹配。沉积在纯 Ar 气氛（纯度 99.999%）中，压力为 0.7Pa 进行。Cr 靶的衬底偏置和阴极电流分别固定在 $-800V$ 和 80A。随后，将衬底

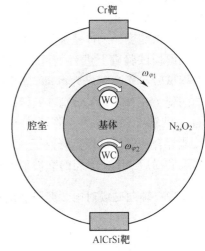

图 7-162 电弧离子镀系统示意图

偏压降低至 $-100V$，并且在具有 $300m^3/min$ 的气体（纯度 99.999%）流量的 1.2Pa 的 N_2 压力下沉积 CrN 过渡层。Cr 靶的阴极电流也保持在 80A。最后，使用阴极电流为 80A 的 AlCrSi 合金靶沉积 AlCrSiON 层。衬底偏压和工作压力分别保持在 $-100V$ 和 1.2Pa。沉积温度为 400℃，涂层的厚度控制在 $4\mu m$。除 N_2 气体外，还引入 O_2 气体（纯度 99.99%），并将流速比 $O_2/(O_2+N_2)$ 分别设定为 0%、2%、4%、8%、12% 和 18%。

7.3.16 负载量对阴极电弧离子镀 AlTiN 涂层高温摩擦磨损行为的影响

7.3.16.1 研究内容

通过阴极电弧离子镀（CAIP）在 YT14 切削工具上沉积了一层 AlTiN 涂层，并使用高温磨损测试仪研究了 AlTiN 涂层在 800℃ 温度下在不同载荷下的摩擦系数（COFs）。分别用扫描电子显微镜（SEM），能量色散光谱法（EDS）和 X 射线衍射（XRD）分析了磨损后涂层的磨损形貌，化学元素和相，并用材料表面性能综合测量测试仪研究了磨损轨迹的轮廓。分析了载荷对 AlTiN 涂层 COFs 和耐磨性的影响，并讨论了 AlTiN 涂层在高温下的磨损机理。

7.3.16.2 实验

采用 YT14 切削工具作为基体材料，其化学组成为：（质量分数,%）：WC 78、TiC 14、Co 8。在沉积之前，使用 80 目、120 目、200 目、600 目、800 目、1200 目网格砂纸和金相砂纸研磨样品，并在抛光机上抛光。然后，使用超声波振荡将样品在纯丙酮中清洗，并在纯乙醇中冲洗并干燥，然后沉积在 CAIP 涂层系统上。在沉积 AlTiN 涂层期间，采用纯度

为 99.99% 的工业 Ar 和 N₂ 气体作为工作气体。靶材由 Al 和 Ti 组成，纯度为 99.9999%；见图 7-163。CAIP 的工艺参数如下：偏置功率为 100V，目标电流为 70A，30% 的功率时间和脉冲信号的功率周期之比，1.2Pa 的气体压力，500℃ 的工作温度和 120min 的沉积时间。预处理后，用现场扫描电镜分析涂层的表面界面形貌，用原子力显微镜测量 AlTiN 涂层的表面粗糙度，采样范围为 90000nm ×90000nm。在高温磨损试验机上进行了 AlTiN 涂层的高温摩擦和磨损试验：摩擦模式为滑动，摩擦副为直径为 6mm 的陶瓷（Si_3N_4）球，载荷 5N、7N 和 9N，转速 500r/min，回转半径 5mm，工作温度 800℃。在材料表面

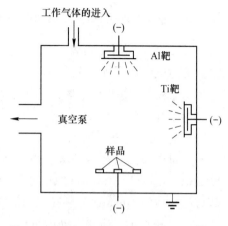

图 7-163　阴极电弧离子镀 AlTiN 涂层草图

性能综合测量测试仪上研究了 AlTiN 涂层的磨损轮廓。分别使用 SEM、EDS 和 XRD 观察高温磨损后 AlTiN 涂层的磨损形态。

7.3.17　轴向磁场对电弧离子镀沉积 CrN 薄膜的微观结构和力学性能的影响

7.3.17.1　研究内容

利用电弧离子镀将 CrN 膜沉积在高速钢基材上，研究轴向磁场对微观结构和力学性能的影响。通过 X 射线光电子能谱、X 射线衍射、扫描电子显微镜（SEM）、表面形貌分析仪、维氏显微硬度测试和划痕测试对薄膜的化学成分、微观结构、表面形貌、表面粗糙度、硬度和薄膜/基材附着力进行了表征。

7.3.17.2　分析讨论

A　化学成分

CrN 薄膜的化学成分，见表 7-27。

表 7-27　CrN 薄膜的化学成分

磁场强度/mT	Cr 含量（原子分数）/%	N 含量（原子分数）/%	N/Cr 原子比/%
0	71.2±0.1	28.8±0.1	0.404
5	69.1±0.1	30.9±0.1	0.447
10	62.0±0.1	38.0±0.1	0.613
20	55.2±0.1	44.8±0.1	0.812
30	53.5±0.1	46.5±0.1	0.869

B　薄膜厚度

图 7-164 中，随着磁通密度的增加，膜厚度先增加后减小。膜厚度从 0mT 时的 2.8μm 增加到 10 mT 时的 8.7μm，然后在 30mT 时减小到 7.6μm。

C　薄膜结构

图 7-165 显示了不同磁通密度下 CrN 薄膜的 X 射线衍射图。在没有外部磁场的情况下，它显示了可以分配为 hcp Cr_2N 相的衍射峰。在这种情况下，薄膜由 Cr_2N 相组成。当

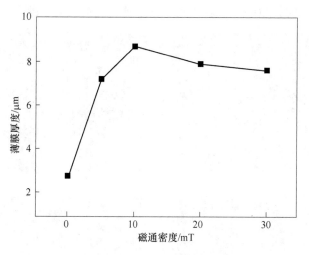

图 7-164 薄膜厚度与磁通密度的关系

磁通密度从 5mT 到 10mT 进一步增加时，CrN 的衍射峰强度逐渐增加。与相对衍射峰强度相比，薄膜主要由 Cr_2N 相组成，CrN 相很少。当磁通密度增加到较高值（20mT）时，薄膜主要由 CrN 相组成，Cr_2N 相很少，并且观察到 CrN 相在优先取向（220）下的衍射峰。在较高的磁通量密度（30mT）下，膜基本上由 CrN 相组成，其只有一个衍射峰（200），具有非常高的强度。在外磁场条件下，薄膜结构以这样的方式变化：CrN+ Cr_2N +Cr→CrN+ Cr→CrN。这种变化显然受到外部磁场的影响。电弧离子镀的特征是形成低温等离子体的高能和高离子化流。当磁通密度低（0 ~ 5 mT）时，氮气压力相对较高，但 Cr_2N 相比 CrN 相更容易形成。因此，薄膜主要由 Cr_2N 相和一些 Cr 相组成。当磁通密度足够高时，N 离子和 Cr 离子之间的反应就足够了，不再出现 Cr_2N 和 Cr 相，并且形成了 CrN 相。

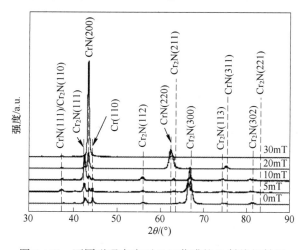

图 7-165 不同磁通密度下 CrN 薄膜的 X 射线衍射图

D 表面形貌和粗糙度

图 7-166 中，在没有磁场的情况下，在膜的表面上看到许多尺寸在 $0.1 \sim 12\mu m$ 范围内的大颗粒（MPs）。在低磁通密度（5mT）下，MPs 的数量略有减少。但是随着磁通量密度

的进一步增加，MPs 的数量随着膜表面上的少量溅射凹坑而显著减少。

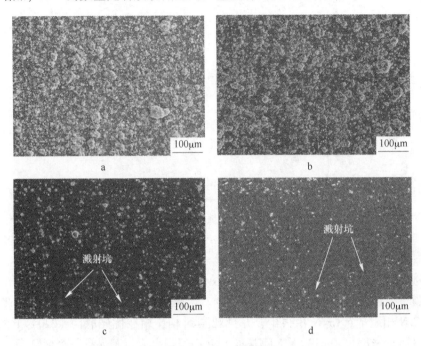

图 7-166 不同磁通密度下 CrN 薄膜的 SEM 形态

a—0mT；b—5mT；c—20mT；d—30mT

E 硬度

硬度与磁通密度的关系如图 7-167 所示。可以看出，硬度值在 0mT（无磁场）时加至 $2074HV_{0.025}$，在 10mT 时达到最大值 $2509HV_{0.025}$，进一步增加磁通量密度导致薄膜硬度降低。

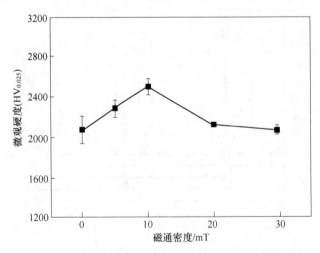

图 7-167 CrN 薄膜的显微硬度与磁通密度的关系

F 薄膜/基材附着力的临界载荷

在图 7-168 的临界负载曲线与磁通密度的函数关系图中，临界负载随磁通密度的增加而显著增加。在没有磁场的情况下，临界载荷仅 12N。但是，当使用低磁通密度（5mT）时，临界负载的值迅速增加到 25N，而在 30mT 的磁通密度下，获得最大值 39N，这种附着力增强与薄膜致密化有关。当施加外部轴向磁场时，电弧等离子体将很容易以增强的等离子体能量和密度聚焦。在这种情况下，薄膜将被来自聚焦等离子体的离子轰击压实。在没有磁场的情况下，薄膜表面上大量的 MPs 对于薄膜致密化将是不利的。但是随着磁通量密度的增加，薄膜表面的 MPs 数量会明显减少，这有利于薄膜致密化的增强。

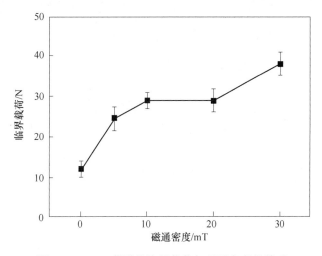

图 7-168　CrN 薄膜的临界载荷与磁通密度的关系

电子束材料加工及其应用

8 电子束加工

8.1 电子束加工及其设备

电子束加工技术最早起源于德国。第一台用于焊接的电子束加工设备于 1948 年由德国物理学家 Stetgerwald 制造。1949 年，德国首次利用电子束在厚度为 0.5mm 的不锈钢板上加工出直径为小于 0.2mm 的小孔。从而开辟了电子束在材料加工领域的新天地。1957 年法国原子能委员萨克莱核子研究中心研制成功世界上第一台用于生产的电子束焊接机，其优良的焊接质量引起人们广泛重视。20 世纪 60 年代初期，人们已经成功地将电子束打孔、铣切、焊接、镀膜和熔炼等工艺技术应用到各工业部门中，促进了尖端技术的发展。微电学的发展对集成电路元件的集成度要求不断提高，因而对光刻工艺提出了更高的要求，扫描电子束曝光机研制成功。经过几十年的发展，目前全世界已有几千台设备在核工业、航空宇航工业及重型机械等工业部门应用。世界上电子束加工技术较先进的国家是德国、日本、美国、中国以及法国等。

我国自 20 世纪 60 年代初期开始研究电子束加工工艺，经过多年的实践，在该领域取得了一定成果。大连理工大学三束材料改性教育部重点实验室，采用电子束对材料表面进行照射。研究其对材料表面的改性。郝胜志等以纯铝材为基础研究材料，深入研究不同参数的脉冲电子束轰击处理对试样显微结构和力学性能的影响规律，进而获得强流脉冲电子束表面改性的一些微观物理机制，通过载能电子与固体表面的相互作用过程，建立较为合理的实际加工中的物理模型，利用二维模型数值计算方法模拟计算试样中的动态温度场及应力场分布。吉林大学关庆丰教授带领的科研小组，对于强流脉冲电子束作用下金属材料微观组织结构的形成与性能进行研究。张万金教授对于采用电子束辐照对新型质子交换膜的合成及性能的影响进行了研究等。虽然我国对于电子束加工目前已在仪器仪表、微电子、航空航天和化纤工业中得到了很好的应用，电子束打孔、切槽、焊接、电子束曝光和电子束热处理等也都陆续进入生产，但从电子束加工技术现状及新的发展趋势可以看出，我国在该领域的研究与世界先进水平差距很大。我们在今后的发展上是要有很大的路要走，还有很多问题需要我们解决。

8.2 高能电子束表面处理的定义

电子束表面处理技术是一种选区域处理，其工作原理类似于激光表面加工。在真空环境中，从电子枪阴极表面发射电子束利用磁场聚焦后直接轰击待处理的工件表面，瞬间的能量转换和沉积使"表面层"温度急剧升高，而短时间内，基体仍然保持常温态，电子束结束照射加热区域的热量迅速向基体扩散，表面层的温度急剧下降，从而表面得到一般冷却速度下无法得到的化合物，如形成新的亚稳定相、过饱和固熔体、微晶等，主要包括电子束表面淬火（电子束相变硬化）、电子束表面熔凝处理、电子束表面合金化、电子束表面熔覆和电子束表面非晶化等。经电子束表面强化处理的表层一般具有较高的硬度、强度以及优良的耐腐蚀和耐磨性能等一系列力学、物理、化学性能优势。目前，国内外对金属材料表面强化的研究主要集中在用激光技术的表面淬火、表面熔凝处理、表面合金化和表面陶瓷化技术的研究，以及脉冲电子束表面强化和表面添加丝状和块状合金材料形成熔化合金层的研究，研究高能扫描电子束表面熔凝处理和表面合金化具有一定的现实意义和应用价值。

8.3　电子束表面处理技术的特点

电子束加工可以将高能电子束聚焦在极其细微的范围内，电子束直径可以达到微米量级。这样细的电子束照射到极小的面积上，能够产生相当高的功率密度，足以在瞬间达到几千摄氏度的高温。这样的温度能够将任何材料熔化甚至是气化。所以，电子束加工可以用于任何材料的微孔及窄缝的加工以及难加工陶瓷和高熔点金属 Ta 和 W 的切割，也可以应用于半导体电路加工，且加工精度极高，是一种精密微细加工方法。而且，由于电子束作用在及其微小的面积上，故而热影响区非常小，再加上作用过程中不会产生机械力，对工件形状的影响可以降到最低，可以得到很好的表面质量。电子束对合金表面进行合金化和表面熔覆等，其快速加热特性可以得到超微细的显微组织，提高材料的强塑形，而且在真空环境中，材料表面的氧化行为被大大抑制。同时，这种加工方式也不会像刀具切削那样损耗工具。对于电子束的束缚是通过电场和磁场来进行的，因此电子束的粗细、强度、聚焦位置都能够得到精确的控制，误差大致在 1% 以下。而且这种束缚方式是通过计算机在后台控制的，能够实现整个加工过程的自动化。由于电子束加工都是在真空环境中进行的，因此不会造成污染，加工点处能够保持原本材料的纯度。所以，电子束加工尤其适合于加工易氧化的金属和合金材料，特别是对纯度要求极高的半导体材料。

虽然拥有这么多优点，但目前阶段电子束加工并不容易得到普及，因为它需要配备一套价格非常昂贵的专用设备，加工中心成本极高，只有少数有实力的大企业，才能用得起这种加工设备。与其他两种高能束表面处理技术相比，电子束具有更高的能量密度（$\geqslant 10^3 \text{W/cm}^2$），是电弧能量的一万倍以上，且加热在金属表面的电子能量极易被工件吸收，能量转化效率高达 90%，远高于激光束。为了防止空气中的尘粒和气体分子阻碍电子束的定向传输，电子束加工必须要在真空环境中，因此避免了工件氧化和氮化等问题。在电子束加工过程中，仅需要控制电流对其进行聚焦，快捷方便。最后，电子束加工设备运行费用远低于激光设备和等离子设备。

8.4　电子束加工的工作原理

（1）电子束加工设备的基本工作原理：电子枪中阴极发射的电子，在高压电源提供的加速电压形成的静电场的作用下，向阳极做加速运动，经过聚焦线圈的汇聚，形成能量密度很高的电子束，通过偏转线圈，使电子束准确地落在工件指定的点上，并根据要求按一定规律运动，工件置于真空工作室中，通过工作台的移动与材料表面相互接触，形成各种轨迹的焊缝、熔覆层、淬火层和轨迹。

（2）当电子束与材料表面发生作用时，电子与材料表面原子相互碰撞，被固体中的原子核反弹回来的电子，成为背散射电子。而大部分电子经过多次碰撞，能量被材料表面原子完全吸收，成为吸收原子。而吸收完电子能量的材料表面迅速升温，从而达到加热乃至熔化的目的，如图 8-1 所示。

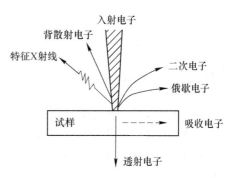

图 8-1　电子束与材料相互作用

8.5　电子束设备的基本结构

电子束加工设备主要由电子枪、真空工作室、高压电源、真空系统、传动系统和电气控制系统六部分组成。

（1）电子枪：电子枪是获得电子束的装置，它包括电子发射阴极、控制栅极和加速阳极等。其中阴极经电流加热发射电子，带负电荷的电子高速飞向带高电位的正极，在飞向正极的过程中，经加速，又通过电磁镜把电子束聚焦成很小的束流。发射阴极一般使用纯钨、钽、六硼化镧等材料做成阴极。大功率时用六硼化镧作电子枪的间接加热式电极。在电子束打孔装置中，电子枪阴极在工作过程中受到损耗，因此每 10~30h 就得进行更换。控制栅极为中间有孔的圆筒形，其上加以较阴极为负的偏压，可控制电子束的强弱，以有初步的聚集作用。加速阳极通常接地，而在阴极加以很高的负电压以驱使电子加速。电子束的波长 λ 为：

$$\lambda = \frac{12.25}{\sqrt{v_a}\sqrt{1 + 0.978 \times 10^{-6}v_a}}$$

式中，v_a 为加速电压。

（2）真空工作室：真空系统是为了保证在电子束加工时达到 $1.33 \times 10^{-2} \sim 1.33 \times 10^{-4}$Pa 的真空度。因为只有在高真空时，电子才能高速运动。为了消除加工时的金属蒸气影响电子发射，使其不稳定，需要不断地把加工中产生的金属蒸气抽去。它一般由机械旋转泵和油扩散泵或涡轮分子泵两部分组成，先用机械旋转泵把真空室抽至 1.4~0.14Pa 的初步真空度，然后由油扩散泵或涡轮分子泵抽至 0.014~0.00014Pa 的高真空度。

（3）高压电源：提供阴-阳极加速电压电源及阴极加热电源、栅偏压电源。

（4）真空系统：使电子枪及焊接室产生真空，并对其进行控制与监测的装置。

（5）传动系统：使焊接工件（或电子枪及其他结构）产生运动的装置。

（6）电气控制系统：对加速电压电源、阴极加热电源、栅偏压电源、磁盘镜与偏转线圈、真空控制元件及传动系统等进行控制的电气装置。它基本上决定着加工点的孔径或缝宽。聚焦一种是利用高压静电场使电子流聚焦成细束；另一种比较可靠是利用"电磁透镜（实际上是为一电磁线圈，通电后它产生的轴向磁场与电子束中心线相平行，径向磁场则与中心线垂直）靠磁场聚焦。

8.6 典型的电子束加工设备

8.6.1 电子束焊接设备

图 8-2 为电子束焊接设备结构图。电子束焊接是使用热发射或场发射阴极产生电子，并在阴极和阳极间的高压电场效果下加快到很高的速度，经一级或二级磁透镜聚焦后，形成密集的高速电子流，当高速电子流碰击工件外表时，高速运动的电子与工件内部原子或分子相互效果，在介质原子的电离与激起效果下，将电子的动能转化为试件的内能，使被轰击工件迅速升温、熔化并汽化，从而达到焊接的意图。电子束焊机是一种比较精密的焊接设备，它基本上代表了最高性能的焊接水平。真空电子束焊在焊接过程中利用定向高速运动的电子束流撞击工件使动能转化为热能而使工件熔化，形成焊缝。电子束能量密度高达 $10^8 \mathrm{W/cm^2}$，能把焊件金属迅速加热到很高温度，因而能熔化任何难熔金属与合金。它不需要填充材料，一般在真空中进行焊接，焊缝纯净、光洁、无氧化缺陷。由于电子束焊机的这些特点而广泛应用于航空航天、原子能、国防及军工、汽车和电气电工仪表等众多行业。

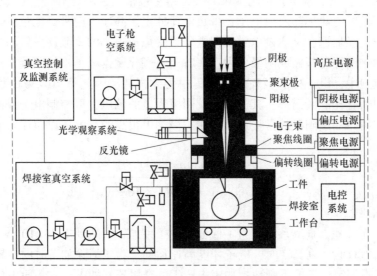

图 8-2　电子束焊接设备结构图

真空电子束焊接因为其独特的传热机制以及纯洁的焊接环境，使之与其他的熔化焊接方法比较具有如下显著的优势：

（1）电子束穿透能力强，焊缝深宽比大，国际上可到达 50：1，国内生产设备上可达 $(15\sim25)$：1。

（2）电子束焊时能够不开坡口完成单道大厚度焊接，国外研究机构的一次性单焊道焊接深度可达 300mm，国内生产设备可达 $70\sim100$mm，比弧焊能够节省辅助材料和动力的耗费数十倍，焊接效率高。

（3）焊接速度快，热影响区小。电子束焊焊接速度一般在 $0.5\sim1$m/min 以上，电子束焊接焊缝热影响区很小，有时几乎不存在。

（4）焊接变形小。电子束焊接的焊接线能最小以及"平行焊缝"的特色使电子束焊的变形较小。因此，对于精加工的工件，电子束焊可用作最后衔接工序，焊后仍坚持足够高的精度。

（5）真空环境下焊接有利于提高焊缝质量。真空电子束焊不仅能够防止熔化金属受氢、氧、氮等有害气体的污染，并且有利于焊缝金属的除气和净化，因此特别适于生动金属的焊接。也常用电子束焊焊接真空密封元件，焊后元件内部依旧保持真空状态。

（6）焊接可达性好。电子束在真空中能够传到较远的位置上进行焊接，只要束流可达，就能够进行焊接。因而能够进行一般焊接方法的焊炬、电极等难以接近部位的焊接。

（7）电子束易受控。通过操控电子束的偏移，能够完成杂乱接缝的焊接。能够通过电子束扫描熔池来消除缺点，进步接头质量。

8.6.2　脉冲电子束微纳加工设备

图 8-3 为脉冲电子束微纳加工设备示意图。电子枪的阴极发射电子经阳极加速汇聚后，穿过阳极孔，由聚光镜汇聚成极细的电子束，再由物镜将它投射到工件面上。电子束斑在工件上的位置由束偏转器来移动，电子束的通断由束闸控制。计算机将需要描画的图形数据送往图形发生器，图形发生器控制束偏转器和束闸在工件上描画出图形。由于电子光学像差和畸变的限制，电子束每次扫描的扫描场尺寸不能太大，因此，在描画完成一个扫描场后，由计算机控制工件台移动一个距离，再进行第二个扫描场的描画，这样一个一个场进行描画，直到完成整个工件面的曝光。工件台移动时由激光干涉仪实时检测，其测量分辨率可达到 0.6nm。

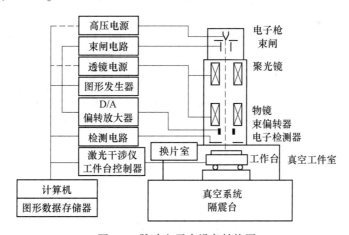

图 8-3　脉冲电子束设备结构图

8.7　电子束加工的应用概述

随着电子束技术的不断发展，电子束表面改性技术的应用领域也在日益扩大。到目前为止，已经有许多成熟的电子束表面改性技术成功应用于工业生产中，另外，还有相当一部分电子束表面改性技术处于实验阶段。按照不同的工艺角度，可以对电子束表面改性技术进行分类。

（1）表面淬火。这种淬火是一种自淬火。表面层加热温度超过相变温度而未达到熔点时，对于钢铁材料来说，将发生相变转化为奥氏体。由于脉冲作用时间很短，晶粒来不及长大，于是获得超细晶粒的组织；当表面温度超过熔点时，熔化薄层在极短时间凝固，也可以达到晶粒细化的目的，从而使材料表面强度、硬度、耐磨性等性能大为提高。

（2）表面合金化。在工件表面涂上一薄层其他材料，仍采用 $10^3 \sim 10^4 \mathrm{W/cm^2}$ 的功率密度，适当延长电子束在表面的作用时间，使表面涂敷层熔化，基体材料表面的一小薄层也熔化，二者混合后形成表面的区域冶炼得到新的合金。这种新的合金可以具有高的硬度、高耐磨性、强抗蚀性等。

（3）表面冲击非晶强化。将电子束的平均功率密度提高到 $10^6 \sim 10^7 \mathrm{W/cm^2}$，缩短作用时间至 $10^{-5}\mathrm{s}$ 左右。首先，使金属工件表面很薄的一层（几个微米）熔化，然后停止电子束照射，金属表面立即会由于热量向基体的热扩散以极快的速度冷却（$10^7 \sim 10^9 \text{℃/s}$），即可得到非结晶态的组织。非晶的金相组织形态致密，具有优异的抗疲劳及抗腐蚀性能。

（4）表面微纳加工。电子束表面微纳加工技术，又称曝光技术，它是利用电子束在涂有感光胶的晶片上直接描画或投影复印图形的技术。该项技术是 20 世纪 60 年代从扫描电子显微镜技术基础上发展起来的。电子束曝光的最大特点是其分辨率极高。电子束曝光系统的加速电压通常在 $10 \sim 50 \mathrm{kV}$ 之间，其相应的电子束波长范围为 $0.01 \sim 0.005 \mathrm{nm}$。如此短的波长，使它在曝光时的衍射效应可以忽略不计。它的图形分辨率主要取决于束斑尺寸和电子束在感光胶材料内的散射效应。电子束曝光的极限分辨率通常认为是 $3 \sim 8 \mathrm{nm}$。因此，它被广泛用于新器件、新集成电路的研制和小批量器件和集成电路生产，这也是电子束曝光技术唯一的商用应用。

（5）增材制造。金属零件增材制造技术作为整个增材制造体系中最具前沿和难度的技术，是先进制造技术的重要发展方向。电子束增材制造是按照设计好的三维模型，在设备工作舱内利用高能电子束产生的高密度能量使金属粉末熔融并相互融合，冷却后凝固形成特定形状的快速成型技术。电子束熔化成型技术的优点主要有电子束穿透能力强且易于控制、熔融效率高、成型速度快、焊接变形小、焊缝质量高、产品强度高等，缺点主要有设备较为复杂、材料选择有限、需在真空条件下进行、易受杂散电磁场干扰、工作过程中会产生 X 射线、成本较高等。电子束熔化成型采用的材料主要是钛合金、铬钴合金，无法打印聚合物与陶瓷材料。

8.8　电子束加工技术及应用

8.8.1　电子束表面淬火

8.8.1.1　电子束表面淬火的原理

电子束表面淬火是指用电子枪所发射的电子束将待加工材料迅速加热到其奥氏体转变温度以上，然后通过基体与环境间的热量交换所产生的骤冷作用，促使材料表面产生马氏体等强化组织。当被加速的电子束流撞击到材料表面时，加速粒子和材料中原子相互作用，使金属表面温度急速升高。由于电子束照射时间短，能量也在合理的范围内，作用范围也比较集中，电子束扫描过后，热量以极快的速度向基体及周围环境扩散，材料表面的冷却速率极快，材料表层发生瞬冷，在零部件的内部也产生了较大的温度梯度。过高的加热及冷却速度缩短了相变过程中的奥氏体化时间，奥氏体晶粒来不及长大，淬火后表层的晶粒就得到了极大程度的细化，大幅提高了材料表面的硬度及耐磨性等各项性能。

8.8.1.2　电子束表面淬火的分类

电子束表面淬火所用电子束按能量注入方式可分为连续式电子束和脉冲式电子束，二者的输出方式示意图如图 8-4a、b 所示，具有不同的特点。由图可知，连续式电子束的能量输出连续一致，电子束流的能量大小以及电子束流与材料表面的作用时间是影响其改性效果的主要因素。而对于脉冲式电子束来说，每次能量输出之间有一定的时间间隔，其改性效果更多地与轰击次数及作用范围有关。由于二者的特点不同，其在实际生产制造中的应用也有一定差异。连续式电子束由于能量输出较为连续，其热影响区的范围也会扩大，一般用于形状规则、体积较大的零部件的加工。脉冲式电子束能量密度高，引起的变形相对来说更小，适用于精密零部件的加工。

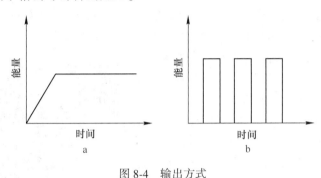

图 8-4　输出方式

a—连续电子束；b—脉冲电子束

8.8.1.3　电子束表面淬火技术的优势

对比传统热处理工艺以及其他高能束表面改性技术，电子束表面淬火具有以下优势。

（1）工件变形量小。在电子束表面淬火过程中，热量主要集中于材料表层某一局部范围内，因此几乎不会导致零件的形变。

（2）能量密度高，适应性广。电子束具有很高的能量密度，可以使材料表层的温度迅速升高，能够完成各种材料的加工。

（3）能量利用率高。高能量密度使电子束表面淬火的处理时间很短，能量利用率一般能够保持在 90% 以上，节约能量。

（4）电子束热处理是在真空中进行的，会出现无氧化脱碳现象，处理后表面呈白亮色。电子束淬火后，零件几乎不发生变形，可以作为最后一道工序，淬火后可直接装配使用。经电子束加热表面淬火后，工件表面层呈压应力状态，有利于提高疲劳强度，从而延长工件使用寿命。

（5）电子束加热表面淬火，表层得到晶粒极细小的隐晶马氏体，可以提高材料的强度与韧性，其硬度比常规热处理高 1~3HRC，如正火状态的 45 钢经电子束表面淬火后，硬度约为 800~830HV，淬硬层深度可达 0.2~0.3mm，T10A 可达 65~67HRC，GCr15 可达

67HRC 以上，Cr12MoV 可达 800HV。磨损试验表明，电子束淬火比常规热处理的耐磨性高 5 倍。

8.8.2　电子束焊接

电子束焊接是指利用加速和聚焦的高能电子束轰击置于真空中的焊接工面，工件表面吸收电子能量使被焊工件熔化实现焊接。真空电子束焊接（EBW）相比于传统焊接方法（SMAW、SAW、GTAW 等）在提高产品焊接质量（在真空环境中施焊）及效率，降低焊接污染及排放等方面有显著优势。近年来，在镍基高温、耐蚀合金和钛合金等贵重零部件的焊接方面大放异彩。

8.8.2.1　电子束焊接特点

电子束焊接因具有不用焊条、不易氧化、工艺重复性好及热变形量小的优点而广泛应用于航空航天、原子能、国防及军工、汽车和电气电工仪表等众多行业。真空电子束焊接具有以下 6 方面优点：

（1）电子束焊接的能量密度高，能达到 $10^6 \sim 10^9 \mathrm{W/cm^2}$，焊接热输入量小，而焊接速度高，因此，焊件的热影响区小，仅为 $0.05 \sim 0.75\mathrm{mm}$，焊件变形小。

（2）电子束焊接的穿透能力强，焊缝深宽比大（如图 8-5 所示）。目前焊接深度可达 400mm 以上，焊缝深宽比可达到 70：1 以上。

（3）焊接适应性强，电子束焊工艺参数可在较广范围内进行调节，且控制灵活，既可焊接 0.1mm 的薄板，又可焊接 200 ~ 300mm 的厚板，还可焊接形状复杂的焊件。

（4）由于焊件在真空中焊接，金属不会被氧化，焊缝纯净，表面光洁，无夹渣、气孔等缺陷，故焊缝质量好，接头强度高。

（5）与普通焊接相比，其焊接速率更高，成本更低（尤其对于大厚件的焊接工件）。

图 8-5　电子束焊接大厚度焊缝

（6）电子束易受控，焊接可达性好。真空电子束比传统焊接方法污染小，无废渣废气。

真空电子束焊接有以下两方面的缺点：

（1）设备比较复杂，投资大，费用较昂贵。

（2）电子束焊要求接头位置准确，间隙小而且均匀，焊前对接头坡口加工、装配、洁净度要求极为严格，一般需要专用设备来装配工件。

8.8.2.2　电子束焊接工艺要求

（1）零件焊前准备。电子束对零件焊接部位的清洁度要求较高。在焊接前要将焊接外表的油、锈、氧化物以及其他杂质清除干净。少数零件焊接时，可用细砂纸或不锈钢丝刷擦拭，去除氧化膜，再用汽油清洗去油污，丙酮擦洗脱水和脱脂；大批量零件进行焊接时，可采用机械化清洗方法。清洗完毕后，必须在规定时间内进行焊接。对表面质量要求较高的合金材料进行焊接时，焊前可先对试件及焊丝进行酸洗，酸洗后用净水冲洗，烘干后立即施焊。或者用丙酮、乙醇、四氯化碳、甲醇等擦拭钛板坡口及其两侧（各 50mm 内）、焊丝表面、工夹具与钛板接触的部分。

（2）焊前压配。焊前压配是指焊接零件的定位和装夹。焊接前零件安装精度对电子束焊质量的影响很大，由于端面接触部位存在空隙或零件合作过松都会形成焊接变形，所以不论是冷压还是热装，都要保证零件焊接前压配的精度，保证安装到位。

（3）焊接试验。焊接试验是为了调试焊接工艺参数。电子束焊接参数的选用是否合适直接影响着焊接质量的好坏。焊接参数包括加快电压、束流、焊接速度、聚焦电流、焊接间隔、焦点位置以及电子束扫描形式。根据线能量公式 $q=IU/v$，（其间 I 为焊接电流，U 为加快电压，v 为焊接速度），并经过焊接试件调整焊接参数，在线能量口较小的情况下获得焊缝质量较好的焊接参数。

（4）探伤。探伤即为焊后查验。关于电子束焊的查验，一般先日视查看其外观，待车光电子束焊缝凸起及锁底后，可进行 X 光查看，不允许有缺点。关于不合格或外表成型不好的零件，一般允许进行电子束补焊。

（5）焊后热处理。由于焊缝及其热影响区发生了杂乱的物理化学变化，其安排成分和功能已不同于母材，所以焊接后一般要经过热处理来改善焊缝和热影响区的安排，消除残余应力，促使残余的氢逸出，从而进步焊接接头的韧性，增强零件反抗应力腐蚀的才能，保证零件形状和尺寸的长时间稳定。

8.8.2.3 电子束焊接的应用

（1）铝合金的焊接。铝在空气中及焊接时极易氧化，生成的氧化铝（Al_2O_3）熔点高、非常稳定，不易去除。阻碍母材的熔化和熔合，氧化膜的密度大，不易浮出表面，易生成夹渣、未熔合、未焊透等缺欠。其次，铝合金的导热系数和比热容较高。在焊接过程中，大量的热量能被迅速传导到基体金属内部，因而焊接铝及铝合金时，能量除消耗于熔化金属熔池外，还要有更多的热量无谓消耗于金属其他部位，因此，应当尽量采用能量集中、功率大的能量源。另外，铝合金的热膨胀系数高，焊件热变形较大，且焊接熔池易产生缩孔、缩松等缺陷。有关铝合金的焊接研究近年来一直受到国内外学者的广泛关注。

针对铝合金焊接，目前已开发了钨极氩弧焊、熔化极惰性气体保护焊、激光焊、激光-MIG 复合焊以及搅拌摩擦焊等技术方法。电子束焊接作为高能束焊接中的一种，焊接时能量密度大、热输入集中，所形成的焊缝窄，焊接自动化程度高且真空保护，对铝合金的焊接具有独特的适应性，特别是中厚铝板的焊接具有显著的优势。余爱武等采用真空电子束焊对 2A12 铝合金进行焊接，分析了焊接速度、电子束流对焊缝组织的影响规律，并对接头拉伸性能进行了测试。试验结果表明：随着焊接速度的增加或电子束流的降低，焊缝组织逐渐细化，接头强度增加，当电子束流为 18mA，焊接速度为 1000mm/min 时，焊缝组织最细小，接头抗拉强度最高为 373.2MPa，电子束焊接工件示意图如图 8-6 所示。Yin 等针对铝锂合金电子束焊接接头中存在的沉淀不足和力学性能恶化的问题在焊缝中加入 Sc，以实现沉淀补偿和力学性能优化。接头的拉伸强度从 335MPa（母材的 61%）优化到 426MPa（母材金属的 78%），这主要是由于 Al3Sc 的弥散强化作用和脆性 T2（Al_6CuLi_3）准晶的形态转变。

（2）钛合金的焊接。钛合金具有密度低、比强度高、耐蚀性优异的优点被广泛应用于

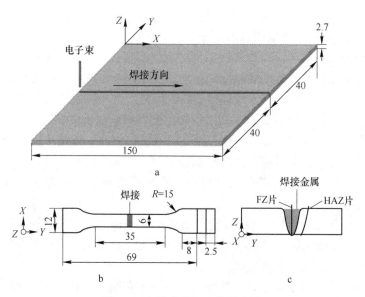

图 8-6　电子束焊接工件示意图

a—电子束焊接方向示意图；b—焊接工件尺寸；c—电子束焊接熔池

航空航天和医疗卫生等高端领域。与铝合金相似，钛合金在高温下与空气中的氧、氮、氢很容易发生反应。因此，在焊接热循环作用下钛合金很难不受影响。研究表明，在焊接过程中，钛合金液态熔滴和熔池金属具有强烈吸收氢、氧、氮的作用，而且在固态下，这些气体已与其发生作用。随着温度的升高，钛及钛合金吸收氢、氧、氮的能力也随之明显上升，大约在250℃左右开始吸收氢，从400℃开始吸收氧，从600℃开始吸收氮，这些气体被吸收后，将会直接引起焊接接头脆化，是影响焊接质量极为重要的因素。而电子束焊接的工作环境为真空环境。

钛合金按相结构分为 α 型、（近）β 型和 α+β 型三种。α 型钛合金电子束焊接焊缝组织主要为针状、板条状或集束状 α 相。焊缝区原生的 β 晶粒内部，平行排列的初生板条状 α 相将晶粒划分成许多小区域，次生 α′ 相则在这些区域内呈不同尺寸交错排列，焊缝中魏氏体组织不明显。近 β 型钛合金的强度和韧性较高，但焊接接头性能大大低于母材，焊接性较差。目前的研究大多集中在通过焊前和焊后热处理来改善焊接接头的性能。Li 等发现 Ti-55511 厚板电子束焊接接头强度和塑性较块体发生明显下降现象，但适当的后续两次回火可有效提高焊头的强度，这主要归因于新形成的层状 α 相和针状次级 α 相交替分布。而对于 α+β 双相钛合金，TC4 合金的焊接研究最多。TC4 电子束焊接焊缝中为针状 α 马氏体相组成的网篮状组织；热影响区则由马氏体、不规则的 α 相和非平衡相组成。

8.8.3　电子束熔覆

8.8.3.1　电子束熔覆的工作原理

当高速的电子束流扫射被处理的基体表面时，电子能穿过基体的表面到达距离表面的一定深度，将能量传递给基体的金属原子，致使金属原子的震动加剧，该过程是把电子的动能转化为热能，从而使被处理基体的表层温度迅速升高。电子穿透层的厚度跟电子加速电压的平方成正比，跟基体材料的密度成反比，一般都在 1mm 以内。当电子撞击到基体表面时首先穿越电子穿透层。此时电子的动能几乎不变，仅极少部分能量被弹性散射电子带走或损耗于二次电子发射，因此电子不能对穿透薄层进行加热。当电子进入基体内部后，到达电子穿透层下方，由于在次表层扩散受阻，从而引起能量传输，将动能转化为热能使基体表面发生熔化。电子束熔覆是将需熔覆的合金粉末预置或者同步送粉至待强化基材表面，该合金粉末连同少量基材在电子束的加热下迅速熔化，形成与基材具有良好冶金结合的强化涂层。

8.8.3.2 电子束熔覆的特点

电子束熔覆技术是近期发展起来的新技术，其在表面熔覆改性方面主要有以下几个特点：电子束能量密度高，利用率高，毫秒间就可将金属材料表面由室温加热至奥氏体化温度或熔化温度，且冷却速度可达 $10^6 \sim 10^8 ℃/s$；与激光相比使用成本低。电子束处理设备一次性投资比激光少（约为激光的 1/3），其运行成本比激光低一半左右；电子束能量和能量密度的调节很易通过调节加速电压、电子束流和电子束的汇聚状态来完成，整个过程易于实现自动化；电子束加热深度和尺寸范围比激光大。电子束加热时熔化层至少几个微米厚，能量沉积范围较宽，而且约有一半电子作用区几乎同时熔化；电子束加工是在真空条件下进行的，既不产生粉尘，也不排放有害气体和废液，对环境几乎不造成污染，加工表面不产生氧化，特别适合于加工易氧化的金属及合金材料。

8.8.3.3 电子束熔覆的研究现状

由于电子束加工设备的特殊性，电子束熔覆主要用于钛合金等贵重金属的表面强化，其研究热度和深度不及激光熔覆技术。主要原因有以下两点：一是电子束加工需要真空环境，而工业上表面涂覆大多在大气中进行，工艺复杂性大大提升；二是电子束能量分布很集中，导致基材受热深度高，变形程度大。田浩采用 Ti-6Al-4V 钛合金作为基体，在其表面电子束熔覆 $Ti+B_4C$，研究改性层硬质相分布。结果表明表面熔覆后的改性层中均匀分布大量的块状 TiC 和针状 TiB 硬质相。刘东雷等通过高能电子束熔覆技术，利用 WC-10Co 粉末在 Ti-6Al-4V（TC4）合金表面制备了 $(Ti,W)C_{1-x}$ 复合涂层。涂层由 α-Ti、β-Ti、树枝状和块状 $(Ti,W)C_{1-x}$ 及少量 W 组成。复合涂层厚度为 $400 \sim 600 \mu m$，涂层与基体结合性良好。与基体相比，$(Ti,W)C_{1-x}$ 复合涂层的平均硬度和耐磨性提高 $2 \sim 3$ 倍且随熔覆电流增加而降低，在熔覆电流为 12mA 时，表面显微硬度最高为 860HV；熔覆电流为 12mA 和 15mA 时摩擦机理分别为轻微磨粒磨损和严重的磨粒磨损，而 18mA 时还伴随着少量疲劳磨损。叶宏等人在 AZ91D 镁合金基体上采用真空电子束熔覆制备了铝涂层。AZ91D 镁合金基体的硬度为 $60 \sim 80HV_{0.05}$，喷铝层的硬度为 $40 \sim 45HV_{0.05}$。经电子束熔覆处理后，涂层与基体结合良好，主要由熔覆区、合金化区和热影响区三部分组成。在涂层表面，由于 Mg 溶入 Al 中产生固溶强化，使铝层的硬度提高到 $115HV_{0.05}$ 左右。中间 Al-Mg 合金化层因存在大量 $Mg_{17}Al_{12}$、Mg_2Al_3 等金属间化合物，硬度最高，达到 $220HV_{0.05}$。在热影响区，由于基体金属快速熔凝产生晶粒细化，从而导致硬度增加，约为 $130HV_{0.05}$。镁合金材料表面硬度的显著提高，有利于材料表面耐磨性能的提高。陆斌锋等对比研究了电子束熔覆和激光熔覆 $(Fe,Cr)_7C_3$ 复合涂层。相较于激光熔覆，电子束熔覆具有粉末利用率高、涂层耐磨性更优异的优势，但也存在涂层组织粗大，热影响区范围宽的劣势。

8.8.4　电子束光刻

光刻是集成电路制造的基础工艺，也是最关键的技术。其成本是整个芯片制造过程中最为昂贵的。目前主流光刻技术仍是传统的光学曝光技术，但是由于光的衍射极限，光学曝光的分辨率取决于工艺参数、入射波长以及光学系统数值孔径 NA。为了提高分辨率，可以提高 NA 值、采用更小波长的光源。但是随着特征尺寸的减小，光学曝光技术将面临巨大的挑战，因此需要寻找下一代光刻技术如 X 射线曝光技术、电子束曝光技术和极紫外曝光技术等。电子束光刻技术是目前已知分辨率最高的光刻技术，分辨率已经到了 10nm 以下，足够满足目前任何工艺的分辨率要求。

8.8.4.1　电子束光刻的原理

直写式电子束光刻机的原理是将聚焦的电子束光斑直接打在光刻胶上形成图形。直写式不需要光刻掩膜板，大规模集成电路的光刻掩膜成本很高，因此无掩膜直写可以大大减少集成电路生产成本。电子束光刻机电子射线波长低，所以无需考虑衍射效应。但由于电子束光刻机曝光速率慢，很难在大规模大批量的生产中得到应用。

8.8.4.2　电子束光刻机的分类

目前，活跃在科研和产业界的电子束光刻设备主要是高斯束、变形束和多束电子束 3 类，其中高斯束设备相对门槛较低，能够灵活曝光任意图形，因此被广泛应用于各大高校和研发机构的基础科学研究中，而变形束和多束电子束光刻设备则主要服务于工业界的掩膜制备中。国内关于电子束光刻设备的研发主要集中在 20 世纪 70 年代到 21 世纪初，在 2000 年后电子束光刻设备研发热度逐渐降低甚至一度搁置。在《瓦森纳协定》禁止向中国提供高性能电子束光刻设备后，国内电子束光刻设备研发才重新被提起。在此之前，国内从事和引导电子束光刻设备研发的单位主要有中国科学院电工研究所、中国电子科技集团有限公司第四十八研究所、哈尔滨工业大学和山东大学等。其中，目前性能最优的国产化电子束光刻设备包括中国电子科技集团有限公司第四十八研究所在 2005 年通过验收的 DB-8 型号电子束曝光设备，对应 0.13μm 的半导体制程；中国科学院电工研究所 2000 年完成的 DY-7 0.1μm 电子束曝光系统可加工 80nm 的间隙，在 2005 年交付的基于扫描电镜改装的新型纳米级电子束曝光系统，其系统分辨率可达 30nm，束斑直径 6nm。尤其是近些年，随着中美贸易战的白热化，光刻机的众多技术被卡脖子。但相信在众多国内相关科研工作者的共同攻关下，这些卡脖子技术终会被攻克。

8.8.4.3　电子束光刻应用举例

（1）微机电系统制造。微机电系统也称 MEMS，是一种结合了机械和电子等技术的微小装置，尺寸不超过 1mm。MEMS 技术广泛应用于国防航天、光电影像、生化医疗、微波通讯及汽车工业等各个领域。例如汽车上用的微型加速度计、投影仪中用的微镜、打印机中用的微型喷头，极大地方便了人们的生产生活。MEMS 的制造广泛的借鉴了集成电路中的光刻、刻蚀以及镀膜等工艺。光刻是整个微加工工艺中技术难度最大，也是最为关键的技术步骤。所谓光刻就是通过对光束进行控制，在一层薄薄的光刻胶表面"刻蚀"出我们需要的图案，光束照过的位置光刻胶的化学性质会发生变化，通过显影液的浸泡会使照射过的部分去除（正胶）或者保留（负胶）。MEMS 工艺中的电子束光刻主要流程依次为：基片表面预处理、涂覆光刻胶、前烘、电子束曝光、显影、定影、金属沉积及去胶等工艺环节。整个光刻工艺流程较为复杂，总体光刻示意如图 8-7 所示。

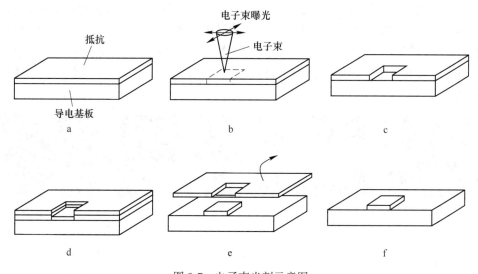

图 8-7　电子束光刻示意图

a—旋涂样品；b—电子束曝光；c—化学开发；d—金属沉积；e—撤走上板；f—最终结构

（2）生物传感器制造。同时探测多种生物标记物如胞外信号分子，在疾病诊断中发挥着重要的作用。在微纳尺度下，精确测定表面抗体的位置对于分子量级的生物传感、诊断以及测定技术的发展起着至关重要的作用。因此，对于芯片特征尺寸的微型化提出了要求。电子束光刻有着超高的分辨率，无需昂贵的掩膜就可以刻写出各种微纳结构，在生物科研领域应用极为广泛。Lau 等人利用电子束光刻来刻写蛋白质图形，实现对于活细胞的复细胞因子的检测。硅片上涂覆了聚乙二醇（PEG）薄膜，厚度约为（2.68±0.11）nm。然后在基片上涂覆含有抗体、多聚蛋白质和抗坏血酸的混合溶液作为电子束光刻胶。当基板被电子束照射时，混合溶液中的多聚物也会像其他多聚物一样，多聚物中的分子链会发生断裂变得可溶于显影液。

（3）纳米矩阵制备。利用微/纳米加工技术，制造出形状、厚度、尺寸可控的纳米级催化剂薄膜。传统上，纳米催化剂主要通过化学方法合成。然而，该类纳米催化颗粒在燃烧期间具有易聚集和烧结的强烈倾向，这降低了催化剂比表面积并降低了其催化活性。通过电子束光刻技术制备直径在 30nm 左右的柱状催化剂，通过与薄膜催化剂的对比，可以发现，颗粒催化剂具有更好的催化活性，同时具有更高的催化选择性，在防止催化剂烧结聚集和防 CO 中毒方面也表现出更好的性能。

8.8.5　电子束增材制造

增材制造（3D 打印）是以数字模型为基础，按照一定分层厚度和预定堆积轨迹，将金属或非金属材料逐层叠加制造出特定模型或者结构的新兴制造技术。增材制造过程示意图如图 8-8 所示。该技术是通过 CAD 设计数据采用材料逐层累加的方法制造实体零件的技术，相对于传统的材料去除（切削加工）技术，是一种"自下而上"材料累加的制造方法。增材制造无需模具，在一台设备上可快速制造出形状复杂的零件，大幅减少工序并缩短周期，尤其适合钛合金、高温合金等难加工材料的成型。增材制造技术从 20 世纪 80 年代开始起步，直至 2002 年以后才有较为成熟的金属增材制造设备推向市场。零件结构越复杂，增材制造的成本和效率优势相比传统制造方法就越显著，尤其是在飞机研制与定型阶段、贵重医疗器械方面，各种增材制造方法已发挥不可替代的作用。目前，最流行的增材制造方法主要有 4 种工艺方法：电子束熔丝沉积（EBWD）、电子束选区熔化（EBM）、激光选区熔化（SLM）、激光直接沉积（LMD）。

图 8-8　增材制造过程示意图
a—CAD 建模；b—分层处理；c—成型制造；d—后处理

8.8.5.1　电子束增材制造技术的原理

电子束增材制造是增材制造技术的主要方向之一。电子束增材制造是指在真空环境中，高能量密度的电子束轰击同轴金属丝材或预置的金属粉末床形成熔池，同时按照预先规划的路径运动，金属材料逐层凝固堆积，形成金属零件或毛坯。它在真空中进行，具有能量利用率高、零件残余应力低等优势，在航空航天、医疗领域获得较为广泛的应用。电子束增材制造技术包括电子束熔丝成形技术与电子束选区熔化技术，近年来在航空、航天等领域获得了突飞猛进的发展，具有代表性的研究机构为 SCIAKY 公司、GE-Arcam 公司。同时，弗吉尼亚大学、宾夕法尼亚大学、NASA 兰利研究中心、CTC 公司、波音公司、普惠公司、美国海军研究所、橡树岭国家实验室等许多机构也广泛参与了基础理论及工程应用研究工作。针对材料包括铝合金、钛合金、镍基合金、钢等，研究内容涉及组织调控及性能可靠性评价、束流品质在线测量、应力与变形规律、熔凝过程控制及数值模拟、无损检测方法、结构优化设计等诸多方面，作出了大量的基础性探索工作。

8.8.5.2　电子束增材制造技术的分类和特点

根据原材料送进方式的不同，电子束增材制造主要分为粉末床选区熔化和直接能量沉积技术，其中粉末床选区熔化成形精度高，而直接能量沉积成形效率高。电子束增材制造具有以下典型特征：真空成形，环境污染小；电子束的能量吸收率高，比激光更适用于高反射率材料的加工；电子束功率、能量密度更高，电子束扫描速率高（选区熔化），成形效率更高（熔丝）；通过控制电子束焦距和电流等参数，可以实现粉末预热，以降低成形应力，还可以进行随形热处理，在线调控材料的组织和性能。表 8-1 为几种增材制造技术的特点。

表 8-1　几种增材制造技术的特点对比

工艺	激光选区熔化（SLM）	电子束选区熔化（EBM）	激光熔粉沉积（LMD）	电子束熔丝沉积（EBF³）	电弧熔丝沉积（WAAM）
类型	粉末床	粉末床	直接沉积	直接沉积	直接沉积
成形环境	惰性气氛	真空	惰性气氛	真空	惰性气氛

续表 8-1

工艺	激光选区熔化（SLM）	电子束选区熔化（EBM）	激光熔粉沉积（LMD）	电子束熔丝沉积（EBF³）	电弧熔丝沉积（WAAM）
成形精度	高	高	低（毛坯）	低（毛坯）	低（毛坯）
成形效率	低	低	高	高	高
成形尺寸	400mm×400mm×400mm（EOS M 400）500mm×280mm×850mm（SLM solutions SLM 800）	φ250mm×430mm（Arcam Spectra H）	900mm×1500mm×900mm（Oplonee LENS CS 1500 Systems）	5791mm×1219mm×3353mm（SCIAKY EBAM 68）	900mm×600mm×300mm
残余应力	高	较低	高	较低	高

8.8.5.3 电子束熔丝增材制造

电子束熔丝沉积的原理如图 8-9 所示。在真空环境下，电子束作用在工件表面，在基材或已沉积材料上形成熔池。丝材由送丝装置从侧面送入熔池并熔化，同时电子枪或者基板按照预先规划的路径运动，实现逐层凝固，堆积成形。电子束熔丝增材制造技术在大型复杂结构件的一体化成形和高精尖受损零部件的增材修复方面 具有很大的优势，主要表现在两个方面：（1）具有很高的沉积效率，电子束的功率输出可以达到几十千瓦，能够实现很高的沉积速率（15kg/h）；（2）高真空环境保护，电子束熔丝增材制造技术在 10^{-3}Pa 高真空环境中进行，可以有效地避免加工过程中有害气体的影响，避免粉尘污染，非常适合 Ti、Al 等活泼金属材料的加工。电子束熔丝增材制造过程中熔池形态和温度分布的不均匀性会导致成形件出现变形、裂纹和气孔等问题，严重影响了增材成形件的服役要求和尺寸精度。这主要与电子束熔丝增材制造过程中的高温、高真空、高辐射的成形环境以及大尺寸、精密结构加工等复杂的成形过程有关。因此，对电子束熔丝增材制造成形件的成形精度和缺陷进行有效的调控是目前的研究重点。

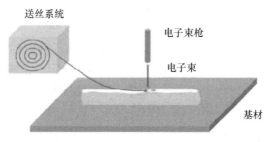

图 8-9 电子束熔丝增材制造

美国西亚基（Sciaky）公司于 2009 年正式推出了电子束直接制造技术，并开始提供相关技术服务。为了提高成形质量和稳定性，西亚基设计了"层间实时图像和传感系统"，对成形过程中的主要参数如电子束功率、送丝速度等进行实时监控和调整，实现了成形过程的闭环控制。2011 年，西亚基与洛克希德·马丁公司合作，在美国国防部项目支持下针对 F-35 飞机钛合金零件开展研究。以飞机襟翼副梁为例，根据测算，如使用电子束熔丝沉积技术替代锻造，在型号服役周期内（以 3000 架计）能节省 1 亿美元。

　　中国航空制造技术研究院于 2006 年开始进行熔丝沉积电子束快速成形研究，开发了国内首台电子束熔丝成形设备，见图 8-9，能够实现双通道送丝和 5 轴联动。中国航空制造技术研究院开展了 TC4、TC18 钛合金及 A100 超高强钢等材料的工艺试验，研制了多类钛合金典型零件，并获得了装机应用。

8.8.5.4　选区电子束熔化增材制造

　　在增材制造过程中，单层材料的成形由四个步骤组成，即铺粉、预热、熔化、成形台下降，随后进行下一层材料成形，如此循环实现零件制备。工作时，成形仓需保持 $10^{-5} \sim 10^{-4}$Pa 的真空度。电子束选区熔化技术特有的粉末预热功能可以将成形零件保持在较高温度（可达 1000℃ 以上），这对于降低残余应力具有显著的效果，也使得 EBM 尤其适用于 TiAl 等难熔脆性材料的成形，成为目前为止唯一实现了商业化的 TiAl 增材制造方法。

　　在电子束选区熔化领域，橡树岭国家实验室与洛克希德马丁公司合作研制了 F-35 的空气泄漏检测支架，各项性能满足 ASTM 标准要求，并且将零件的制造成本降低了 50%。GE-Avio 还成形了具有蜂窝结构的钛合金除油器滤芯，并且已经通过飞行测试。近几年来，GE-Arcam 采用电子束选区熔化开始 GEnx 系列发动机 TiAl 低压涡轮叶片的研制与生产，其制造成本与铸造方法持平，成为 TiAl 低压涡轮叶片的主要工艺之一。我国商用发动机也将电子束选区熔化 TiAl 低压涡轮叶片作为方案之一，采用其替代原有的高温合金叶片可实现 50% 的减重。此外，作为新一代飞机机体主承力结构的高强 β 钛合金也可采用此方法制备。国内的北京航空航天大学、西北工业大学及多家相关企业同样采用增材制造技术，实现了大尺寸高温合金构件研制技术的突破，并率先在航天领域实现应用。

8.8.5.5　电子束熔化增材制造研究现状

　　随着电子束选区熔化成形设备系统装置不断的改进和完善，电子束选区熔化技术也得到快速发展，由早期的适用单一材料成形改变到适用多种材料成形。电子束选区熔化技术具有反射率低、效率高和热应力小等特点，适用于钛合金、钛铝基合金、等难熔和对激光具有高反射率金属材料的成形制造。目前，该技术已经实现 316L 不锈钢、铜合金、钛合金、镍基高温合金、TiAl 基高温合金等难成形金属材料的成形。以下重点介绍电子束增材制造钨合金以及铜合金两个方面上的应用。

　　（1）难熔合金电子束增材制造。众所周知，难熔合金的机械加工非常困难。目前，难熔合金的生产制造主要通过粉末冶金法。然而，该类方法无法生成结构复杂的零部件。然而对于增材制造技术，合金粉末的质量是关键。流动性优良和堆积密度高的球形粉末是增材制造技术的首选原料。然而，由于金属钽熔点高，传统的球形粉末制备工艺，如：气雾化等方法难以实现球形钽粉的制备。另一方面，传统难熔金属粉的制备工艺，如氟钽酸钾钠还原法、氢化破碎等方法，所得的粉末粒度过小（<10μm）、形状复杂且基本没有流动性，无法满足增材制造技术的工艺需求。2015 年开始各国科研机构及粉末制造企业先后投入了大量精力用于球形钽、钨以及钼等难熔金属粉末的工艺开发。目前高品质难熔球形金属粉末的主流生产技术是等离子旋转电极雾化法。该技术是以金属棒材为原料，在生产成本、粉末形貌和杂质含量的控制优势明显，然而，该技术生产的粉末中 45μm 以下的粉末收得率一般不足 10%，难以满足 SLM 技术的需求。因此，通过装备升级和工艺优化，进一步提高 PREP 技术的细粉收得率是该技术在增材制造领域面临的主要挑战。

　　现阶段增材制造技术制备的钽金属内部缺陷得到了有效控制，致密度均可达 99.9% 以上。与大多数增材制造制备的金属材料相同，金属钽的微观组织同样表现为沿生长方向外延生长的粗大柱状晶结构。其中，EBM 技术成形材料柱状晶的特征最为明显。目前，相关研究表明，EBM 技术成形的零部件组织结构最致密，性能稳定性最高。另外，Ta、W 等金属由于高温亲氧活性高，所成形的合金对氧含量有着严格地控制。例如，增材制造技术制备的金属钽伸长率随氧含量的变化规律与传统制备工艺基本吻合。随着氧含量的增加，试样的伸长率从 50% 降低至约 2%。

（2）铜合金电子束增材制造。铜具有优良的导热、导电性能，以及良好的抗腐蚀和延展性能，并且在金属系中铜的来源较广、成本较低、能被广泛的运用在导电和导热材料、生物医学等多个领域。铜对激光的反射率较高，对波长大于 1060nm 的激光反射率超过 90%，而对波长为 515nm 的激光吸收率可达 60% 以上。在这种情况下，铜的这些特性为其在增材制造技术的加工中带来挑战。另外，铜具有相对较高的导热系数，成形过程中，热量会被迅速的传导到熔体区域，从而产生较高的局部热梯度，容易导致层卷曲、分层和部分零件失效等工艺缺陷，此外，铜的高延展性会给成形件残余粉末的去处和回收带来困难。鉴于此，目前关于铜合金的 3D 打印技术落后于其他常见合金材料，成为增材制造方向亟待攻克的技术难点。

电子束增材制造技术是以聚焦电子束为热源，电子与光子相比具有不同的吸收和反射机理，电子束选区熔化技术受到材料光学反射的影响很小，电子束选区熔化成形的吸收率接近 95%，大部分能量都可用来熔化粉末。因此，采用电子束选区熔化技术来制备铜零件具有很大的潜在优势，能够有效的改善铜对激光高反射率的问题，使铜粉有效的熔化，最终实现致密零件的制备。与钛合金等金属材料相比，铜的电子束选区熔化技术发展相对较晚，国内的该项技术的研究还处于起步阶段，但是近几年，随着成形设备和技术的不断改进，国外报道了有关电子束选区熔化成形铜的研究，目前国外对该方法成形铜的研究主要集中在成形的工艺参数、显微组织和导电导热性能等方面的研究，而涉及力学性能方面的深入研究较少。Frigola P 等也仅是报道了电子束选区熔化成形纯铜试样的屈服强度 76MPa。Guschlbauer R 等研究了样品取向对拉伸性能的影响，样品取向与成形方向垂直时拉伸性能最优，平行于成形 90° 方向的试样拉伸性能最差，45° 方向的拉伸性能介于 0° 和 90° 之间。

参 考 文 献

[1] 刘其斌. 激光加工技术及其应用 [M]. 北京：冶金工业出版社，2007.

[2] 王力均. 现代激光加工及其装备 [M]. 北京：中国计量出版社，1993.

[3] 李应红. 激光冲击强化与技术 [M]. 北京：科学出版社，2013.

[4] 郑启光. 激光先进制造技术 [M]. 武汉：华中科技大学出版社，2002.

[5] 关振中. 激光加工工艺手册 [M]. 北京：中国计量出版社，2001.

[6] 左铁钏. 高强铝合金的激光加工 [M]. 北京：国防工业出版社，2002.

[7] 阎毓禾. 高功率激光加工及其应用 [M]. 天津：天津科技出版社，1997.

[8] 刘江龙. 高能束热处理 [M]. 北京：机械工业出版社，1997.

[9] 李文超. 冶金与材料物理化学 [M]. 北京：冶金工业出版社，2001.

[10] 卡恩 R W. 金属与合金工艺 [M]. 北京：科学出版社，1999.

[11] 吴培. 金属材料学 [M]. 北京：国防工业出版社，1987.

[12] 张通和. 离子注入表面优化技术 [M]. 北京：冶金工业出版社，1993.

[13] 张光华. 离子注入技术 [M]. 北京：机械工业出版社，1982.

[14] 刘金声. 离子束技术及应用 [M]. 北京：国防工业出版社，1995.

[15] 刘金声. 离子束沉积薄膜技术及应用 [M]. 北京：国防工业出版社，2003.1.

[16] 张通. 离子束表面工程技术与应用 [M]. 北京：机械工业出版社，2005.7.

[17] 李恒德. 核技术在材料科学中的应用 [M]. 北京：科学出版社，1986.

[18] 北京师范大学低能核物理所. 离子注入原理和技术 [M]. 北京：北京出版社，1982.

[19] 田民波. 薄膜科学与技术手册 [M]. 北京：机械工业出版社，1991.

[20] 张通和. 离子束材料科学和应用 [M]. 北京：科学出版社，1999.

[21] 陈颢，等. 离子束表面冶金强化硬面材料设计、制备及性能 [M]. 北京：冶金工业出版社，2017.

[22] 潘应军，等. 离子体在材料中的应用 [M]. 武汉：湖北科学技术出版社，2003.

[23] 汤宝寅，等. 离子体浸泡式离子注入与沉积技术 [M]. 北京：国防工业出版社　2012.

[24] 张通和. 离子注入表面优化技术 [M]. 北京：冶金工业出版社，1993.

[25] 王荣. 电子束表面改性技术 [M]. 北京：清华大学出版社，2021

[26] 巩水利. 电子束熔丝沉积成形技术及应用 [M]. 北京：国防工业出版社，2021.

[27] 唐天同. 电子束与离子束物理 [M]. 西安：西安交通大学出版社，2001.

[28] 赵玉清. 电子束离子束技术 [M]. 西安：西安交通大学出版社，2002.

[29] 郑州机械科学研究所. 电子束焊接法及其设备 [M]. 北京：国防工业出版社，1977.

[30] 哈尔滨焊接研究所. 电子束焊接和摩擦焊接的应用 [M]. 北京：机械工业出版社，1975.

[31] 高波. 强流脉冲电子束表面处理诱发的非平衡凝固过程研究 [M]. 北京：科学出版社，2020.